觸診技術
機能解剖學的

下肢
軀幹

三悅文化

監修的話

最近，生物學及醫學領域在技術方面出現了驚人的進展，因此在環境上也產生了極大的改變。

在這樣的環境下，臨床所要求的就是「完整評估病患的身體狀況，以提供最適當的醫療處置」。在「診療報酬」（註）所造成的改革中，復健的重要性已逐漸受到關注，醫學界也期待以人體運動機能的角度來進行考量，並且盼望涉及解剖學知識領域的復健在訓練上能更加進步。「復健」一詞有著「回復被疾病所奪走的各個機能」此深遠意義，因此對於人體的正常機能，及解剖位置必須有充分的理解。復健所關係到的是實際掌握病患現況，並且加強訓練以便能令患者的日常生活動作獲得改善，甚至是進一步的達到穩定的效果。本書的思考方向在於更有效地讓病患回復運動機能，並儘可能地根據現場觸診所獲得的情報進行正確的判斷，以及將在實際臨床中相當重要的觸診方法加以記載。除此之外，本書對於在臨床方面所需瞭解的解剖位置、症狀、甚至是一般疾病都有詳細描述。「進行觸診並且理解肢體的解剖位置」—以這樣的形式來產生治療時所需要的方法。首先，就請各位靈活運用這些知識，以便能完整評估病患的身體狀況。

今後，為了迎接高齡社會的來臨，以及使復健成為維持機能、延長人們健康壽命和營造更舒適生活的助力，因此必須推展復健工作。這個情況明顯反映在屬於日常復健醫療的運動治療之診療業務方面。此外，我也認為自己必須在臨床醫療研究上進一步地貢獻我的一己之力。在本書接續『上肢篇』的出版之際，本人要向長期細心從事臨床現場、教育領域及擔任此書執筆的老師致上謝意。

岐阜大學醫學院附設醫院復健科

青木隆明

譯者註：診療報酬為日本新的醫療制度。

序－對觸診的想法

我從事整形外科領域的復健工作大約二十年了。整形外科是處理四肢和脊柱的診療科，是一眼就能看出結果好壞的領域。整形外科的治療範圍很廣，大致區分為「進行手術的積極性治療」與「不進行手術的保守性治療」。不論是哪一種治療法，我們這些物理治療師、職能治療師都必須成為治療作業的一部份，並和整形外科醫師共同合作，以便能成為現今整形外科診療中的重要夥伴。

「復健」在最近被稱為「骨骼肌肉康復治療」，加上現今的醫療體制已漸漸形成了整形外科醫師、復健醫師、物理治療師、職能治療師等類別的緣故，因此至今的醫療體制已進入了醫療人員各自擔任不同職務的時代。我們物理治療師以及職能治療師，應該期許本身擁有既正確又高超的技術和知識來從事骨骼肌肉康復治療一職。我們擔負起治療的一部份職責，自身技術的好壞會左右治療的結果。然而，究竟有多少物理治療師以及職能治療師是帶有這樣的危機感來擔任診療者的角色呢？

「動作確實、治療成果穩定的治療師」和「治療成果會產生變化、不穩定的治療師」之間，究竟有何差異呢？豐富的知識當然是必要的，不過這點是要儘可能努力不倦地學習才能成功。而且，既然我們在進行治療業務時是以手為媒介，那就必須同時擁有「將知識所形成的理論用自己雙手來完整重現」的技術。

骨骼肌肉康復治療所追求的效果是：「擴大關節可動範圍」、「讓肌力的效率完全發揮到極限」。除此之外，許多時候則是要從各個角度來仔細思考可動範圍的面積和肌力，使疼痛能得到紓解。要做到這點，重點就在於對目標組織施加伸展，讓目標肌肉在必要的適當時機和穩定的平衡中實行收縮和鬆弛。要以極高的準確率一個個地進行這些醫療行為，而其中的關鍵可以說就在於「治療師是否能正確地觸診出必須進行治療的組織」。

了解各種物理特徵，可以思考出病症。「壓痛」是物理特徵中的典型特徵，當某個組織出現壓痛時，對於組織本身便是相當重要的徵兆。為何會這麼說呢？其原因就在於這當中大多存在著某種病症。但是，組織若是沒有出現壓痛，這也是相當重要的訊息。若要探究原因，最好是仔細檢查這個組織以外的部位是否有疾病。對於想要進行伸展的組織，唯一的評估方法就是：是否要給予適當的刺激來進行觸診。對於想要進行收縮的肌肉，就用最迅速的方式觸摸和確認肌肉收縮的程度，而適當的壓迫也可以提高收縮程度。其他還有許多治療技術是必須確實地觸摸到組織，才能夠進行的。然而，觸診技術如果不完整的話，原本能發現的病症不就會被忽略了嗎？

對於所有從事骨骼肌肉康復治療的物理治療師、職能治療師來說，為了獲得穩定的治療成果而開始進行工作時，便可以用本書來磨練自身的觸診技術。此外，在學生方面，若是在學生生涯就能將這些知識學起來，在臨床方面應該是個好的開始。只是一味讀書的話，效果一定無法跟實際觸診時相比。為了能磨練技術，請在每日的臨床以及課程裡反覆練習。當你變得能將目標組織既快速又確實地觸摸出來，並開始有了一些自信之後，請冷靜地觀看自己的治療成果，你的治療成果應該確實比以前進步了！

本書接續了『機能解剖學的觸診技術—上肢』。在此，我要向給予本書發行機會的メジカルビュー社，以及編輯部裡對我幫助極大的安原範生先生、爽快答應擔任攝影模特兒的增田一太、松本裕司、林　優、田中幸彥、細居雅敏等人致謝，同時我還要向總是寬容接受我的任性，並且會適時激勵我、為我打氣的愛妻由美子表達衷心的感謝。

吉田整形外科醫院 物理治療師

林　典雄

目　次

I　下肢的骨骼

II 下肢的韌帶

1. 股三角周邊 around the scarpa triangle

2. 膝關節周邊 around the knee joint

2. 和膝關節有關的肌肉

3. 和踝關節及足部相關的肌肉

1. 和胸廓有關的組織

2. 和脊柱有關的組織

Skill Up 一覽

※譯者註：攣縮，英文為contracture，亦稱為緊縮

I 下肢的骨骼

1. 骨盆 pelvis
2. 股骨 femur
3. 膝關節周邊 around the knee joint
4. 踝關節及足部周邊
   around the ankle joint & foot

1 骨盆 pelvis

腸骨嵴 iliac crest

解剖學上的特徵

- 腸骨翼上緣稱為腸骨嵴。
- 腸骨嵴包含外唇（腹外斜肌的止端）、中間線（腹內斜肌的起端）和內唇（腹橫肌的起端）。
- 腸骨嵴的前方部位會連接髂骨前上棘，後方部位會連接髂骨後上棘。

臨床相關

- 左右兩側腸骨嵴頂點的連線會通過L4和L5棘突之間，這條連線稱為Jacoby線（Jacoby's line）。在腰椎穿刺的治療中，Jacoby線在決定脊椎高度時，是相當有用的指標。
- 在以固定腰椎為目的的脊椎裝具裡，腸骨嵴是進行三點固定的重點部位。

相關疾病

髂骨骨折、各種腰椎疾病……等。

圖1-1　骨盆的整體結構（正面）

腸骨翼的上緣部位是由腸骨嵴組成，腸骨嵴的前方部位會連接到髂骨前上棘，後方部位會連接到髂骨後上棘。

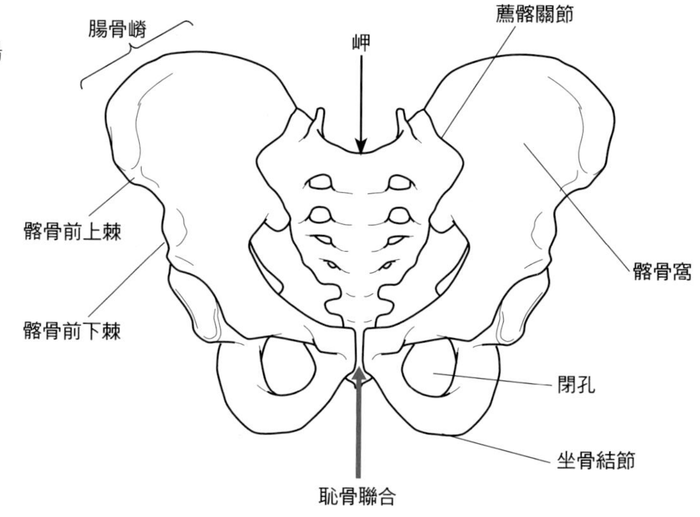

圖1-2　腸骨嵴的肌肉附著

此圖是從上方看骨盆的狀態。腹外斜肌、腹內斜肌和腹橫肌分別附著腸骨嵴的外唇、內唇和中間線。

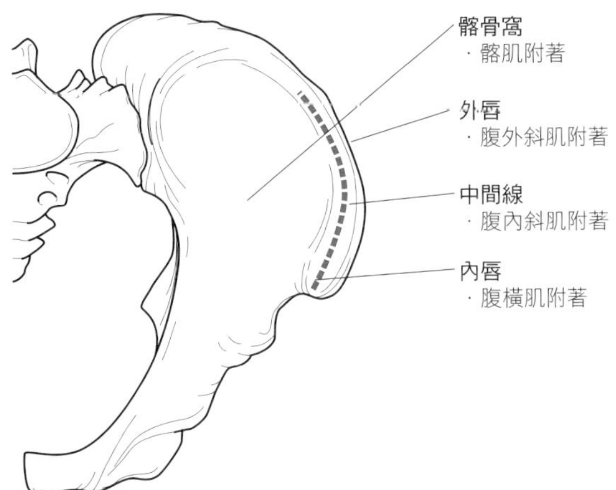

圖1-3　腸骨嵴的觸診①

對腸骨嵴進行觸診時，要讓病患俯臥。診療者要用雙手手掌從病患的腹部兩側壓迫骨盆，並且沿著骨盆的圓弧形曲線移動，如此就能觸摸到突出來的腸骨嵴。腸骨嵴的兩側頂點是否有高度差，必須要好好觀察。

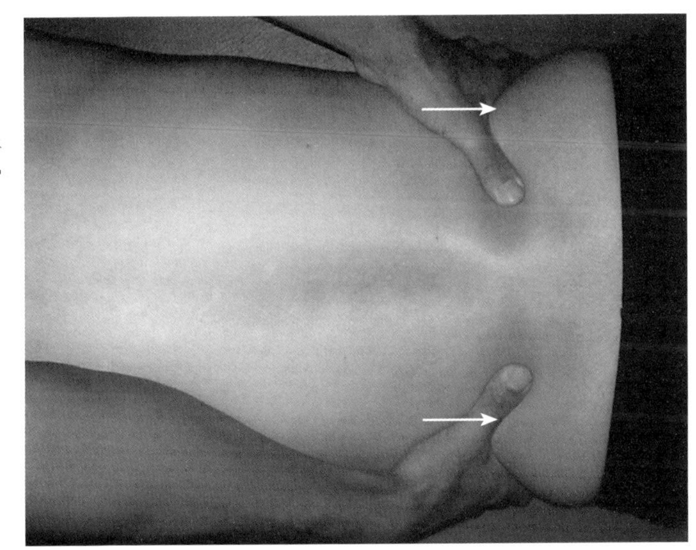

圖1-4　腸骨嵴的觸診②

仔細畫出腸骨嵴的位置，並將左右兩側腸骨嵴的最頂點連成一線，此線稱為Jacoby線。Jacoby線會通過第四腰椎（L4）棘突。

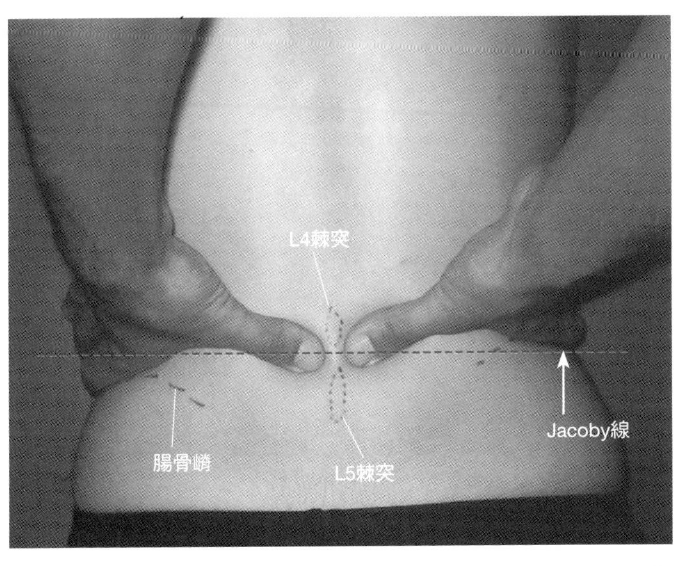

髂骨前上棘 anterior superior iliac spine（ASIS）
髂骨前下棘 anterior inferior iliac spine（AIIS）

解剖學上的特徵

- 髂骨前上棘位於腸骨嵴的前端部位。
- 縫匠肌和闊筋膜張肌起始於髂骨前上棘。
- 髂骨前下棘位於髂骨前上棘的下方。
- 鼠蹊韌帶伸展於髂骨前上棘和恥骨結節之間。
- 股直肌起始於髂骨前下棘。

臨床相關

- 髂骨前上棘是測量下肢長度和下肢可動範圍的基準點。
- 股直肌急遽收縮會使髂骨前下棘產生撕裂性骨折[參考p.6]。許多報告會建議運動選手進行開放式的接骨手術。
- 長跑者經常會發生因縫匠肌所引起的髂骨前上棘撕裂性骨折[參考p.6]或是著骨點炎。

相關疾病

髂骨前上棘撕裂性骨折、髂骨前下棘撕裂性骨折……等。

圖1-5　髂骨前上棘和髂骨前下棘的周邊解剖圖

腸骨嵴的前端部位就是髂骨前上棘。縫匠肌起始於髂骨前上棘的前方，而闊筋膜張肌則起始於髂骨前上棘的外側後方。從髂骨前上棘朝遠端下移約2根手指寬，即為髂骨前下棘。股直肌就起始於髂骨前下棘。另外，鼠蹊韌帶伸展於髂骨前上棘和恥骨結節之間，構成股三角的一邊。

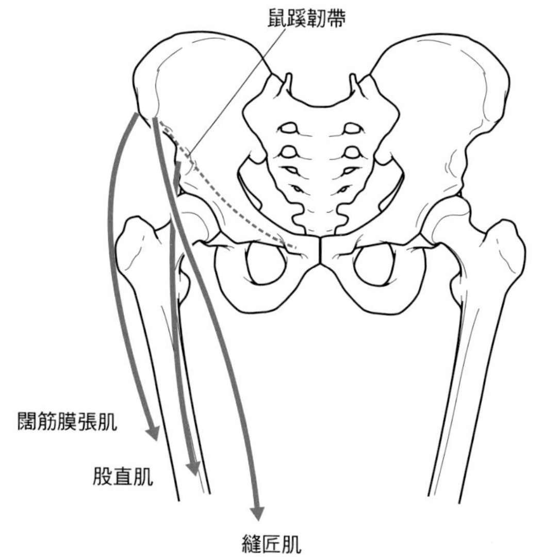

圖1-6 髂骨前上棘的觸診①

對髂骨前上棘進行觸診時，要讓病患仰臥。診療者以手掌壓迫病患骨盆的正前方，針對突出於骨盆最前方的骨隆起進行觸診。這個骨隆起就是髂骨前上棘。

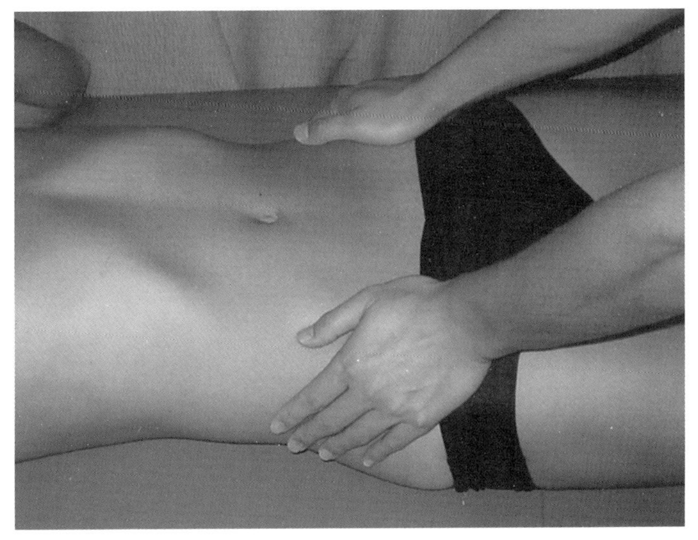

圖1-7 髂骨前上棘的觸診②

在確認骨隆起就是髂骨前上棘之後，就能知道髂骨前上棘的前方部位是縫匠肌的起端。診療者將手指放在骨隆起的前方內側，並要求病患進行髖關節的屈曲、外展和外旋運動（盤腿姿勢的動作）。針對縫匠肌的收縮狀態進行觸診，並且確認髂骨前上棘的位置所在。

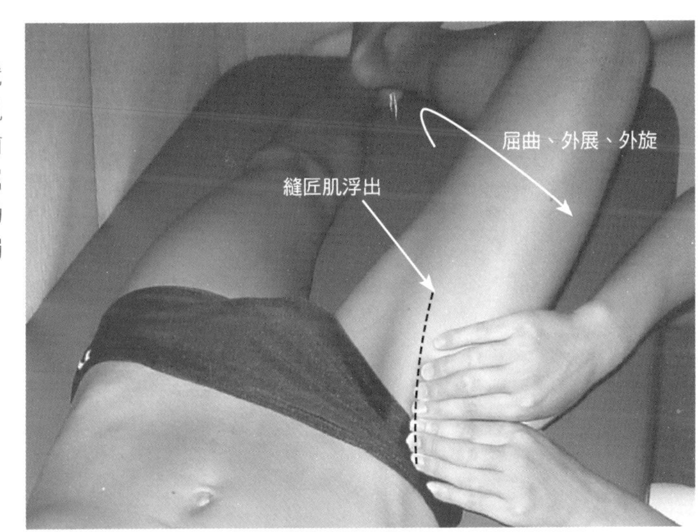

圖1-8 髂骨前上棘的觸診③

其次，髂骨前上棘的後側部位是闊筋膜張肌的起端。讓病患側臥，診療者將手指放在骨隆起的後側方。指示病患進行髖關節的屈曲、外展和內旋運動，針對闊筋膜張肌的收縮狀態進行觸診，並確認髂骨前上棘的位置所在。

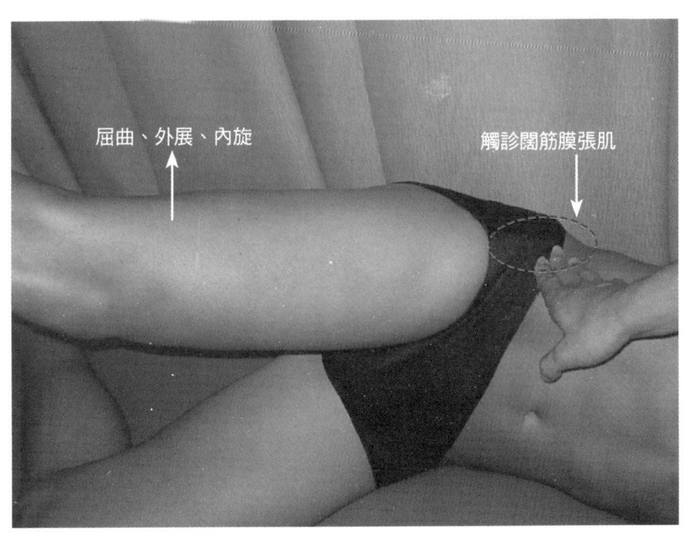

圖1-9　髂骨前下棘的觸診①

從髂骨前上棘朝遠端下移約2根手指寬，就是股直肌肌腱。讓病患進行直膝抬腿運動，這時所觸摸到的肌腱就是股直肌肌腱。

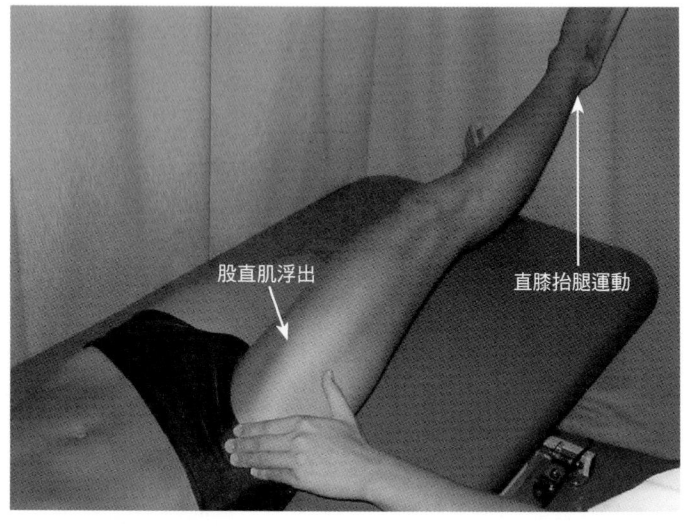

圖1-10　髂骨前下棘的觸診②

在確認好股直肌之後，診療者就順著股直肌肌腱朝後方移動。從股直肌的側面就能觸摸到膨起的髂骨前下棘。若是大力壓迫髂骨前下棘的話，病患會感到強烈疼痛，所以觸診力道的控制十分重要。

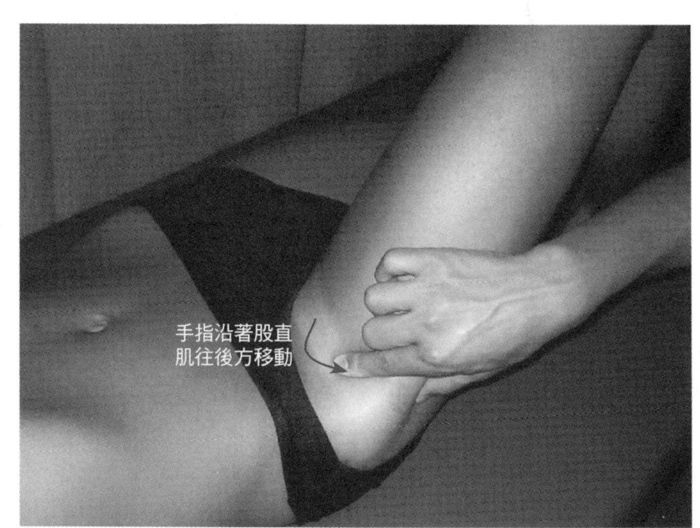

Skill Up

髂骨前上棘及髂骨前下棘的撕裂性骨折

髂骨前上棘的撕裂性骨折是因為縫匠肌牽引所導致，而髂骨前下棘的撕裂性骨折則是因為股直肌牽引所導致的病症。在一般情況下，這類病症經常會採用非手術療法。然而，對於想要繼續從事運動的病患，大多會建議採取接骨手術治療[1-3]。

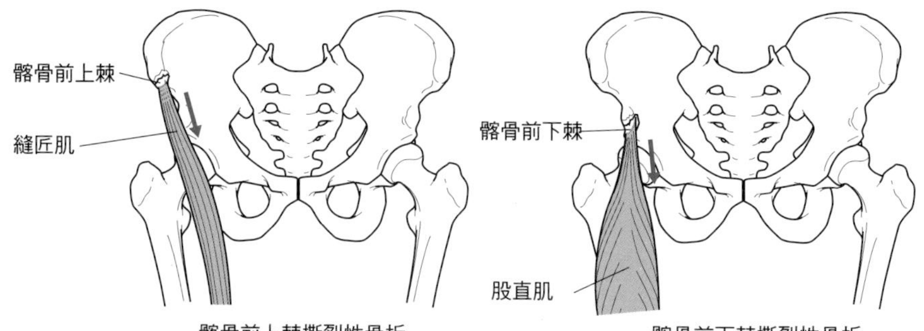

髂骨後上棘 posterior superior iliac spine（PSIS）
薦髂關節 sacro-iliac joint

解剖學上的特徵

- 髂骨後上棘位於腸骨嵴的後端。
- 往第一腰椎棘突方向延伸的多裂肌是起始於髂骨後上棘。
- 將左右兩端的髂骨後上棘連成一線，第二薦骨正中嵴（S2棘突）就位於連線上。
- 薦髂關節是將髖骨和薦椎等各種耳狀面作為關節面，藉此構成薦髂關節。
- 薦髂關節的關節面有纖維軟骨覆蓋著，而且在關節周圍有非常強韌的韌帶加以補強。因此，薦髂關節在動作上會受到明顯的限制。
- 補強薦髂關節的韌帶有前薦髂韌帶、後薦髂韌帶和骨間薦髂韌帶。
- 往第二和第三腰椎棘突延伸的多裂肌是起始於後薦髂韌帶。
- 分布於薦髂關節的神經末梢如下：前方有L5腰神經、S1薦神經前枝的主要分枝；下方有臀上神經、S2薦神經後枝的外側枝；後方有L5腰神經、S1薦神經後枝的外側枝。[4)]

臨床相關

- 薦髂關節性腰痛的特徵在於髂骨後上棘周圍出現壓痛現象。
- 在薦髂關節性腰痛的徒手檢查裡，Gaenslen test、Patric test、Newton test為知名的檢查方式。
- 薦髂關節性腰痛會出現下肢麻痺以及疼痛的現象。此外，大多數病例還會發生皮節（dermatome）不一致的現象。
- 薦髂關節性腰痛的治療方式有薦髂關節注射阻斷及薦髂關節固定帶。最近，有報告指出AKA（arthrokinematic approach，關節運動學的途徑：AKA-博田法）等方法亦有效果。
- 婦女生產後所引發的腰痛，有時是因為薦髂關節所引起的緣故。
- 骨盆環不穩定症與薦髂關節出現鬆弛有密切關連。依照不同的病況，有時也會進行薦髂關節固定術。
- 僵直性脊椎炎的最初病理觀察位置是薦髂關節 [參考p.10]。
- 外傷性薦髂關節脫臼的病症，大多會合併發生恥骨聯合分離或骨盆環骨折。

相關疾病

薦髂關節性腰痛、骨盆環不穩定症、僵直性脊椎炎、薦髂關節脫臼、退化性薦髂關節症……等。

圖1-11　髂骨後上棘和薦髂關節的周圍解剖圖（後方）

右圖是從後方觀察薦髂關節的周圍解剖圖。腸骨嵴的後端為髂骨後上棘（posterior superior iliac spine；PSIS），而髂骨後上棘的遠端為薦髂關節。前後薦髂韌帶對薦髂關節具有補強作用，也因此無法直接觸摸到薦髂關節的關節空隙。髂骨後上棘周圍若是發生壓痛現象，就暗示薦髂關節產生病變了。

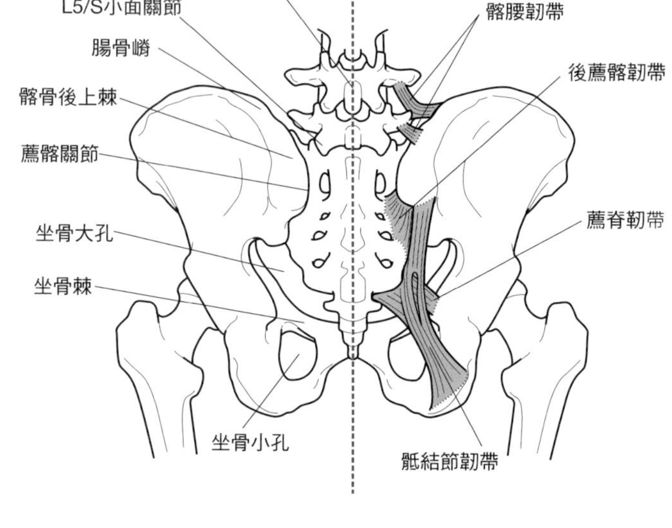

※譯者註：關節空隙、及關節間隙，英文為joint space，本書交互使用

圖1-12　薦髂關節病變的徒手檢查法

左圖為Gaenslen test，右圖為Patric test。Gaenslen test就是「讓病患抱住其中一隻腳並將髖關節固定於屈曲位，另一隻腳要伸出診療床外並慢慢地進行伸展運動」的檢查法。Patric test則是「透過施加壓力使髖關節強制屈曲、外展、外旋，若是因此而引發疼痛就有可能是薦髂關節發生病變」的檢查法。

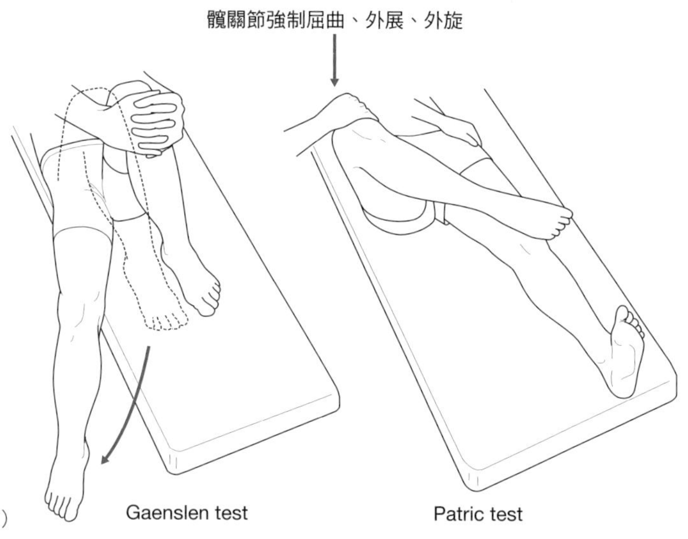

修改自文獻7）

圖1-13　髂骨後上棘的觸診①

對髂骨後上棘進行觸診時，要讓病患俯臥。在確認腸骨嵴的位置之後，診療者的手指移往後方，如此就能觸摸到後方突出的骨隆起，這個骨隆起就是髂骨後上棘（圓形虛線）。

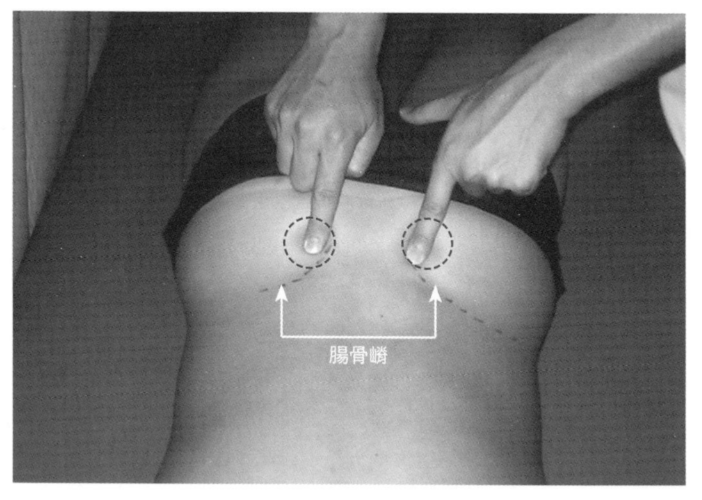

圖1-14　髂骨後上棘的觸診②

觸摸左右兩側的髂骨後上棘（PSIS），並確認兩邊位置是否對稱。然後，將左右兩側的髂骨後上棘連成一線，並且觀察這條線通過第二薦骨正中（S2棘突）的狀態。

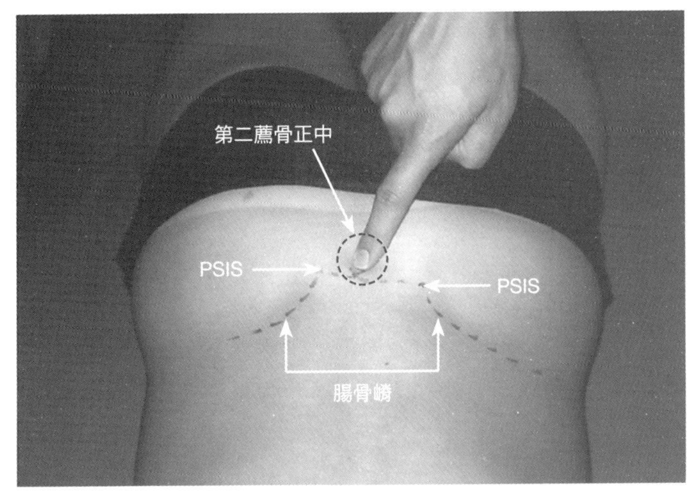

圖1-15　薦髂關節的觸診

對薦髂關節進行觸診時，要讓病患側臥。診療者的手指從髂骨後上棘朝遠側移動，如此就能觸摸到髂骨後上棘和薦椎之間的空隙。不過，實際上，由於後薦髂韌帶十分強韌，診療者並無法直接觸摸到薦髂關節的關節空隙。

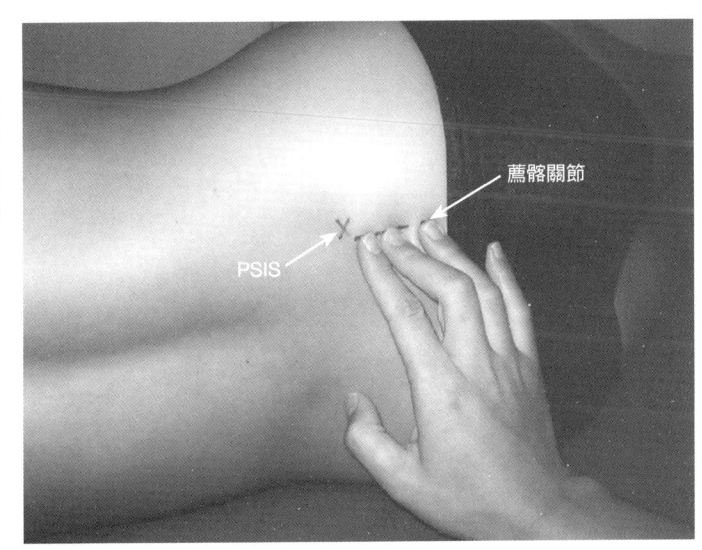

圖1-16　後薦髂韌帶的觸診

對後薦髂韌帶進行觸診時，要讓病患側臥。診療者將手指放在薦髂關節稍偏內側的部位，並將腸骨翼推向診療者自已，如此就能觸摸到後薦髂韌帶的緊繃狀態。如果推動腸骨翼的方向能固定在病患的股骨長軸上，力量就不會分散而且容易觸診。

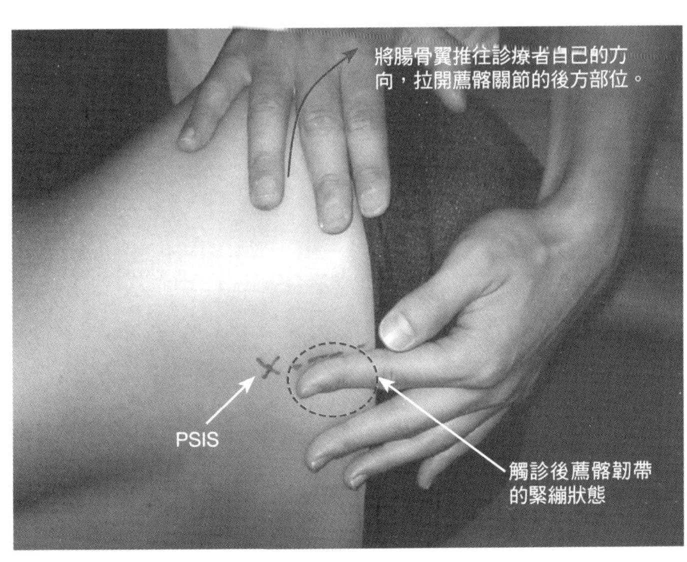

Skill Up

僵直性脊椎炎

別名稱為Marie-Strumpell disease（馬利－史德菱見可氏症），大多病發於男性身上，好發年齡多在20至30歲左右。在發病時，病患主訴會有腰痛及背部疼痛的情形。此外，胸椎和腰椎的運動範圍會受到限制，或是深呼吸時胸廓會有擴張受限的情形（2.5cm以下）。血液檢查顯示HLA-B27為陽性。僵直性脊椎炎的最初病徵會出現在薦髂關節，然後再慢慢地往四肢的各大關節延伸。此症也會出現脊椎變形的現象，其特徵是脊椎會呈竹節狀（bamboo spine）（請參考X光片）。僵直性脊椎炎的診斷多使用New York疫學的診斷基準（表）。

僵直性脊椎炎的診斷基準（New York，1966）[8)]

臨床症狀
1）腰椎的運動範圍受到限制（前屈、後屈、側彎等各方面）。 2）在胸腰椎交接處或腰椎部有出現疼痛病史。 3）胸廓擴張度降低（2.5cm以下：以第4肋間的高度進行檢定）
薦髂關節的X光片
grade 0：正常 1：疑似變化 2：輕度變化：小部分局限性的侵蝕或硬化。 3：中度變化：侵蝕或硬化有擴大現象，關節間隙的寬度出現變化。 4：明顯變化：僵直。
診斷
definite 1）兩側薦髂關節　grade3～4 + 臨床症狀1、2、3的其中一項以上 2）單側薦髂關節　grade3～4 或是 兩側薦髂關節　grade2 （以上）+ 臨床症狀1 或是2+3 probable 兩側薦髂關節　grade3～4，無臨床症狀
例外項目
fluorosis，hypophosphatemic osteomalcia，brucellosis，familial mediterranian

腰椎X光片

腰椎呈bamboo spine像。

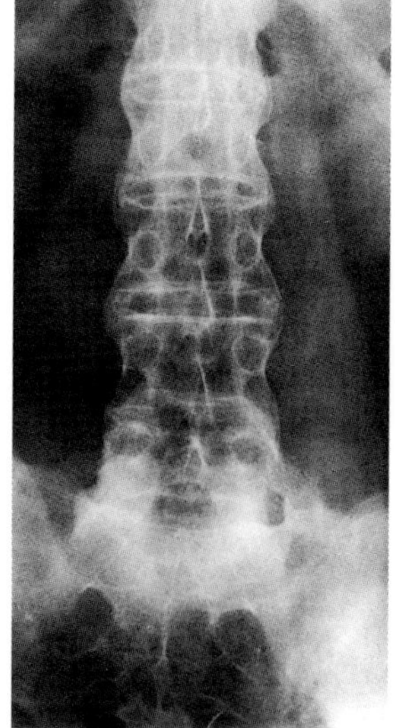
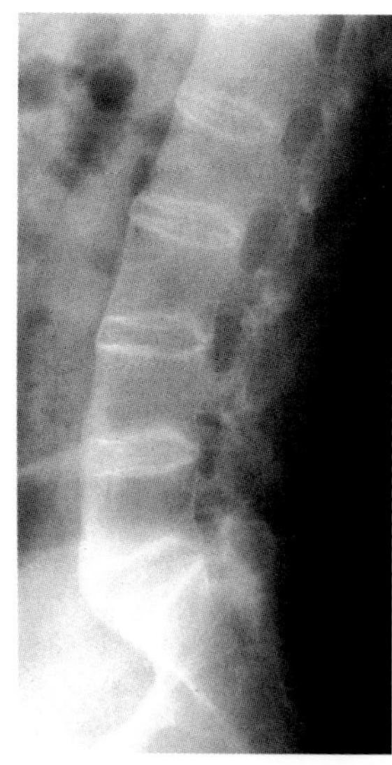

轉載自文獻9）

坐骨結節 ischial tubercle

解剖學上的特徵

- 坐骨體的後下方出現擴展開來的長橢圓形骨隆起，此為坐骨結節。
- 坐骨結節的外觀為明顯的骨骼。人體在呈現坐姿時坐骨結節是支撐身體重量的部位。
- 大腿屈肌群有半腱肌、半膜肌和股二頭肌長頭，這三條肌肉皆起始於坐骨結節。此外，能使髖關節外旋的股方肌也是起始於坐骨結節。

臨床相關

- 關於膝上截肢後所進行的義肢安裝，如果病患是使用四邊形套筒的話，主要的檢查重點在於義肢是否能完全承載住坐骨結節。
- 在股骨骨折後出現假關節或遷延治療時，醫生會使用非負重式長腿支架作為治療方法，而此時身體重量的支撐位置就在於坐骨結節上[參考p.13]。
- 在運動過程當中膕旁肌強力又急遽性收縮的話，有時會造成坐骨結節的撕裂性骨折。

相關疾病

坐骨結節撕裂性骨折、坐骨骨折、膝上截肢、股骨骨幹部位假關節……等。

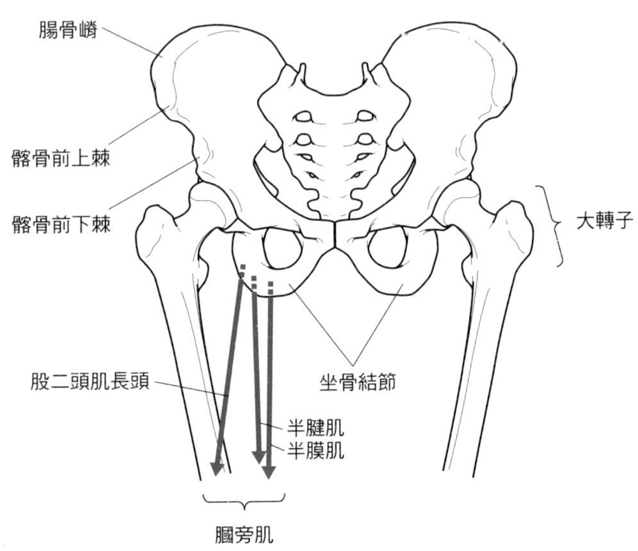

圖1-17 坐骨結節的周圍解剖圖

坐骨結節是坐骨體後下方擴展開來的骨隆起，坐骨結節的前方會透過坐骨支連接到恥骨。除了膕旁肌（半腱肌、半膜肌和股二頭肌長頭）之外，股方肌也是起始於坐骨結節。

圖1-18　坐骨結節的觸診①

對坐骨結節進行觸診時，首先要讓病患側臥，上側腳的髖關節和膝關節要維持在90°屈曲。診療者用手掌朝病患頭部方向進行臀部壓迫，如此就能觸摸到坐骨結節。

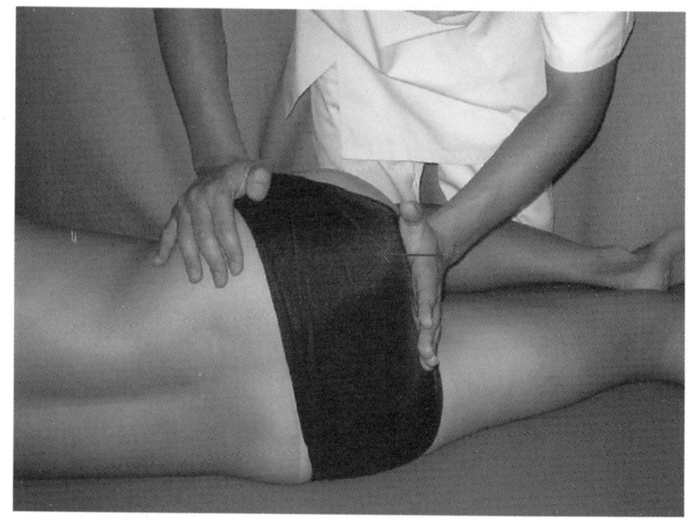

圖1-19　坐骨結節的觸診②

以臥姿進行坐骨結節觸診時，因為包含臀肌在內有很多軟組織存在於此，所以臥姿會比側臥的觸診更不容易進行。在離坐骨結節稍偏遠端的部位，診療者以手掌先向下施壓後（①），再往病患頭部方向推上去（②），如此就能確認坐骨結節的位置。

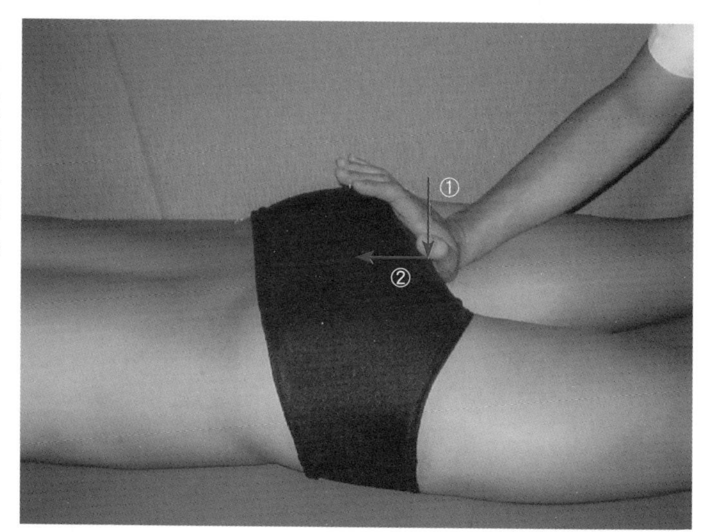

圖1-20　坐骨結節的觸診③

用手掌大致確認出坐骨結節之後，再利用拇指比較左右兩邊坐骨結節的位置（圓形虛線）。如果觸診的方式正確，左右兩邊的坐骨結節應該是相互對稱的。

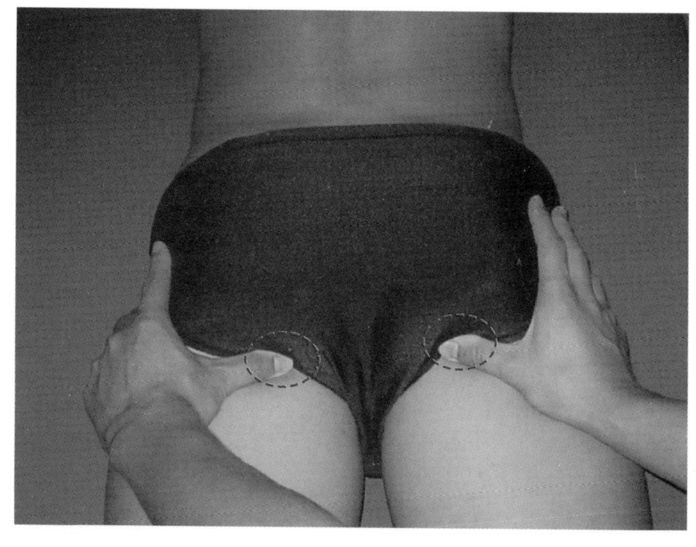

圖1-21　坐骨結節的觸診④

膕旁肌是膝關節的屈肌，起始於坐骨結節。在確認出坐骨結節之後，診療者將手指放在坐骨結節的遠端，並指示病患進行膝關節屈曲。隨著屈曲運動的進行，就能在坐骨結節上觸診膕旁肌的收縮狀態。

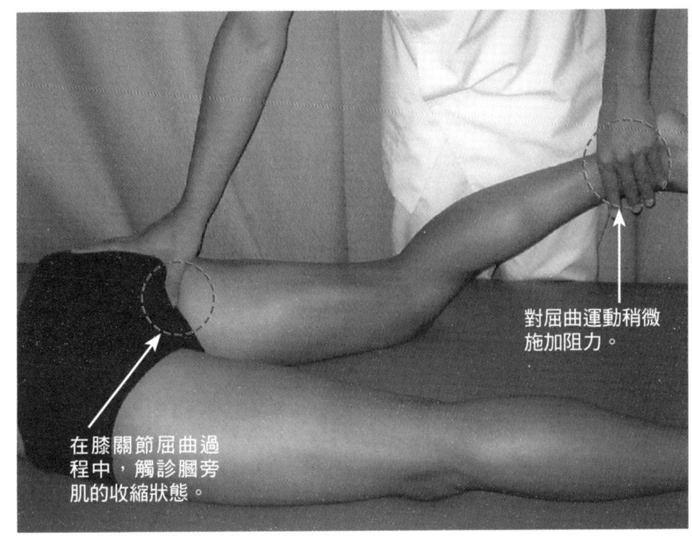

Skill Up

坐骨承重型長腿支架[10、11]

在大腿義肢部分，坐骨承重型長腿支架是一種「應用四邊形吸式套筒原理，以坐骨結節來支撐體重，並且不讓髖關節和股骨等部位產生負荷」的支架。在股骨骨幹部粉碎性骨折、假關節、病理性骨折等病例裡，醫生想要限制病患患肢的負載重量時，就會使用這種支架。坐骨承重型長腿支架和四邊形套筒的義肢一樣，都必須讓坐骨結節完全置於坐骨支架裡，而且對股三角進行壓迫也是相當重要的。在需要同時限制髖關節運動的病例裡，這時也會附加骨盆帶加以因應。

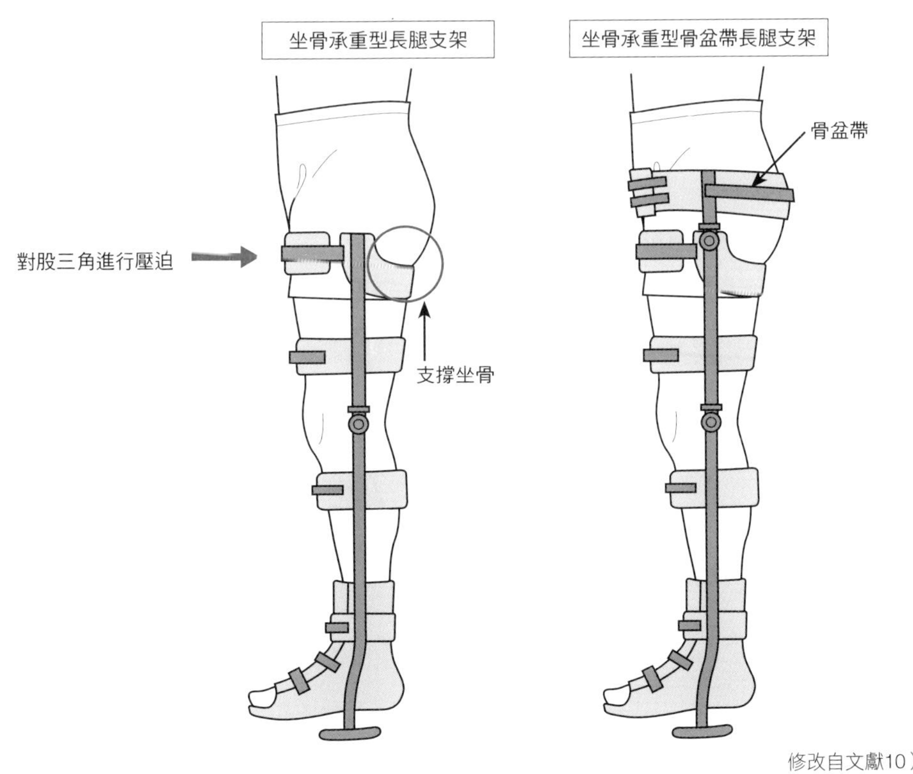

修改自文獻10）

2 股骨 femur

大轉子 greater trochanter

解剖學上的特徵

- 股骨頸朝遠端延伸的部位，有骨頭被壓成寬大且略呈前後方向的形狀，此為轉子。轉子的外側上方部位，稱為大轉子。
- 轉子內側後下方的隆起部位，稱為小轉子。
- 臀中肌、臀小肌和梨狀肌就止於大轉子，而髂腰肌則是止於小轉子。

臨床相關

- 對大腿等部位進行肢長測量時，大轉子可作為測量的定位點。
- 一般的手杖長度應與大轉子同高。
- 當髖關節呈45° 屈曲位時，大轉子會位於坐骨結節和髂骨前上棘的連線上，而這個連線稱為Roser Nelaton's line。若在這條連線上方觸摸到大轉子的話，就表示有大轉子高位的現象。此外，Roser Nelaton's line也可作為先天性髖關節脫臼的參考指標[參考p.17]。
- 臀中肌等肌肉所產生的強大收縮力，有時會導致大轉子發生撕裂性骨折。

相關疾病

大轉子骨折、大轉子撕裂性骨折、大轉子高位、髖關節脫臼、大轉子結核……等。

圖2-1　大轉子的周邊解剖

股骨頸的遠端會連接到轉子，轉子的外側上方骨隆起，稱為大轉子。梨狀肌、臀中肌和臀小肌就止於大轉子。轉子的內側後下方為小轉子，髂腰肌就止於小轉子。

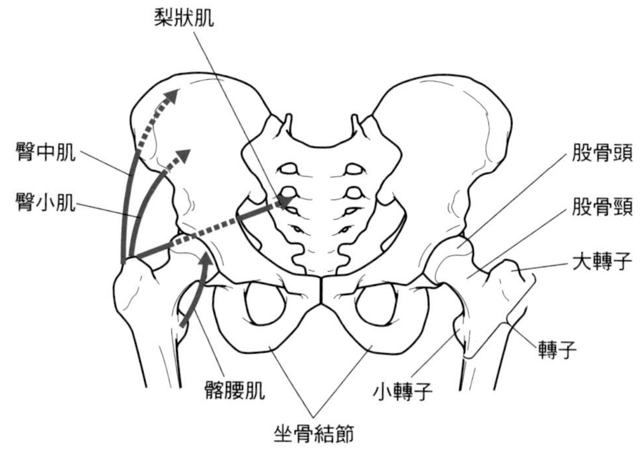

圖2-2　大腿旋轉與大轉子的移動（右側股骨）

當股骨在進行外旋（髖關節外旋）時，大轉子會朝後方移動。相反地，當股骨在進行內旋時，大轉子會朝前方移動。在觸診大轉子時，診療者要適度地讓大腿進行旋轉，如此就能研究大轉子的移動情形。

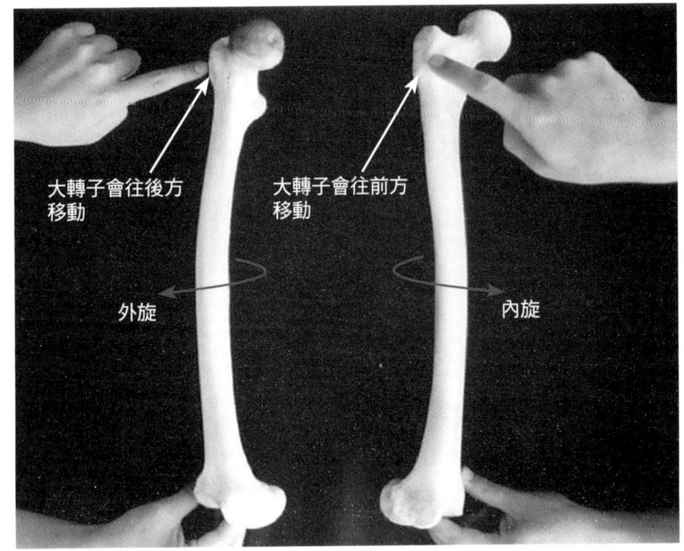

圖2-3　大轉子的觸診①

對大轉子進行觸診時，要讓病患仰臥。診療者的手掌從左右兩邊夾住病患大腿外側並施加擠壓，如此一來，手掌會感覺到有大塊的骨隆起，這個骨隆起就是大轉子。

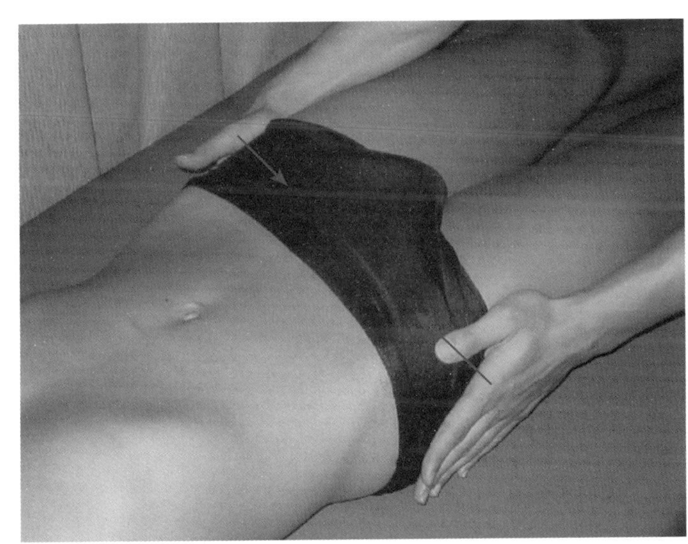

圖2-4　大轉子的觸診②

在確認出大轉子的大致位置之後，就可以仔細觸診大轉子的骨緣。因為大轉子上下端之間的距離約有4～5cm，所以在進行肢長測量等動作時可能會有很大的誤差。基於此，診療者必須能觸診到大轉子的特定部位。

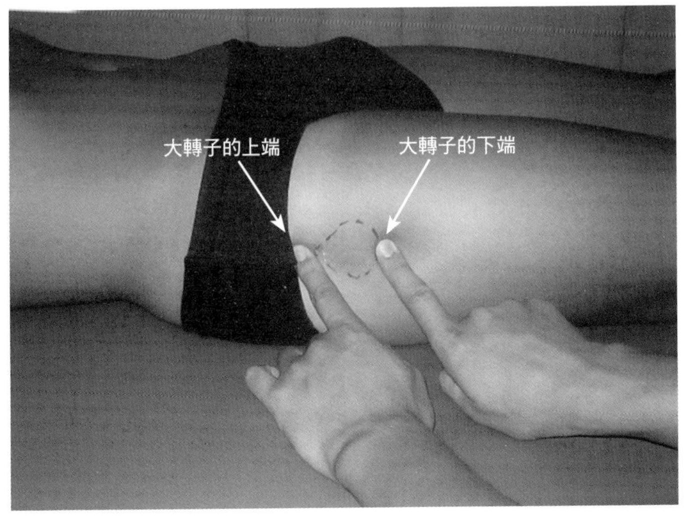

圖2-5　大轉子的觸診③

在進行髖關節內旋時，大轉子會朝前方移動；而在進行髖關節外旋時，大轉子則會朝後方移動。診療者要在髖關節呈中間位時進行大轉子的觸診，之後將手指固定在這個位置上，並且讓病患進行髖關節內旋，如此就可以觸摸到大轉子通過手指下方的情形。若是將手指稍微往後方移動的話，就可以觸摸到大轉子的後端。

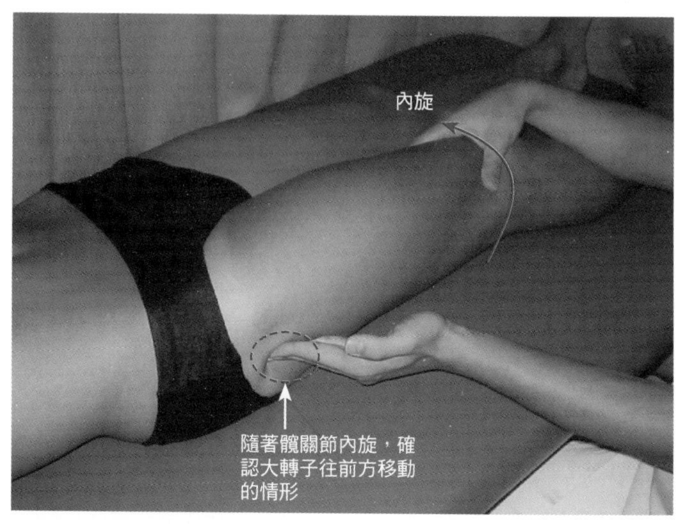

圖2-6　確認Roser Nelaton's line①

在進行Roser Nelaton's line確認時，要讓病患側臥並使髖關節呈約45°屈曲，觸診髂骨前上棘和坐骨結節。

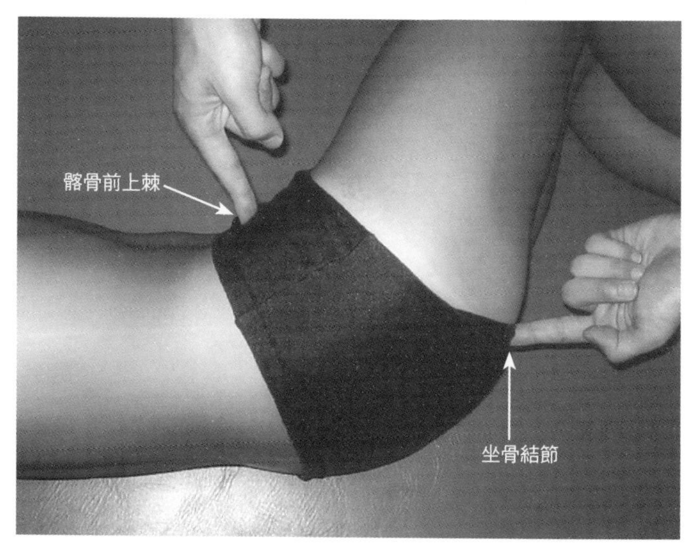

圖2-7　確認Roser Nelaton's line②

在觸診髂骨前上棘和坐骨結節之後，將髂骨前上棘和坐骨結節連成一線，如此就能在這條連線上確認出大轉子的位置。當髖關節呈45°屈曲位時，髂骨前上棘、大轉子和坐骨結節會並排成一直線狀，此為Roser Nelaton's line。

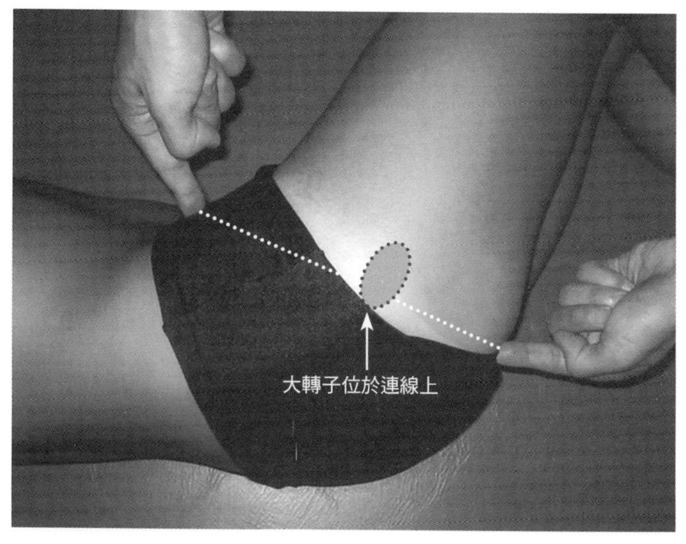

Skill Up

先天性髖關節脫臼[12-14)]

嬰兒出生後，股骨頭在附著於關節囊的狀態下，自髖臼頂脫臼的病症，稱為先天性髖關節脫臼。近年來因為徹底進行嬰兒健檢及尿布更換的指導，使先天性髖關節脫臼的罹患率有逐漸減少的趨勢。目前的發生率為0.1%，女嬰的罹患率較高，為男嬰的5至9倍。發生脫臼的髖臼頂會出現陡坡般的形狀。先天性髖關節脫臼的特徵有髖關節外展受限、艾利司氏徵象（Allis' sign）、歐氏徵象（Ortolani's click sign）、Telescoping sign等，這些特徵必須事先記下來。

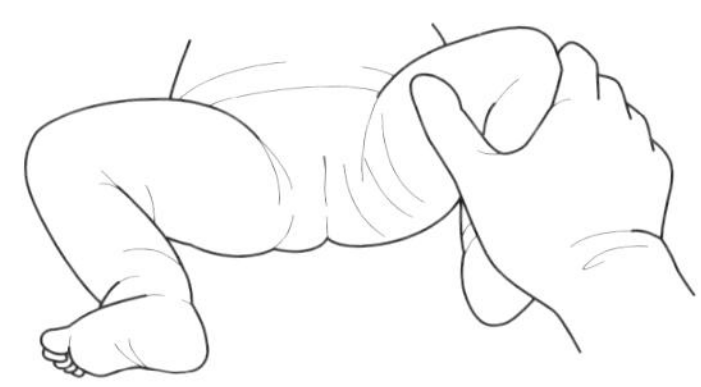

外展受限
將嬰兒的髖關節屈曲成90°，確認髖關節的外展狀態是否有受到限制，此為先天性髖關節脫臼的日常檢查項目。

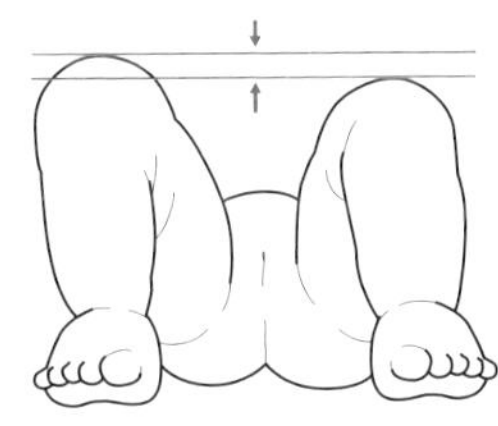

艾利司氏徵象（Allis' sign）
讓嬰兒仰臥並使膝關節屈曲，經由這個姿勢觀察兩邊的膝蓋高度，發生脫臼的膝蓋高度會比正常邊低。

脫臼復位時的喀嚓聲

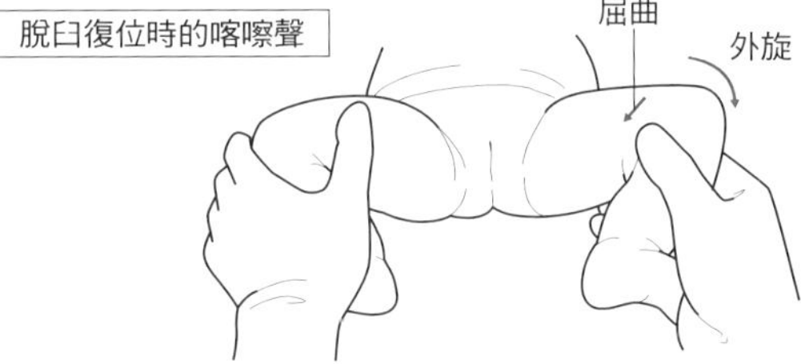

再次脫臼時的喀嚓聲

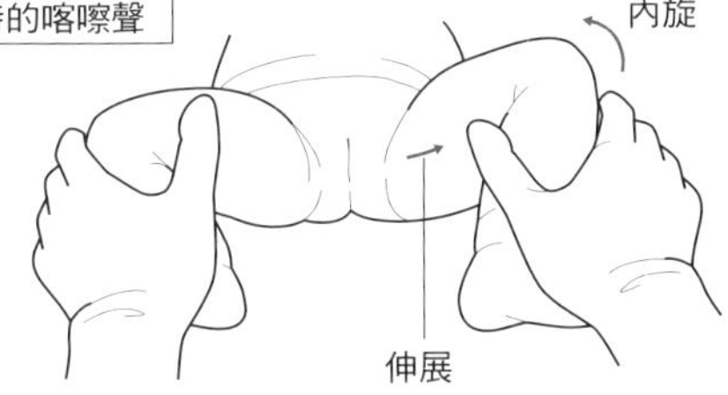

Ortolani's click sign
抓住嬰兒的兩膝，一邊進行髖關節屈曲及外旋運動，一邊將大轉子從後方推向前方，在出現喀嚓聲的同時，就能將脫臼的髖關節恢復原位。相反地，如果一邊進行髖關節的內旋伸展，一邊將股骨的近側部位推向後方，髖關節就會再次發生脫臼現象。

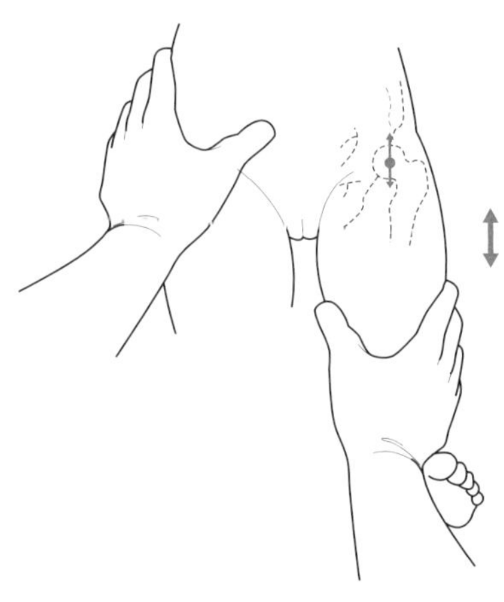

Telescoping sign
診療者以一隻手固定嬰兒的骨盆，另一隻手抓住嬰兒的大腿。接著，對嬰兒的大腿進行牽引後再對髖關節施以壓迫，如此一來就能感覺到股骨的上升和下降。

修改自文獻12）

股骨頭 head of femur

解剖學上的特徵

- 股骨頸往近側延伸的圓球狀軟骨會和髋臼頂構成髋關節。
- 股骨頭和股骨骨幹軸所形成的內角（頸骨幹角）約為130°，而股骨頭和額狀面所形成的角度（前傾角）約為14°。
- 髋臼頂是面向外側下方而且向前方敞開。因此，在髋關節呈伸展位時，有一部份的股骨頭會從髋臼頂露出；而在髋關節呈屈曲位時，股骨頭則會完全包覆在髋臼頂裡。
- 髋關節在伸展位時所產生的關節不穩定現象，是藉由各個韌帶（髂股韌帶、恥股韌帶、坐股韌帶）限制髋關節的伸展範圍而獲得穩定。
- 股骨頭的血管滋養管，主要來自於深股動脈分岐出來的內側和外側迴旋動脈的分枝。（支持帶上動脈superior retinacular artery，SRA；支持帶下動脈inferior retinacular artery，IRA）。

臨床相關

- 若退化性髋關節炎持續惡化的話，股骨頭會產生扁平化等變形現象。
- 股骨頸骨折後所發生的骨頭壞死，是因為骨折破壞了主要的血液循環路徑之緣故。
- 造成原發性股骨頭壞死的病因裡，其中最令人在意的是類固醇的使用、酒精中毒和飲酒過量等行為。[參考p.21]
- 關於柏哲斯病（Perthes disease）的治療，醫生會採用各種外展支架，以降低病患骨頭的負重並維持向心性。[參考p.22]
- 股骨頭生長板滑脫症，經常發生在體型肥胖的青春期男生身上。[參考p.22] 這個疾病是因為骨骺以生長板為界線往內側後方移位的緣故。

相關疾病

退化性髋關節炎、股骨頸骨折、原發性股骨頭壞死、柏哲斯病、股骨頭生長板滑脫症、股骨頭的分割性骨軟骨炎……等。

圖2-8 頸骨幹角和前傾角

要進行股骨頭的觸診，就必須先理解什麼是頸骨幹角和前傾角。在額狀面上股骨骨幹軸和股骨頸軸所形成的角度就是頸骨幹角，正常角度約130°。在水平面上股骨遠端橫軸和股骨頸軸所構成的角度就是前傾角，正常角度約14°。

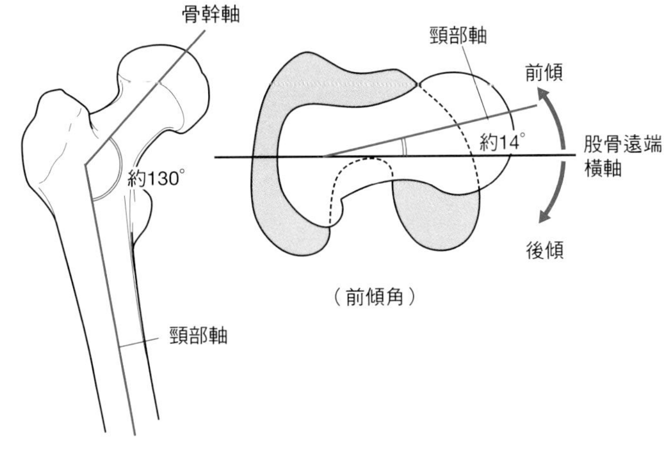

（頸骨幹角）

（前傾角）

圖2-9 髖關節的不同姿勢與骨頭覆蓋的差異

在髖關節呈伸展位（站姿）時，股骨頭的前端會適度地從髖臼頂露出。在髖關節呈屈曲位時，股骨頭則會完全包覆在髖臼頂裡。從骨骼和骨骼的協調度來看，人體在站立時，股骨頭的前方會出現不穩定的情形。

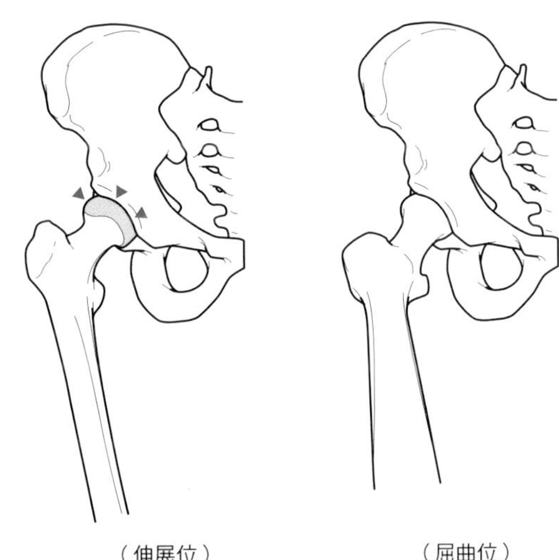

（伸展位）　（屈曲位）

圖2-10 髖關節周圍的韌帶

在髖關節呈伸展位時，股骨頭沒有被包覆到的部位，會藉由周圍的韌帶來取得穩定性。主要的韌帶有髂股韌帶、恥股韌帶和坐股韌帶，這些韌帶會將髖關節的伸展方向加以限制。

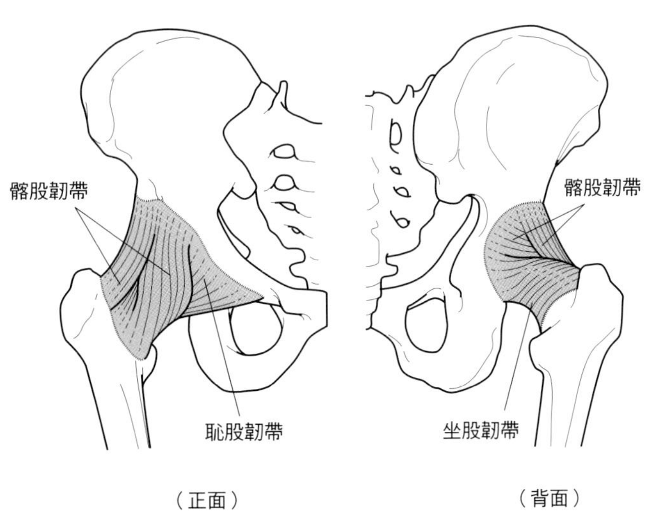

（正面）　（背面）

圖2-11　股骨頭的血管滋養管

股骨頭的血管滋養管共有三條，其中支持帶上動脈（SRA）和支持帶下動脈（IRA）是相當重要的血管。SRA和IRA是從內側回旋動脈分支出來的血管，而內側回旋動脈又是從深股動脈分支出來。股骨頸骨折後所產生的骨頭壞死，就是受到這些血管的受損程度所影響。

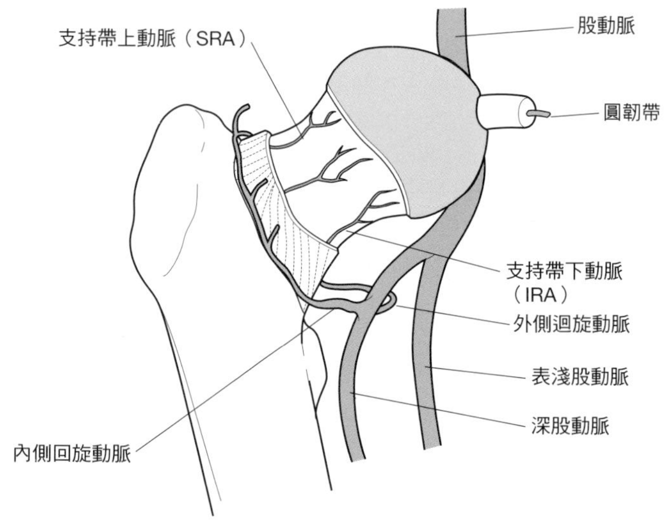

圖2-12　股骨頭的觸診①

對股骨頭進行觸診時，要讓病患仰躺在診斷床的邊端，而髖關節呈過度伸展位。首先，要確認大轉子的位置。

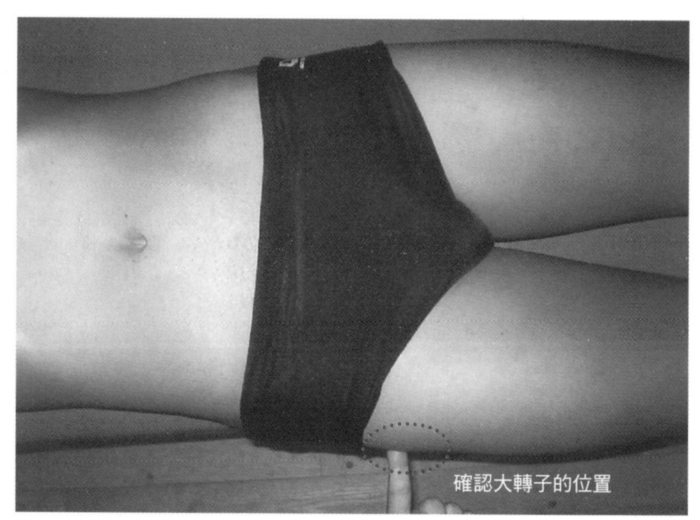

圖2-13　股骨頭的觸診②

頸骨幹角的正常角度是130°左右，觸診時要考量頸骨幹角的角度。在觸診了大轉子之後，將手指放在相對於股骨骨幹軸的內上方130°之處。

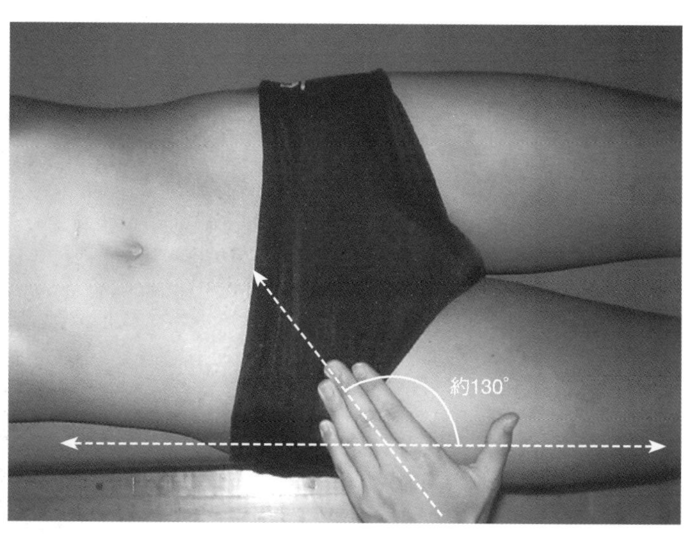

圖2-14　股骨頭的觸診③

讓病患進行髖關節過度伸展，如此就能觸摸到內部突出來的骨隆起，這個骨隆起就是股骨頭。

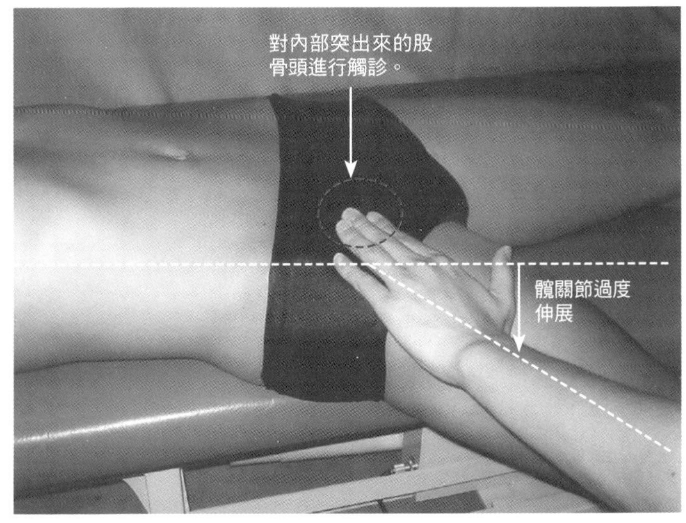

圖2-15　股骨頭的觸診④

因為髖關節呈過度伸展位，診療者才能觸摸到突出來的股骨頭。接著，讓髖關節進行屈曲，就能一併觸診股骨頭消失的狀態。

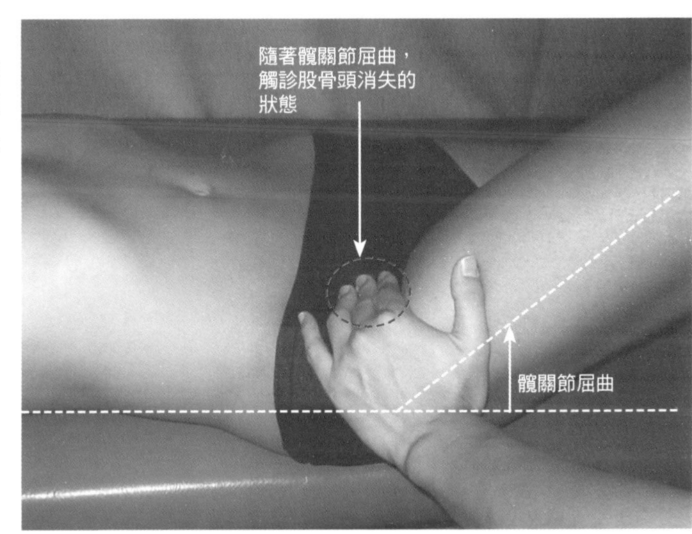

Skill Up

原發性股骨頭壞死

此症為原因不明的股骨頭大範圍缺血性壞死，經常發生在30歲～40歲的成年人，男女比率約為3：1，以男性患者居多。報告指出原發性股骨頭壞死的病因，與服用皮質類固醇、酒精中毒、飲酒過量等行為有關。MRI是相當有用的早期診斷方式。

根據X光片所做的病期分類[15)]

初期	僅股骨頭出現異常陰影（毛髮狀的陰影、帶狀骨硬化像）。關節空隙正常。
中期	骨頭出現塌陷損毀，但是髖臼頂沒有異狀。主要負重部位出現凹陷變形。
末期	髖臼頂也發生變化，出現續發性退化性髖關節炎症狀。

Skill Up

柏哲斯病[10、16、17]

柏哲斯病經常發生在3～8歲的男童，是一種股骨頭缺血性壞死（avascular necrosis），主要特徵有股骨頭塌陷變形以及生長板病變所造成股骨頸短縮等現象。此症多為單邊發病，病因不明。不過許多報告指出，柏哲斯病是與「股骨頭血液循環」這類解剖學因素有很大關聯。治療的基本原則在於維持骨頭的向心位置及非負重性，因此醫生會使用各種外展支架進行治療。

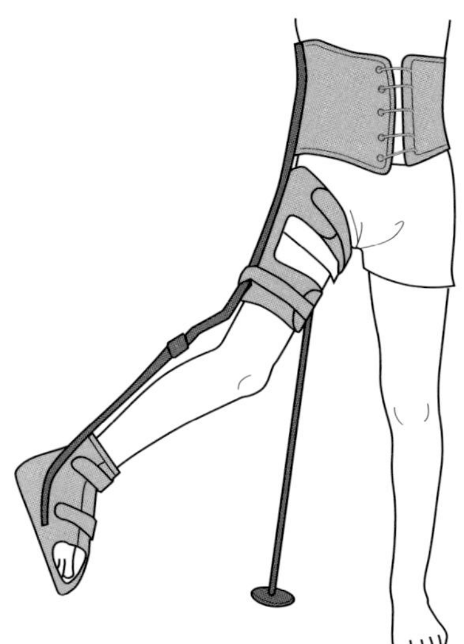
西尾式外展內旋位非負重性支架

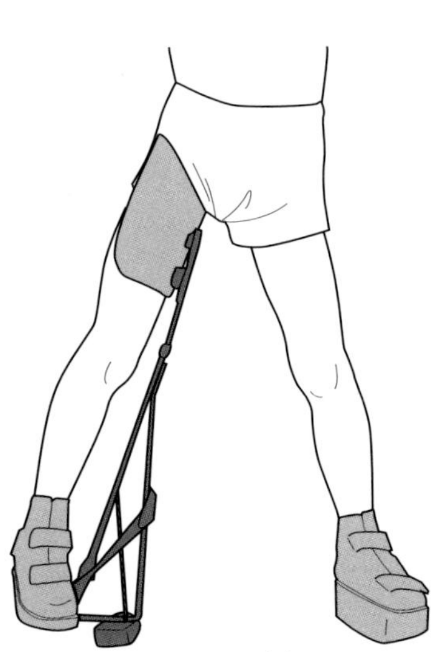
Tachdjian支架

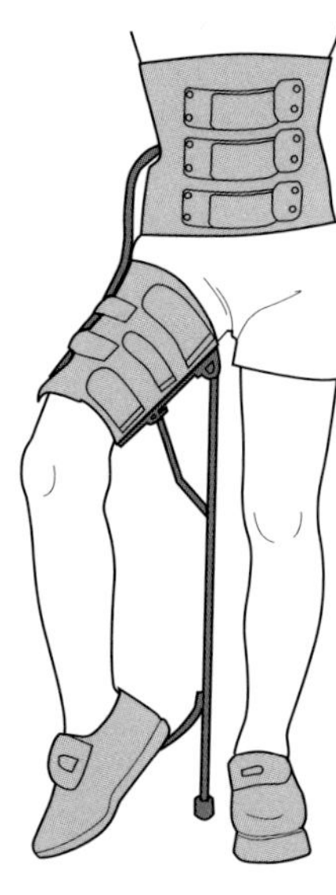
SPOC支架

股骨頭生長板滑脫症[18]

股骨頭生長板滑脫症經常發生在10～17歲的青春期男性，是因為「骨骺以股骨頸上的生長板為界線往內側後方移位」所致。發病對象大多是生殖器發展緩慢的肥胖者。Drehmann徵象呈陽性反應。

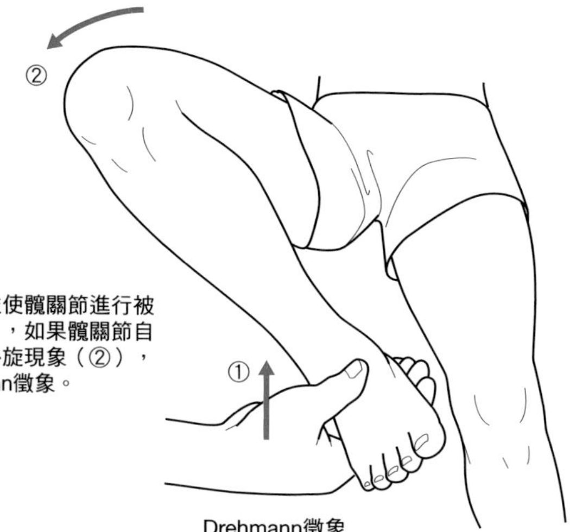

讓病患仰臥並使髖關節進行被動屈曲（①），如果髖關節自然出現外展外旋現象（②），稱為Drehmann徵象。

取自文獻18）

Drehmann徵象

膝蓋骨 patella

解剖學上的特徵

- 膝蓋骨被包覆在股四頭肌裡，是人體最大的種子骨。
- 膝蓋骨構成了股骨髕面和髕骨－股骨關節。
- 膝蓋骨的上端為髕骨基部；膝蓋骨的下端為膝蓋骨尖，呈尖端狀。
- 膝蓋骨的後面幾乎全是軟骨。以膝蓋骨的中央隆起部位為分界，可區分成內側面和外側面，一般來說外側面的面積比較大。
- 膝蓋骨、股四頭肌以及髕骨韌帶是構成膝關節伸展機制的必要因素。
- 當膝關節呈伸展位時，膝蓋骨的下端部位幾乎位於膝關節間隙（譯者註:又稱膝關節空隙）上。

臨床相關

- 膝蓋骨會延長股四頭肌的力臂，因此股四頭肌才能更有效率地發揮伸展力。
- 膝蓋骨往遠側移動時所產生的滑動障礙，是造成膝關節屈曲受限的主要原因之一。
- 跳躍膝（jumper's knee）的特徵是膝蓋骨尖的周圍出現壓痛現象。
- 髕骨分裂（譯者註：髕骨俗稱膝蓋骨）患者出現疼痛的感受，是因為「大腿外側部位，主要是股外側肌發生緊繃現象」所致，這點相當值得注意。
- 髕骨-股骨關節疼痛症候群的患者，在上下階梯時經常會感到疼痛。
- anterior knee pain是一種「膝蓋骨外側出現不穩定因而引發膝關節疼痛」的症狀，又稱為髕骨軟骨軟化症。
- 膝蓋骨的橫向骨折代表著膝關節的伸展結構出現問題，大多會進行外科手術治療。
- 膝蓋骨長軸與膝蓋骨尖至脛骨粗隆的長度，大約為1：1。

相關疾病

膝蓋骨骨折、髕骨-股骨關節疼痛症候群、跳躍膝、疼痛性二分髕骨[參考p.25]、髕骨脫臼、anterior knee pain syndrome、拉森強森症（Larsen-johansson）、髕骨高位、髕骨低位、膝關節緊縮……等。

圖3-1　膝蓋骨的解剖圖（右側）

膝蓋骨位於膝關節的前方並被包覆在股四頭肌肌腱裡。膝蓋骨是人體最大的種子骨，並且構成了股骨髕面和髕骨-股骨關節。膝蓋骨的上端稱為髕骨基部，下端稱為膝蓋骨尖。膝蓋骨的後面幾乎被關節軟骨所覆蓋著。以膝蓋骨的中央隆起部位為分界，可區分成內側面和外側面。

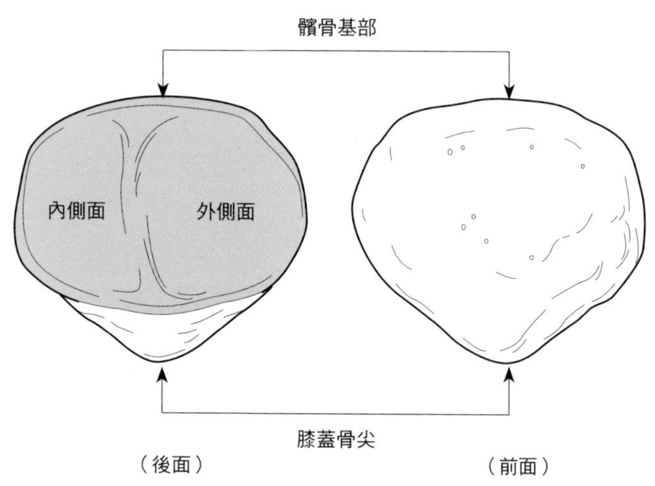

圖3-2　髕骨-股骨關節在屈曲時所產生的接觸面積之變化（右側）

左圖為髕骨－股骨關節及翻轉後的膝蓋骨。髕骨－股骨關節面的外觀呈凹面狀，這個形狀會和膝蓋骨後方吻合。右圖是膝關節的屈曲角度，以及膝蓋骨和髕骨－股骨關節之間接觸面積的變化。膝蓋骨會從股骨髕面的近端移向遠端，當膝關節屈曲超過90°以上時，膝蓋骨就會碰觸到股骨的內外側緣。

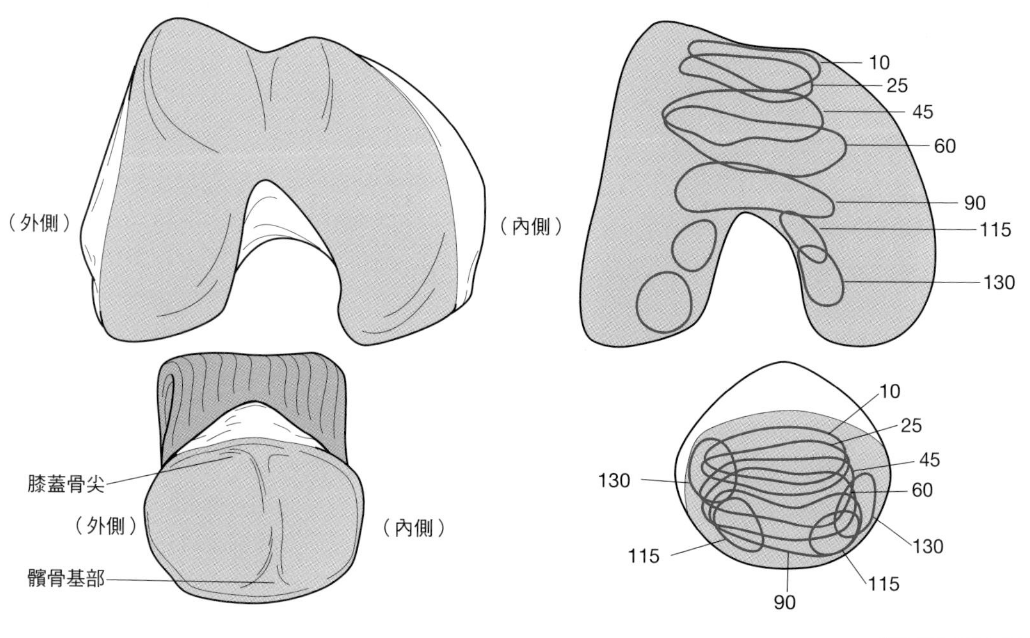

修改自文獻19-21）

圖3-3 膝蓋骨的觸診①

對膝蓋骨進行觸診時，要讓病患呈長坐姿並使膝關節伸展。在觸診膝蓋骨時，診療者不能只觸診一邊的膝蓋骨緣，而是要從兩邊同時進行觸診，如此一來膝蓋骨就不會移動，便能順利進行觸診。

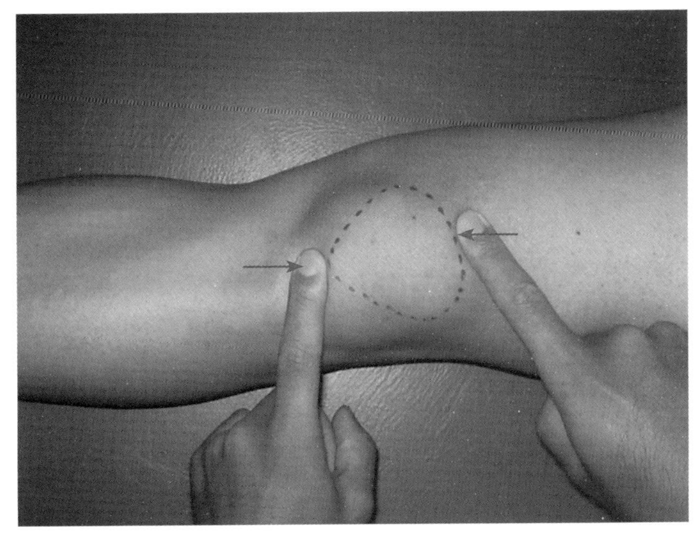

圖3-4 膝蓋骨的觸診②

當膝關節呈伸展位時（股四頭肌鬆弛），正常情況下的膝蓋骨尖是位於膝關節間隙上，這點在掌握膝蓋骨位置時是很有用的。

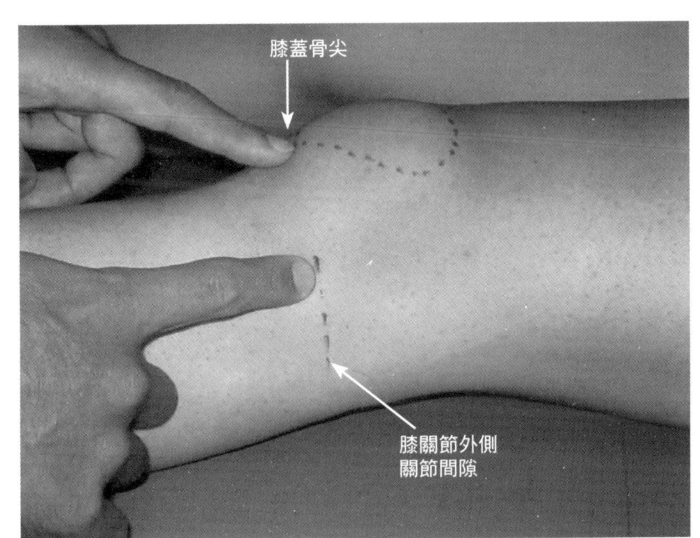

Skill Up

疼痛性二分髕骨[22-24)]

先天性膝蓋骨出現二塊以上的分裂，稱為髕骨分裂。分裂部位因為反覆牽引而引發疼痛現象，稱為疼痛性二分髕骨。根據Saupe-Schaer的分類法，疼痛性二分髕骨共有5種，其中Ⅲ型（外側上方）最為常見。

Saupe-Schaer的分類

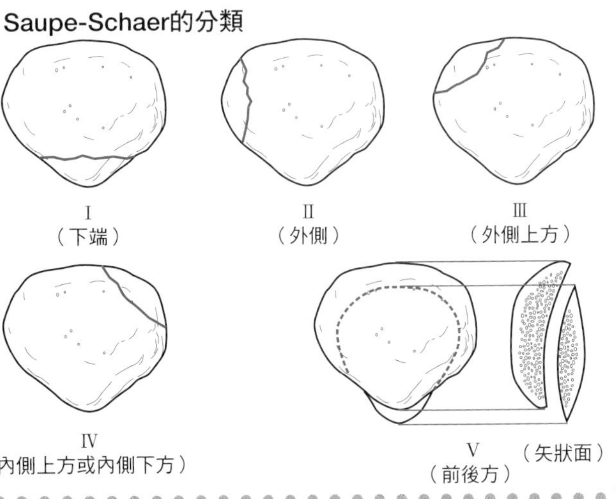

3 膝關節周邊 around the knee joint

股骨內髁 medial condyle of the femur
股骨外髁 lateral condyle of the femur
脛骨內髁 medial condyle of the tibia
脛骨外髁 lateral condyle of the tibia

解剖學上的特徵

- 股骨的遠端部位有二個大的圓形鼓起物，內側的稱為內髁，外側的稱為外髁。股骨內髁、股骨外髁會與脛骨共同構成股骨脛骨關節。
- 股骨內髁和股骨外髁呈前後拉長的橢圓形。當膝關節呈伸展位時，其關節面非常地吻合。
- 股骨內髁的表面積比股骨外髁大一倍。
- 脛骨的近端部位可分為內髁和外髁。脛骨內髁和脛骨外髁的上端會和股骨髁部形成關節。
- 脛骨內髁的關節面是呈中央塌陷的凹面狀。
- 脛骨外髁的關節面表面平坦，而且往後方傾斜。

臨床相關

- 內側型退化性膝關節炎是因股骨內髁及脛骨內髁的關節軟骨受到破壞所致，一般稱為O形腿。相反地，若是股骨外髁和脛骨外髁的關節軟骨受到破壞的話，就會形成X型腿。[參考p.30]。
- 在膝關節進行屈曲運動和伸展運動時，股骨髁部的關節面會對著脛骨的關節面進行「滾動－滑動（rolling-sliding）」的複合運動，而這個複合運動會藉由十字韌帶進行調整。
- 發生在膝關節上的分割性骨軟骨炎，經常病發於股骨內髁髁間窩上的關節面。
- 接受過半月板切除術後的病患，在經過一段長時間之後大多會出現續發性退化性膝關節炎。
- 膝蓋部位的自發性骨壞死，大多是因為股骨內髁的荷重部位出現骨頭壞死所致。

相關疾病

退化性膝關節炎、膝蓋分割性骨軟骨炎、膝蓋自發性骨壞死、神經病變性關節病變（Charcot joint）、血友病性關節病變、假痛風、屈反膝、Blount disease……等。

圖3-5　股骨脛骨關節

股骨脛骨關節是由股骨內髁對應脛骨內髁，股骨外髁對應脛骨外髁所形成的。股骨髁部的關節面是從前方往後方擴展。另一方面，脛骨的關節面位於脛骨的上方，與股骨髁部相較之下甚為狹窄。半月板位於股骨脛骨關節之間，能使股骨和脛骨之間更加吻合。

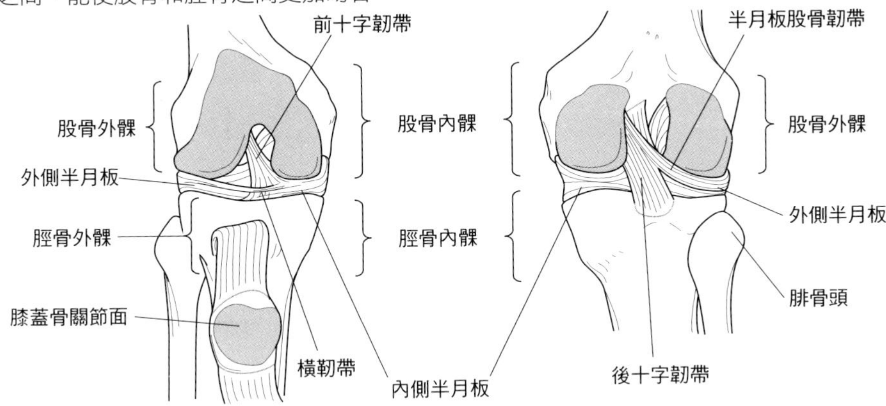

圖3-6　膝關節上所進行滾動－滑動的複合運動

股骨脛骨關節上的各個接觸點會隨著膝關節屈曲而往後方移動。股骨上的接觸點1～3及脛骨上的接觸點1'～3'，兩者的距離差是因為滑動運動的緣故。這個複合運動會藉由十字韌帶進行調整。隨著膝關節屈曲，股骨髁部會往後方移動，此為向後滑動（roll back）機制。

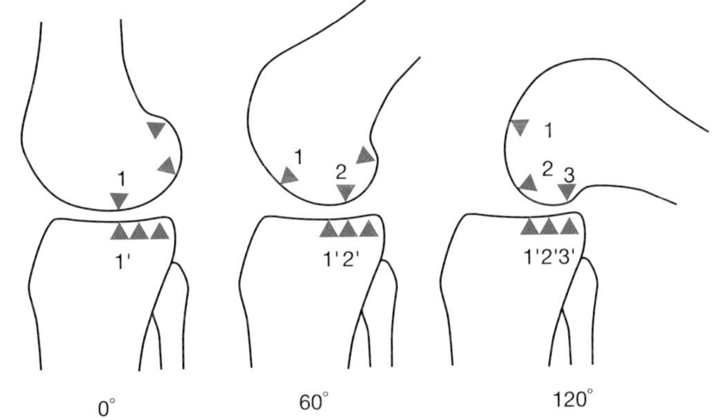

圖3-7　脛骨髁部的關節面特徵（右側）

脛骨髁部的關節面分為內側和外側，形狀各有不同。內側髁關節面呈中央凹陷的窩狀，因此在進行複合運動時，股骨內髁的滑動比率較高。另一方面，外側髁關節面表面平坦並且朝後下方傾斜，因此股骨外髁的滾動比率較高。

脛骨粗隆

內側髁關節面

・內側髁關節面中央凹陷，呈窩狀。

外側髁關節面

・外側髁關節面表面平坦，而且朝後下方傾斜。

髁間隆起

圖3-8　觸診股骨髁部和脛骨髁部的手指位置

對股骨髁部和脛骨髁部進行觸診時，診療者要將手指放在髕骨韌帶的兩端，若指腹朝向上方就能觸摸到股骨髁部（左圖），而指腹朝向下方就能觸摸到脛骨髁部（右圖）。

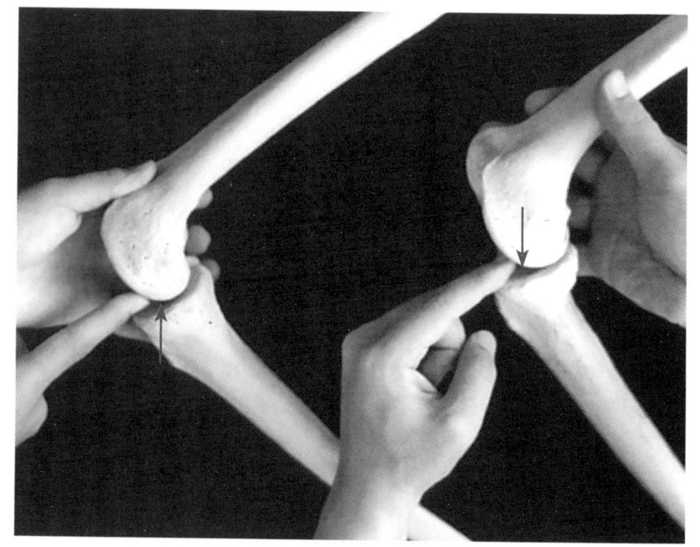

圖3-9　股骨內髁的觸診①

對股骨內髁進行觸診時，要讓病患仰臥並使膝關節呈90°屈曲。診療者要將手指放在髕骨韌帶的內側，指腹朝向股骨就能觸診到內髁的弧面。

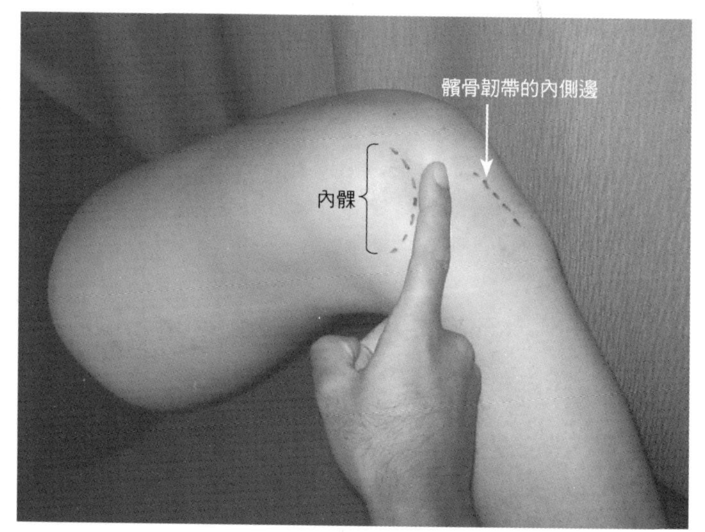

圖3-10　股骨內髁的觸診②

接著，手指沿著股骨內髁的圓弧形往後方移動，如此就能觸診到股骨內髁和脛骨內髁之間的內側關節間隙。觸診途中會碰到內側副韌帶，因而使關節空隙變得不明顯，不過只要將手指朝後方直線移動，就能再次觸診到明顯的關節空隙。

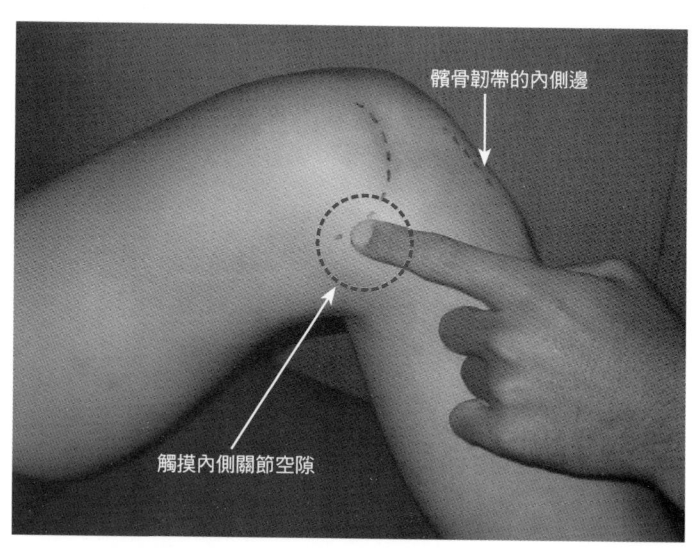

圖3-11　脛骨內髁的觸診

脛骨內髁的觸診姿勢和股骨內髁相同。診療者要將手指放在髕骨韌帶的內側，指腹朝向脛骨就能觸摸到表面平坦並且朝後方直線延伸的脛骨內髁。如果繼續往後方觸診的話，就能觸摸到內側膝關節間隙。

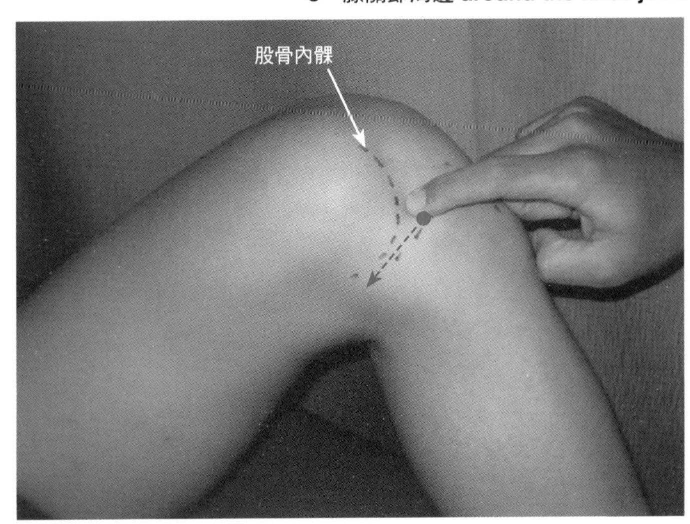

圖3-12　股骨外髁的觸診①

對股骨外髁進行觸診時，要讓病患仰臥並使膝關節成90°屈曲。診療者要將手指放在髕骨韌帶的外側，指腹朝向股骨就能觸診到外髁的弧面。

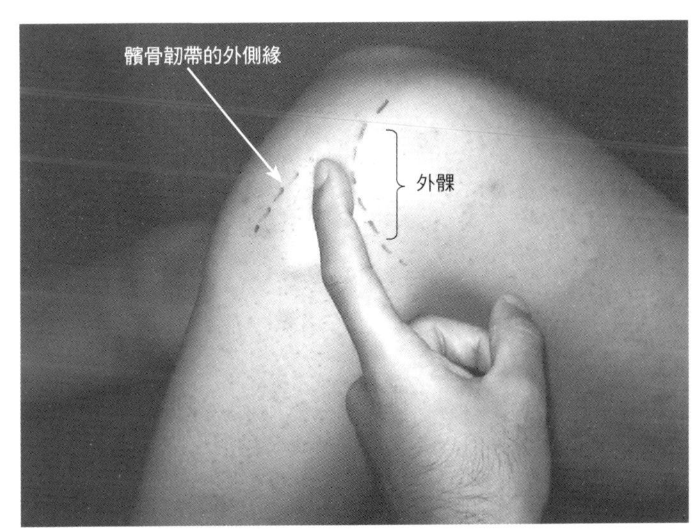

圖3-13　股骨外髁的觸診②

接著，手指要沿著股骨外髁的圓弧形往後方移動，如此就能觸診到股骨外髁和脛骨外髁之間的外側關節空隙。觸診途中會碰到外側副韌帶，使關節空隙會變得不明顯，不過因為外側副韌帶的寬度比內側副韌帶狹窄，所以手指往後方移動一下就能觸摸到關節空隙。

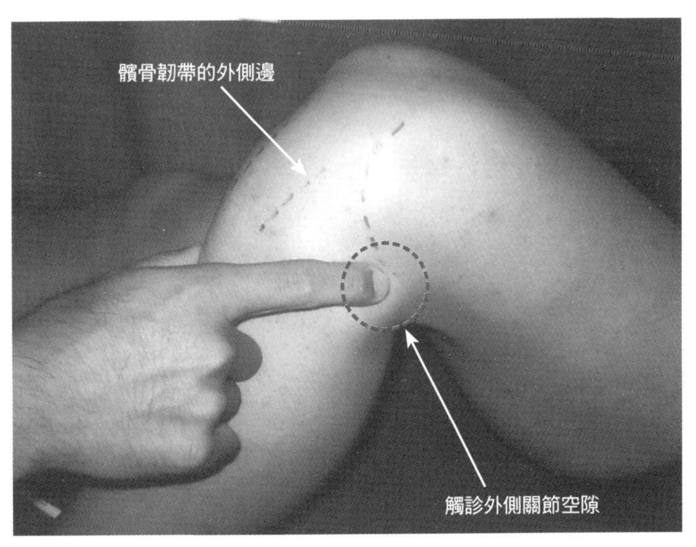

圖3-14　脛骨外髁的觸診

對脛骨外髁進行觸診時，診療者同樣要將手指放在髕骨韌帶的外側，指腹朝向脛骨就能觸摸到平坦而且往後方直線延伸的脛骨外髁。如果繼續往後方觸診的話，就能觸摸到內側膝關節間隙。

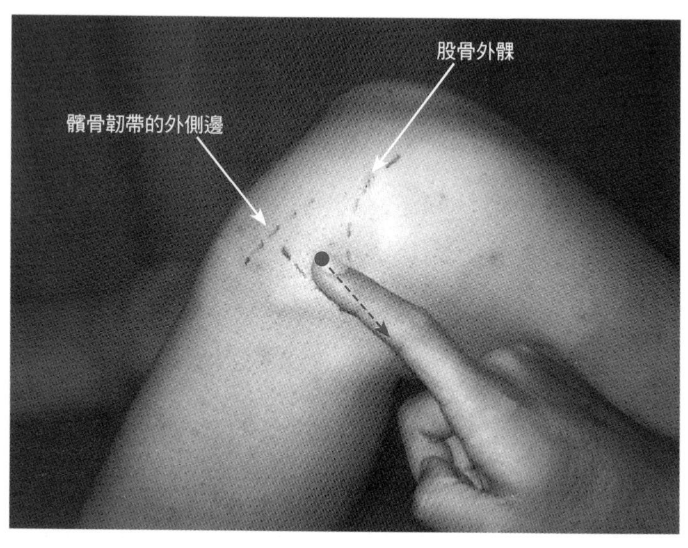

Skill Up

退化性膝關節炎[25)]

退化性膝關節炎（osteoarthritis）是因為「關節軟骨出現退化變化後，引發力學的不平衡現象」所致。此外，骨頭和軟骨還會出現續發性的新生變化和增生變化，是一種慢性關節疾病。這種退化情形發生在膝關節時，稱為退化性膝關節炎。

在退化性膝關節炎的病例裡，原發性關節病變占了百分九十，女性發病率為男性的3～4倍，以女性病患居多。退化性膝關節炎大多屬內側型，從外觀來看會有內翻變形的現象。退化性膝關節炎的病徵如下：活動時會覺得疼痛、內側空隙有壓痛現象、屈曲緊縮、走路時會出現外側推進現象（lateral thrust）等等。

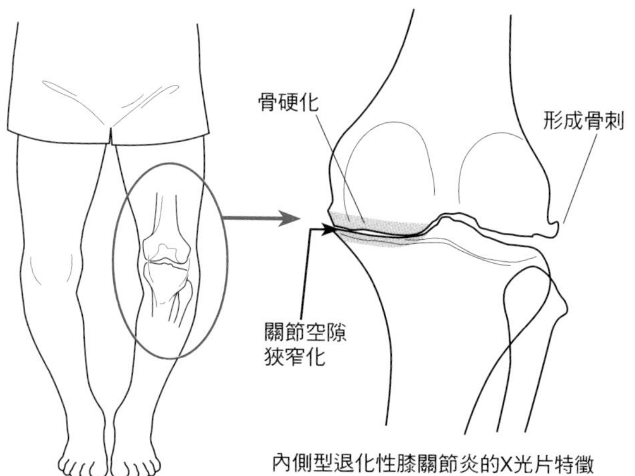

內側型退化性膝關節炎的X光片特徵

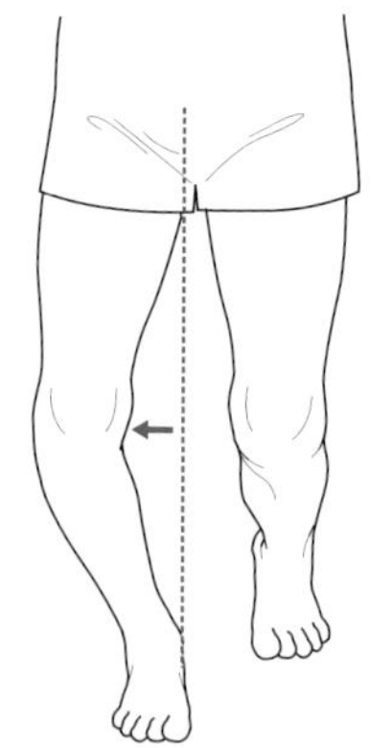
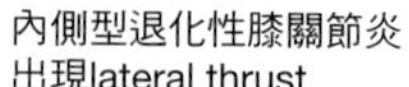

內側型退化性膝關節炎
出現lateral thrust

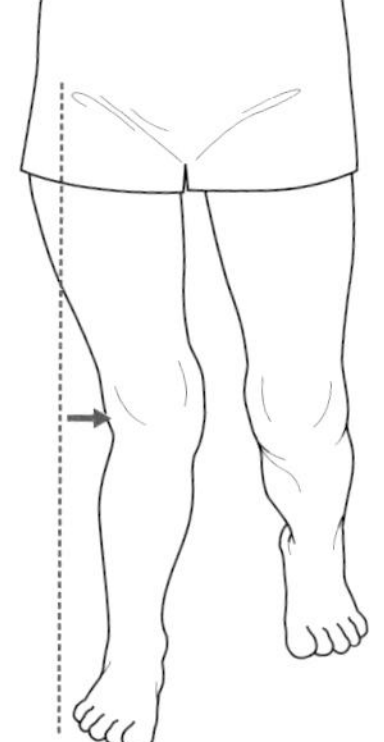

外側型退化性膝關節炎
出現medial thrust

走路時出現側邊推進（thrust）現象，仔細觀察腳底觸地到站立中期的動作就能發現。

3 膝關節周邊 around the knee joint

股骨內上髁 medial epicondyle of the femur
股骨外上髁 lateral epicondyle of the femur
內收肌結節 adductor tubercle

解剖學上的特徵

- 股骨內髁及股骨外髁的側後方約1/3處的突起物，分別稱為股骨內上髁及股骨外上髁。
- 股骨內上髁位於股骨外上髁的後上方，因此股骨內上髁和外上髁的連線是無法平行於地面。
- 股骨內上髁是內側副韌帶的起端，也是腓腸肌內側頭的起端。
- 股骨外上髁是外側副韌帶的起端，也是腓腸肌外側頭及膕肌的起端。
- 股骨內上髁上方及內側唇下端的骨隆起，稱為內收肌結節。內收大肌的止端就位於內收肌結節。

臨床相關

- 股骨內上髁及股骨外上髁可以做為肢長測量的定位點。
- 膝關節的屈伸軸就是股骨內上髁和股骨外上髁的連線，這條連線會往內側後上方傾斜。因此當膝關節屈曲時，會自動產生內旋運動；當膝關節伸展時，則會自動產生外旋運動，這個現象稱為螺旋機轉（screw home movement）。
- 內側副韌帶受到牽引力而產生的撕裂性骨折，並不會發生在脛骨上，而只會出現在股骨內上髁，這個現象跟內側副韌帶的附著方式有關。
- 股骨外上髁和髂脛束摩擦所引起的病症，稱為髂脛束摩擦症候群。依不同的情況，若要使髂脛束完全伸展的話，就必須利用矯正鞋墊來進行列位調整。

相關疾病

退化性膝關節炎、股骨外上髁撕裂性骨折、外側副韌帶著骨點損傷、髂脛束摩擦症候群、股骨內上髁撕裂性骨折、內側副韌帶著骨點損傷、內收肌結節著骨點炎……等。

圖3-15　膝關節屈伸軸的傾斜方向

股骨內上髁及股骨外上髁的連線，一般被視為膝關節的屈伸軸。股骨內上髁位於股骨外上髁的後上方，因此膝關節的屈伸軸會往內側後上方傾斜。以膝關節的屈伸軸作為中心，膝蓋屈曲時會產生內旋運動，而膝蓋伸展時會產生外旋運動。

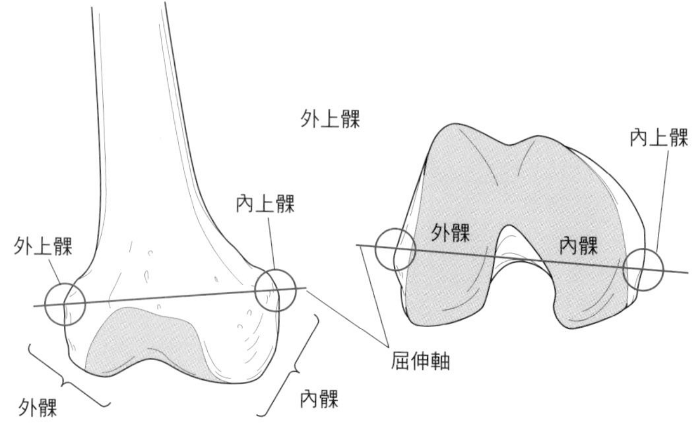

圖3-16　股骨內上髁及外上髁的觸診①

對股骨內上髁及外上髁進行觸診時，要讓病患仰臥並使膝關節成90° 屈曲。診療者要從兩邊夾住股骨髁部的內外側並輕輕施加壓迫，以觸診最突出的骨隆起。這二個骨隆起分別是股骨內上髁及外上髁。

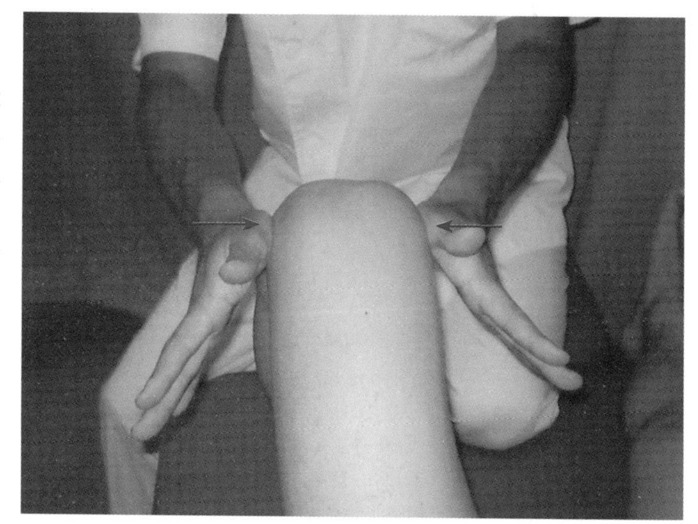

圖3-17　股骨內上髁及外上髁的觸診②

在確認出股骨內上髁及外上髁後，診療者將指尖分別放在股骨內上髁及外上髁，並從前方進行觀察，以確認額狀面上股骨內上髁及外上髁的連線是否會往內側上方傾斜。

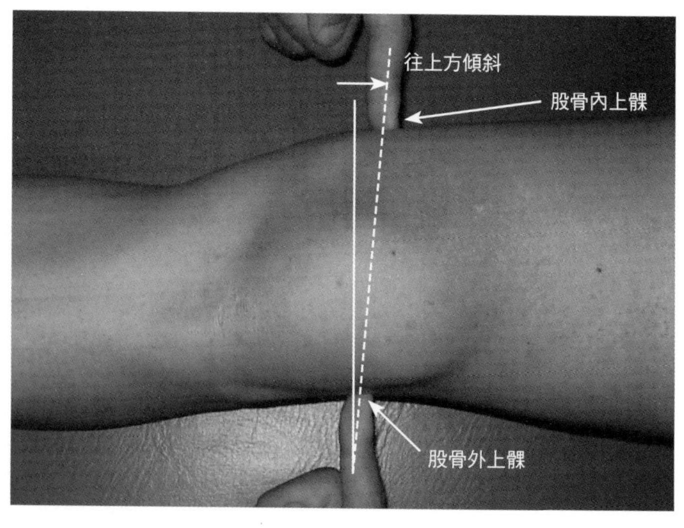

圖3-18 股骨內上髁及外上髁的觸診③

診療者將指尖分別放在股骨內上髁及外上髁，並從上方進行觀察，以確認水平面上股骨內上髁及外上髁的連線是否會往內側後方傾斜。

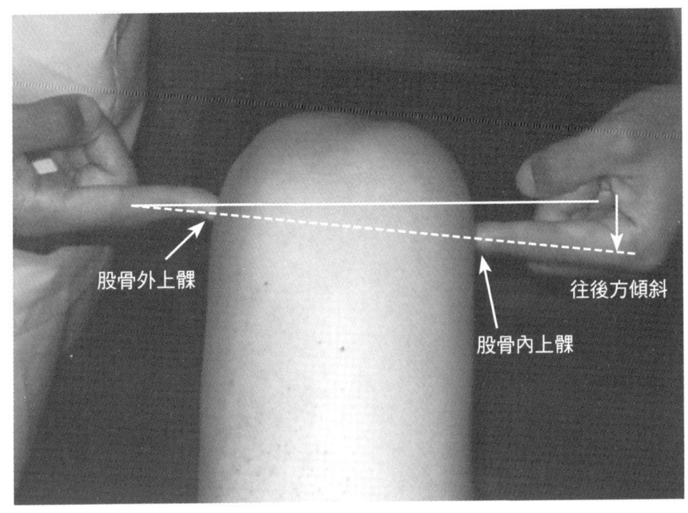

圖3-19 內收肌結節的觸診①

對內收肌結節進行觸診時，要讓病患仰臥並使膝關節成90° 屈曲。在觸摸到股骨內上髁之後，手指朝近端後移1根手指寬，如此就能觸摸到隆起的骨頭，此為內收股結節。

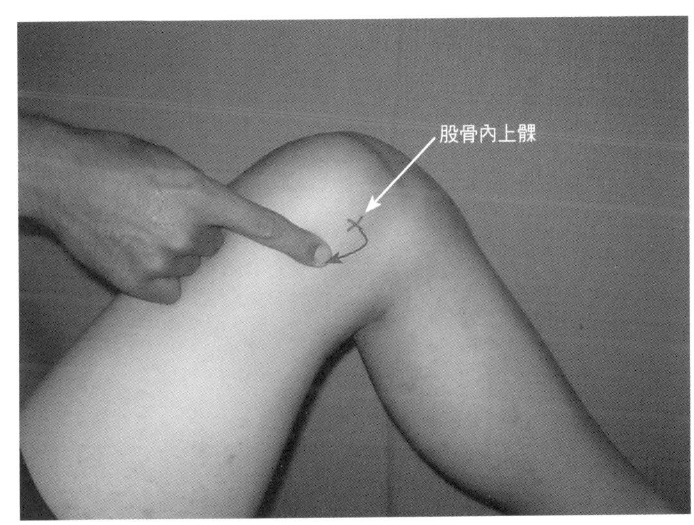

圖3-20 內收肌結節的觸診②

在觸診內收肌結節時，要指示病患進行髖關節外展（abduction），如此就能觸診內收大肌的緊繃狀態。接著，讓病患的髖關節呈伸展內收位，如此就能觸摸到內收大肌緊繃狀態的消失。

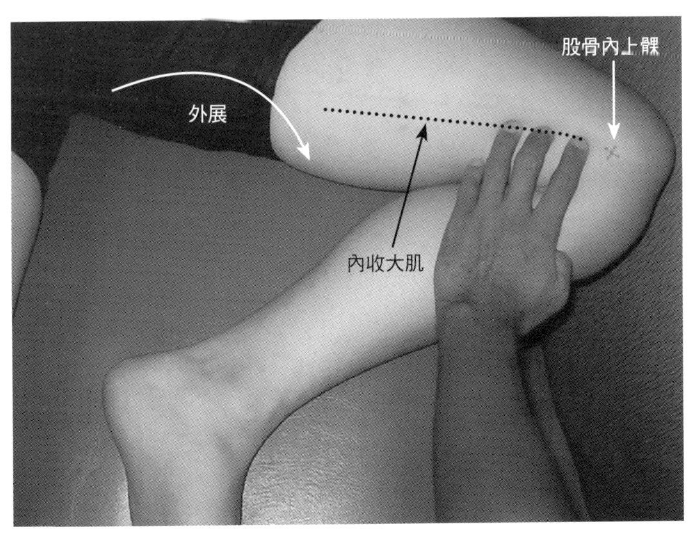

脛骨粗隆 tibial tuberosity

解剖學上的特徵

- 脛骨粗隆是位於脛骨近側前方的大塊骨隆起，而髕骨韌帶就附著脛骨粗隆。
- 股直肌的長軸和膝蓋骨中心點至脛骨粗隆連線之交角，稱之為Q角（Q-angle）。在膝蓋骨脫臼等病症裡，Q角可作為髕骨-股骨關節的穩定性指標。

臨床相關

- 發生在成長期青少年的膝部運動傷害裡，最具代表性的是奧斯戈德氏症（Osgood-Schlatter disease），即脛骨粗隆腫脹並會因運動而誘發疼痛[參考p.36]。
- 在脛骨粗隆發生外側偏移的病例裡，由於脛骨粗隆的外側偏移最終會造成Q角的角度增加，反而會使膝蓋骨更容易發生脫臼。
- 關於髕骨-股骨關節疼痛症候群這類不好醫治的疾病，醫生為了要減輕髕骨-股骨關節的接觸應力，會選擇使用讓脛骨粗隆前移的手術（脛骨粗隆前移：Maquet手術）。

相關疾病

奧斯戈德氏症、膝蓋骨不穩定症、髕骨-股骨關節疼痛症候群……等。

圖3-21　脛骨粗隆周圍解剖圖

脛骨粗隆是位於脛骨近側前方的骨隆起，而髕骨韌帶就附著在脛骨粗隆。脛骨粗隆的外側部位有Gerdy結節，而髂脛束就附著於Gerdy結節。另外，在脛骨粗隆的內側部位則為鵝足肌群（縫匠肌、股薄肌、半腱肌）的止端。

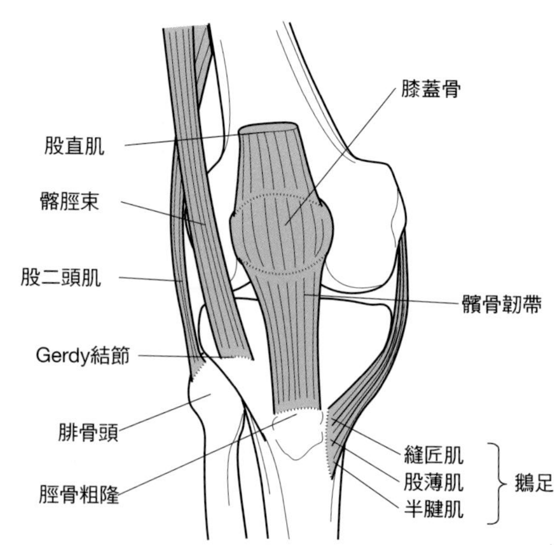

圖3-22 Q角及膝蓋骨不穩定

股直肌的長軸和膝蓋骨中心點至脛骨粗隆連線之交角，稱之為Q角。膝蓋骨外側不穩定的指標就在於Q角上。例如，當脛骨粗隆發生外側偏移時，即使股直肌同樣會出現收縮力，但是因為往外側方向的合力增加，反而容易引發膝蓋骨脫臼。

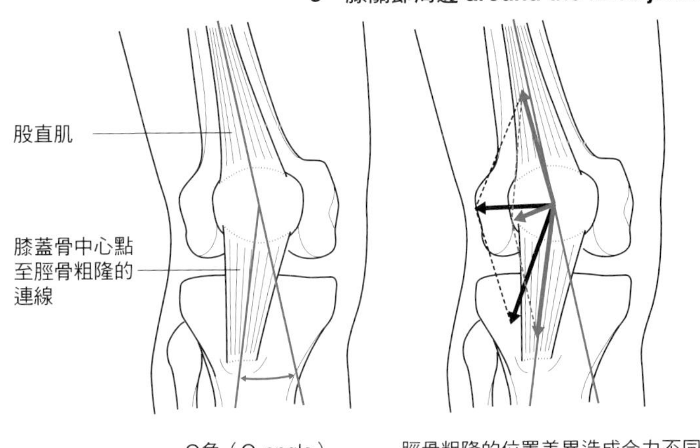

圖3-23　脛骨粗隆的觸診①

對脛骨粗隆進行觸診時，要讓病患仰臥。診療者要沿著脛骨前緣往近側方向移動，針對前方突出的骨隆起進行觸診，這個骨隆起就是脛骨粗隆。

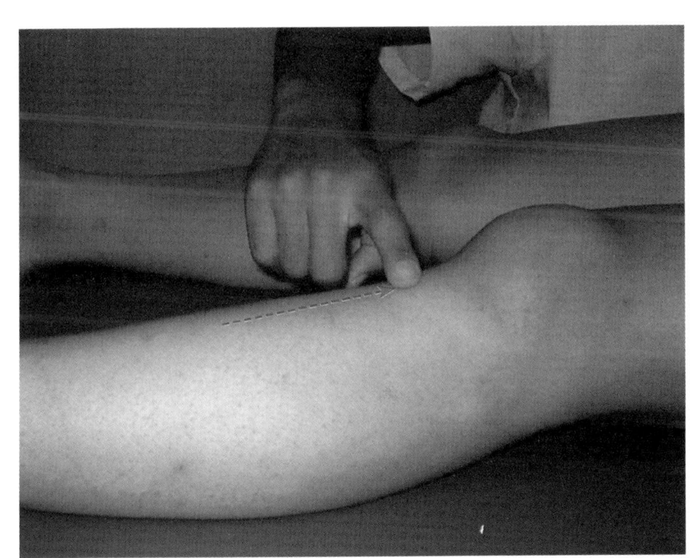

圖3-24　脛骨粗隆的觸診②

診療者將手指繼續放在脛骨粗隆上，並且讓病患進行直膝抬腿運動。隨著運動的進行，就能在脛骨粗隆上觸摸到緊繃的髕骨韌帶。

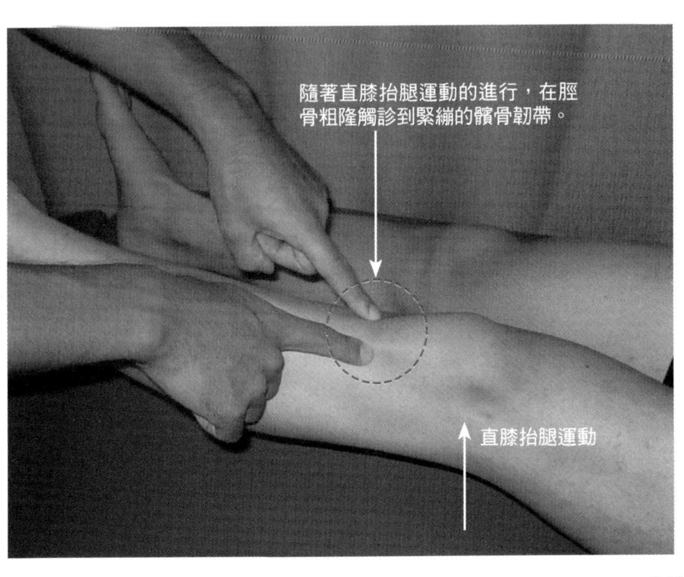

圖3-25　確認Q角的角度（左腳）
將病患的膝蓋骨中心點與脛骨粗隆連成一線，接著再畫出股直肌肌腱的長軸，這二條直線交叉而成的角度稱為Q角。在治療膝蓋骨不穩定症時，最好時常檢查Q角。

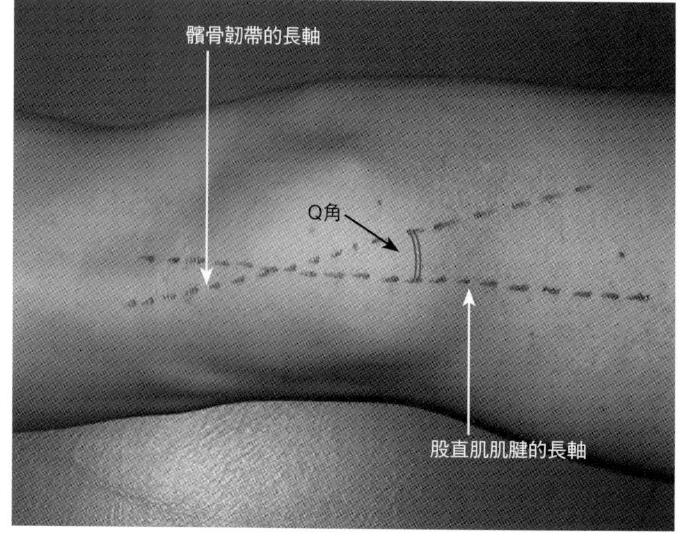

Skill Up

奧斯戈德氏症[26、27]

奧斯戈德氏症經常發生在10～15歲左右的青少年，是成長期最具代表的運動傷害。在脛骨粗隆仍存有骨骺核（epiphyseal nucleus）時，由於股四頭肌反覆受到牽引刺激所引起的病症。因此，讓股四頭肌獲得舒緩，就能有效改善奧斯戈德氏症。但是不同的療法也可能會造成股四頭肌伸展，反而使股四頭肌受到牽引刺激進而導致病情惡化，這點必須特別注意。一般會依據Ehrenborg分類表判讀X光片。

在股直肌的短縮測試裡，最明顯的症狀就是臀部抬高，這是因為「骨盆前傾容易出現代償運動」的緣故。此外，即使股直肌沒有出現短縮現象，但是陰性化的情形還是相當多。[參考p.158]將骨盆固定於最大後傾位，從膝關節的可動範圍就能有效看出股直肌的短縮程度。

Ehrenborg分類表

Cartilaginous stage：脛骨粗隆尚未出現骨骺核。
Apophyseal stage：脛骨粗隆出現骨骺核。
Epiphyseal stage：骨骺核和脛骨部分產生癒合並且形成舌狀骨。
Bony stage：骨骺核封閉。

腓骨頭 head of fibula

解剖學上的特徵

- 腓骨的形狀比脛骨細，而且沒有和股骨連結在一起。腓骨在近端部分形成肥大的角錐體，此為腓骨頭。腓骨頭的內側部位和脛骨會構成關節（近端脛腓關節）。
- 腓骨頭的外側部位有股二頭肌附著，前方部位有腓骨長肌和伸趾長肌附著，而後方部位則有局部的比目魚肌附著。
- 腓骨頭不僅是外側副韌帶的止端，而且腓骨頭還會經由腓骨頭前韌帶和腓骨頭後韌帶而使近端脛腓關節獲到穩定。

臨床相關

- 在嚴重O型腿的X光片裡，大多可以觀察到腓骨頭有出現向上延伸的骨贅，這是「內翻負荷影響外側副韌帶牽引（traction force）」的緣故。
- 股二頭肌反復受到機械性刺激，有時會導致腓骨頭產生著骨點炎。不過，和鵝掌肌滑囊炎等疾病相比，腓骨頭的著骨點炎發病機率少，容易被忽略。當膝關節的後外側出現疼痛時，進行外側半月板損傷等鑑定是相當重要的。
- 腓總神經通過腓骨頭的遠端部位。因此，在使用小腿支架或對小腿進行牽引時，必須留意是否有神經麻痺的情況。

相關疾病

腓骨頭骨折、近端脛腓關節脫臼、退化性膝關節炎、股二頭肌著骨點炎、腓骨神經麻痺……等。

圖3-26　腓骨頭及附著肌肉的解剖圖

外側副韌帶附著於腓骨頭。此外，腓骨頭前韌帶和腓骨頭後韌帶也會附著於腓骨頭，這兩條韌帶是與近端脛腓關節穩定有關的韌帶。腓骨頭的外側部位有股二頭肌附著，前方部位有腓骨長肌和伸趾長肌附著，而後方部位則有部分比目魚肌附著。

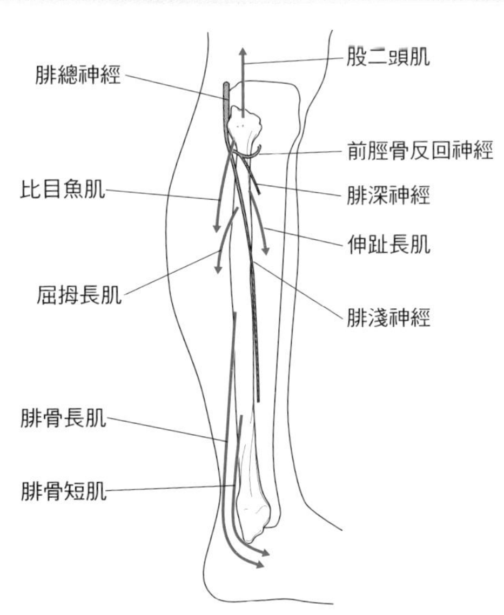

圖3-27　腓骨頭與脛骨的相對位置

腓骨頭的位置並不是在脛骨外髁的外側，比較正確的説法是在脛骨外髁的後方。（圖中手指所指的位置）。在一般解剖圖裡，我們總會覺得腓骨頭似乎位於脛骨外側，其實應該是位於脛骨粗隆的對面，而脛骨外髁則是夾在腓骨頭和脛骨粗隆之間。

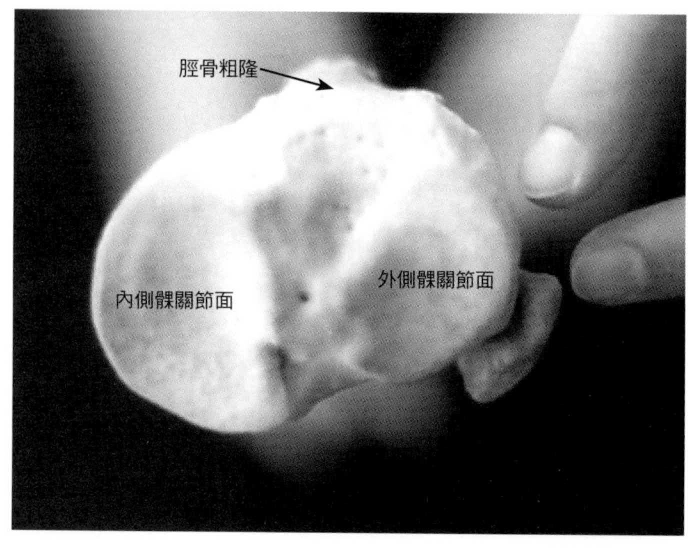

圖3-28　腓骨頭的觸診①

對腓骨頭進行觸診時，要讓病患仰臥並使膝關節呈約90°屈曲。診療者的手指要從脛骨外髁往後方移動以觸診腓骨頭。

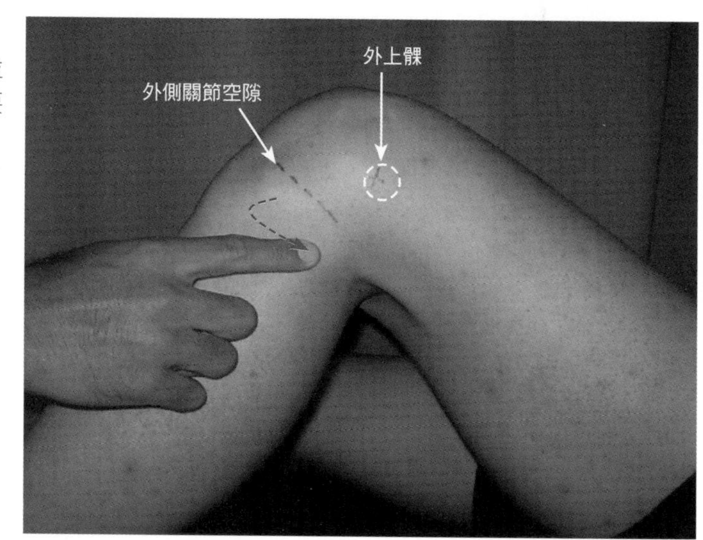

圖3-29　腓骨頭的觸診②

股二頭肌附著於腓骨頭。診療者要指示病患進行膝關節屈曲運動，並且對股二頭肌肌腱的止端「腓骨頭」進行確認。

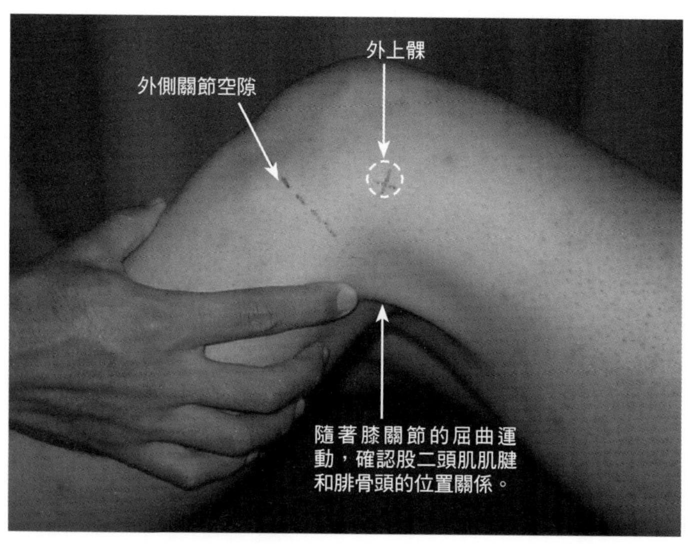

內側腳踝 medial malleorus
外側腳踝 lateral malleorus
踝關節 talocrural joint

解剖學上的特徵

- 脛骨內側遠端部位的骨隆起，稱為內側腳踝。
- 腓骨遠端部位的骨隆起，稱為外側腳踝。
- 內側腳踝、下關節面和外側腳踝，這三個部分會構成踝關節的套筒，而距骨滑車則會嵌入這個套筒裡構成踝關節。這個套筒稱為mortise，而距骨滑車則稱為tenon。
- 內側腳踝和外側腳踝的連線就是踝關節軸，踝關節軸是背屈運動及蹠屈運動的運動軸。
- 內側腳踝位於外側腳踝的前側上方，所以踝關節軸不會垂直於矢狀面。因此，蹠屈運動及背屈運動在矢狀面的位置是無法一致的。
- 內側腳踝的後方有脛後肌肌腱通過，外側腳踝的後方則有腓骨長肌腱和腓骨短肌腱通過，這些肌腱會利用腳踝作為滑車進行作用方向的轉換。
- 踝關節背屈運動是指距骨嵌入mortise的運動，而踝關節蹠屈運動則是指距骨從mortise突出的運動。

臨床相關

- 內側腳踝及外側腳踝可作為肢長測量的定位點。
- 內側腳踝或外側腳踝的骨折屬於關節內的骨折，為了達到解剖復位，大多數的情況都會開刀治療。
- 脛骨下關節面出現的骨折線，稱為天蓋骨折（plafond fracture），這種骨折是因強大外力作用而發生的。在大多數的情況下，還會一併發生內側腳踝及外側腳踝的骨折，而且容易留下功能損傷的情形。
- 由於踝關節軸會朝前方及內上方傾斜，因此，踝關節在蹠屈時會自動產生內翻，而踝關節在背屈時則會自動產生外翻。在訓練蹠屈及背屈的可動範圍時，必須從關節運動面上進行考慮。
- 對足部強制進行內翻及外翻時，經常會出現側副韌帶所引發的內外側腳踝的撕裂性骨折。
- 腓骨肌腱脫位是「腓骨長肌及短肌（以腓骨長肌較多）跨過外側腳踝」所致。

相關疾病

內踝骨折、內踝撕裂性骨折、外踝骨折、外踝撕裂性骨折、天蓋骨折、腓骨肌腱脫位……等。

圖4-1 踝關節的構造

踝關節是一種榫接結構，榫眼是由外側腳踝、內側腳踝及天蓋（脛骨下關節面）所組成，而椎頭則嵌入距骨滑車，所以踝關節的構造相當穩定。就支撐全身重量的關節而言，踝關節的構造是相當合乎理學原理的。

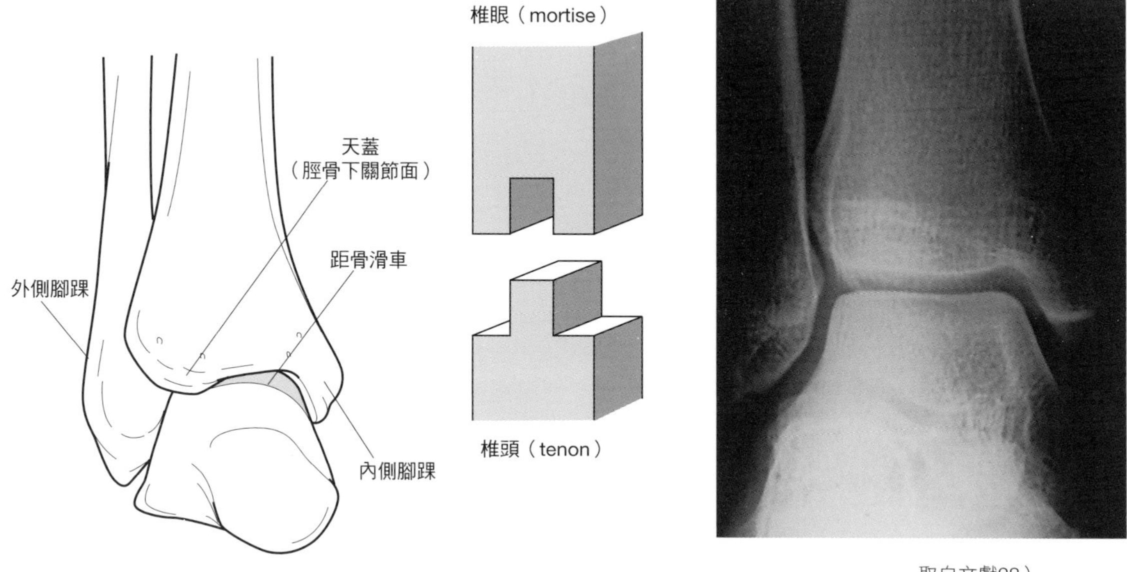

取自文獻28）

圖4-2 內側腳踝和外側腳踝的滑車功能

腓骨長肌肌腱及腓骨短肌肌腱會通過外側腳踝的後方，而脛後肌肌腱則會通過內側腳踝的後方。外側腳踝及內側腳踝具有滑車功能，而且還能變換滑車的作用方向。但是，相對地因為摩擦的增加，反而容易產生腱炎或肌腱脫位的情形。屈趾長肌肌腱及屈拇長肌肌腱也平行通過脛後肌肌腱的後方部位。

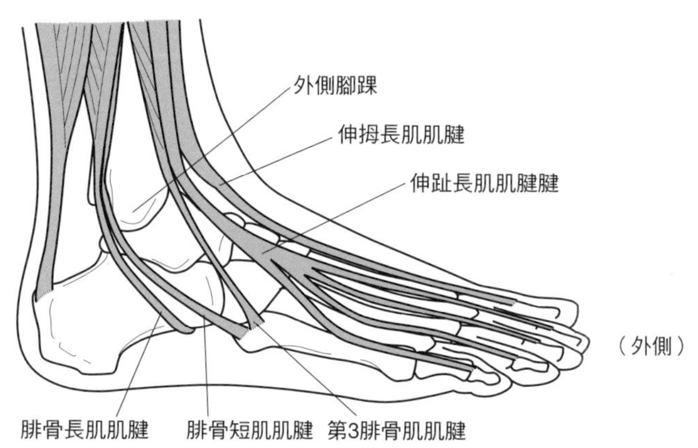

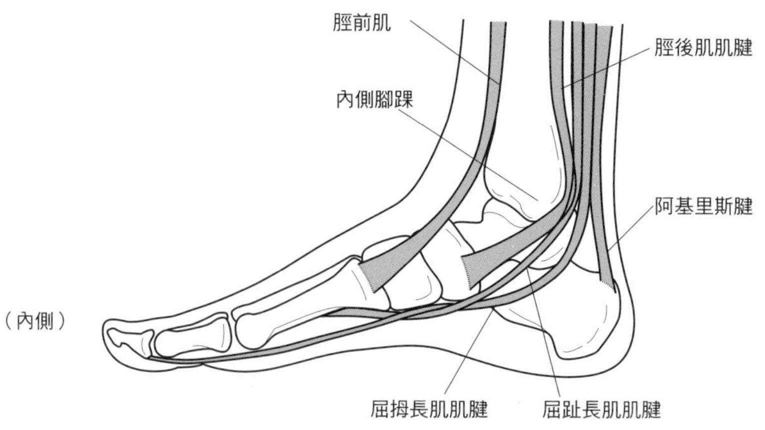

圖4-3　內側腳踝和外側腳踝的位置

外側腳踝與內側腳踝的連線，可作為踝關節的運動軸。由於內側腳踝位於外側腳踝的前側上方，所以踝關節的運動軸無法平行於額狀面及橫狀面。總之，踝關節在進行背屈運動時會產生外翻作用，而在蹠屈運動時會產生內翻作用，此為踝關節的生理現象。

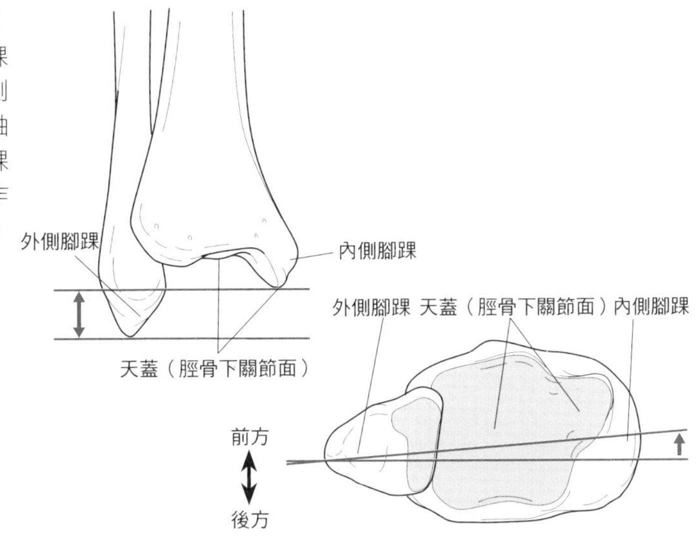

圖4-4　內側腳踝的觸診①

對內側腳踝進行觸診時，要讓病患側臥並使膝關節呈伸展位，而下側腳的小腿遠端部位則要超出診療床，以這個姿勢進行觸診。診療者沿著病患的脛骨內側往遠端方向觸診，在脛骨的遠端部位，就能觸診到隆起的內側腳踝。

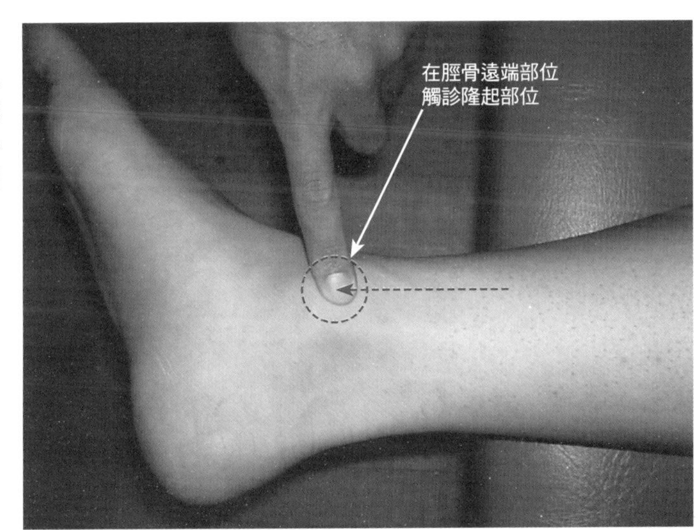

圖4-5　內側腳踝的觸診②

指示病患進行足部的內翻運動。隨著運動的進行，脛後肌肌腱會產生收縮。在先前觸診的內側腳踝部位，觀察脛後肌通過內側腳踝後方的狀態。這時也要注意病患的腳趾不能出現屈曲。

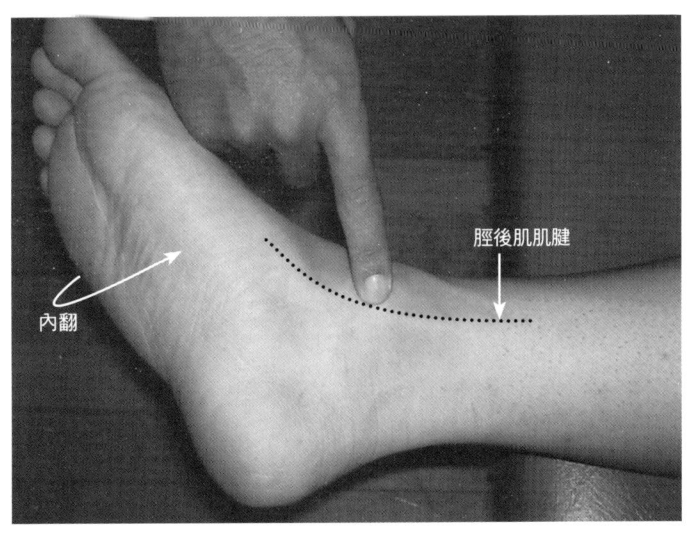

圖4-6　外側腳踝的觸診①

對外側腳踝進行觸診時，要讓病患側臥並使膝關節呈伸展位，而上側腳的小腿遠端部位則要超出診療床，以這個姿勢進行觸診。診療者沿著病患的腓骨外側往遠端方向觸診，在腓骨的遠端部位，就能觸診到隆起的外側腳踝。

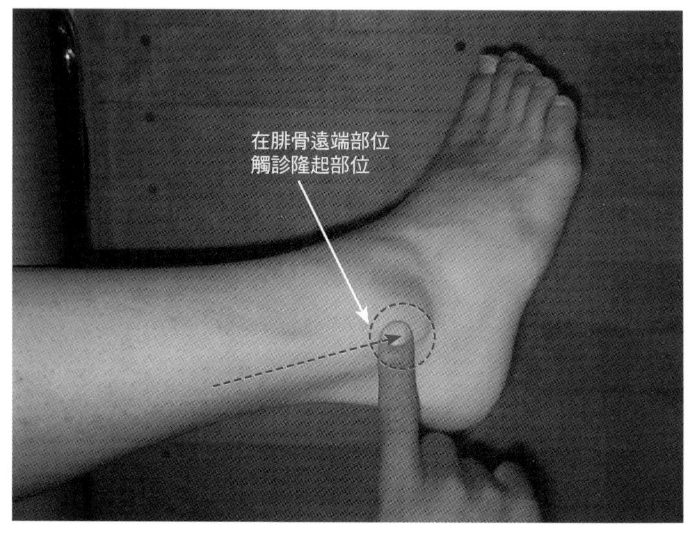

圖4-7　外側腳踝的觸診②

指示病患進行足部的外翻運動。隨著運動的進行，就能確認出緊繃的腓骨長肌肌腱及腓骨短肌肌腱。在先前觸診的外側腳踝部位，觀察腓骨長肌和腓骨短肌通過外側腳踝的狀態。

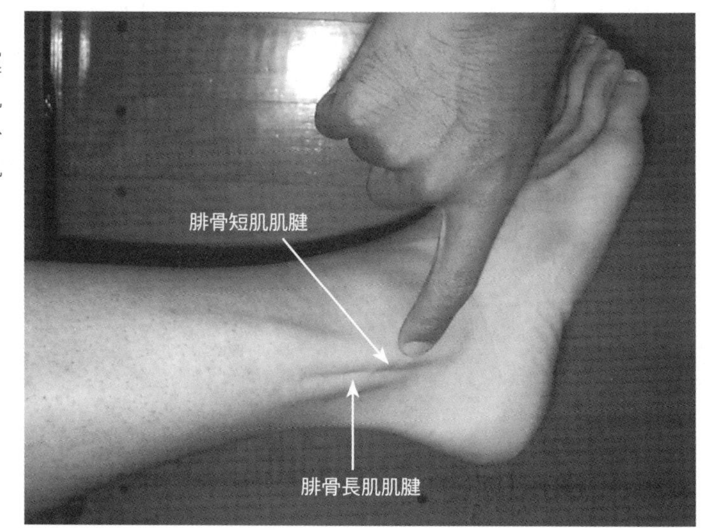

圖4-8　踝關節的觸診①

對踝關節進行觸診時，要讓病患仰臥並使膝關節呈伸展位，小腿的遠端部位要超出診療床。診療者的手指要沿著外側腳踝的弧形往前方移動，並同時對踝關節施加被動蹠屈。隨著被動蹠屈的進行，距骨會往前方突起，如此就能觸診到外側腳踝和距骨的交界處以及踝關節的外側部位。

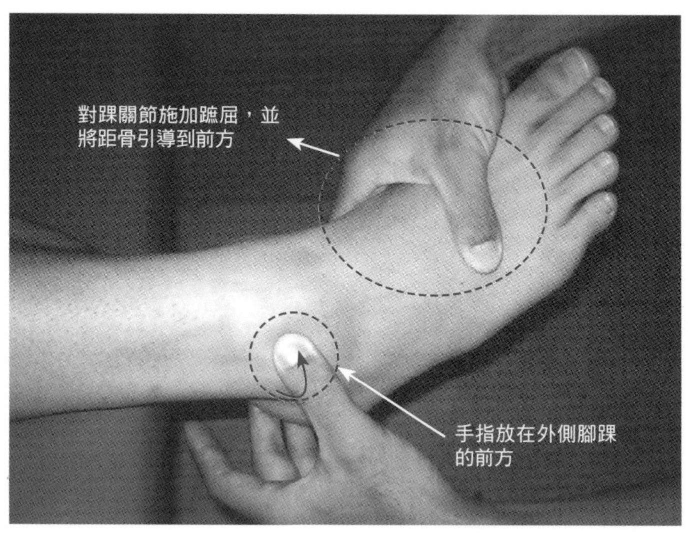

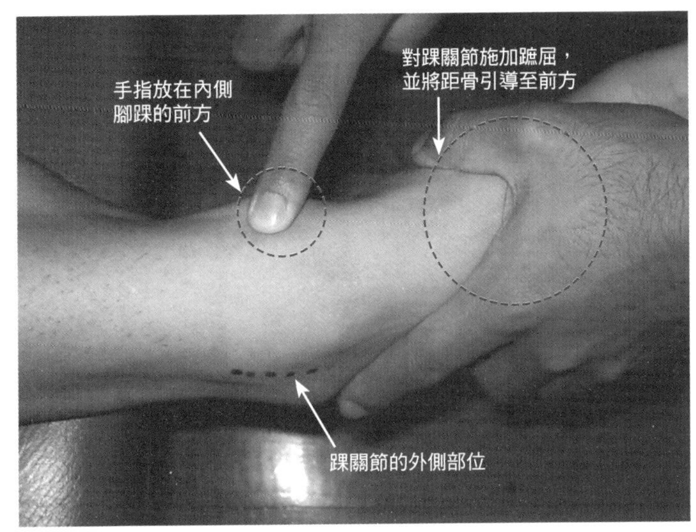

圖4-9　踝關節的觸診②

接著，診療者的手指要沿著內側腳踝的弧形往前方移動，並同時對踝關節施加被動蹠屈。隨著被動蹠屈的進行，距骨會往前方突起，如此就能觸診到內側腳踝和距骨的交界處，以及踝關節的內側部位。

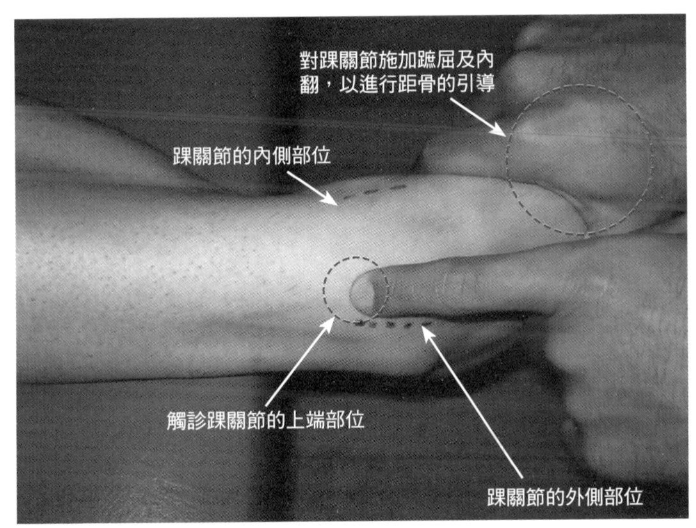

圖4-10　踝關節的觸診③

接著，診療者將手指放在外側腳踝前端約2根手指寬的近端部位，並同時對踝關節施加被動蹠屈。隨著被動蹠屈的進行，距骨會往前方突起，如此就能觸診到脛骨下端和距骨的交界處，以及踝關節的上端部位。對踝關節的上方外側部位進行觸診時，要讓踝關節進行蹠屈。在踝關節蹠屈時施加力量使足部內翻，如此一來就容易分辨判別踝關節的交界處。

距骨 talus（體body、頸neck、頭head、滑車trochlea）
跗骨竇 tarsal sinus

解剖學上的特徵

- 跗骨是由七塊骨頭組合而成的，距骨為這七塊骨頭中的一塊，距骨位於最上方的位置，且介於『小腿與這七塊骨頭中另外的「近側跗骨」』之間。
- 「位於距骨前方，呈橫橢圓球狀的突起部位」就稱之為距骨頭，距骨頭與舟骨形成了關節。
- 距骨頭後方與距骨體之間，呈纖細凹陷狀的部位就稱之為距骨頸，距骨頸的外側有跗骨竇，跗骨竇則呈向外開啟貌。
- 距骨後方約2/3的部位就稱之為距骨體，由於位於距骨體上面的距骨滑車形成了踝關節的緣故，因此距骨滑車是呈向外擴展開來的狀態。
- 距骨滑車的上面與踝穴頂（脛骨下關節面）形成了關節，距骨滑車的內側面則與內踝形成了關節，距骨滑車的外側面則是與外踝形成了關節。
- 身體呈站立姿勢時，施加在距骨的體重有2/3會傳送到跟骨，其中1/3的體重則會自舟骨傳送至前方部位。

臨床相關

- 距骨骨折是非常稀有的疾病，因為距骨大部份皆被軟骨所覆蓋住，再加上距骨的血液循環不良，因此距骨骨折容易惡化成缺血性壞死。尤其是發生在距骨頸的骨折，引發骨頭壞死的機率相當高。
- 在運動傷害方面，尤其是常發生在足球選手身上的運動傷害則有踝關節撞擊性骨疣[參考p.49]。踝關節撞擊性骨疣這種疾病是因為「踝關節被迫反覆進行蹠屈運動以及背屈運動，以致脛骨下端前面或距骨頸背面形成了骨增生」所致。
- 古典芭蕾舞者的腳踝呈蹠屈位時，古典芭蕾舞者會抱怨踝關節後方部位疼痛，對於這種病狀即可推測是距骨後突產生夾擠(impingement)，以致引發了附三角骨症候群[參考p.49]。
- 前距腓韌帶斷裂時，會造成距骨前方部位的不穩定。

相關疾病

距骨骨折、距骨外側突骨折、距骨平頂骨軟骨損傷、踝關節撞擊性骨疣、附三角骨症候群、退化性踝關節炎、先天性馬蹄內翻足、扁平足、跗骨併合（距骨和跟骨的癒合）……等。

圖4-11　踝關節的構造

跗骨乃是構成後足部的骨頭，而距骨是跗骨當中的一塊骨頭。距骨的近側部位與小腿形成了關節，所形成的關節稱之為「踝關節」；距骨的下方部位則與跟骨形成了關節，所形成的關節稱之為「距骨下關節」或是「距跟關節」；距骨的前方部位則與舟骨形成了關節，所形成的關節稱之為「距舟關節」。距骨大致可區分為頭部、頸部及體部。

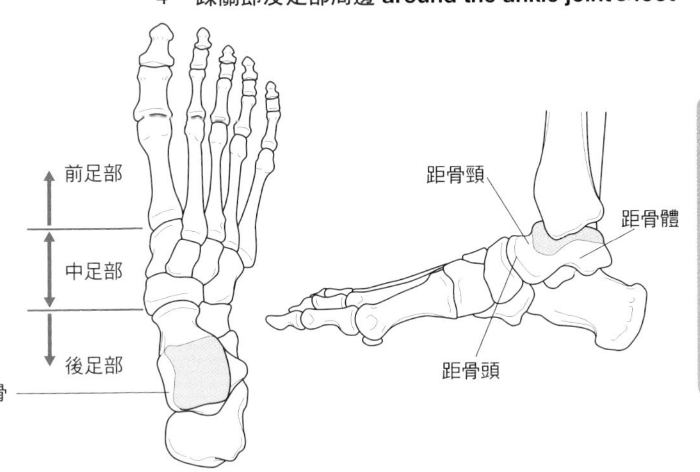

圖4-12　距骨的解剖

距骨體的上面被軟骨（距骨滑車）所覆蓋著，並形成了踝關節。和距骨外側面相比，距骨內側面被軟骨所覆蓋住的面積較少。距骨頸的外側則有往下深陷的跗骨竇，而骨間距跟韌帶則伸展於跗骨竇的深處。

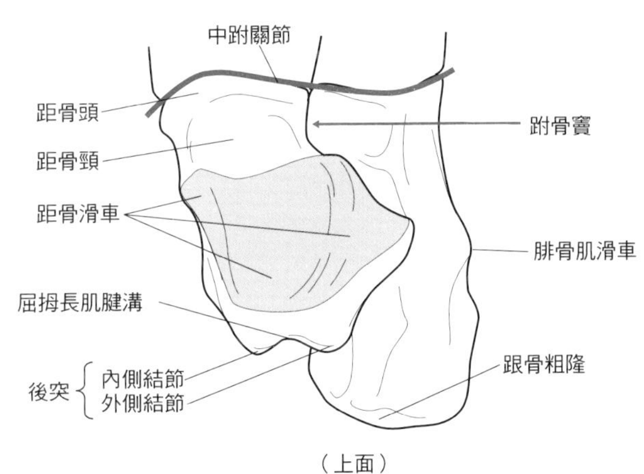

（上面）

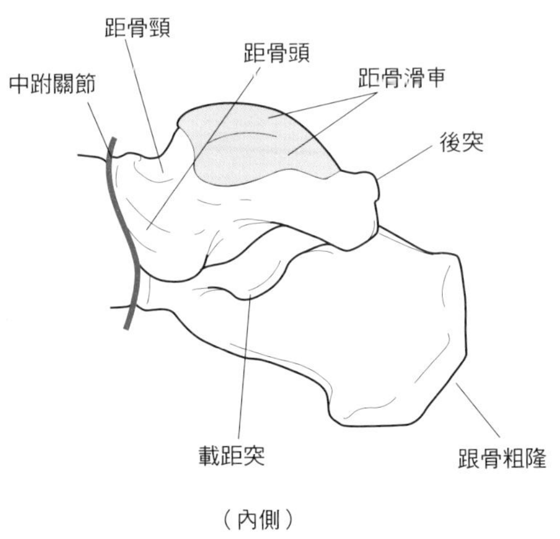

（內側）

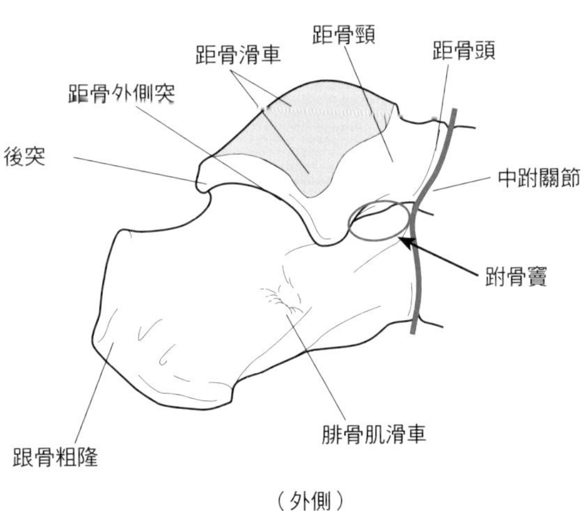

（外側）

圖4-13　踝關節背屈時距骨的動向及觸摸距骨後方部位的方法

踝關節在進行背屈運動時，距骨的前方部位（頭部、頸部）會進入踝關節內部，因此無法觸摸到距骨的前方部位。另一方面，距骨的後方部位（體部）則會往後方突起，因此能夠輕而易舉地觸摸到距骨的後方部位。

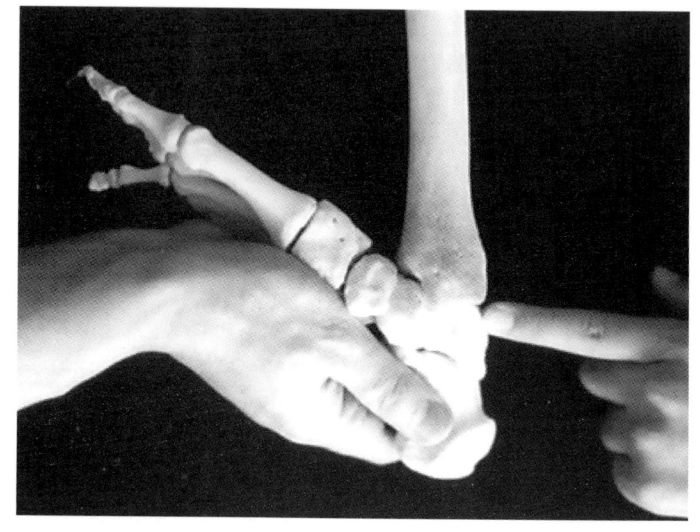

圖4-14　踝關節蹠屈時距骨的動向及觸摸距骨前方部位的方法

踝關節在進行蹠屈運動時，距骨的後方部位（體部）會進入踝關節內部，以致無法觸摸到距骨的後方部位。另一方面，距骨的前方部位（頭部、頸部）則會往前方突起，因此能夠輕而易舉地觸摸到距骨的前方部位。

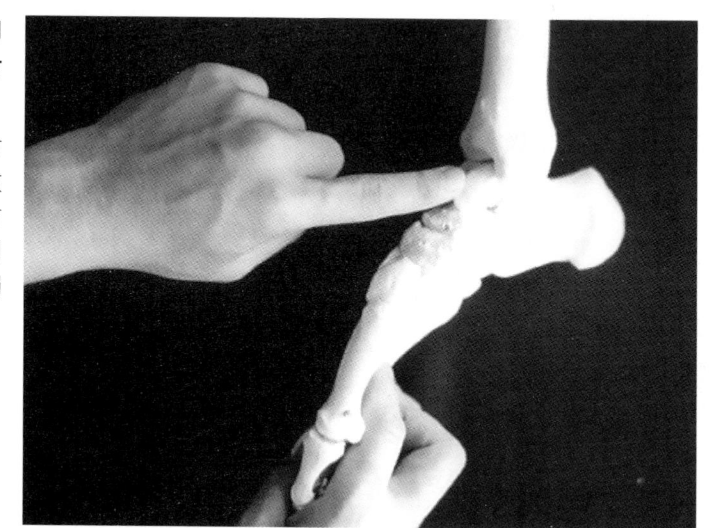

圖4-15　距骨體內側部位的觸診

進行距骨體內側部位的觸診時，讓病患呈側臥姿勢，病患下側腳的小腿部位則要移至床外，診療者即可以此姿勢作為觸診姿勢。接下來，診療者要將手指放在病患的內踝後方，並對病患的踝關節施加被動背屈。隨著背屈運動，病患的距骨體便會自內踝後方部位漸漸突起，並呈圓頂狀，接下來診療者就可以開始觸診呈圓頂狀的距骨體。

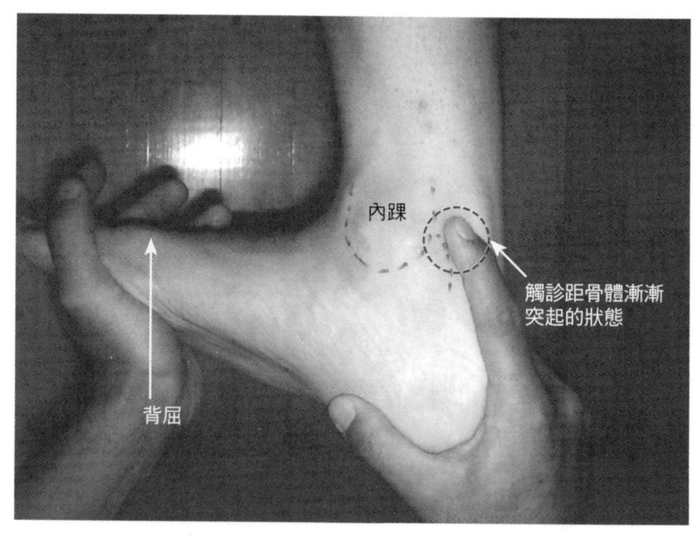

圖4-16　距骨體外側部位的觸診

進行距骨體外側部位的觸診時，讓病患呈側臥姿勢，病患上側腳的小腿部位則要移至床外，診療者即可以此姿勢作為觸診姿勢。接下來，診療者要將手指放在病患的內踝後方阿基里斯腱的外側部位，並以被動方式為病患的踝關節進行背屈運動。隨著背屈運動，病患的距骨體便會自外踝後方漸漸突起，並呈圓頂狀，接下來診療者就可以開始觸診呈圓頂狀的距骨體。

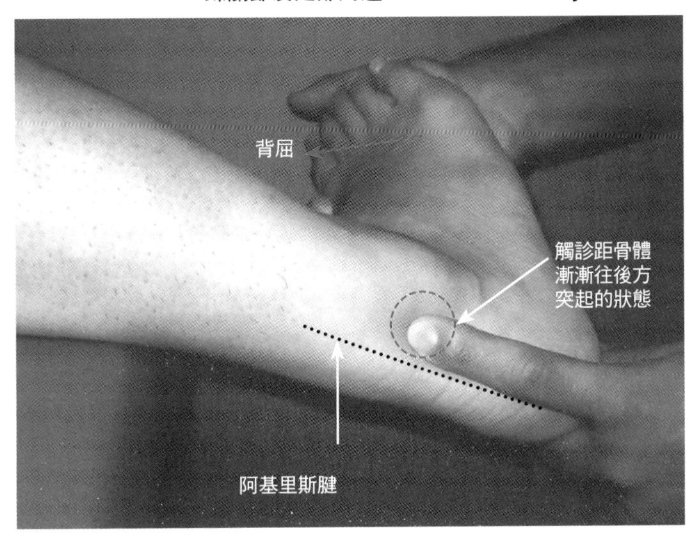

圖4-17　距骨滑車的觸診①

進行距骨滑車的觸診時，讓病患呈仰臥姿勢，並請病患將小腿移至床外，診療者即可以此姿勢作為觸診姿勢。接下來診療者要將手指置於病患的外踝內側，並為病患的踝關節施加蹠屈及內翻至極致的程度，如此一來，病患的距骨便會被導引至前方，接下來診療者即可開始觸診距骨被導引至前方的狀態。

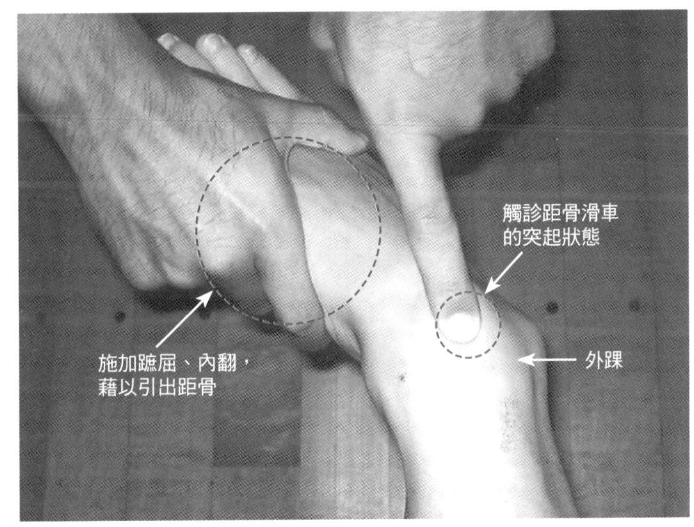

圖4-18　距骨滑車的觸診②

診療者將病患的距骨完全引出後，接下來診療者的手指就直接按壓病患的距骨內側部位，如此診療者就能夠觸摸到病患的距骨滑車外側面。接著診療者再將手指往前方移動，一旦越過滑車邊緣，就能夠觸摸到距骨滑車的上面，亦可感覺到軟骨特有的低摩擦感及彈性。

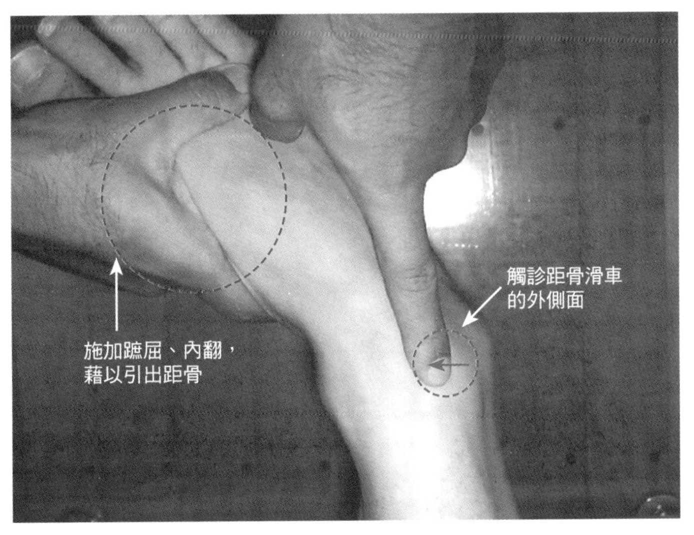

圖4-19　距骨頸的觸診

進行距骨頸的觸診時，讓病患呈仰臥姿勢，並請病患將小腿移至床外，診療者即可以此姿勢作為觸診姿勢。接下來診療者再針對病患的踝關節施加蹠屈及內翻至極致的程度，並將病患的距骨導引至前方，接下來診療者的手指要以「自病患的踝關節部位往舟骨的方向」向前移動，一邊向前移動一邊輕輕地按壓。如此一來，即可觸摸到凹陷部位，此部位就是距骨頸。

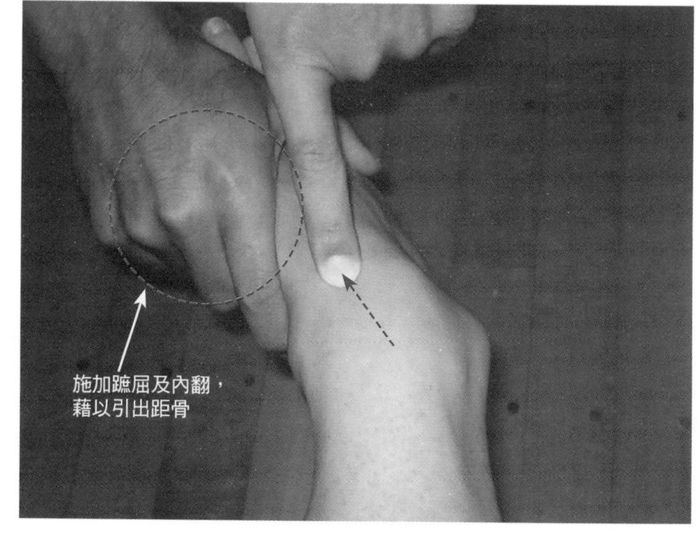

圖4-20　距骨頭的觸診

進行距骨頭的觸診時，病患的姿勢等皆是與觸診距骨頸的方式相同。進行距骨頭的觸診時，診療者的手指一旦越過凹陷部位（距骨頸），就會觸摸到較大的隆起部位，此一骨隆起就是距骨頭。此外，診療者也可觸診「位於距骨頭前方的距舟關節及距舟關節間隙」。

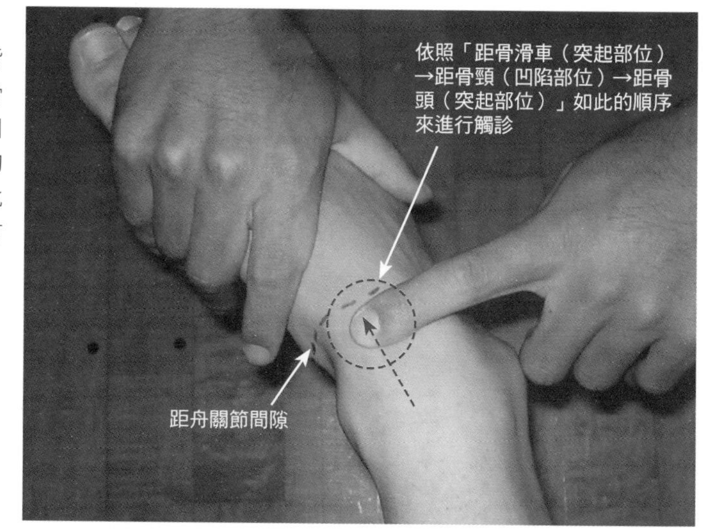

圖4-21　跗骨竇的觸診

進行跗骨竇的觸診時，讓病患呈側臥姿勢，病患上側腳的小腿部位則要移至床外，診療者即可以此姿勢作為觸診姿勢。接下來，診療者要將手指自病患的外踝前下方往距骨頸外側部位移動，如此一來，就能夠觸診到往下深陷、體積較大的跗骨竇。而跗骨竇症候群在跗骨竇此部位的壓痛感乃是相當地明顯。

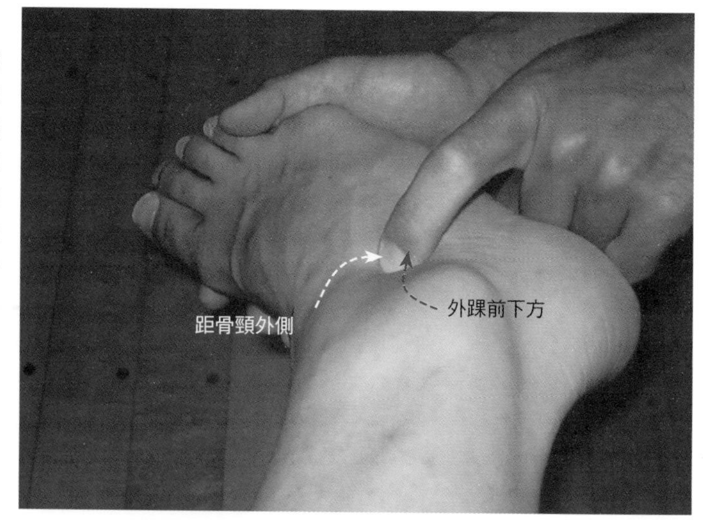

踝關節撞擊性骨疣

踝關節撞擊性骨疣經常發生在足球選手的身上，因此踝關節撞擊性骨疣的別名又稱為「footballer's ankle（足球踝）」。踝關節撞擊性骨疣的致病原因是因為踝關節承受了次數頻繁的蹠屈背屈運動，以致脛骨下端前面、距骨頸背側及距骨後突部位出現增殖性骨轉換，因而形成了「踝關節撞擊性骨疣」此疾病。亦有報告指出踝關節撞擊性骨疣的起因是因為「外側副韌帶損傷導致距骨不穩定」所致。多數「踝關節撞擊性骨疣」的病例會藉由貼紮法，以使距骨獲得穩定性，如此一來，即可減輕疼痛。

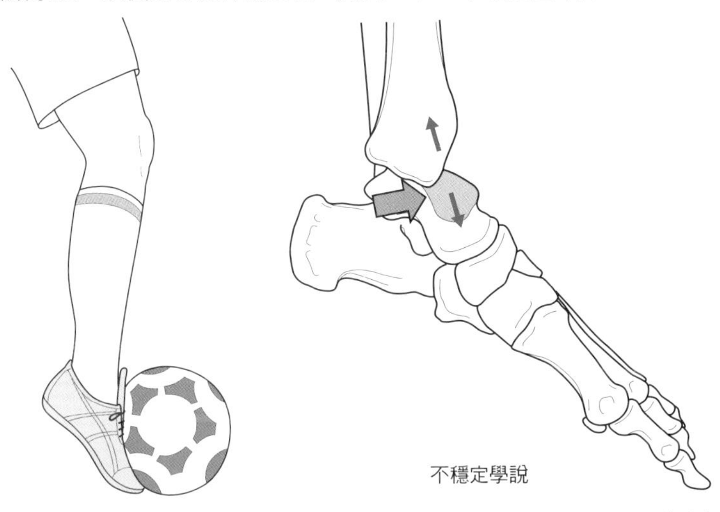

修改自文獻29）

附三角骨症候群[30)]

附三角骨症候群是一種經常發生在古典芭蕾舞者身上的足部病變。三角骨是存在於距骨後突後方的附加骨，一般來說，出現三角骨的機率約佔10%左右。然而古典芭蕾的舞步多半是呈現過度蹠屈的姿勢（腳尖站立姿勢），此時所產生的夾擠（impingement）被認定是引發疼痛的原因。有關附三角骨症候群與阿基里斯腱周圍炎的診斷鑑別極其重要。藉由貼紮法可有效地制動過度蹠屈，亦可依據「附三角骨症候群病患」的病情考慮進行切除骨碎片的手術。

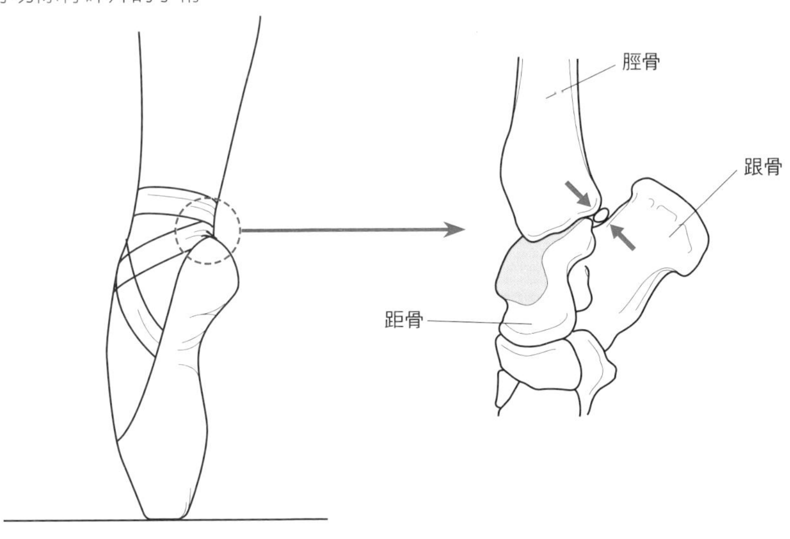

跟骨 calcaneus
跟骨粗隆 tuberosity
載距突 sustentaculum tali
屈拇長肌腱溝 groove for tendon of FHL
腓骨長肌腱溝 groove for peroneus longus tendon
距骨下關節 subtalar joint
跟骰關節calcaneocuboideum joint

解剖學上的特徵

- 在跗骨之中，跟骨是最大的一塊骨頭。跟骨的前後部位較長，跟骨是呈不規則的箱型形狀。
- 跟骨的上方承載著距骨，並形成了距骨下關節。
- 跟骨的內上方有個承載著距骨的棚狀隆起，此一棚狀隆起的部位便稱為載距突。在進行足部的觸診時，載距突乃是相當重要的界標。
- 跟骨的後方存在著一個特別肥大的隆起，此一隆起部位便稱為跟骨粗隆，阿基里斯腱則附著於跟骨粗隆之處。
- 跟骨前方部位與骰骨形成了關節，跟骨前方部位並構成中跗關節的一部份。

臨床相關

- 跟骨骨折大多是因為病患自高處墜落等情形所造成的。
- 跟骨骨折常有「即使骨頭已癒合但仍令病患感到疼痛的情形」發生，跟骨骨折乃是一種常導致患者延遲復原的外傷。關於疼痛發生的原因，目前醫界的見解仍未一致。
- 一旦在中足部遠側施加強制內翻，有時會引發跟骨前突骨折，此種骨折被認定是雙叉韌帶所引起的撕裂性骨折。
- 因阿基里斯腱的反覆牽引力所引發的跟骨粗隆骨突炎， 一般皆稱之為Sever病（Sever disease）。※譯者註: Sever病（Sever disease）又稱為Sever氏症、跟骨骨突炎
- 因為「位於跟骨足底面的足底腱膜所形成的牽引負荷」朝向跟骨的前方部位，以致骨刺增生，這種疾病就稱之為足跟骨刺。「腳跟觸地時會造成足跟部疼痛」就是足跟骨刺的主要症狀。

相關疾病

跟骨骨折、跟骨前突骨折、跟骨骨突炎（Sever病）、距骨下關節炎、扁平足、先天性馬蹄內翻足、足跟骨刺、跗骨併合（距骨與跟骨之間的癒合）……等。

圖4-22　跟骨的解剖

跟骨的前後部位較長，而且形狀相當不規則。跟骨上面有三個和距骨有關的關節面，而其中的距骨後關節面的面積最為寬廣。從跟骨的後面觀察跟骨，就能夠輕而易舉地知曉載距突與屈拇長肌腱溝之間的關係。而位於跟骨內側面的載距突在觸診方面實屬相當重要的部位，進行距骨下關節或三角韌帶的觸診時，載距突就成為觸診距骨下關節或三角韌帶的界標。從跟骨的外側面來觀察跟骨，就能夠了解腓骨肌滑車和腓骨長肌腱溝的關係。進行雙叉韌帶及跟骰韌帶的觸診時，必須以外側突為基準。

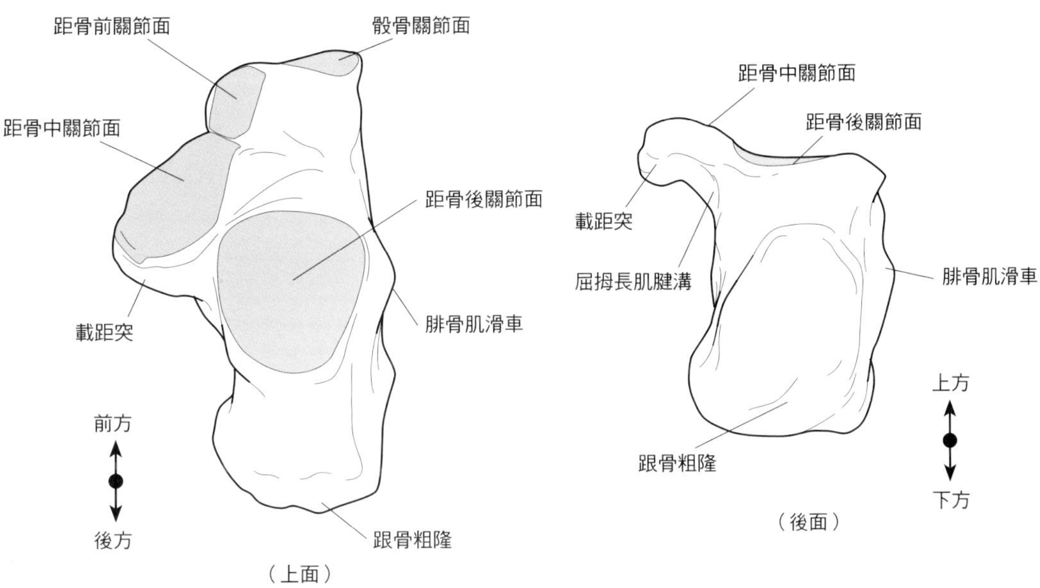

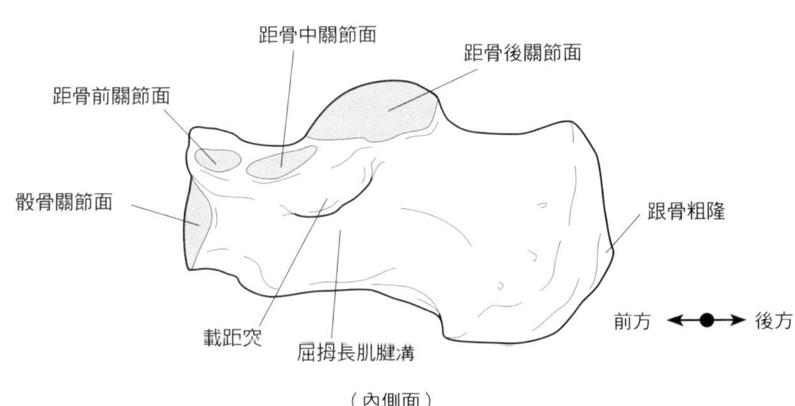

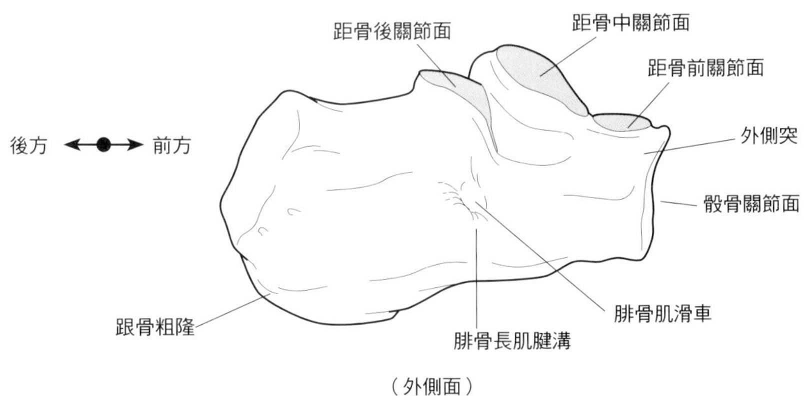

圖4-23　跟骨粗隆的觸診

進行跟骨粗隆的觸診時，讓病患呈俯臥姿勢，並讓病患的踝關節輕微地背屈，接下來診療者要將手指沿著病患的阿基里斯腱的凸現部位往遠側方向觸摸，一旦觸摸到阿基里斯腱的附著部位，此部位就是「跟骨粗隆」。

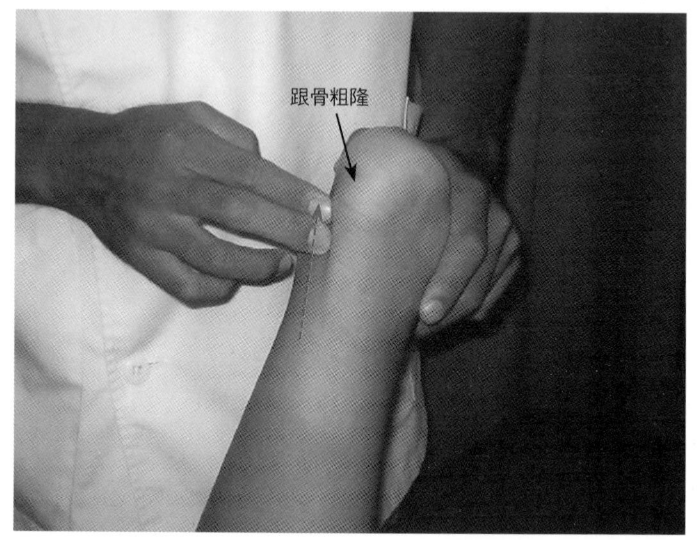

圖4-24　載距突的觸診

進行載距突的觸診時，讓病患呈側臥姿勢，並將病患下側腳的踝關節呈0° 背屈位及0° 蹠屈位，並以此姿勢作為觸診起始位置。接下來診療者的手指要自病患的內踝下端沿著小腿長軸，呈直線方向往下移動約一橫指寬的長度，如此一來，就可以觸診到病患的載距突。然而，診療者的手指一旦越過載距突的隆起部位，再從載距突的下方開始觸摸，就能觸摸到載距突的棚狀形狀。

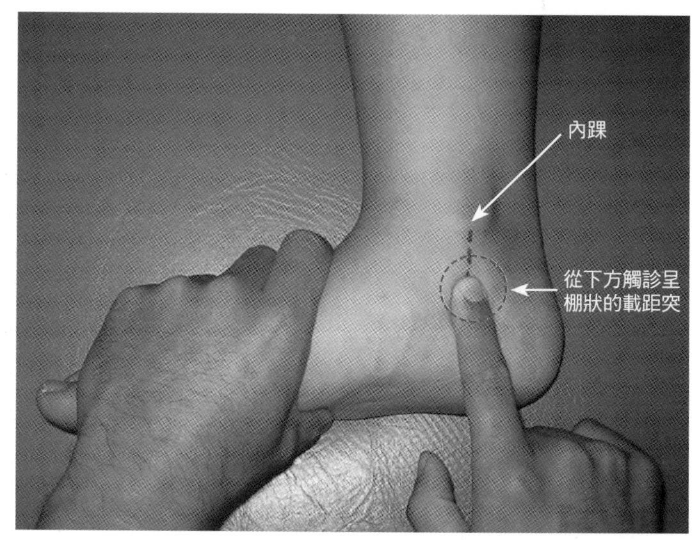

圖4-25 屈拇長肌腱溝的觸診①

進行屈拇長肌腱溝的觸診時，讓病患呈側臥姿勢，診療者將病患下側腳的踝關節呈0° 背屈位及0° 蹠屈位，並以此姿勢作為觸診起始位置。診療者先將病患的載距突位置確認出來，然後再觸摸位於載距突後下方的凹陷部位。

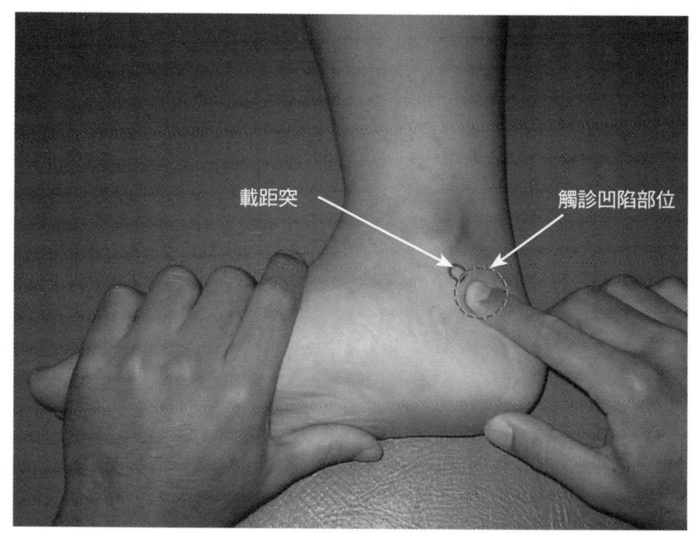

圖4-26　屈拇長肌腱溝的觸診②

診療者依舊將手指繼續放在載距突後下方的凹陷部位，然後為病患的拇趾進行被動伸展，如此一來，病患的屈拇長肌腱溝便會緊繃，接下來診療者即可開始觸診屈拇長肌腱溝的緊繃狀態。此時的拇趾伸展運動，若是動作過於緩慢，肌腱就難以緊繃，因此快速地進行拇趾伸展運動就是訣竅。

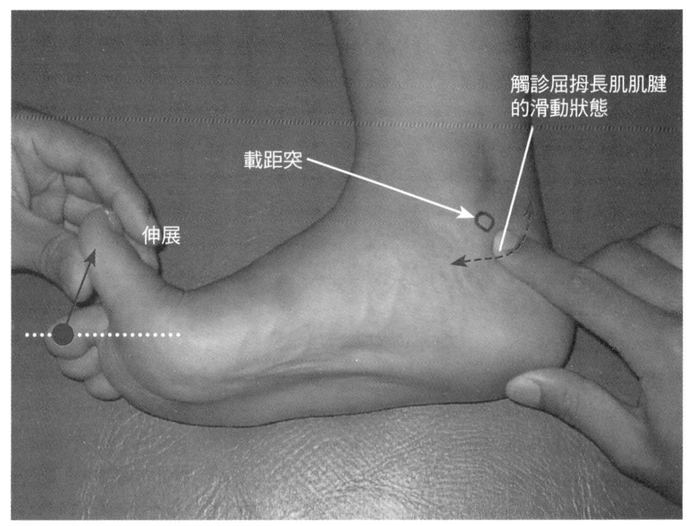

圖4-27　腓骨長肌腱溝的觸診①

進行腓骨長肌腱溝的觸診時，讓病患呈側臥姿勢，病患上側腳的小腿部位則要移至床外，並以此姿勢作為觸診姿勢。接下來診療者要以拇指和食指夾住病患的跟骨體部，並輕柔地按壓跟骨體部，再找出位於跟骨外側面最為突出的骨隆起，此一隆起部位就是腓骨肌滑車。

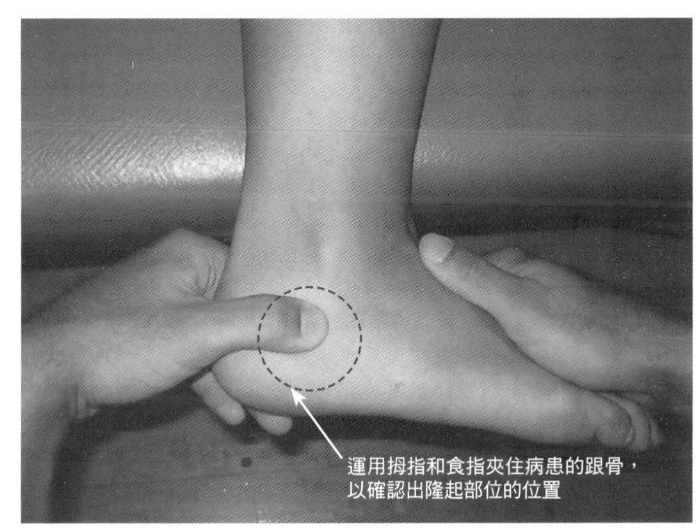

圖4-28　腓骨長肌腱溝的觸診②

診療者的手指要自病患的腓骨長肌腱溝的遠側部位，呈斜線方向往下方延伸，如此一來，即可觸診到凹陷部位，此一凹陷部位就是腓骨長肌腱溝。接下來診療者要將手指放在病患的腓骨長肌腱溝的位置，並指點病患進行前足部的外翻運動，隨著外翻運動，病患的腓骨長肌腱溝便會隨之緊繃，如此一來，診療者就可以開始觸診腓骨長肌腱溝的收縮狀態。

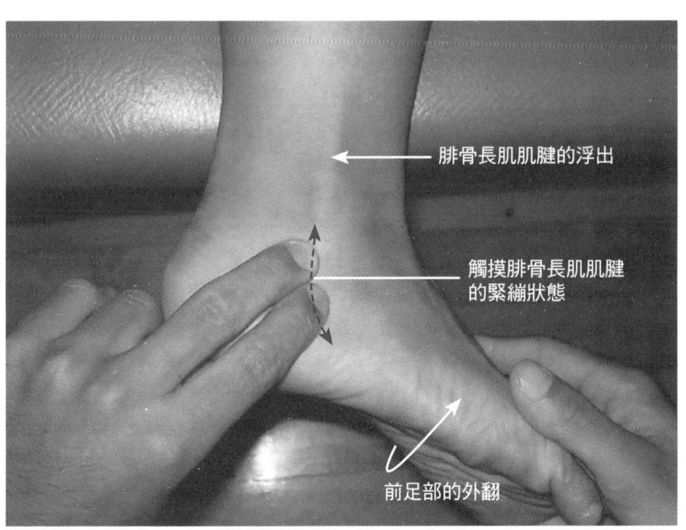

圖4-29　距骨下關節的觸診(內側)①

從內側位置進行距骨下關節的觸診時，讓病患呈側臥姿勢，病患下側腳的小腿部位則要移至床外，診療者即可以此姿勢作為觸診姿勢。診療者先確認出病患的載距突位置，接下來，診療者要將手指放在載距突上方略微後方之處。此外，因為脛跟韌帶是附著於載距突的正上方，因此要找到關節空隙的位置實屬困難。

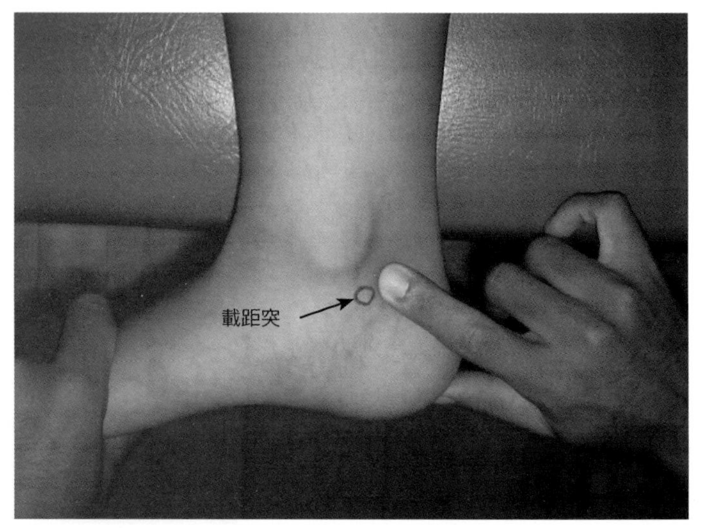

圖4-30　距骨下關節的觸診(內側)②

診療者依舊將手指放在病患的載距突後上方，並以被動方式使病患的跟骨旋前(外翻)。藉由跟骨的旋前運動，會使病患的距骨下關節間隙擴張開來，如此一來，診療者即可開始觸診距骨下關節間隙擴張開來的狀態。此時，最好將病患的踝關節呈輕度背屈位，因為背屈動作會將距骨如同卡榫般地予以固定住，如此一來，就能夠讓跟骨單獨進行運作。

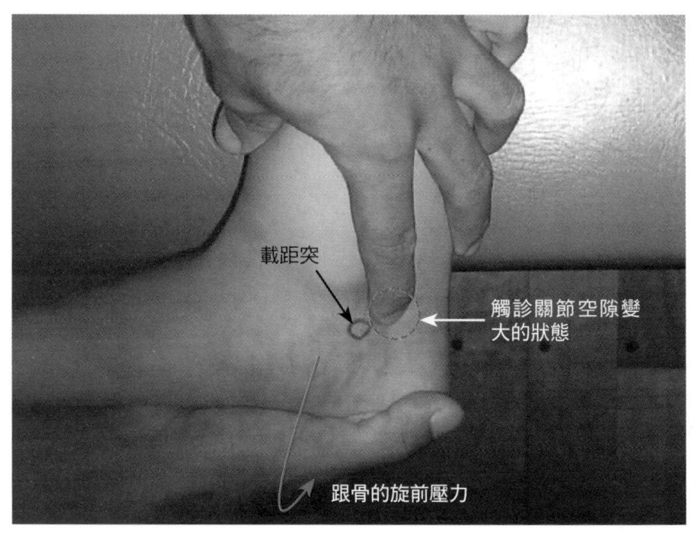

圖4-31　距骨下關節的觸診(外側)①

從外側位置進行距骨下關節的觸診時，讓病患呈側臥姿勢，病患上側腳的小腿部位則要移至床外，診療者即可以此姿勢作為觸診姿勢。診療者先將病患的外踝位置加以確認出來，然後再將手指放在病患的外踝後方。

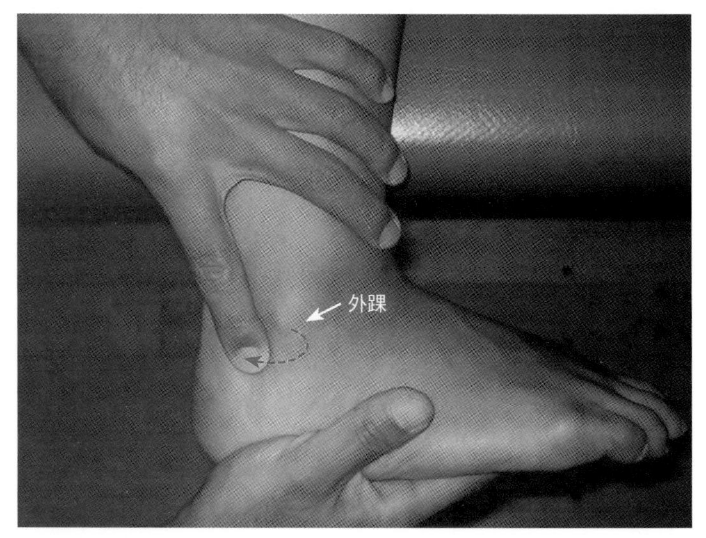

圖4-32 距骨下關節的觸診（外側）②

診療者的手指依舊繼續放在病患的外踝後方，並以被動方式使病患的跟骨旋後（內翻）。藉由跟骨的旋後運動，可使病患的距骨下關節間隙擴張開來，如此一來，診療者就可以開始觸診距骨下關節間隙擴張開來的狀態。此時亦要將病患的踝關節呈輕度背屈位，藉以讓距骨運動無法參與此項觸診，如此一來，便能使觸診易於進行。

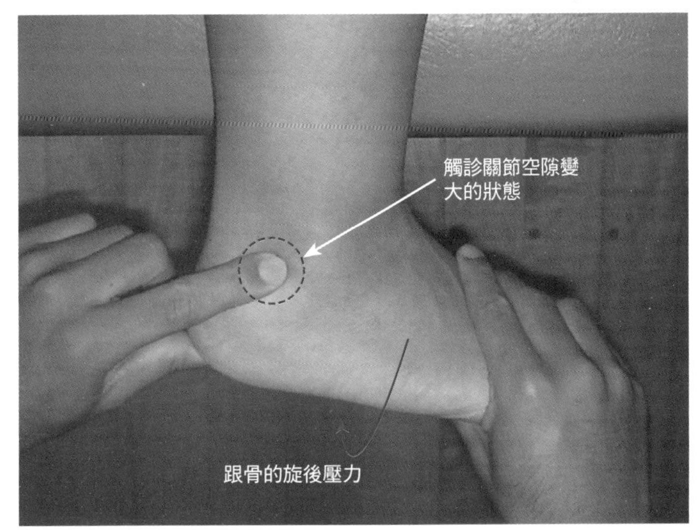

圖4-33 跟骰關節的觸診①

進行跟骰關節的觸診時，讓病患呈側臥姿勢，病患上側腳的小腿部位則要移至床外，診療者即可以此姿勢作為觸診姿勢。診療者一邊將病患的跟骨予以固定，一邊將手指置於跗骨竇底部朝向「前突」的位置。

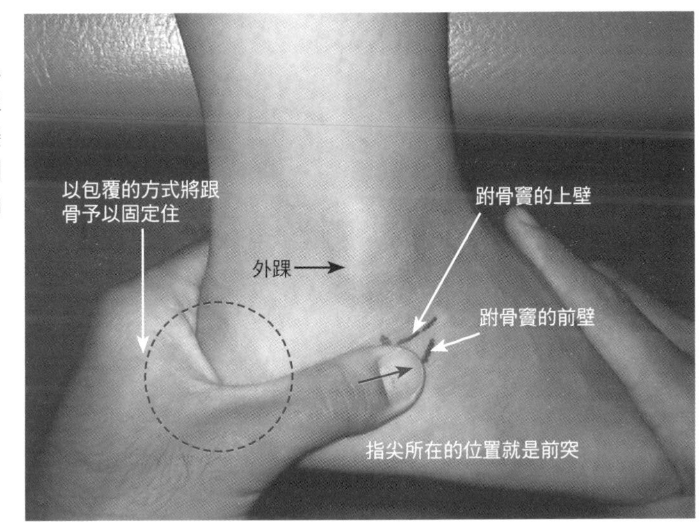

圖4-34 跟骰關節的觸診②

診療者依舊將病患的跟骨予以固定住，並為病患的前足部施加被動旋前運動、被動旋後運動，如此一來，診療者就能夠觸診到跟骰關節的關節空隙。因為跟骨一旦沒有完全固定住，便會使距骨下關節產生旋前、旋後運動，這點務必要注意。接下來，診療者的手指要從病患的跟骰關節往背側方向移動，如此一來，就會連結到距舟關節。

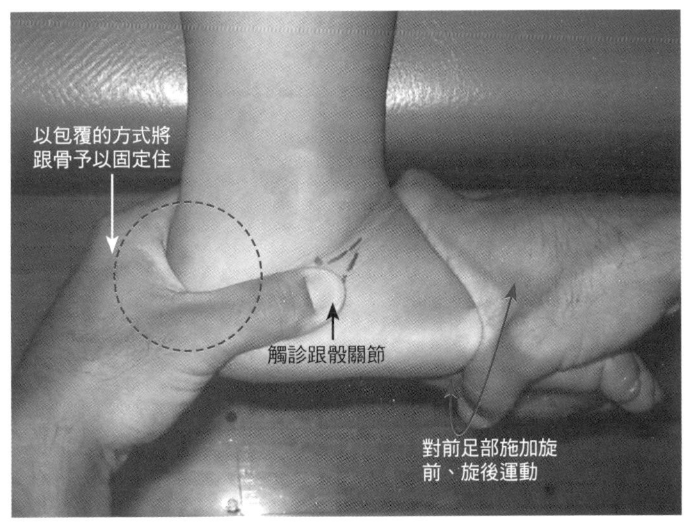

舟骨 navicular
內楔骨 medial cuniform
拇趾蹠骨 metatarsal bone of hullcis

解剖學上的特徵

- 舟骨乃是位於足部內側的跗骨，舟骨被夾在距骨及內楔骨之間。
- 舟骨的近側部位和距骨形成了關節，舟骨的近側部位並構成中跗關節的一部份。
- 舟骨乃是身為內縱足弓基石的重要骨頭。
- 脛後肌附著於舟骨粗隆之處。
- 楔狀骨共有三塊，可分為內楔骨、中楔骨、外楔骨。
- 內楔骨被夾在舟骨及拇趾蹠骨之間，並形成了內縱足弓。
- 內楔骨附著有脛前肌、脛後肌、腓骨長肌等肌肉。
- 拇趾蹠骨乃是蹠骨中最大的一塊骨頭，蹠骨可區分為蹠骨基部、蹠骨體、蹠骨頭。拇趾蹠骨亦是構成內縱足弓的要素之一。
- 拇趾蹠骨基部附著有脛前肌和腓骨長肌。
- 拇趾蹠骨頭的底部具有兩個種子骨，這兩個種子骨與「緩衝衝擊力及力臂的延長」有關。

臨床相關

- 舟骨乃是身為內縱足弓基石的骨頭，在製作矯正鞋墊時，舟骨就變成相當重要的部位之一。
- 在內縱足弓的X光片影像評估中，廣受使用的方法就是橫倉法。
- 在內縱足弓下塌所引起的病變中，多數的病變是與脛後肌有關。如舟骨粗隆著骨點炎、有痛性外脛骨障害、脛後肌肌腱炎、脛骨疼痛等疾病，這些疾病的患者可藉由合適的矯正鞋墊，以減輕症狀。
- 拇趾蹠趾關節進行伸展時，會造成足底腱膜的緊繃，內縱足弓便會向上舉起，此現象就稱之為Windlass mechanism（足弓上升）。
- 大部份的開張足病例，多半是因為拇趾蹠骨不穩定而致病的。而過度的內收不穩定性則是形成拇趾外翻的原因。
- 由於足弓問題而造成舟骨疲勞性骨折的病例相當罕見。
- Köhler's disease of the tarsal navicular（第1köhler病）是一種因舟骨骨頭壞死而引起的骨突炎。

相關疾病

扁平足、舟骨粗隆著骨點炎、有痛性外脛骨障害、開張足、拇趾外翻、舟骨骨折、舟骨疲勞性骨折、Köhler's disease of the tarsal navicular（第1köhler病）、拇趾種子骨障礙……等。

圖4-35　構成足部內縱足弓的要素

足部存在著三大足弓，其中最重要的就是內縱足弓。從後方來看，內縱足弓是由跟骨、距骨、舟骨、內楔骨、拇趾蹠骨所構成的。其中最特別的是舟骨，舟骨乃是內縱足弓之基石。內縱足弓若是過高，此類型的腳就稱之為空凹足；內縱足弓若是過低，此類型的腳就稱之為扁平足。

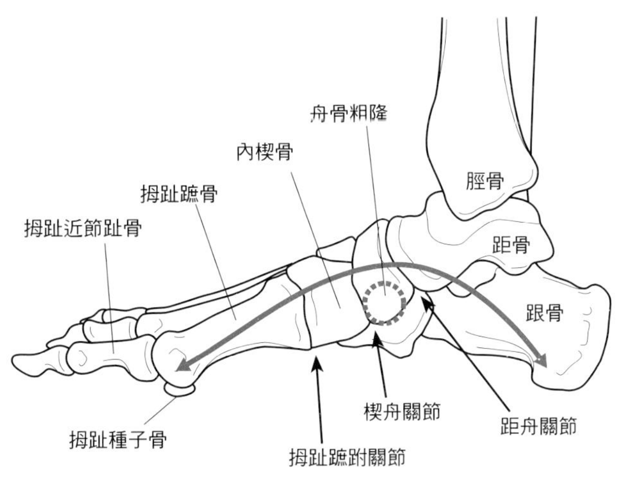

圖4-36　Windlass mechanism（足弓上升）

因為拇趾蹠趾關節過度伸展，使得足底腱膜被捲至遠側部位，結果造成內縱足弓向上舉起，這般的現象就稱之為Windlass mechanism。「足底腱膜處於鬆弛狀態」的扁平足病例，並不會出現這般的足弓上舉現象。

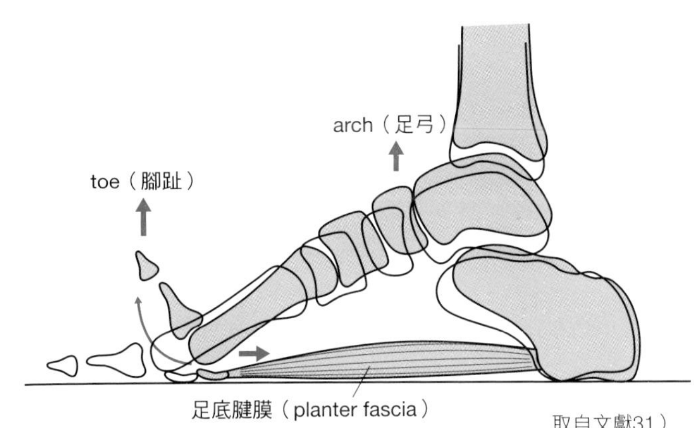

取自文獻31）

圖4-37　縱足弓的X光片影像評估（橫倉法）

「能評量橫縱足弓的放射線指標」的種類相當繁多，其中最常使用的方法就是橫倉法。從橫倉基準點（R、T、C、N、L）連線至Y（跟骨下部前緣～拇趾內側種子骨），然後將每條垂直線的長度（r、t、c、n、l）各自除以Y，如此就可取得足弓係數，足弓係數低於正常值（請參考表格）10%以上就可判定為扁平足。

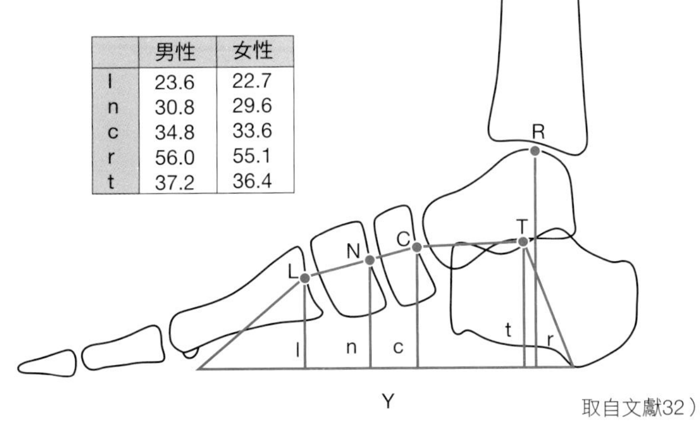

	男性	女性
l	23.6	22.7
n	30.8	29.6
c	34.8	33.6
r	56.0	55.1
t	37.2	36.4

取自文獻32）

圖4-38　舟骨粗隆的觸診①

進行舟骨粗隆的觸診時，讓病患呈仰臥姿勢，並請病患將足部移至床緣外側，並以此姿勢作為觸診姿勢。接下來，診療者要將病患的踝關節呈0° 背屈位，並將病患的載距突的位置確認出來。找到了病患的載距突後，診療者將手指往前方移動一橫指寬的距離，便會觸摸到骨隆起，此一隆起部位就是舟骨粗隆。

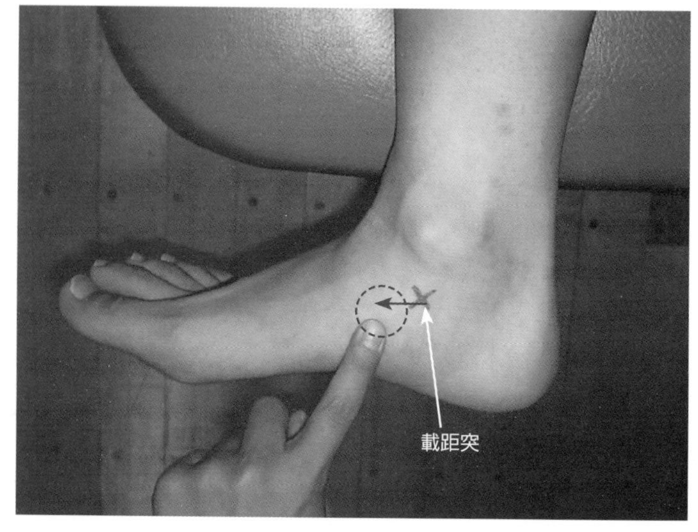

圖4-39　舟骨粗隆的觸診②

脛後肌乃是附著於舟骨粗隆。進行舟骨粗隆的觸診時，診療者先讓病患進行足部內翻運動，如此一來，就能清楚地觀察到位於舟骨粗隆的脛後肌肌腱（右圖標示有→處），診療者就可以針對「脛後肌肌腱附著於舟骨粗隆的狀態」進行觸診。

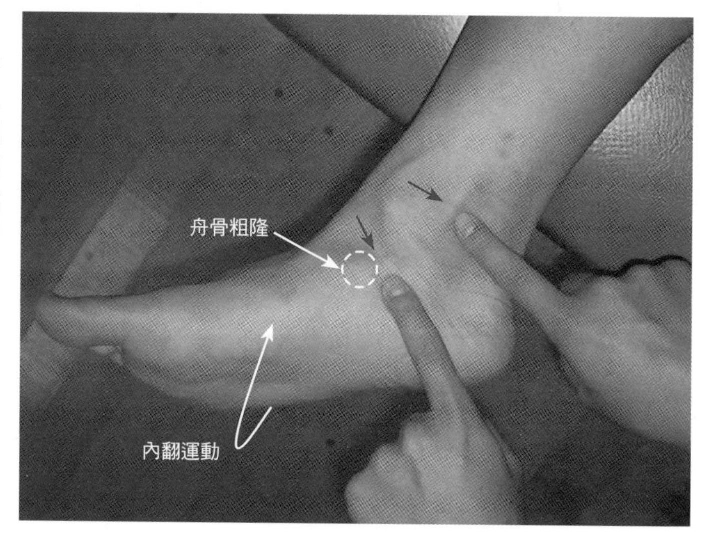

圖4- 40　距舟關節的觸診①

進行距舟關節的觸診時，讓病患呈仰臥姿勢，並請病患將足部移至床緣外側，診療者即可以此姿勢作為觸診姿勢。診療者先將病患的舟骨粗隆的位置確認出來，然後將手指往後方移動1橫指寬的距離，並於內側位置觸診「位於舟骨粗隆及距骨頭之間的關節空隙」。

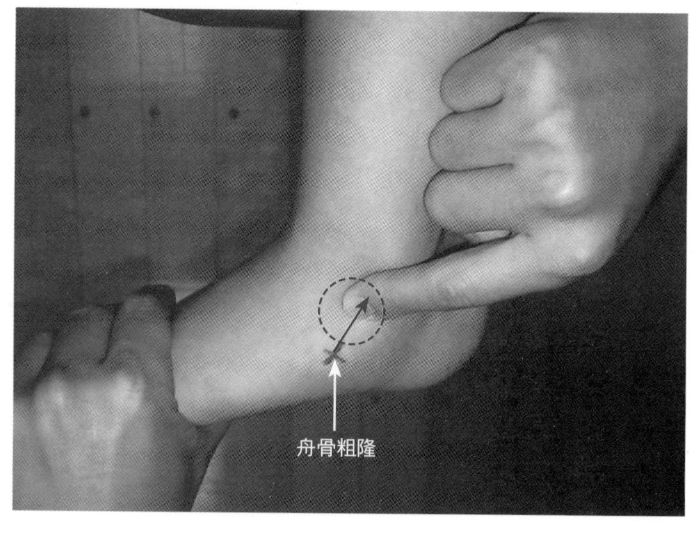

圖4-41　距舟關節的觸診②

若是在內側位置觸診到了病患的距舟關節後，接下來，診療者要將手指沿著關節空隙往腳背方向移動，從背側位置觸診病患的距舟關節，並將「距舟關節與其他部位之間的位置關係」確認出來。

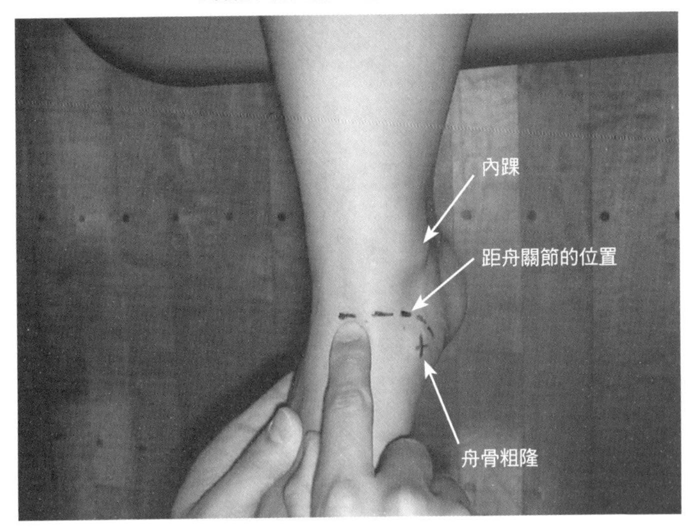

圖4-42　楔舟關節（舟骨和內楔骨之間）的觸診①

進行楔舟關節的觸診時，讓病患呈仰臥姿勢，並請病患將足部移至床緣外側，診療者即可以此姿勢作為觸診姿勢。診療者先將病患的舟骨粗隆的位置確認出來，然後將手指往前方移動半橫指寬的距離，並從內側位置觸診「位於舟骨粗隆及內楔骨之間的關節空隙」。

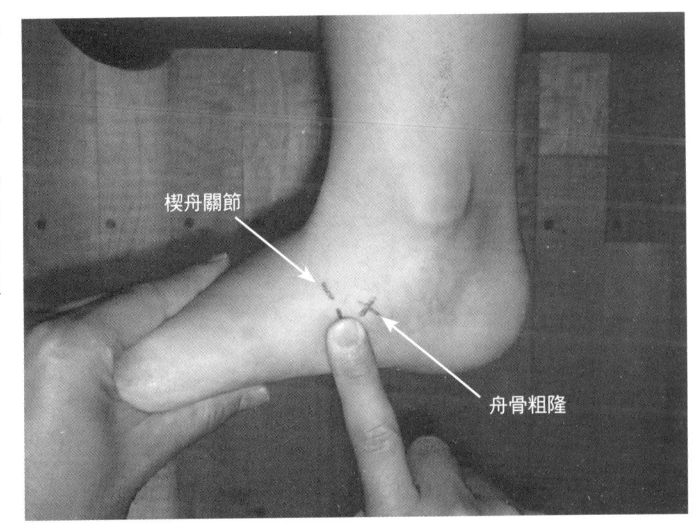

圖4-43　楔舟關節（舟骨和內楔骨之間）的觸診②

若是在內側位置觸診到了病患的楔舟關節後，接下來，診療者要將手指沿著關節空隙往腳背方向移動，從背側位置觸診病患的楔舟關節，並將「楔舟關節與其他部位之間的位置關係」確認出來。

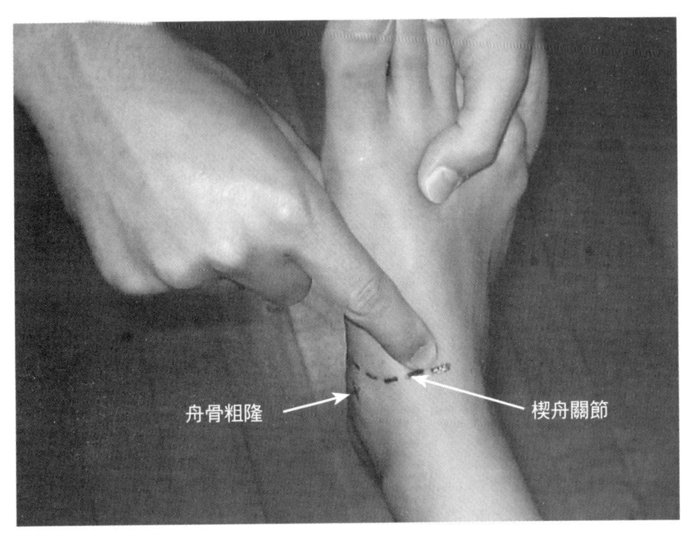

圖4-44　拇趾跗蹠關節（拇趾蹠跗關節）的觸診①

進行拇趾跗蹠關節的觸診時，讓病患呈仰臥姿勢，並請病患將足部移至床緣外側，診療者即可以此姿勢作為觸診姿勢。診療者先將病患的楔舟關節的位置確認出來，然後將手指往前方移動一橫指寬的距離，並從內側位置觸診「位於拇趾跗蹠關節及拇趾蹠骨基部之間的關節空隙」。

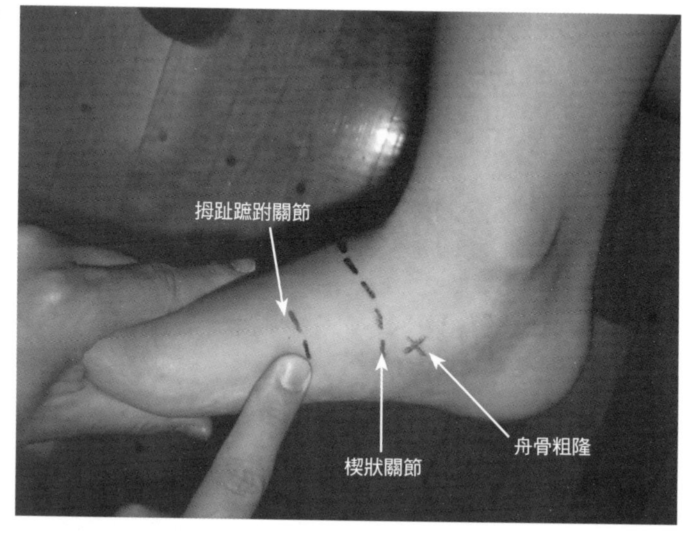

圖4-45　拇趾跗蹠關節（拇趾蹠跗關節）的觸診②

診療者若是觸診到病患的拇趾跗蹠關節的間隙後，接下來，診療者要將手指沿著關節間隙往病患的腳背方向移動，從背側方向觸診病患的拇趾跗蹠關節，並將「拇趾跗蹠關節與其他部位之間的位置關係」確認出來。難以分辨出關節位置時，就先固定病患的內楔骨，並對病患的拇趾蹠骨施加牽引及旋轉運動，先探尋出拇趾蹠骨的動向，如此一來，就可以找到關節的所在位置。

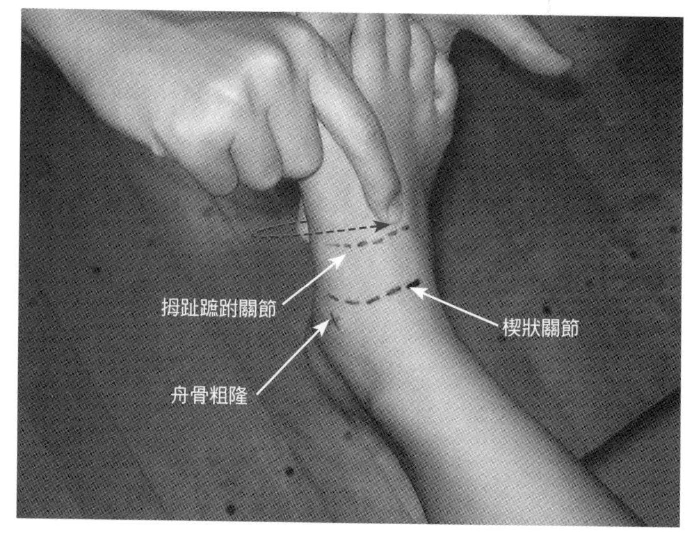

圖4-46　拇趾蹠骨基部以及蹠骨體的觸診

診療者若是從內側位置觸診到病患的拇趾跗蹠關節的間隙後，接下來，診療者要用手指一邊輕輕按壓，一邊往前方移動，如此一來，就會觸摸到呈隆起狀的蹠骨基部。診療者的手指再繼續往前方移動，如此就能觸摸到自底部平緩地往下凹陷的部位，此一纖細凹陷的部位就是蹠骨體。

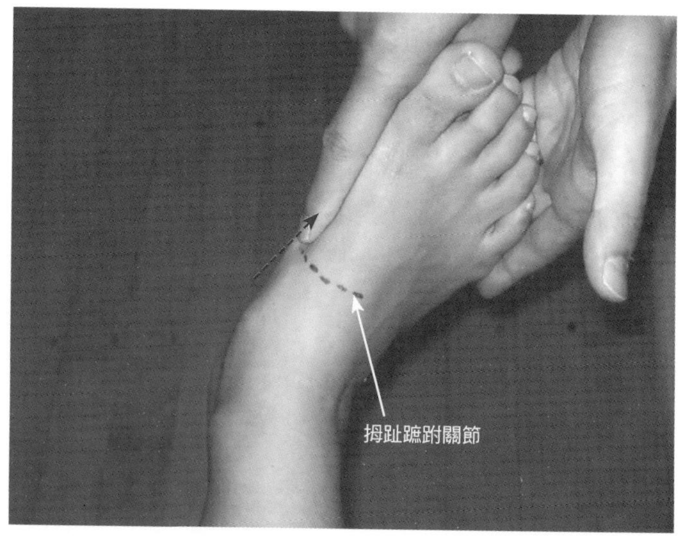

圖4- 47　拇趾蹠骨頭的觸診

診療者若是確認出病患「呈纖細凹陷狀的蹠骨體」的位置後，診療者的手指再繼續往前方移動，接下來，便可再次觸診到較大的骨隆起，此一隆起部位就是蹠骨頭。接下來，診療者再為病患的拇趾蹠趾關節施加伸展及屈曲，並同時進行觸摸，如此即可輕易地知曉蹠骨頭的所在位置。

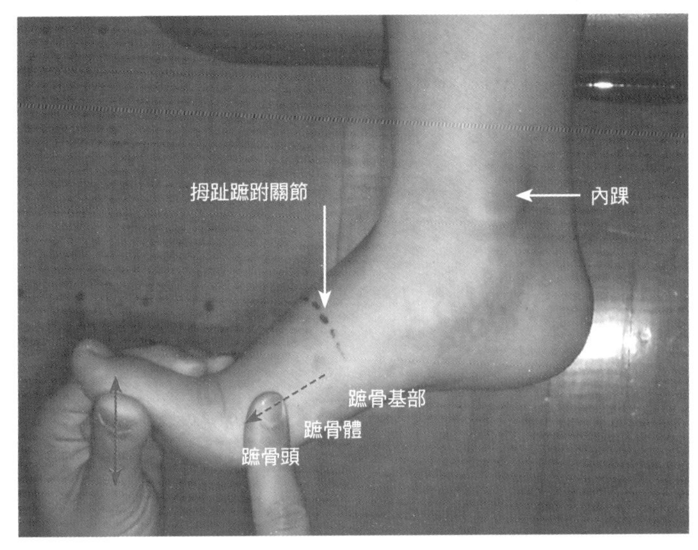

圖4- 48　拇趾種子骨的觸診

診療者若是確認出病患的拇趾蹠骨頭的位置後，接下來，診療者要將手指沿著隆起部位往病患的腳底側邊移動。並從病患的腳底側邊輕輕按壓至拇趾蹠骨頭，如此一來，就能觸診到兩個呈圓滾狀的的種子骨。在拇趾外翻的病例中，「病患的外側種子骨會自蹠骨頭的下方往外側移動」，這樣的情況並不罕見。

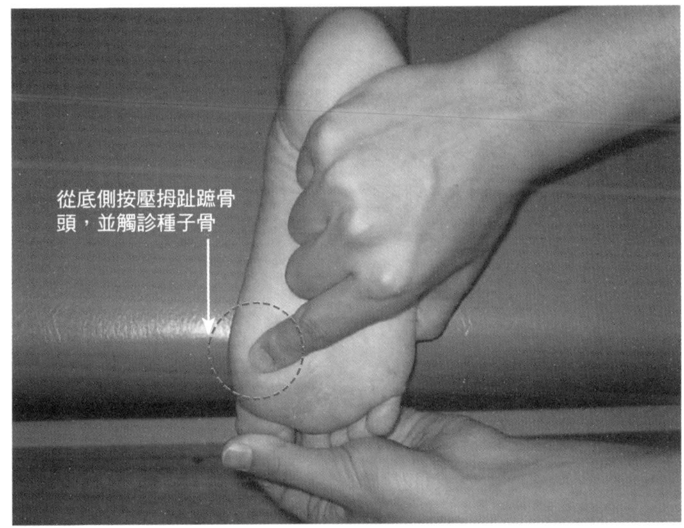

Köhler's disease of the tarsal navicular、Freiberg infraction

Köhler's disease of the tarsal navicular及Freiberg infraction是發生於足部的骨突炎，發生於舟骨的缺血性壞死便稱為Köhler's disease of the tarsal navicular，發生在蹠骨頭部的缺血性壞死則稱為Freiberg infraction。多數時候是將「Köhler's disease of the tarsal navicular」稱作「第一柯勒氏疾病」，並將Freiberg infraction稱之為第二蹠骨骨軟骨炎（Freiberg's disease），即為第二柯勒氏疾病（köhler second disease）。

Köhler's disease of the tarsal navicular的好發年齡是4～7歲，患者多數為男性。以X射線攝影照射病患的患部，會觀察到病患的舟骨出現扁平、硬化及分裂等的病狀，Köhler's disease of the tarsal navicular患者的癒後情況良好，鮮少引起關節症變化。

而Freiberg infraction的好發年齡是12～18歲，患者多數為女性。步行時反覆踏步的動作會造成蹠趾關節疼痛，就是Freiberg infraction的特徵。此疾病的多數病例是病發於第二蹠骨頭，不過亦有患部位於第三蹠骨頭及第四蹠骨頭的情形發生。以X射線攝影照射病患的患部，則會診視到病患的蹠骨頭呈扁平及分節的狀態。Freiberg infraction病多半會衍生出關節症變化，因此必須早期診斷、早期治療。

	Köhler's disease of the tarsal navicular	Freiberg infraction
病發部位	舟骨	蹠骨
好發年齡	4～7歲	12～18歲
男女差別	患者多數為男性	患者多數為女性
癒後情況	癒後情況良好、鮮少發生關節症變化	造成關節症變化的病例相當多

冠有發表者姓名的主要足部骨突炎

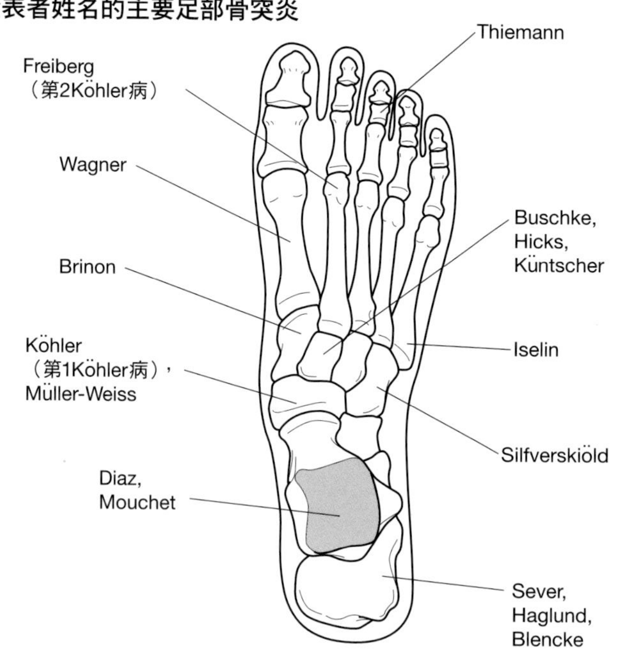

取自文獻33）

跗蹠關節 tarsometatarsal joint（蹠跗關節）
中楔骨 intermediate cuniform
外楔骨 lateral cuniform
Ⅱ～Ⅴ趾蹠骨 Ⅱ-Ⅴmetatarsal bone
第五蹠骨粗隆 tuberosity of 5th metatarsal bone
骰骨 cuboid

解剖學上的特徵

- 中足部及前足部的交界是跗蹠關節，一般來說，跗蹠關節又稱作蹠跗關節。
- 與「內楔骨以及外楔骨」相比，中楔骨的長度較短，中楔骨是呈榫孔（mortise）構造，第二蹠骨基部則化作為凸榫（tenon）嵌入於中楔骨內。
- 拇趾蹠骨至第三趾蹠骨是與「內楔骨、中楔骨及外楔骨」形成關節，而「第四趾蹠骨及第五趾蹠骨」則是與骰骨形成關節。
- 足部的橫向足弓有「位於中足部的橫向足弓」及「位於五個蹠骨的橫向足弓 」。
- 骰骨的後方部位是與跟骨形成關節，骰骨的外側部位至前方部位是與蹠骨形成關節，骰骨的內側部位則是與舟骨及外楔骨形成關節。
- 腓骨短肌附著於第五蹠骨粗隆之處。

臨床相關

- 第二趾跗蹠關節及第三趾跗蹠關節幾乎毫無活動性，橫向足弓的變化情形則是依據拇趾以及第四蹠骨及第五蹠骨的寬度來決定。
- 楔狀骨間裂開大多是在「完成跳躍動作腳部著地的瞬間」所引發的。楔狀骨間裂開的好發部位是位於中楔骨以及內楔骨之間。
- 好發於蹠骨的疲勞性骨折就是行軍性骨折，行軍性骨折容易發生在第二蹠骨及第三蹠骨。
- 第二蹠骨骨軟骨炎（Freiberg disease）又稱為第2 Köhler–柯勒氏疾病，第二蹠骨骨軟骨炎乃是好發於第二蹠骨頭的缺血性壞死。
- 莫頓氏神經瘤（Morton disease）是指「位於第三蹠骨頭與第四蹠骨頭之間的趾神經，受到壓迫而引起的壓迫神經病變」，許多莫頓氏神經瘤的病例會出現橫向足弓下塌的症狀[參考p.66]。
- 第五蹠骨粗隆骨折的起因多半是因為穿著木屐於步行途中，第五蹠骨粗隆受到強制內翻，導致第五蹠骨粗隆骨折，因此「第五蹠骨粗隆骨折」亦稱為木屐骨折（第五蹠骨基底部骨折）。此外，腓骨短肌所形成的間接外力亦會引發木屐骨折（第五蹠骨基底部骨折）。

相關疾病

蹠跗關節骨折脫位、楔狀骨間裂開、蹠跗關節炎、骰骨骨折、開張足、第二蹠骨骨軟骨炎（第2Köhler–柯勒氏疾病，köhler second disease）、莫頓氏神經瘤、第五蹠骨基底部骨折……等。

圖4-49　從背側方向所觀察到的足部

足部可區分為三個部份，分別是「位於蹠跗關節前方的前足部」、「位於中跗關節後方的後足部」以及「位於前足部及後足部之間的中足部」，以上的足部結構最好要牢記於腦海中。尤其是『「位於中足部的中楔骨」與內楔骨以及外楔骨相比，「位於中足部的中楔骨」的長度較短，中楔骨的構造是呈榫孔（mortise）狀的構造』，冀盼各位要先將上述的理論牢記於腦海中。

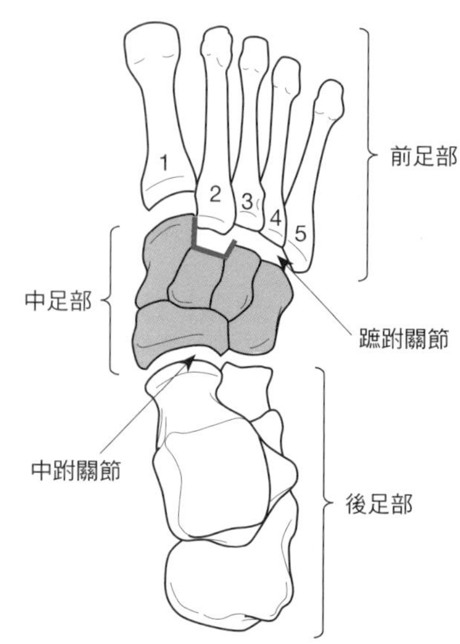

圖4-50　拇趾跗蹠關節（蹠跗關節）的觸診

進行拇趾蹠跗關節的觸診時，讓病患呈仰臥姿勢，並要病患將足部移至床緣外側，診療者即可以此姿勢作為觸診姿勢。接下來，診療者要觸摸病患的拇趾蹠骨背側部位，並往近側方向觸摸，診療者的手指一旦越過了底部的隆起部位後，接下來就可以開始觸診拇趾蹠骨與內楔骨之間的間隙。難以分辨拇趾蹠骨和內楔骨之間的間隙位置時，診療者可一邊為病患的拇趾蹠骨施加牽引、旋轉等運動，一邊進行觸摸，如此一來，就可以知曉拇趾跗蹠關節與內楔骨之間的間隙位置。

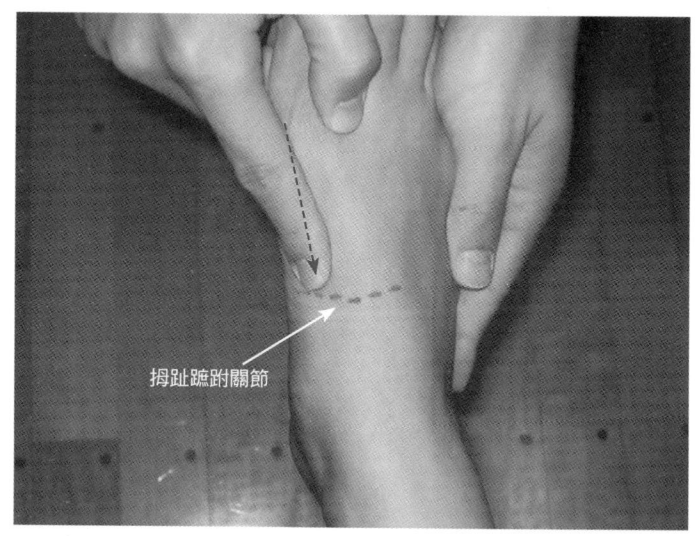

圖4-51　第三趾跗蹠關節（蹠跗關節）的觸診

進行第三趾跗蹠關節的觸診時，病患的姿勢與「觸診拇趾蹠跗關節時所採取的姿勢」相同。診療者先觸摸病患的第三趾蹠骨背側部位，並往近側方向觸摸，診療者的手指一旦越過了底部的隆起部位後，就可以開始觸診第三趾蹠骨與外楔骨之間的間隙。

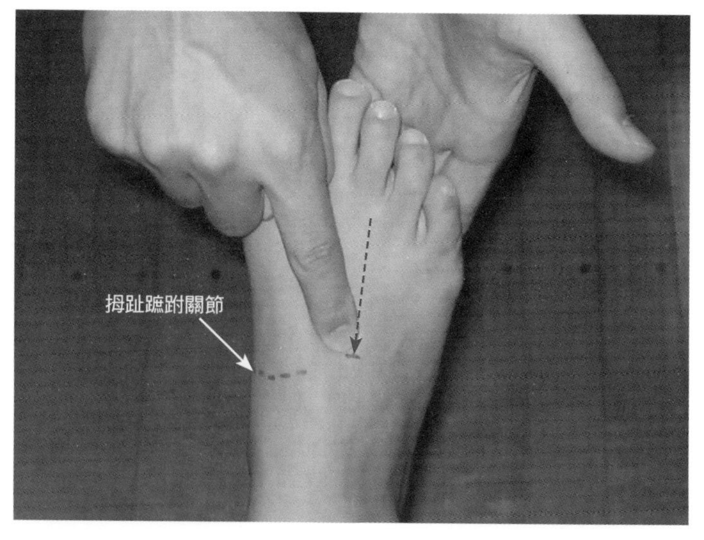

圖4-52 第二趾跗蹠關節（蹠跗關節）的觸診

進行觸診時，病患的姿勢與「觸診拇趾蹠跗關節時所採取的姿勢」相同。診療者先觸摸病患的第二趾蹠骨背側部位，並往近側方向觸摸，診療者的手指一旦越過了底部的隆起部位後，就可以開始觸診第二趾蹠骨與中楔骨之間的間隙。診療者並要確認出「位於拇趾跗蹠關節及第三趾跗蹠關節所在位置偏近側部位之處、呈榫孔（mortise）構造的部位」。

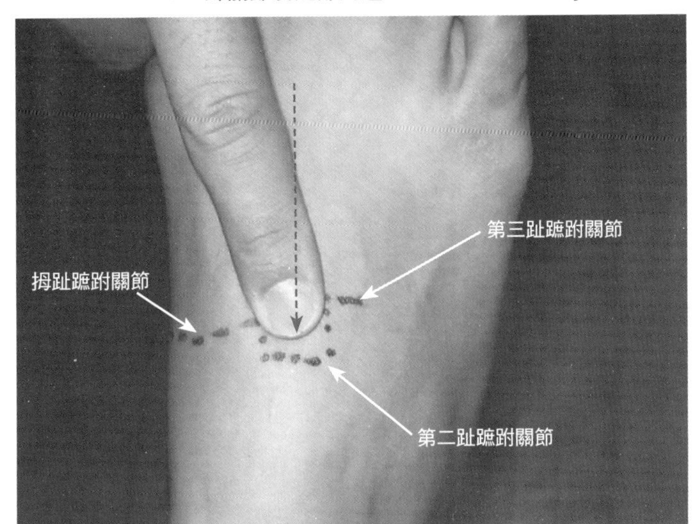

圖4-53 第四趾跗蹠關節（蹠跗關節）的觸診

進行第四趾跗蹠關節的觸診時，病患的姿勢與「觸診拇趾蹠跗關節時所採取的姿勢」相同。診療者先觸摸病患的第四趾蹠骨背側部位，並往近側方向觸摸，診療者的手指一旦越過了底部的隆起部位後，就可以開始觸診第四趾蹠骨及骰骨之間的間隙。難以分辨第四趾蹠骨及骰骨之間的間隙位置時，診療者可一邊晃動病患的第四趾蹠骨，一邊進行觸診，如此就可以知曉第四趾蹠骨及骰骨之間的間隙位置。

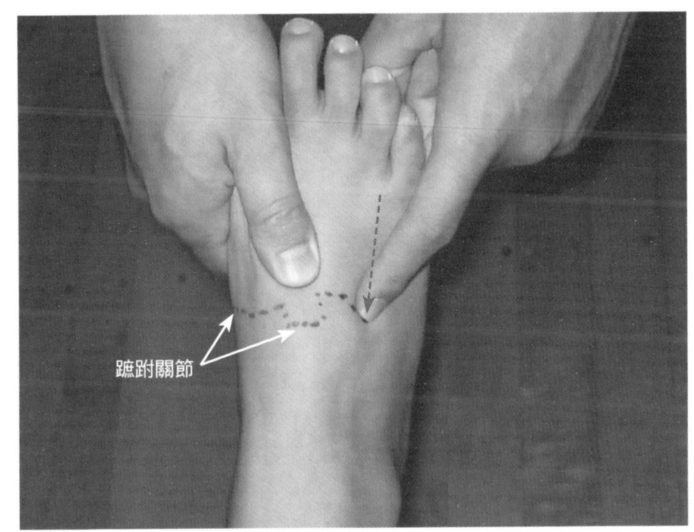

圖4-54 第五蹠骨粗隆、第五趾跗蹠關節的觸診

進行第五蹠骨粗隆及第五趾跗蹠關節的觸診時，病患的姿勢與「觸診拇趾蹠跗關節時所採取的姿勢」相同。診療者先觸摸病患的第五趾蹠骨外側部位，並往近側方向觸摸，如此一來，就可以觸診到「位於第五蹠骨外側部位，呈突起狀、體積較大的第五蹠骨粗隆」。接下來，診療者可一邊晃動病患的第五蹠骨，一邊觸診第五趾蹠骨與骰骨之間的間隙。

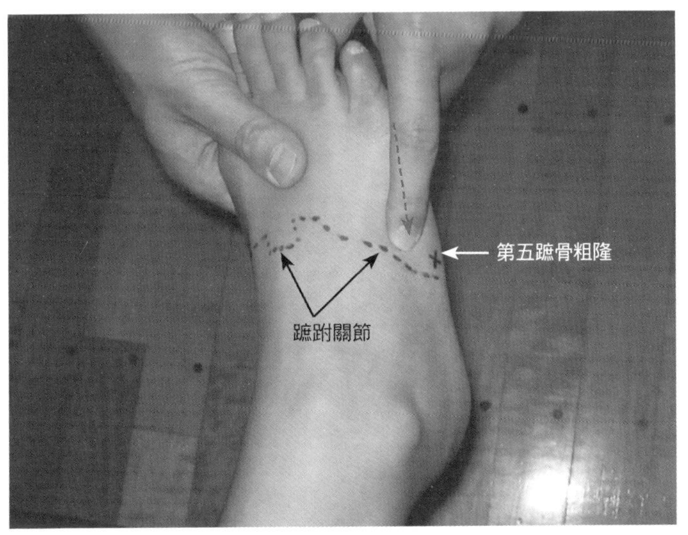

圖4-55　第五蹠骨粗隆的觸診

腓骨短肌肌腱乃是附著於第五蹠骨粗隆之上。進行第五蹠骨粗隆的觸診時，診療者為病患的足部進行外展運動，並針對「腓骨短肌肌腱的附著狀態」進行觸診。

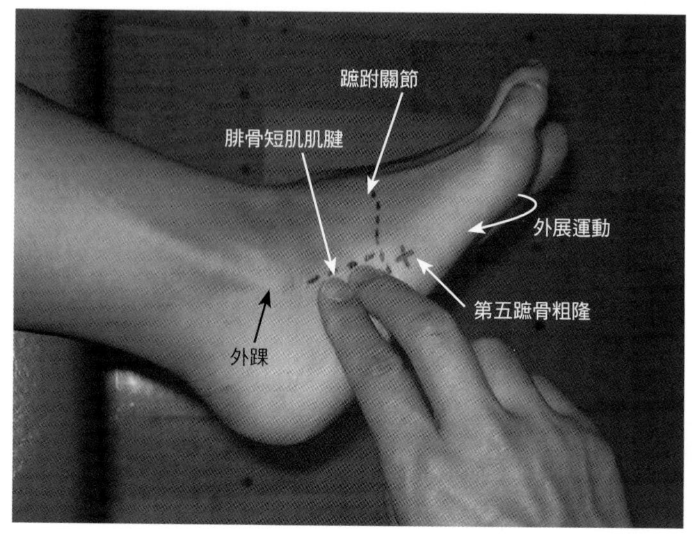

Skill Up

莫頓氏神經瘤

莫頓氏神經瘤乃是第三蹠骨及第四蹠骨之間產生劇痛的疾病，步行時的負重及反覆踏步皆會引發患部的疼痛。足底內側神經及足底外側神經的連絡枝是位於第三蹠骨及第四蹠骨之間，這種解剖學上的位置關係亦與莫頓氏神經瘤的形成有關。此外，在莫頓氏神經瘤的病例中，許多病例的前足部的橫向足弓會出現下塌現象，亦有許多病例因為穿著了「以維持足弓正常為治療目的」的矯正鞋墊，因而使得病患的病情明顯好轉。在病患的前足部施加橫軸壓力，若是病患患部的疼痛感被誘發出來，即可推測病患可能罹患了莫頓氏神經瘤。

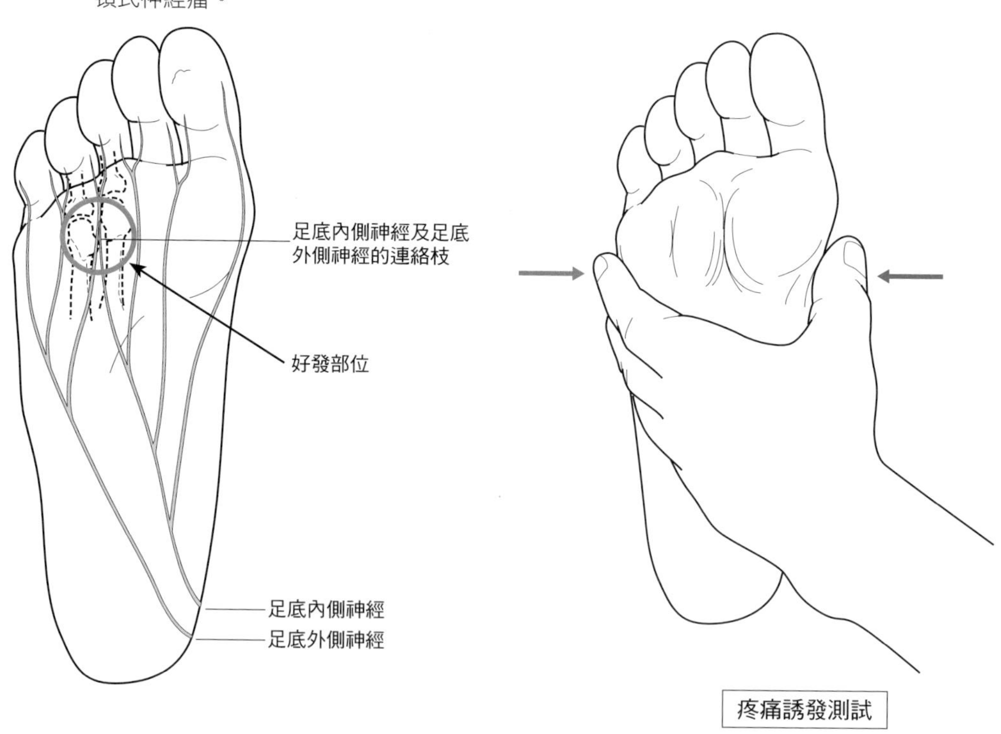

修改自文獻35）

II 下肢的韌帶

1. 股三角周邊
   around the scarpa triangle
2. 膝關節周邊around the knee joint
3. 踝關節周邊around the ankle joint

1 股三角周邊 around the scarpa triangle

鼠蹊韌帶 inguinal ligament
股動脈 femoral artery
股神經 femoral nerve
股外側皮神經 lateral femoral cutaneous nerve

解剖學上的特徵

- 所謂的股三角，是指由鼠蹊韌帶、縫匠肌、內收長肌這三條肌肉的邊緣所構成的三角部位。
- 鼠蹊韌帶乃是連接髂骨前上棘及恥骨結節的韌帶，這條韌帶會藉由腹外斜肌的止端腱膜而形成發達的腱弓。
- 股動脈、股靜脈、股神經會通過鼠蹊韌帶的深處，位於股三角的股動脈、股靜脈、股神經會以各自並排的方式延伸著。
- 通往鼠蹊韌帶深層的通道有二條，其中一條通道是髂腰肌及股神經所通過的肌腔隙，而另一條通道則是股動脈及股靜脈所通過的血管腔隙。
- 股外側皮神經會通過由縫匠肌和鼠蹊韌帶所形成的內角。

臨床相關

- 檢測股動脈的脈動，是在股三角此部位來進行確認的。
- 股神經會經過靠近股動脈外側的部位。對於「鼠蹊韌帶此部位的壓迫性神經病變」，與「高部位腰椎之椎間突出症」這兩種疾病必須仔細鑑別。
- 「膝上截肢患者所安裝的四邊形套筒」對於患者的股三角的壓迫程度，必須要在適度的坐骨承重範圍內，這點極其重要。
- 脊椎裝具安裝完成後，若是感到大腿外側部位發麻，多半是因為股外側皮神經受到骨盆支持部的壓迫所致，這點務必要注意。
- 血管腔隙內側有一部份的腸子會自血管腔隙內側向外突出，此病症，就稱之為股疝氣。

相關疾病

壓迫性股神經病變、膝上截肢、股外側皮神經的功能失調、股疝氣……等。

圖1-1　股三角的周邊解剖

所謂的股三角，是指鼠蹊韌帶、縫匠肌、內收長肌這三條肌肉的邊緣所構成的三角形。股動脈位於股三角此部位接近中央的位置，股靜脈會通過靠近股三角的內側部位，而股神經則會通過股三角的外側部位。股外側皮神經會自「以髂骨前上棘為頂點的股三角的內角部位」穿越出來。

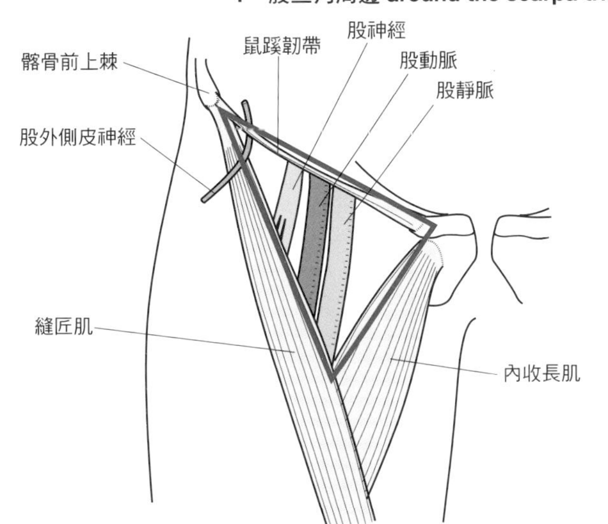

圖1-2　股三角的觸診（鼠蹊韌帶）

進行鼠蹊韌帶的觸診時，一開始先讓病患呈仰臥姿勢。診療者先確認出病患髂骨前上棘的位置，接下來，診療者要用手指以「自遠側拉向近側的方向」觸摸髂骨前上棘稍微偏內側的部位，如此一來，就能觸診到鼠蹊韌帶的走向。

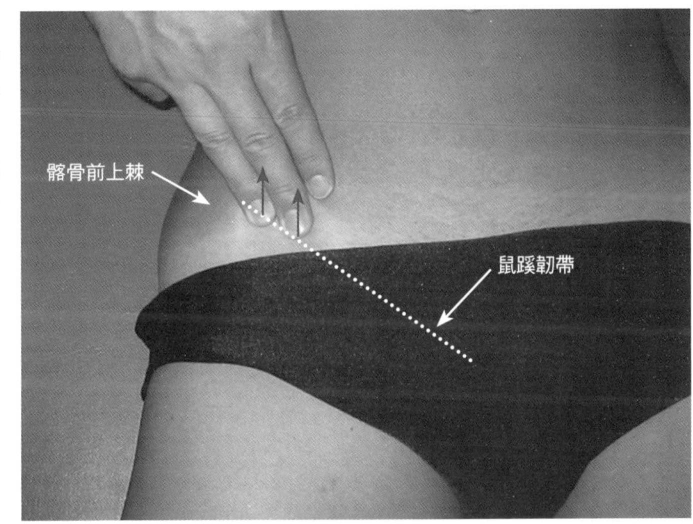

圖1-3　股三角的觸診（縫匠肌）

診療者確認出病患的鼠蹊韌帶的位置後，接下來診療者要將手指放在「病患的髂骨前上棘稍微偏遠側的位置」，以確認出縫匠肌的位置。診療者再讓病患進行盤腿的動作，如此一來，診療者就可以開始觸診往內下方延伸的縫匠肌。

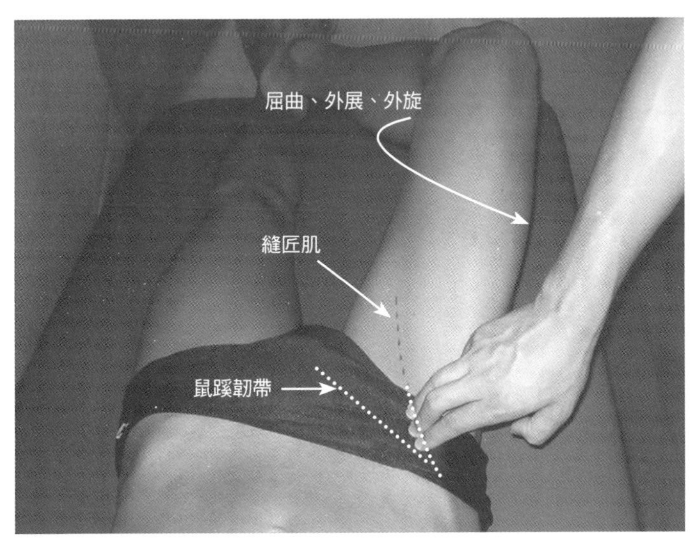

圖1-4　股三角的觸診（內收長肌）

診療者若是確認出病患的鼠蹊韌帶及縫匠肌的位置後，接著再將病患的內收長肌位置確認出來。診療者使病患的髖關節外展，以使病患的內收長肌的緊繃度升高，接下來，診療者要用手掌包覆「位於病患大腿近側前方的隆起部位（股直肌）」，並用指尖輕輕地按壓至股直肌的內側後方，如此一來，就能觸摸到病患的內收長肌。

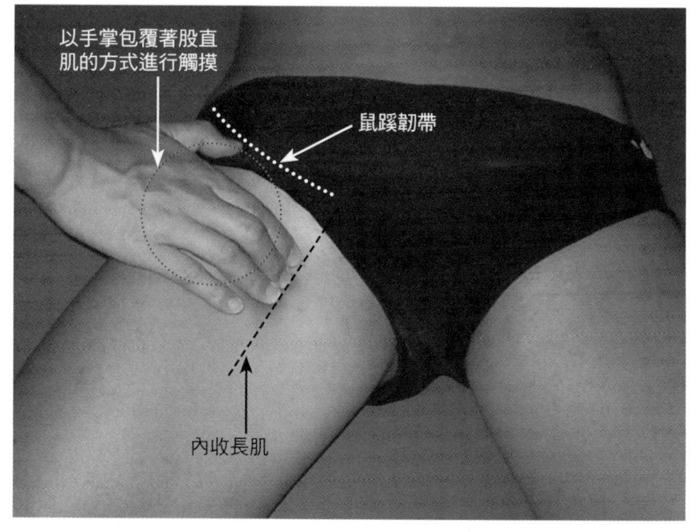

圖1-5　股動脈的觸診

診療者若是確認出病患的股三角的位置後，接下來再對病患的股動脈進行觸診。診療者要將手指放在股三角的三角形內部接近中央的位置，然後觸知病患股動脈的脈動。

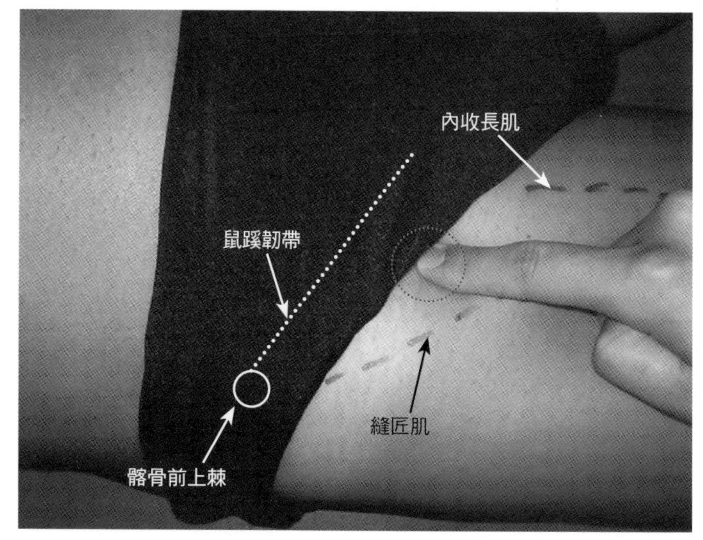

圖1-6　股神經的觸診①

診療者若是確認出病患股動脈的位置後，接下來，診療者的手指要沿著病患股動脈的脈動移動至靠近鼠蹊韌帶的位置。診療者再將手指移動至靠近病患的股動脈外側的位置，診療者的手指再往內外側方向挪動，如此一來，就能觸診到圓滾狀的股神經。若是觸摸的感覺宛如形狀較粗的義大利麵條，即表示已正確觸診到股神經。

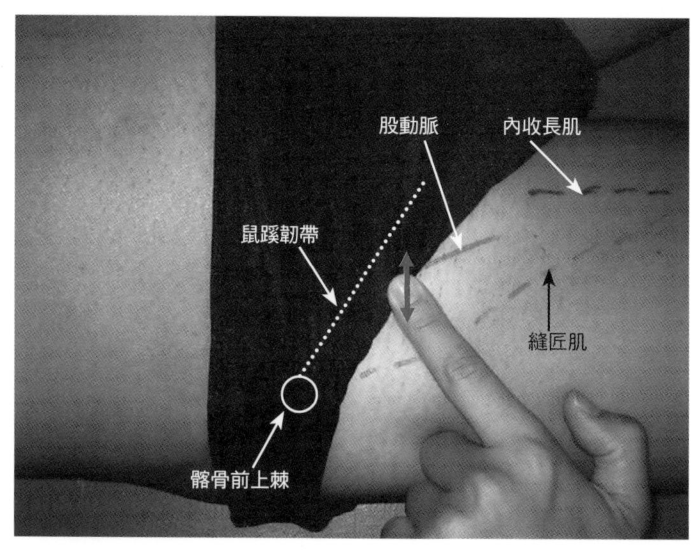

圖1-7 股神經的觸診②

髖關節伸展及膝關節屈曲時，股神經便會變得極其緊繃。診療者依舊以手指觸摸病患的股神經，並為病患的髖關節進行被動伸展，再為病患的膝關節進行被動屈曲，如此一來，病患的股神經便會緊繃，診療者就可以開始觸診股神經的緊繃狀態。然後，再反過來為病患的髖關節進行屈曲，並為病患的膝關節進行伸展，如此一來，病患的股神經便會鬆弛，診療者即可一並將「股神經緊繃狀態與趨緩狀態」確認出來。

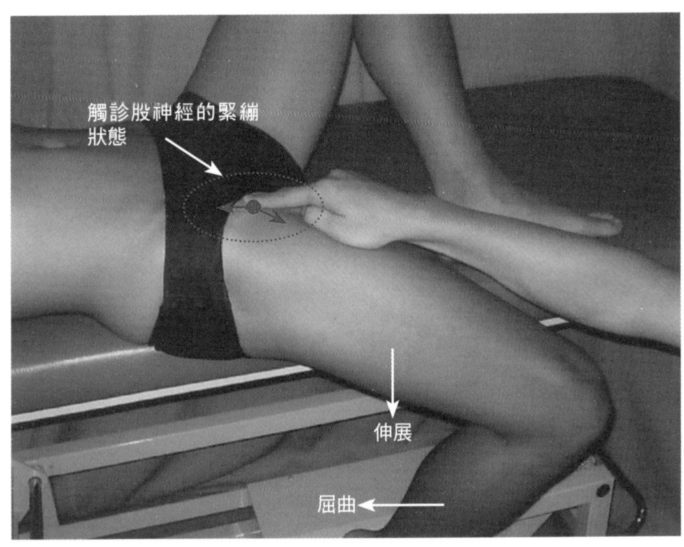

圖1-8 股外側皮神經的觸診

進行股外側皮神經的觸診時，亦是讓病患呈仰臥姿勢。診療者先將手指放在病患的鼠蹊韌帶及縫匠肌所形成的內角部位，接下來，診療者的手指要在「病患的鼠蹊韌帶及縫匠肌所形成的內角部位」左右來回地挪動並加以探尋，如此一來，就能觸摸到纖細的股外側皮神經。倘若診療者的按壓力道過強，而且一直持續按壓，病患的大腿外側部位就會產生不舒服的感覺，這點務必要注意。

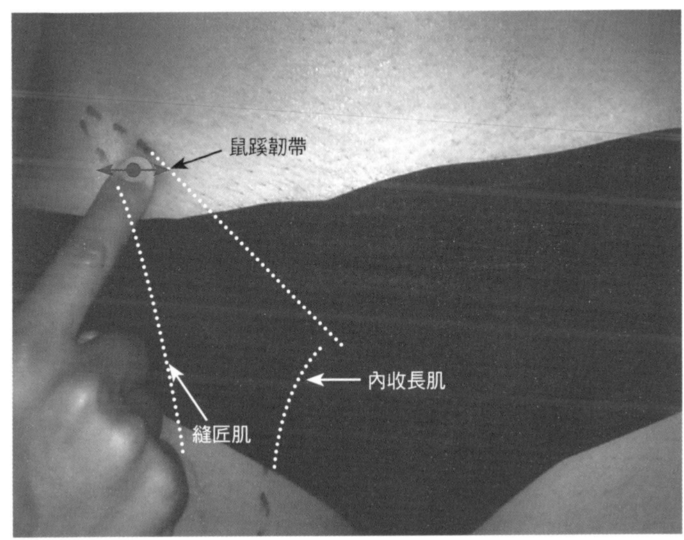

內側副韌帶

medial collateral ligament（MCL）

解剖學上的特徵

- 內側副韌帶會強化膝關節的內側部位，內側副韌帶自股骨的內上髁呈斜線方向往前方延伸，內側副韌帶並止於脛骨內髁的內側緣及脛骨內髁後緣，內側副韌帶的止端範圍相當廣闊。
- 內側副韌帶分為淺層及深層，內側副韌帶的深層會與內側半月板的中節緊密結合。
- 內側副韌帶會強而有力地制動小腿的外翻及外旋，在內側副韌帶的走向上，內側副韌帶會以輔助性質抵制前拉的動作。

臨床相關

- 在膝關節的韌帶損傷中，內側副韌帶受到損傷的頻率最高，當「強而有力的強制外翻」作用於膝關節時，就會引發內側副韌帶的損傷。
- 內側副韌帶損傷的程度共分為三個等級，只有出現壓痛而沒有出現不穩定性為一度損傷，出現輕度的不穩定性則為二度損傷，若是出現明顯的不穩定性則為三度損傷。
- 在進行外翻不穩定性的檢查時，通常是讓病患的膝關節呈0° 屈曲位和30° 屈曲位以進行檢查。若是病患的膝關節呈0° 屈曲位時就呈現出不穩定性，即表示病患罹患的可能不只是內側副韌帶損傷，而是包含前十字韌帶等部位皆損傷的複合韌帶損傷。
- 內側副韌帶、前十字韌帶及內側半月板這三個部位同時損傷，一般就稱為unhappy triad（不快樂三角）。
- 內側副韌帶的損傷部位大多位於「內上髁的附著部位附近」，此情況和解剖學方面的附著狀態有關。

相關疾病

內側副韌帶損傷、複合韌帶損傷、內上髁撕裂性骨折、蛙泳員膝症……等。

圖2-1　內側副韌帶的機能解剖

內側副韌帶會自內上髁往前方位置呈斜線方向延伸，並呈帶狀延伸。因此內側副韌帶在額狀面上會強而有力地制動強制外翻，內側副韌帶在水平面上則會強而有力地制動強制外旋，而內側副韌帶在矢狀面上是以輔助性質來制動前拉動作。

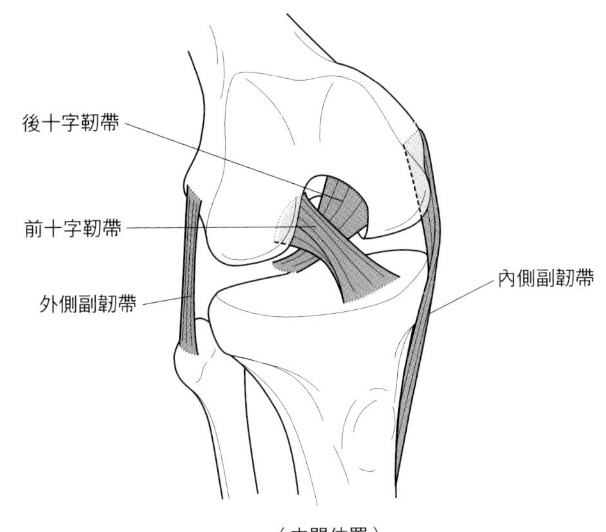

（中間位置）

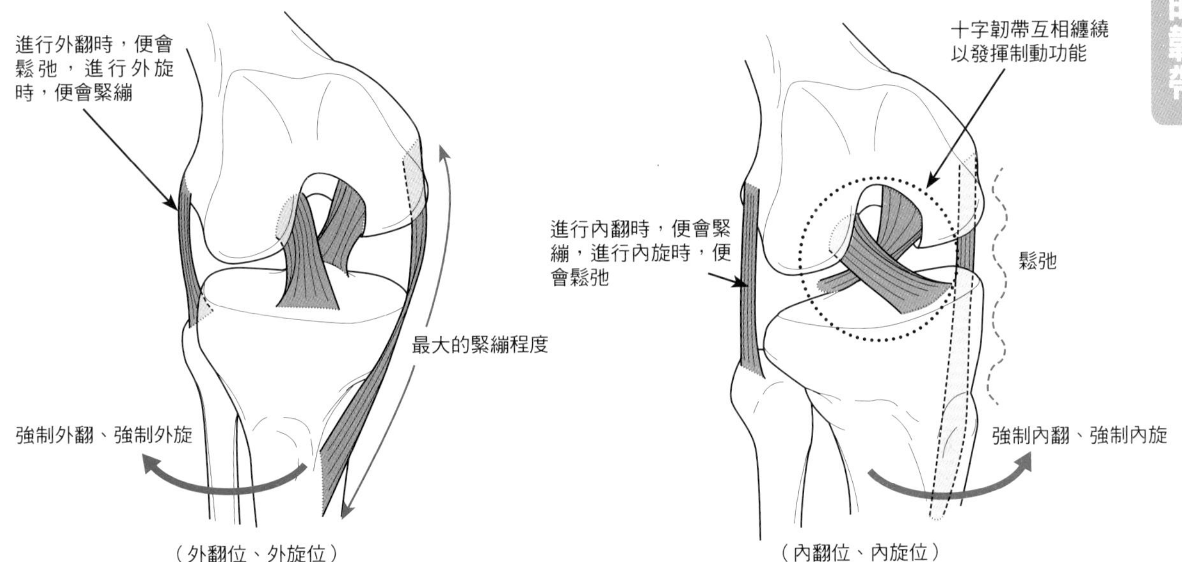

（外翻位、外旋位）　（內翻位、內旋位）

圖2-2　外翻壓力檢查（檢查內側副韌帶損傷）

檢查右膝時，診療者要用右手支撐住病患的踝關節，診療者的左手則要放在病患的膝關節外側，然後再施加外翻壓力。外翻壓力檢查通常是檢查病患的膝關節呈0° 屈曲位及30° 屈曲位這兩種情況。「即使病患的膝關節是呈0° 屈曲位，病患的膝關節仍深具不穩定性」的時候，即可推測病患可能罹患複合韌帶損傷。

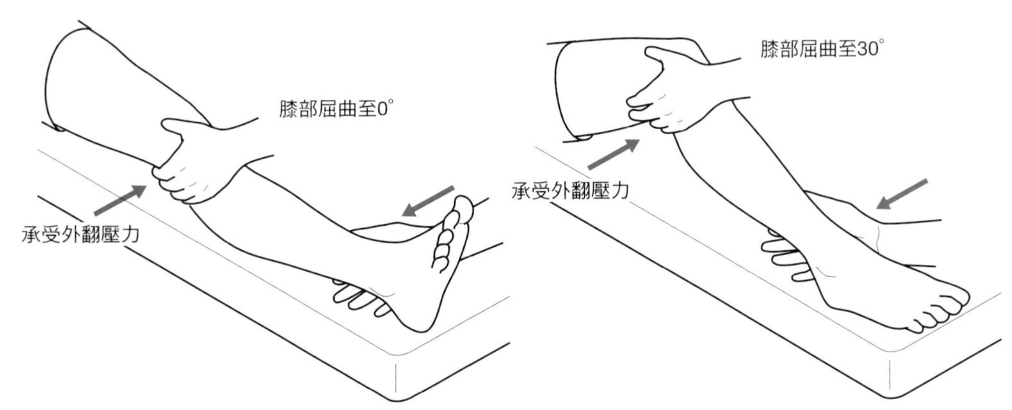

圖2-3　內側副韌帶前緣的觸診①

進行內側副韌帶的觸診時，讓病患呈側臥姿勢，診療者將小靠墊置於病患「下側腳的膝蓋部位」，病患「下側腳的小腿部位」則要移至床外，以此姿勢作為觸診姿勢。接下來，診療者再觸診病患的股骨內上髁，並將手指放在內上髁的前方。

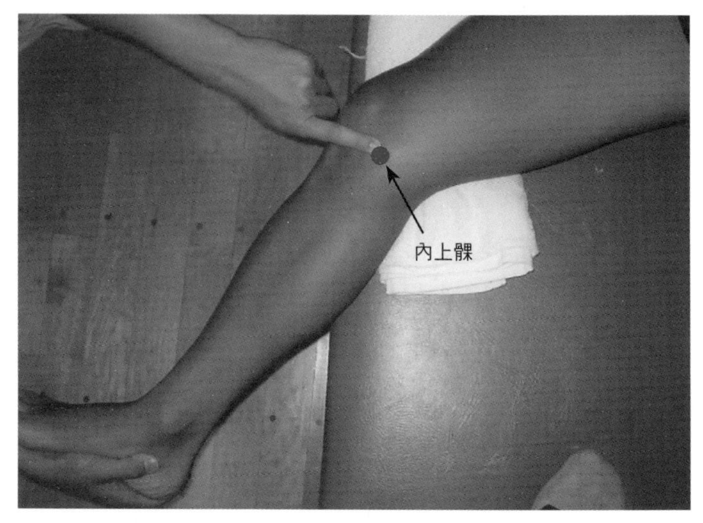

圖2-4　內側副韌帶前緣的觸診②

診療者將病患的膝關節屈曲至30° 左右，並且調整病患的肢體位置，使病患內側副韌帶的後方部位能處於稍微鬆弛的狀態，診療者再對病患的小腿施加外翻壓力及外旋壓力。隨著以上的壓力，病患的內側副韌帶前緣便會逐漸緊繃，診療者的手指再往斜前方移動，以觸診呈緊繃狀態的內側副韌帶前緣。

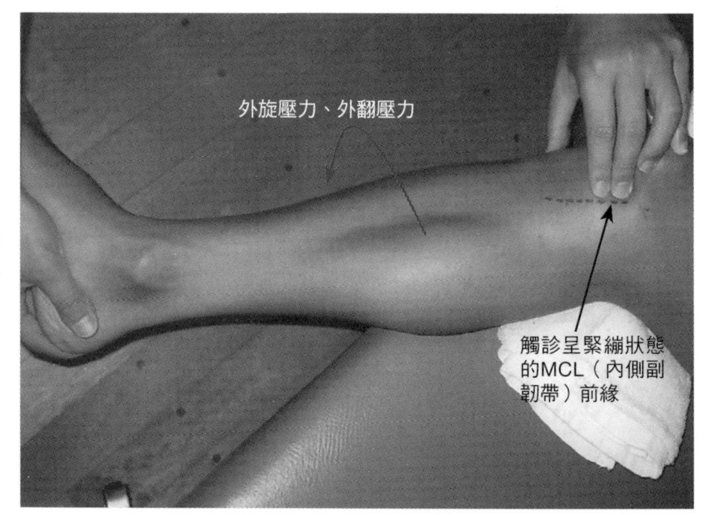

圖2-5　內側副韌帶後緣的觸診

進行內側副韌帶後緣的觸診時，觸診起始姿勢與「觸診內側副韌帶前緣的觸診起始姿勢」相同。診療者先將病患的膝關節屈曲至30° 左右，診療者再將手指放在病患的內上髁後方，接下來，診療者為病患的小腿施加外翻壓力及外旋壓力，並同時讓病患的膝關節慢慢地伸展。在膝關節進行伸展的過程中，診療者並觸診病患的內側副韌帶後緣。

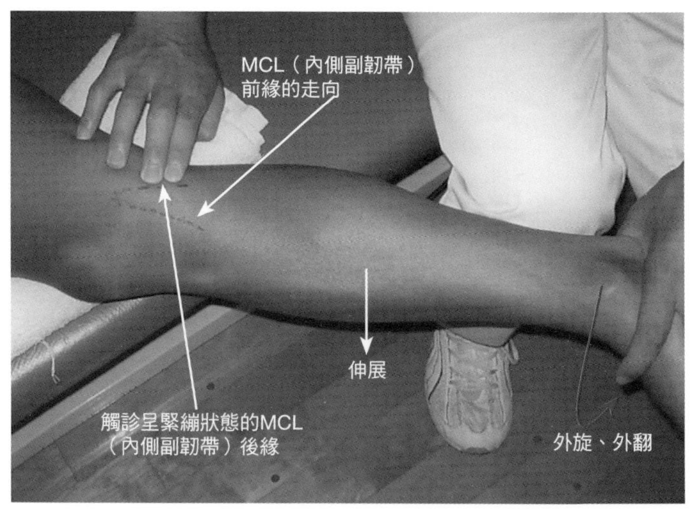

外側副靭帶
lateral collateral ligament（LCL）

解剖學上的特徵

- 外側副靭帶的功能是補強膝關節外側，其走向是由股骨外上髁往斜後方延伸，並止於腓骨頭。
- 和內側副靭帶有所不同，外側副靭帶是粗細約5～7mm的圓柱狀靭帶。
- 內側副靭帶附著於內側半月板上，但外側副靭帶和外側半月板卻未相連。
- 因外側副靭帶的走向是由前往後延伸，且位於屈伸軸後方，所以在內翻、外旋和伸展時外側副靭帶呈現緊繃狀態。而這一點與即使膝關節屈曲角度增加仍保持一定程度緊繃的內側副靭帶成對比。

臨床相關

- 一旦膝關節承受了強力的內翻拉力，就會造成外側副靭帶損傷。
- 通常內翻穩定度的檢查是在屈曲0°和30°之下進行的。若是在屈曲0°之下仍可確認為不穩定的話，可能表示除了外側副靭帶之外，尚有髂脛束，以及維持後外側穩定的複合靭帶出現了損傷。
- 非常明顯的內側型退化性膝關節炎病例，其外側副靭帶大多處於拉長狀態（elongation）。

相關疾病

外側副靭帶損傷、複合靭帶損傷、退化性膝關節炎……等。

圖2-6　外側副韌帶的機能解剖

外側副韌帶的走向是由外上髁往斜後方延伸，所以它在額狀面、橫狀面和矢狀面上分別制動內翻、外旋以及伸展，對於後方拉力也具有輔助性的制動功能。而外側副韌帶和外側半月板並未相連，此與外側半月板的可動範圍相關。

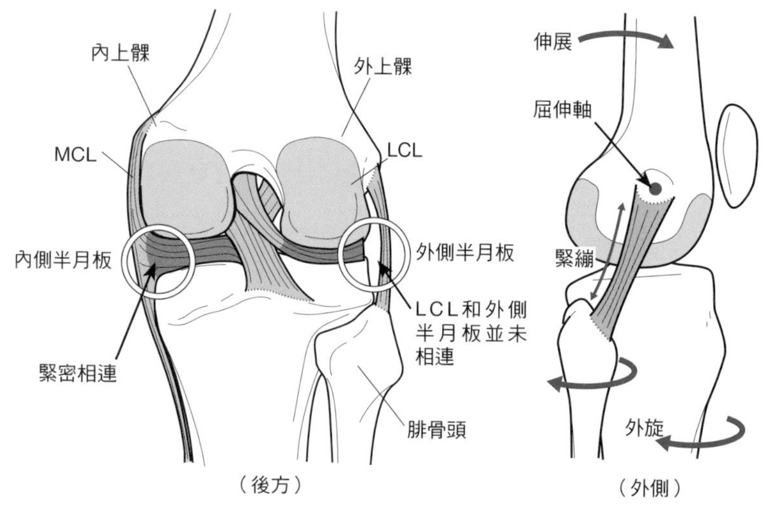

圖2-7　內翻壓力檢查（檢測外側副韌帶損傷）

檢測右膝時，以左手握住腳踝，右手從膝關節內側施予內翻方向的壓力。通常是在膝關節屈曲0°和30°之下進行檢測。若是在膝關節屈曲0°之下仍可確認為不穩定的話，便可能有複合韌帶損傷。

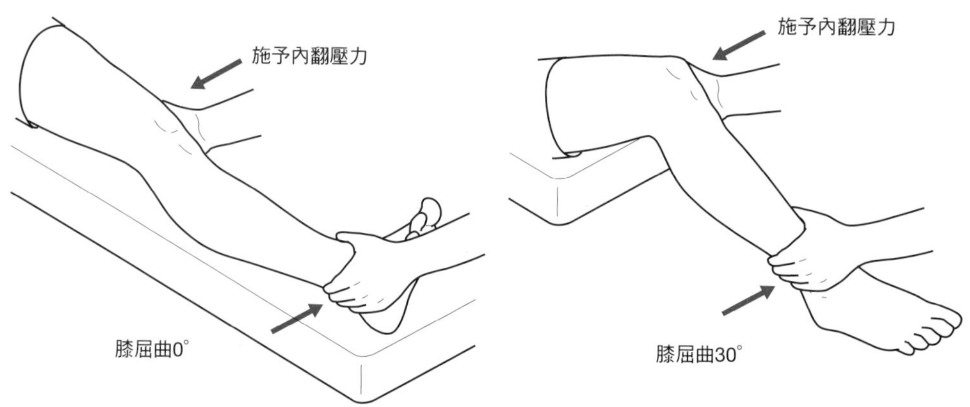

圖2-8　外側副韌帶的觸診①

外側副韌帶的觸診，是在受測者兩膝併攏、側臥，且只有下側腳屈曲之下進行的。上側腳的小腿部分需突出床緣，以方便施予內翻壓力。確認受測者的外上髁和腓骨頭位置。

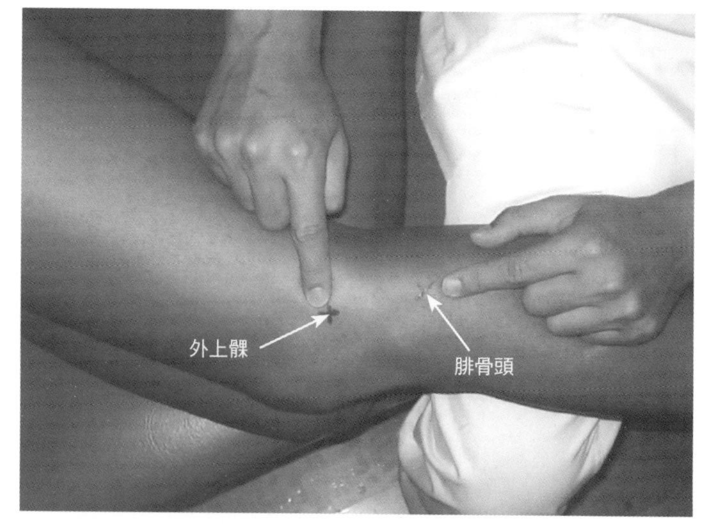

圖2-9　外側副韌帶的觸診②

用手指出外上髁和腓骨頭連線的中心點，接著在受測者的小腿施予內翻壓力就能觸診到圓柱狀的外側副韌帶。若是受測者體脂肪較少的話，只是在小腿施壓就能以目視確認外側副韌帶所在之處。

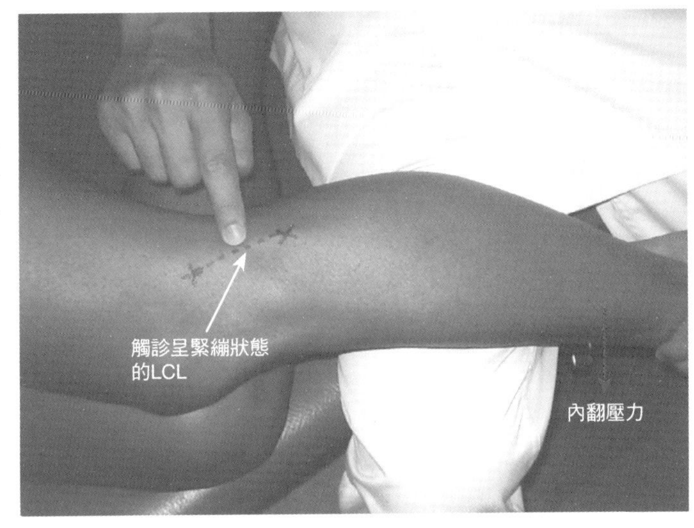

圖2-10　外側副韌帶的觸診③

接下來試著觸診關節活動對於外側副韌帶緊繃狀態的影響。在小腿施予內翻壓力，使得外側副韌帶緊繃。接著觸摸受測者的外側副韌帶，同時慢慢地彎曲膝關節，如此就能觸診到外側副韌帶的緊繃狀態漸漸消失。

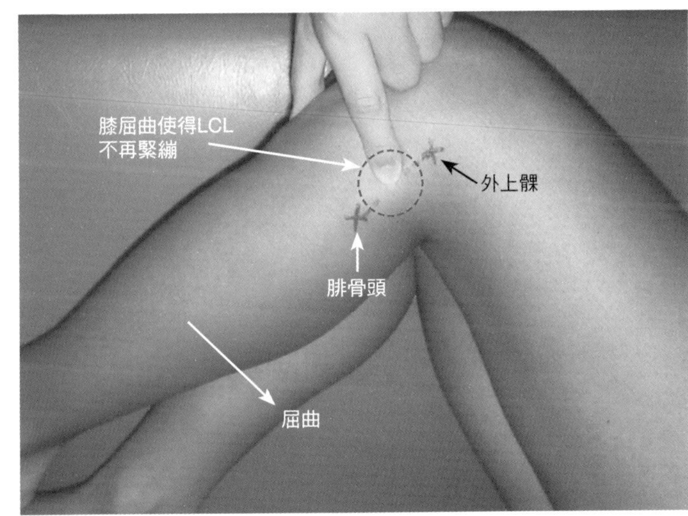

圖2-11　外側副韌帶的觸診④

相反地，若是從外側副韌帶不緊繃的狀態開始，慢慢地伸展膝關節的話，就能觸診到再度回復到緊繃狀態的外側副韌帶。

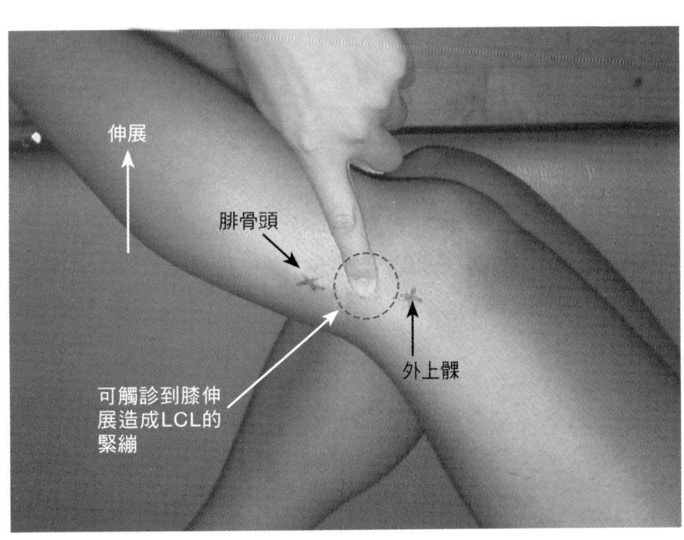

fabello-fibula ligament（FFL）

解剖學上的特徵

- fabello-fibula ligament構成膝關節的後外側，為後外側穩定構造之一。
- fabello-fibula ligament起始於膝關節後外側的種子骨－豆狀體，終止於腓骨頭後方。它是較為緊實的圓柱狀纖維束。
- fabello-fibula ligament在膝關節伸展和外旋時呈緊繃狀態。

臨床相關

- 有輕微膝關節屈曲緊縮，且步行時小腿外旋方向不穩定的患者，在與fabello-fibula ligament相關的膝關節後外側部位大多有疼痛的情形。
- 包含fabello-fibula ligament在內的後外側穩定構造，若是處於鬆弛狀態的話，小腿外側會有後外側旋轉不穩（postero-lateral rotatory instability；PLRI）的問題發生（會滑向後方）。
- 以觸診來辨別外側副韌帶和fabello-fibula ligament時，「附著於腓骨頭上，或是附著於腓骨頭後方」就是所要注意的重點。

相關疾病

膝關節後外側旋轉不穩、膝關節後外側部位疼痛、膝關節屈曲緊縮等等。

圖2-12　fabello-fibula ligament的周邊解剖

fabello-fibula ligament是構成膝關節後外側穩定構造的韌帶之一，其起始端和終止端分別為豆狀體和腓骨頭後方。而外側副韌帶是附著於腓骨頭外側。以內側為起點朝向豆狀體方向延伸的是斜膝膕韌帶，而位於fabello-fibula ligament下方的是弓狀膝膕韌帶。

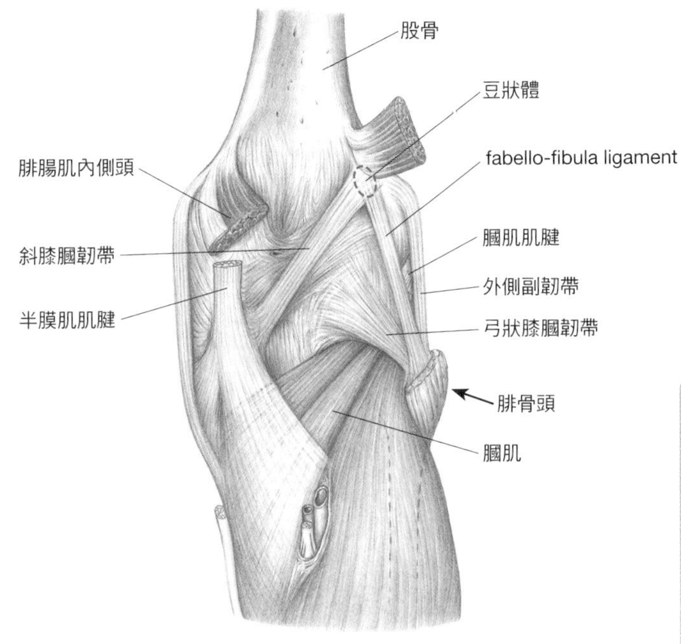

圖2-13　fabello-fibula ligament的機能解剖

膝關節伸展會使得fabello-fibula ligament（FFL）緊繃，屈曲則會使其鬆弛（上圖）。而小腿外旋也會使其緊繃，內旋會使其鬆弛（下圖）。這個造成韌帶緊繃的外旋並非以膝關節中心為軸，而是腓骨頭往後方偏移所造成。

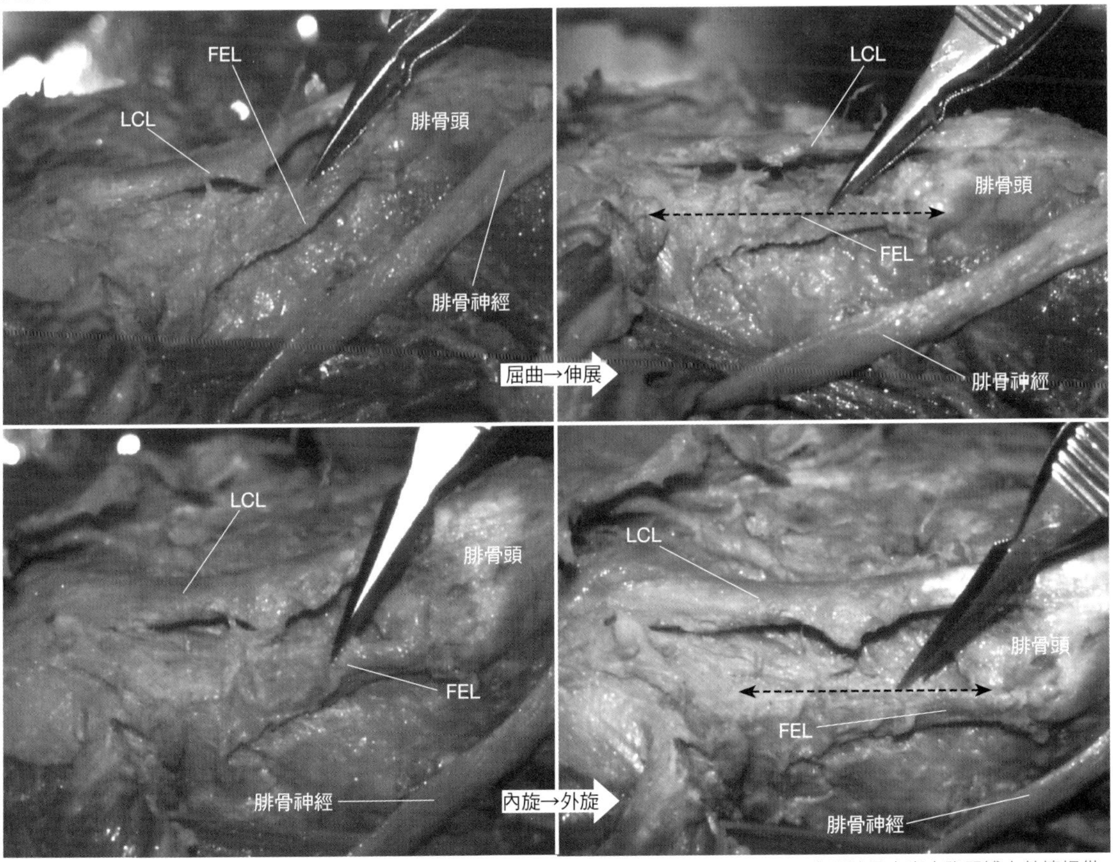

本照片是由青木隆明博士熱情提供

圖2-14　fabello-fibula ligament的觸診①

fabello-fibula ligament觸診的起始姿勢是「讓受測者俯臥，在大腿遠端放置一小枕，並將小腿突出床緣」。然後往受測者的腓骨頭後方2～3指寬之處（近端方向）搜尋，觸摸到豆粒狀的豆狀體並做標記。

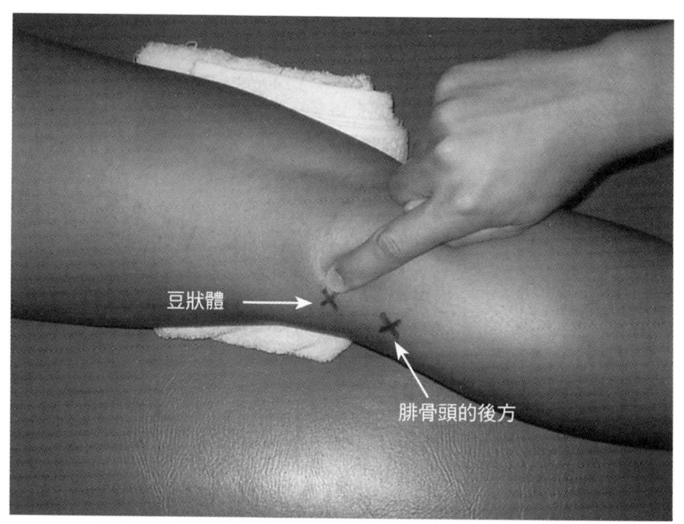

圖2-15　fabello-fibula ligament的觸診②

接下來仔細觸摸受測者的腓骨頭，將手指放在腓骨頭的後上方。附著在腓骨頭外側的是外側副韌帶，請勿混淆。將剛剛觸摸到的豆狀體與腓骨頭後上方這兩點相連劃出一條線的話，就可確認fabello-fibula ligament的所在之處。

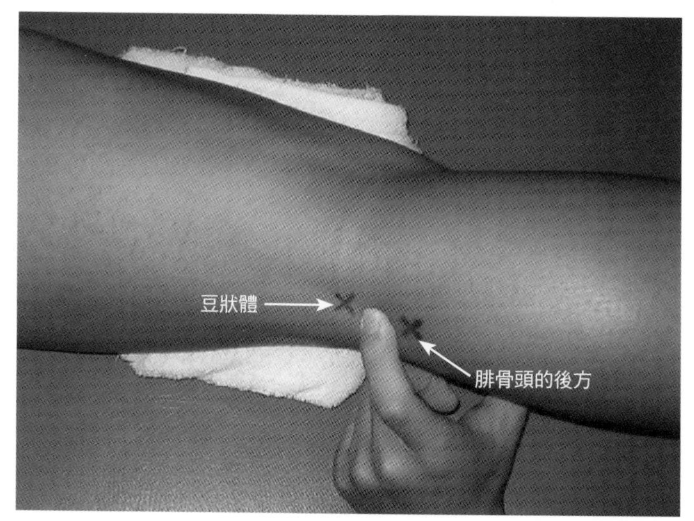

圖2-16　fabello-fibula ligament的觸診③

將受測者的膝關節擺成稍微彎曲的姿勢，手指放在腓骨頭後上方，以「向後旋轉腓骨頭」這樣的要訣一面將受測者的小腿外旋，一面伸展膝關節。如此即可觸診到繩狀的fabello-fibula ligament。

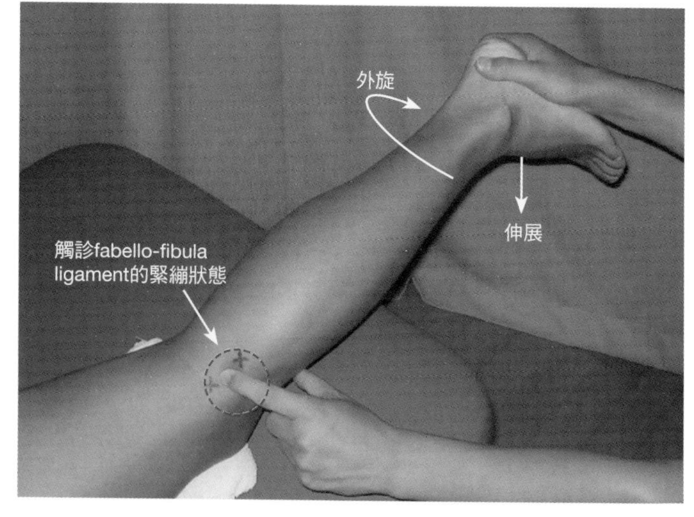

髕骨韌帶 patella ligament
髕骨內側支持帶 medial patella retinaculum
髕骨外側支持帶 lateral patella retinaculum

解剖學上的特徵

- 髕骨韌帶是股四頭肌肌腱的延續，它附著在突起於髕骨下方的脛骨粗隆上，是相當強韌的纖維束。
- 附著於髕骨的髕骨韌帶上緣較寬，附著於脛骨粗隆的髕骨韌帶下緣較窄。
- 髕骨韌帶是將股四頭肌的收縮力經由髕骨傳向脛骨的一個張力傳導裝置。
- 在髕骨和髕骨韌帶的兩側，存在著像是膜一般朝向股內側肌和股外側肌延續的縱向纖維束，這兩條縱向纖維束分別被稱為髕骨內側支持帶和髕骨外側支持帶。
- 髕骨內側支持帶起始於股內側肌，它並未經由髕骨而是直接附著於脛骨內上緣。
- 位於髕骨內側支持帶前方的是起始於髕骨內緣的髕骨韌帶，而其後方則是與內側副韌帶相連。
- 髕骨外側支持帶起始於股外側肌，它並未經由髕骨而是直接附著於脛骨外上緣。
- 位於髕骨外側支持帶前方的是起始於髕骨外緣的髕骨韌帶，而其後方則是與髂脛束相連。

臨床相關

- 髕骨韌帶和髕骨支持帶的緊縮是造成髕骨低位（patella baja）的原因之一〔參考p.85〕。
- 髕骨韌帶炎是常見的運動傷害。由於髕骨韌帶炎大多起因於跳躍競賽項目，也被稱為跳躍膝（jumper's knee）。
- 使用三分之一的髕骨韌帶來進行的前十字韌帶重建術曾經相當盛行。
- 為了矯正施加於髕骨上的外側牽引力，髕骨不穩定的患者常常會進行髕骨外側支持帶的外側放鬆術（lateral release）。而且在施行人工膝關節置換術時，為了預防髕骨脫臼也會進行此一手術。
- 膝關節關節鏡手術之後，髕骨支持帶如果發生粘黏的情況，就會併發髕骨股骨關節疼痛。

相關疾病

膝關節攣縮、髕骨韌帶炎（jumper's knee）、前十字韌帶損傷、髕骨不穩定、髕骨脫臼、人工膝關節置換術後、膝關節關節鏡術後、髕骨低位……等。

圖2-17　髕骨韌帶和髕骨支持帶的周邊解剖

髕骨韌帶是股四頭肌肌腱的延續，它把髕骨下緣和脛骨粗隆連接了起來。這條韌帶是非常強韌的纖維束，也是膝關節伸展構造當中最主要的張力傳導裝置。起始於股內側肌和股外側肌，並往脛骨近端延伸，這條像是膜一般的纖維束被稱為髕骨支持帶。髕骨支持帶是膝關節伸展構造的輔助張力傳導裝置。

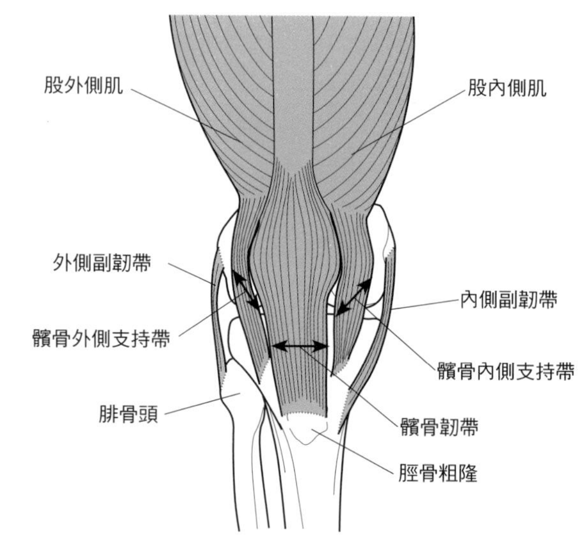

圖2-18　股內側肌和髕骨內側支持帶的力學關係

髕骨內側支持帶起始於股內側肌，終止於脛骨粗隆內側。髕骨內側支持帶的緊繃程度和股內側肌密切相關，而且經由髕骨內側支持帶傳導的牽引力會在小腿產生內旋力矩和伸展力矩。

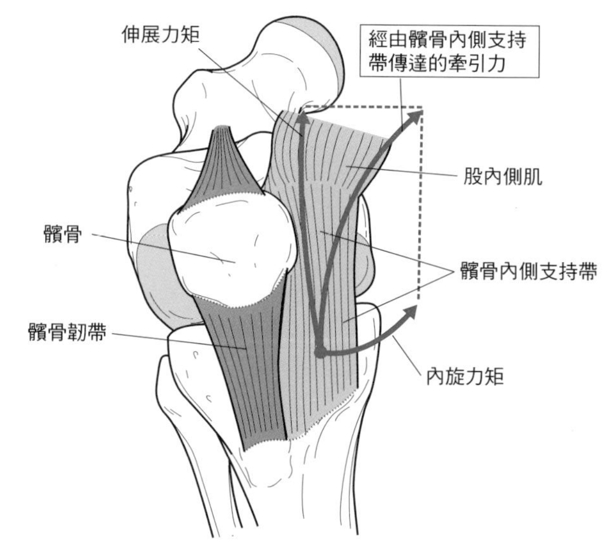

圖2-19　股外側肌和髕骨外側支持帶的力學關係

髕骨外側支持帶起始於股外側肌，終止於脛骨粗隆外側。髕骨外側支持帶的緊繃程度和股外側肌密切相關，而且經由髕骨外側支持帶傳達的牽引力會在小腿產生外旋力矩和伸展力矩。

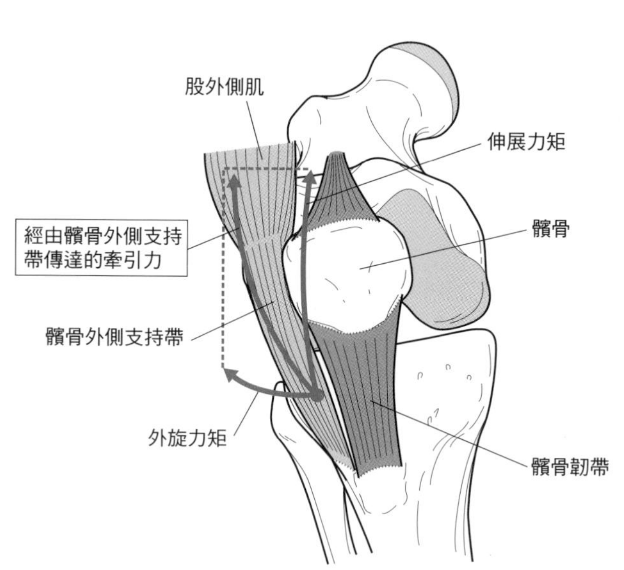

圖2-20　隨著膝關節屈曲而往前後方向伸展的髕骨內側支持帶

這張圖是沿著內側副韌帶前緣，將髕骨內側支持帶切斷，並將膝關節屈曲的示意圖。因為髕骨內側支持帶和內側副韌帶之間變寬了，所以觀察得到膝關節囊。這個現象正說明了，隨著膝關節的屈曲，內側副韌帶必須能夠往後方移動，也就是說髕骨內側支持帶必須具有前後方向的伸展性。

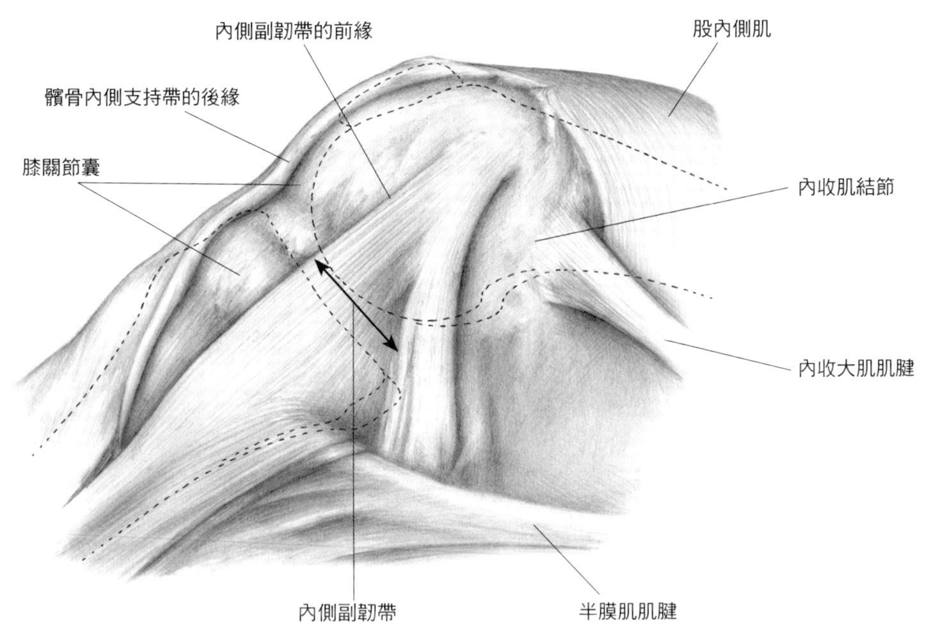

圖2-21　髂脛束和髕骨外側支持帶的關係

髕骨外側支持帶和髂脛束之間有著纖維緊密相連，因此髕骨外側支持帶一旦呈現緊繃狀態，不僅僅是股外側肌，就連髂脛束的緊繃程度也與髕骨外側支持帶有間接相關。因此觸診時也必須注意髖關節的位置。

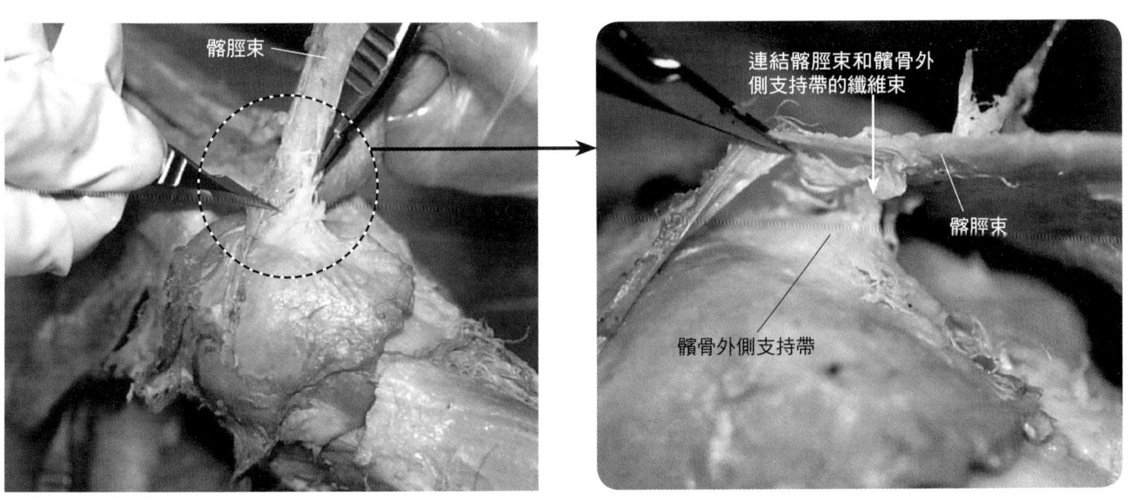

本照片是由青木隆明博士熱情提供

圖2-22　髕骨韌帶的觸診

髕骨韌帶的觸診是在受測者採取騎乘坐姿（ride sitting，亦稱為短坐姿）的情況下進行的。股四頭肌維持在鬆弛狀態，從左右夾擠髕骨韌帶來進行觸診。髕骨韌帶是人體當中最為強韌的纖維束聚合物，即使在股四頭肌沒有收縮的情況下仍可觸診到。

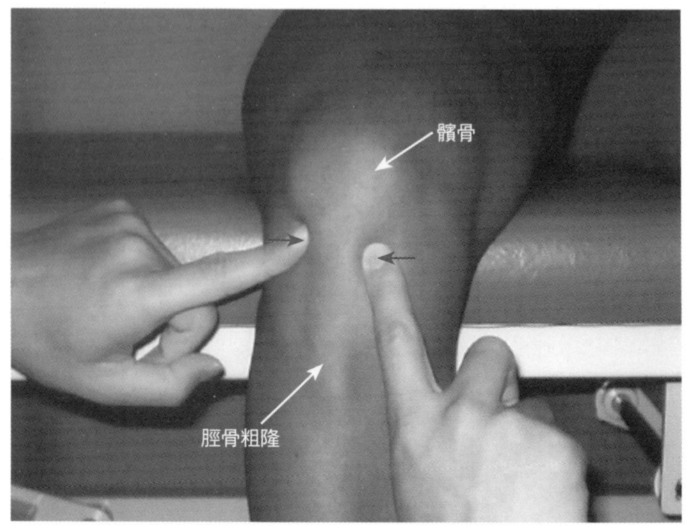

圖2-23　髕骨內外側支持帶的觸診

觸診到髕骨韌帶之後，請受測者做膝關節伸展的動作。隨著股四頭肌的收縮，可觀察到方才觸診到的髕骨韌帶兩側組織膨起（如圓形虛線所示），這個膨起的組織即為因肌肉收縮而緊繃的髕骨內外側支持帶。

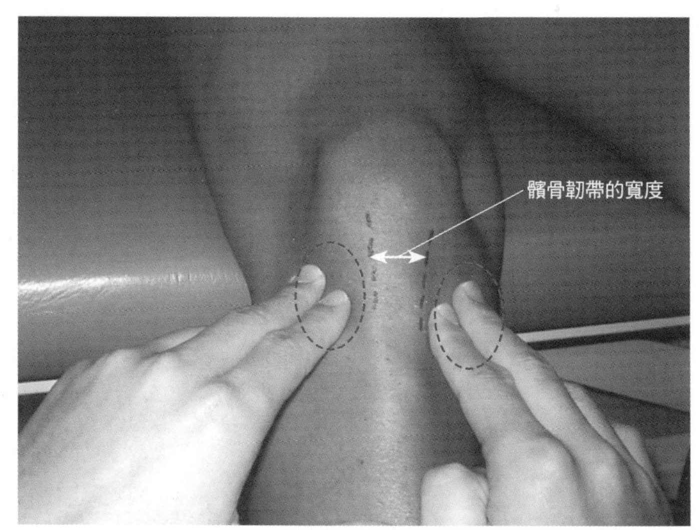

圖2-24　髕骨內側支持帶的觸診

要詳細觸診髕骨內側支持帶的話，必須讓它的起始部位，也就是股內側肌，處於活動狀態。讓受測者在髖關節外旋，小腿可產生外翻力矩的狀態下，做出膝關節伸展的動作。這樣一來，股內側肌較容易收縮。在動作過程中，可觸診到位於髕骨韌帶內側和內側副韌帶之間的髕骨內側支持帶呈現緊繃狀態。

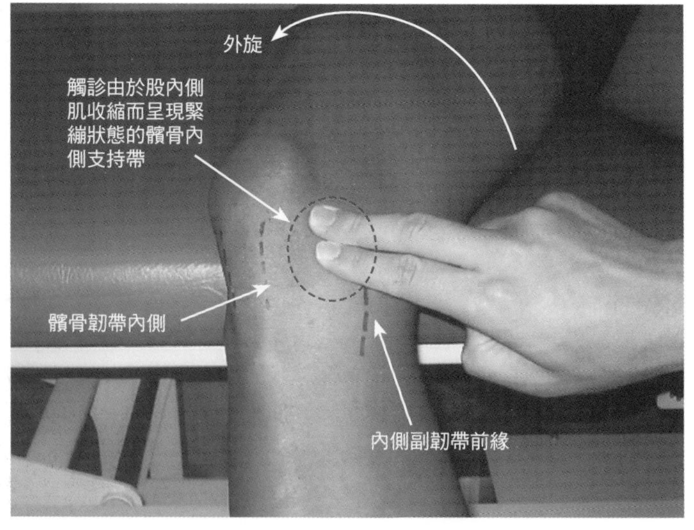

圖2-25　髕骨外側支持帶的觸診①

要詳細觸診髕骨外側支持帶的話，除了必須讓它的起始部位，也就是股外側肌，處於活動狀態，還必須讓髂脛束處於不緊繃狀態。這樣較容易觸診到。讓受測者採取騎乘坐姿（ride sitting，亦稱為短坐姿），並將骨盆轉向對側。這樣一來，觸診側的髖關節就處於屈曲、外展姿勢，髂脛束也處於鬆弛狀態。

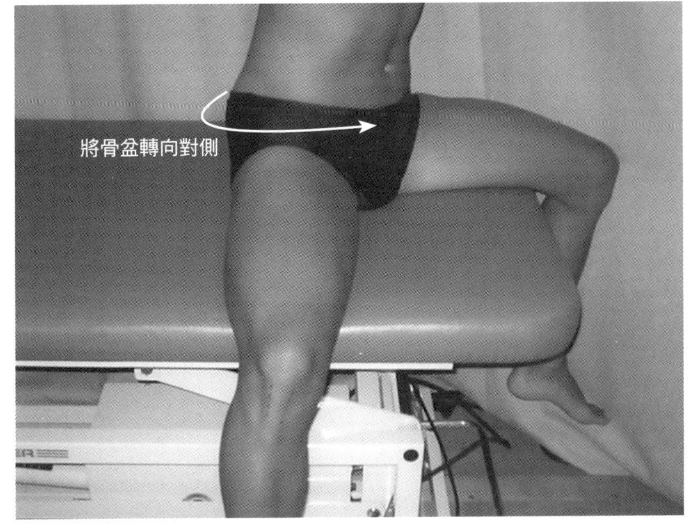

圖2-26　髕骨外側支持帶的觸診②

接下來，讓受測者在髖關節內旋、小腿可產生內翻力矩的狀態下，做出膝關節伸展的動作。這樣一來，股外側肌較容易收縮。在動作過程中，可觸診到從髕骨韌帶外側往後方延伸的髕骨外側支持帶呈現緊繃狀態。

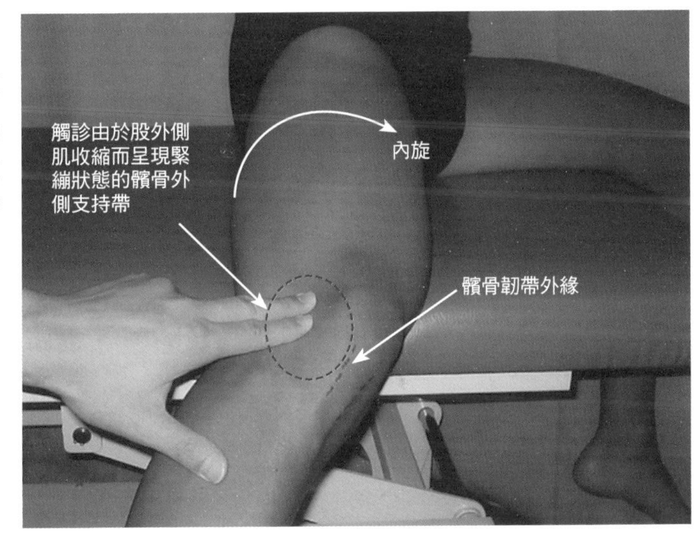

Skill Up

髕骨的高度

成人髕骨的高度是依據膝關節X光片側面照來進行判斷，一般最常見的是以髕骨韌帶長度/髕骨直徑比（Insall-Salvati index）為標準。1.2以上為髕骨高位，0.8以下為髕骨低位。

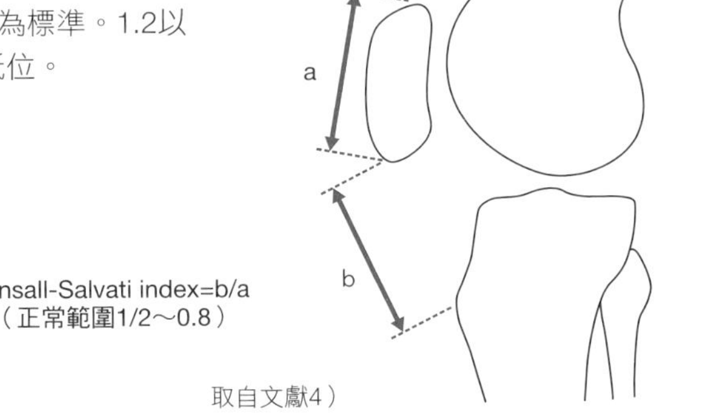

Insall-Salvati index=b/a
（正常範圍1/2～0.8）

取自文獻4）

髕股內側韌帶 medial patello-femoral ligament
髕脛內側韌帶 medial patello-tibial ligament
髕股外側韌帶 lateral patello-femoral ligament
髕脛外側韌帶 lateral patello-tibial ligament

解剖學上的特徵

- 髕骨內外側支持帶的下方存在著髕骨支持帶的橫向纖維。該橫向纖維是連結髕骨和股骨的纖維束，被稱為髕股韌帶，存在於內外兩側。
- 髕脛韌帶這一纖維束的上下兩端分別為髕骨和脛骨。該纖維束存在於內外兩側。
- 髕股內側韌帶的上緣與股內側肌相連，並附著於內收肌結節的遠端。

臨床相關

- 髕骨低位（patella baja）的病例大多會出現髕脛內外側韌帶和髕骨下脂肪墊結痂的狀況。
- 髕股內側韌帶是針對髕骨外側不穩定的主要穩定者（primary stabilizer），所以外傷性髕骨脫臼發生時會伴隨著髕股內側韌帶的斷裂。
- anterior knee pain以及主要在上下樓梯時會產生疼痛的髕骨股骨關節疼痛症候群患者，有時其疼痛與髕股外側韌帶和髕脛外側韌帶的緊縮相關。

相關疾病

膝關節攣縮，外傷性髕骨脫臼，anterior knee pain，髕骨股骨關節疼痛症候群，髕骨低位……等。

※譯者註：髕股內側韌帶，亦稱為內側髕股韌帶。而髕脛內側韌帶、髕股外側韌帶、髕脛外側韌帶，亦以此法類推。

圖2-27　四條髕骨支持帶的橫向纖維（髕股內/外側韌帶、髕脛內/外側韌帶）

髕骨支持帶的下方存在著四條橫向纖維束。內側有髕股內側韌帶和髕脛內側韌帶，而外側有髕股外側韌帶和髕脛外側韌帶。髕脛外側韌帶未充分發育的案例為數不少，而這樣的案例中常有無法明確觸診到纖維束的情況。

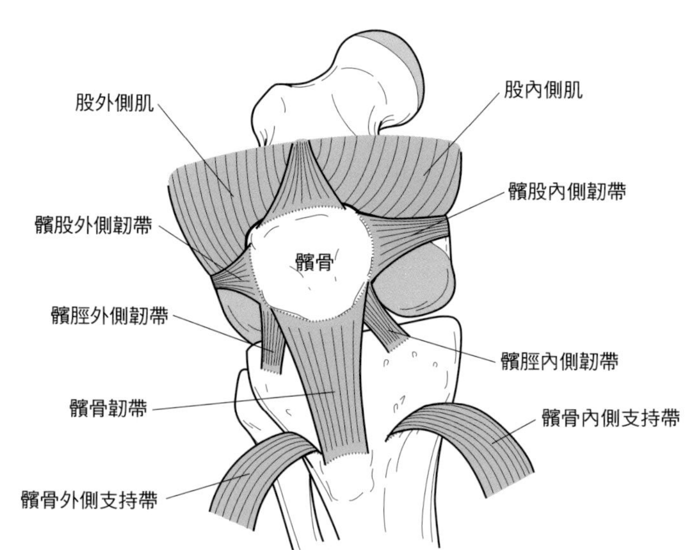

圖2-28 髕股內側韌帶解剖所見

四條橫向纖維束當中最具機能性的是髕股內側韌帶（如箭頭所示）。這條韌帶是從髕骨內側走向位於股骨內上髁後上方的內收肌結節的遠端。髕骨側有三分之一的範圍與股內側肌相連。

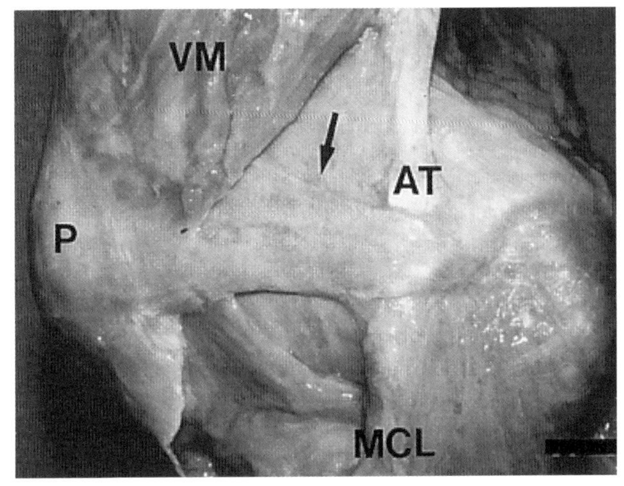

AT：內收肌結節
MCL：內側副韌帶
VM：股內側肌
P：髕骨

本照片是徵得臨床雜誌 整形外科46（3）.p298.1995.[5] 針對髕骨脫臼的髕股內側韌帶一次修復手術（作者：野村榮貴和其他）的同意而登載

圖2-29 髕股內側韌帶的兩點間距離

直到膝關節屈曲90° 時髕骨與股骨髕面相碰觸為止，髕股內側韌帶的兩點間距離幾乎維持一定，這説明髕股內側韌帶扮演了針對髕骨外側不穩定的主要穩定者（primary stabilizer）這一重要角色。

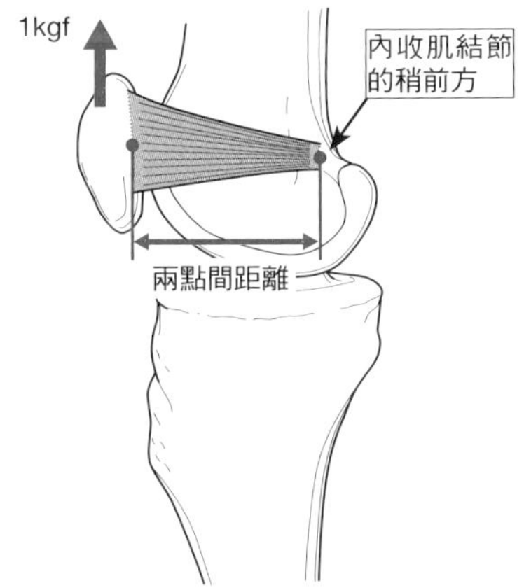

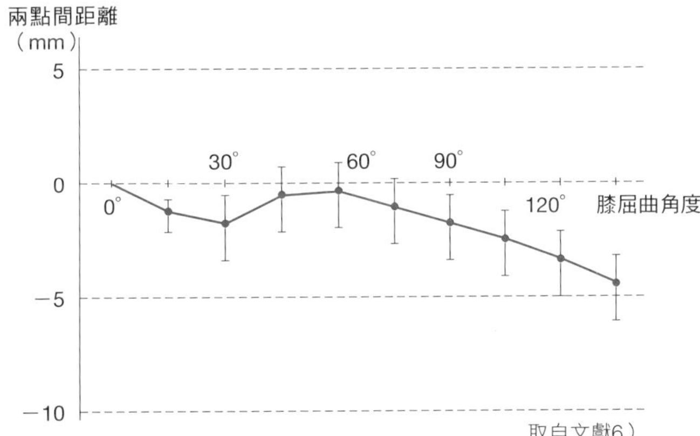

取自文獻6）

圖2-30 髕股內側韌帶的切斷實驗

將髕骨內側支持帶（縱向纖維）切斷時，僅僅會使髕骨略微向外偏移，但如果是切斷髕股內側韌帶之後，則可看到髕骨有明顯的外側不穩定現象。

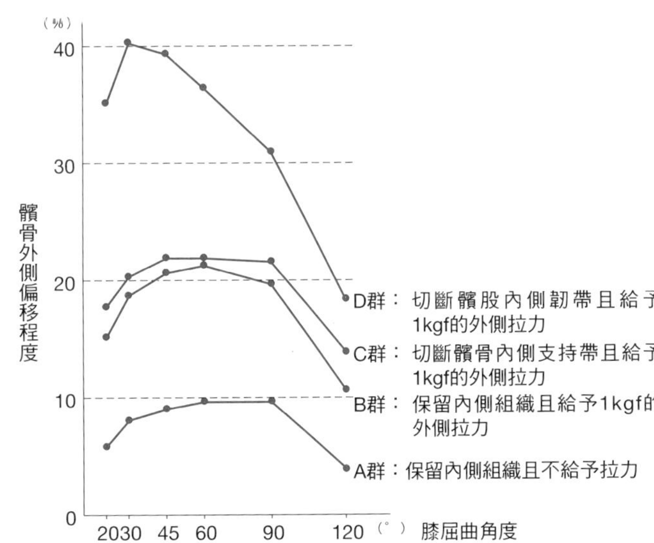

取自文獻7）

圖2-31　髕股內側韌帶的觸診①

髕股內側韌帶的觸診，是在受測者採長坐姿且膝關節為伸展狀態之下所進行的。以兩手拇指在髕骨外側緣沿著髕面的形狀按壓並往下滑動，使得髕骨內側緣由關節面翹起。

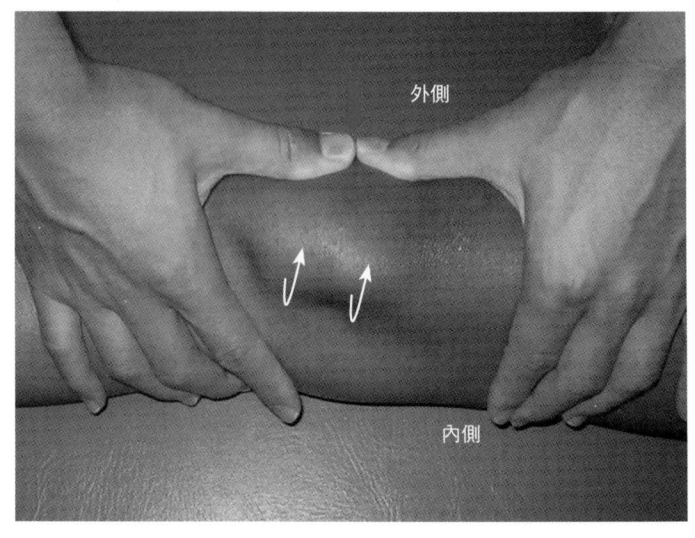

圖2-32　髕股內側韌帶的觸診②

接下來，將手指放在翹起的髕骨內側緣的關節面上，以手指向內探尋，如此一來就可清楚地觸摸到髕股內側韌帶的纖維束。重複以上作法數次以探測張力的變化。

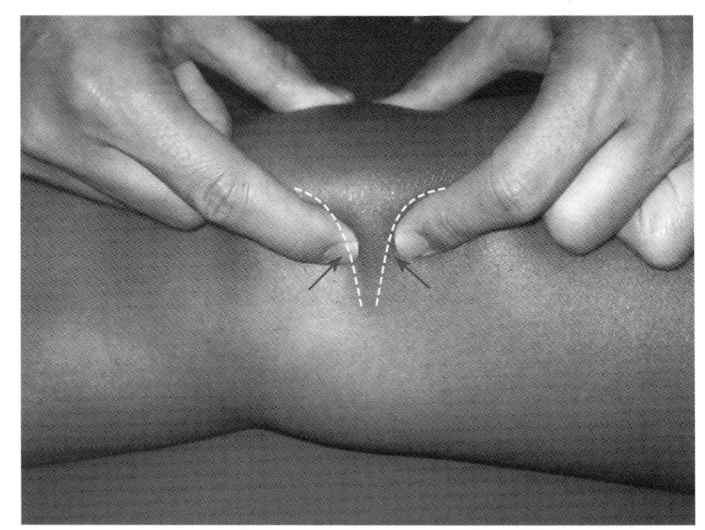

圖2-33　髕脛內側韌帶的觸診①

髕脛內側韌帶的觸診，是在受測者採長坐姿且膝關節為伸展狀態之下所進行的。以兩手拇指在髕骨近端外側部位沿著髕面的形狀按壓並往下滑動，使得髕骨的遠端內側部位由關節面翹起。

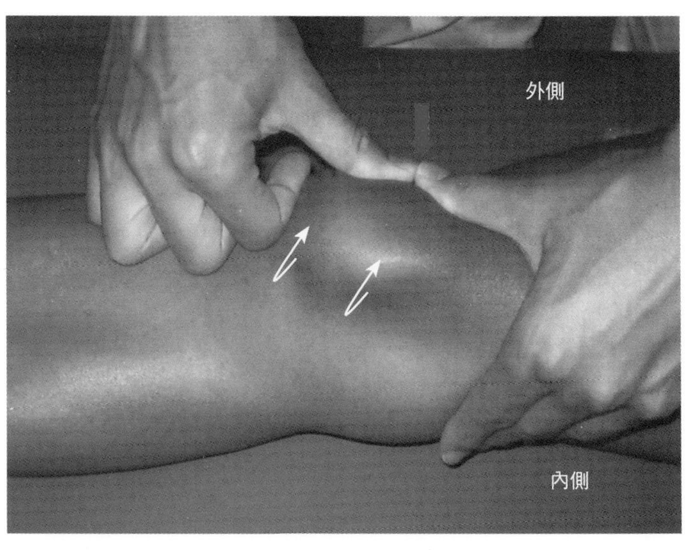

圖2-34　髕脛內側韌帶的觸診②

接下來，將手指放在翹起的髕骨遠端內側部位的關節面上，以手指向內探尋，如此一來就可清楚地觸摸到髕脛內側韌帶的纖維束。重複以上作法數次以探測張力的變化。

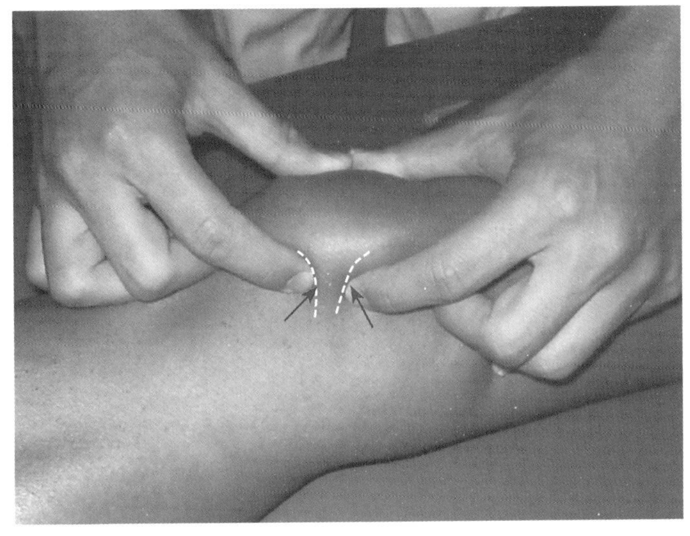

圖2-35　髕股外側韌帶的觸診①

髕股外側韌帶的觸診，是在受測者採長坐姿且膝關節為伸展狀態之下所進行的。以兩手拇指在髕骨內側緣沿著髕面的形狀按壓並往下滑動，使得髕骨的外側緣由關節面翹起。

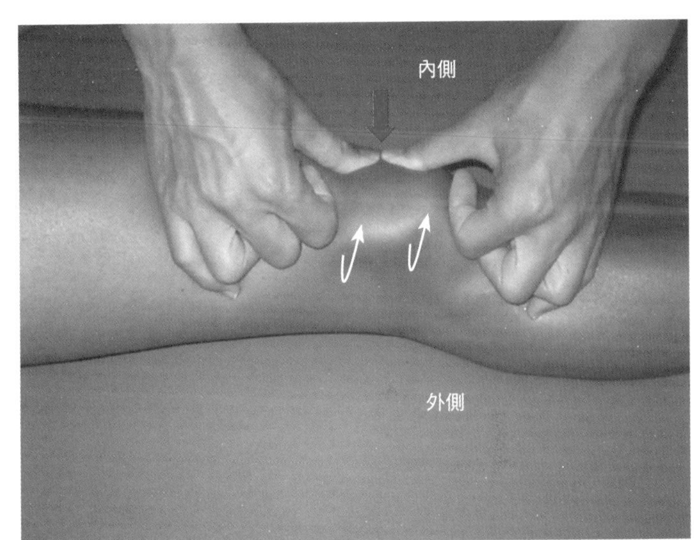

圖2-36　髕股外側韌帶的觸診②

接下來，將手指放在翹起的髕骨外側緣的關節面上，以手指向內探尋，如此一來就可清楚地觸摸到髕股外側韌帶的纖維束。重複以上作法數次以探測張力的變化。

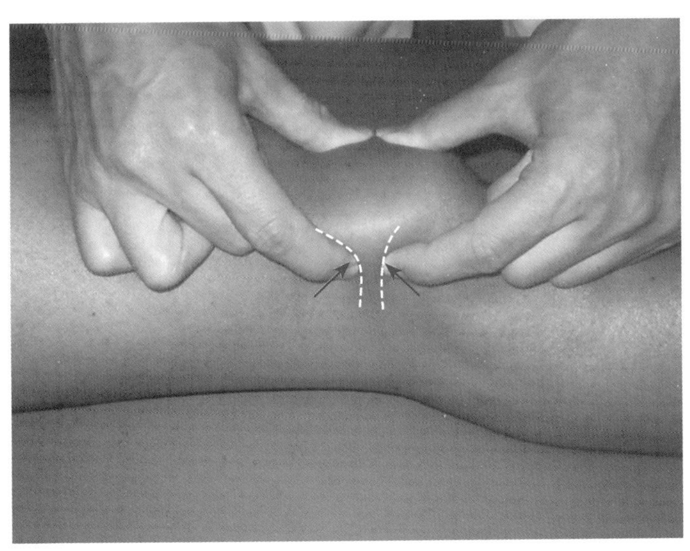

圖2-37　髕脛外側韌帶的觸診①

髕脛外側韌帶的觸診，是在受測者採長坐姿且膝關節為伸展狀態之下所進行的。以兩手拇指在髕骨近端內側部位沿著髕面的形狀按壓並往下滑動，使得髕骨的遠端外側部位由關節面翹起。

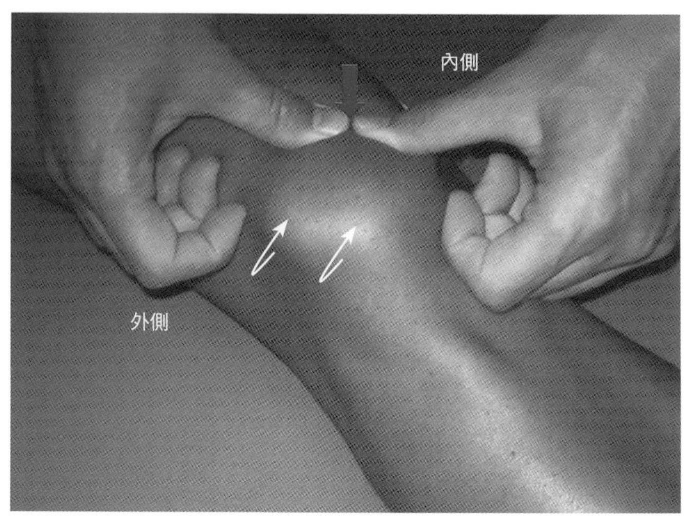

圖2-38　髕脛外側韌帶的觸診②

接下來，將手指放在翹起的髕骨遠端外側部位的關節面上，以手指向內探尋，如此一來就可清楚地觸摸到髕脛外側韌帶的纖維束。重複以上作法數次以探測張力的變化。

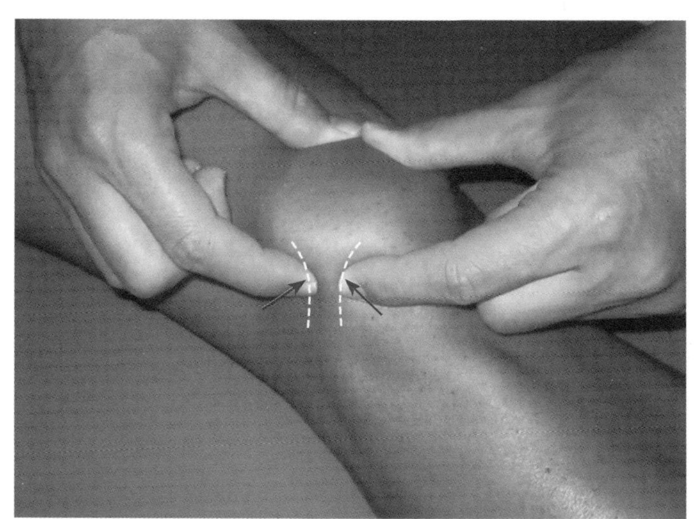

髂脛束 ilio-tibial tract

解剖學上的特徵

- 位於大腿筋膜外側，非常厚質的腱膜部位就稱之為髂脛束 。
- 髂脛束的後方部位直接形成股外側肌間隔，髂脛束的後方部位卻又與股外側肌和股二頭肌界限分明。
- 髂脛束的近側部位與闊筋膜張肌和臀大肌相互連接，髂脛束的遠側部位則附著於脛骨上端前外側面上（脛骨結節）。
- 位於脛骨附著處附近的髂脛束，有一部份的纖維會進入髕骨外側支持帶，藉以幫助膝蓋骨維持穩定。
- 髂脛束會因髖關節的內收而緊繃，髂脛束亦會因髖關節的外展而鬆弛。此外，髂脛束更會因膝關節的伸展而使髂脛束後方部位緊繃，髂脛束亦會因膝關節的屈曲而使髂脛束前方部位緊繃。但是，膝關節屈曲角度一旦超過90°～100°，髂脛束全體便會鬆弛。
- 股外側肌有一部分的纖維是起始於髂脛束。

臨床相關

- 田徑賽的長跑跑者常會罹患的疾病是髂脛束摩擦症候群。髂脛束摩擦症候群就是股骨外上髁和髂脛束之間產生摩擦而引起的病變，股骨外上髁和髂脛束之間之所以會產生摩擦乃是與髂脛束的攣縮息息相關。
- 髂脛束能維持髖關節側邊的穩定性，同時亦是負責穩定膝關節前內側方向的重要穩定者（stabilizer）。
- 諸多前膝痛（ anterior knee pain ）的病例被判定為髂脛束攣縮。
- 髂脛束攣縮可藉由歐柏測試（Ober test）加以檢測出來[參考p.95]。
- 髂脛束攣縮亦會對股外側肌的緊繃造成影響，這亦是造成膝關節攣縮的原因。對於具有罹患膝關節屈曲功能障礙之可能性的病患，最好藉由「讓病患的髖關節呈外展位和內收位」這兩個條件來診斷病患的髖關節，藉以探知病患的髂脛束狀況。
- 昔日醫界常採用前十字韌帶重建術來治療髂脛束相關病症，但是前十字韌帶重建術存在著「會使病患小腿前內側趨於不穩定」的問題，因此現今醫界幾乎已不採用前十字韌帶重建術來治療髂脛束相關病症。

相關疾病

髂脛束摩擦症候群（iliotibial band friction syndrome）、髂脛束攣縮、髖響骨（snapping hip）、膝關節攣縮（knee joint contracture）、前膝痛（anterior knee pain）……等。

圖2-39　髂脛束的周邊解剖

大腿筋膜外側非常厚質的部位稱之為髂脛束，髂脛束後方部位形成了股外側肌間隔，髂脛束後方部位亦與股二頭肌形成交界。髂脛束近側的前方部位連接著闊筋膜張肌，髂脛束近側的後方部位則連接著臀大肌。髂脛束的緊繃有賴於「闊筋膜張肌以及臀大肌」，髂脛束並同時參與了維持膝關節穩定性的任務。

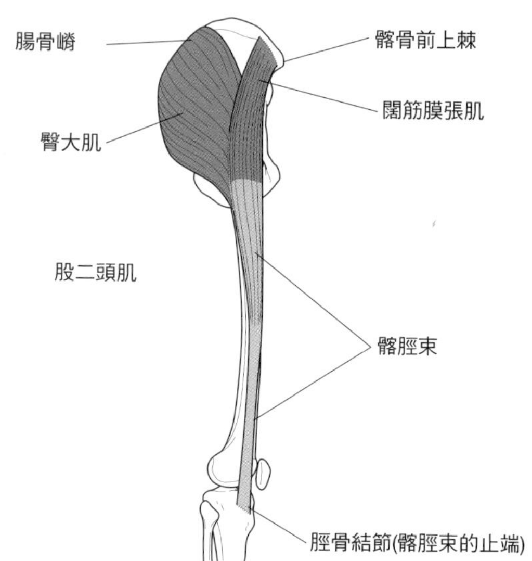

圖2-40　膝關節屈曲角度和髂脛束緊繃程度的變化關係

髂脛束的緊繃程度會依據膝關節屈曲角度而有所變化。膝關節呈伸展位時，髂脛束後方部位便會為之緊繃，髂脛束前方部位則會為之鬆弛。膝關節呈45° 屈曲位時，髂脛束前方部位的緊繃程度會比膝關節呈伸展位時更為增加，髂脛束後方部位則會逐漸鬆弛。膝關節的屈曲角度一旦超過90° ～100°，髂脛束全體便會為之鬆弛。

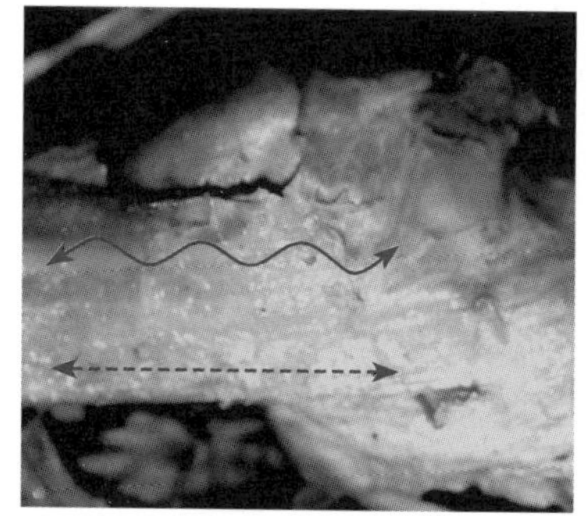
膝關節呈伸展位

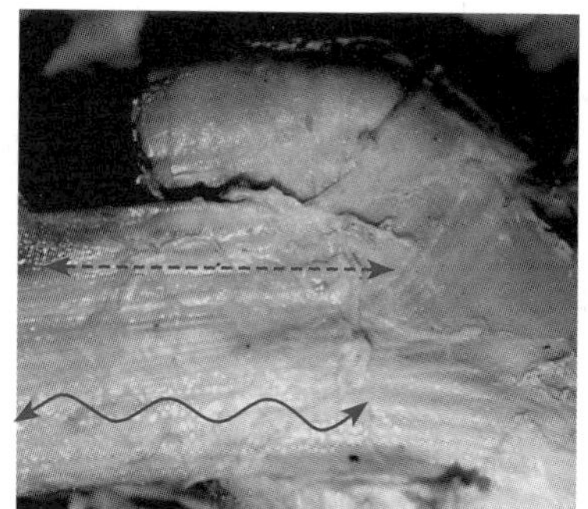
膝關節呈45° 屈曲位

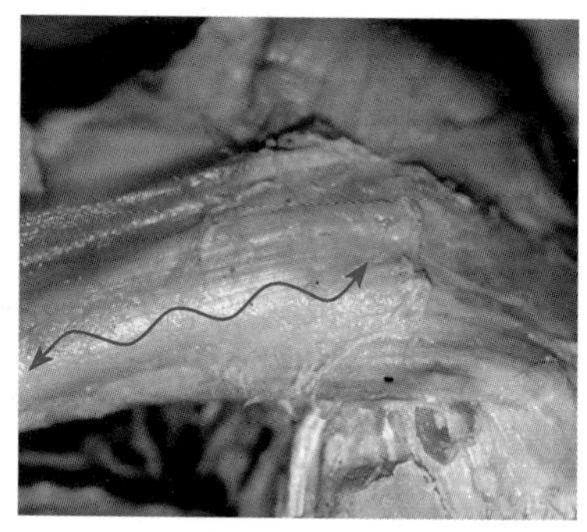
膝關節呈100° 屈曲位

本照片是由青木隆明博士熱情提供

圖2-41　髂脛束摩擦症候群的疼痛發生機制

每當膝關節進行40° ～50° 的屈伸動作時，髂脛束便會越過股骨外上踝的隆起部位，因而引起反覆性的摩擦障礙，這就是髂脛束摩擦症候群。髂脛束摩擦症候群常發生在長跑跑者的身上，髂脛束摩擦症候群與髂脛束的攣縮息息相關。

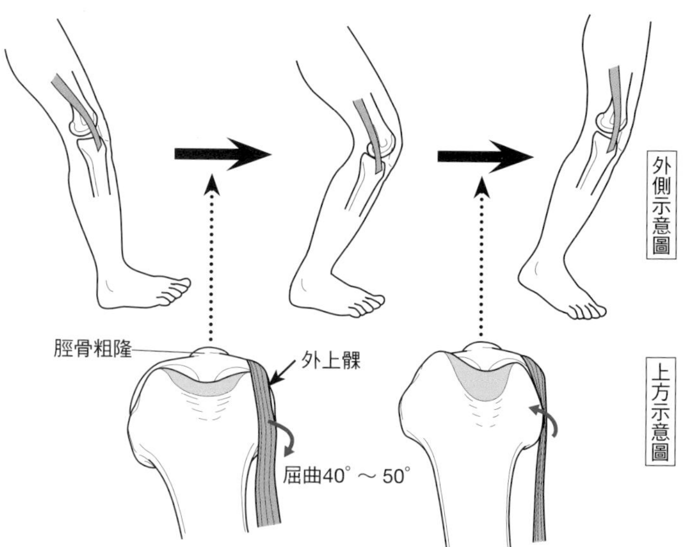

圖2-42 膝關節的列位一旦有所不同，髂脛束的機能亦會有所差異

與膝蓋正常者相較，膝內翻患者的髂脛束所受到的力學壓力反而更大。在單腳站立時的重心表現，正常膝會對髖關節產生內收力矩，膝內翻則會對膝關節產生內翻力矩。膝蓋正常者的髂脛束會協同臀中肌，藉以維持髖關節的穩定性；而膝內翻患者的髂脛束必須承受內翻力矩，因此無法維持膝關節的穩定性。

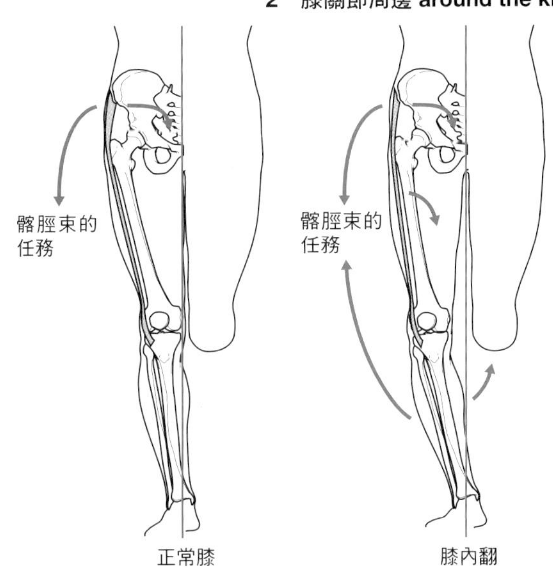

圖2-43 藉由髖關節內收所進行的髂脛束全體觸診①

進行髂脛束的觸診時，讓病患呈側臥姿勢，診療者並為病患的下側腳進行屈曲，讓病患的骨盆保持在後傾位。再將病患上側腳的髖關節呈輕度外展位，然後伸展病患的膝關節，並以此姿勢作為觸診起始位置。

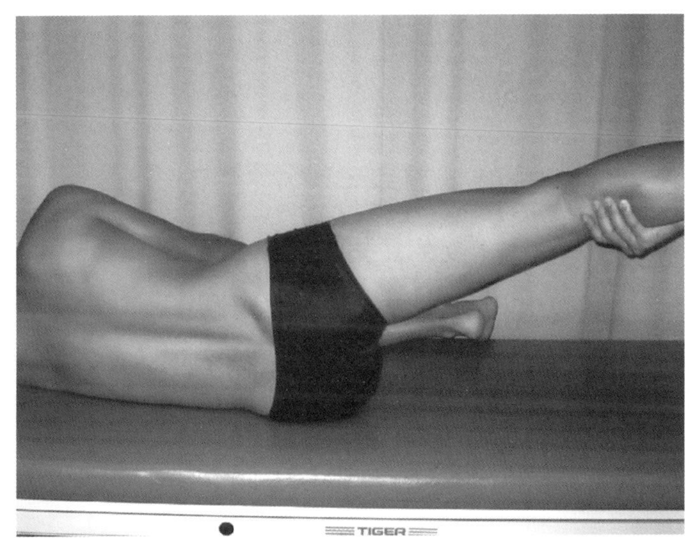

圖2-44 藉由髖關節內收所進行的髂脛束全體觸診②

診療者將手指放在病患上側腳的大腿外側之處，並讓病患的髖關節慢慢地進行內收，如此一來，病患的髂脛束便會逐漸緊繃，診療者即可開始觸診髂脛束的緊繃狀態。然後再為病患的髖關節反覆進行內收運動，藉以確認出病患髂脛束的完整形狀。

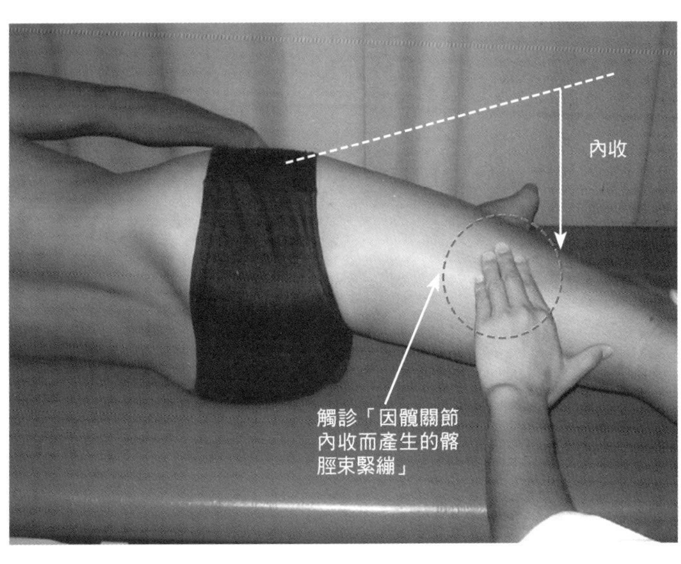

圖2-45　藉由膝關節運動所進行的髂脛束觸診①

利用膝關節運動進行髂脛束的觸診，首先，讓病患呈側臥姿勢，診療者並為病患的下側腳進行屈曲，讓病患的骨盆保持在後傾位。再將病患上側腳的髖關節輕微地內收，然後將病患的膝關節約略彎屈呈45°的屈曲位，以此作為觸診起始位置。

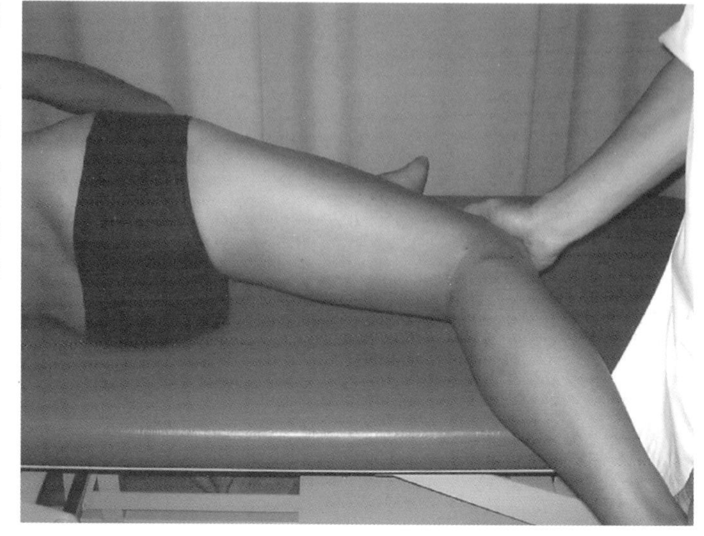

圖2-46　藉由膝關節運動所進行的髂脛束觸診②

診療者將手指放在病患上側腳的外側，並為病患的膝關節進行被動屈曲。隨著膝關節的屈曲，病患的髂脛束前方部位的緊繃度亦會隨之升高，診療者即可開始觸診髂脛束前方部位緊繃度升高的狀態。

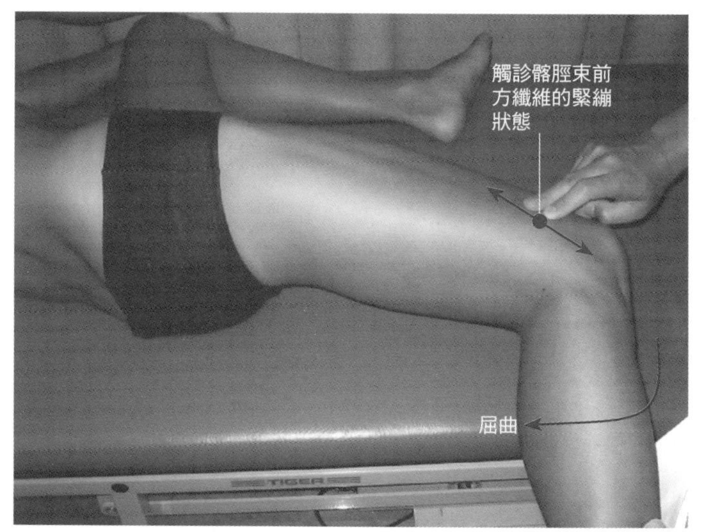

圖2-47　藉由膝關節運動所進行的髂脛束觸診③

接下來，診療者為病患的膝關節進行被動伸展運動，隨著膝關節的伸展，病患的髂脛束後方部位的緊繃度亦會逐漸升高，診療者即可開始觸診髂脛束後方部位緊繃度升高的狀態。

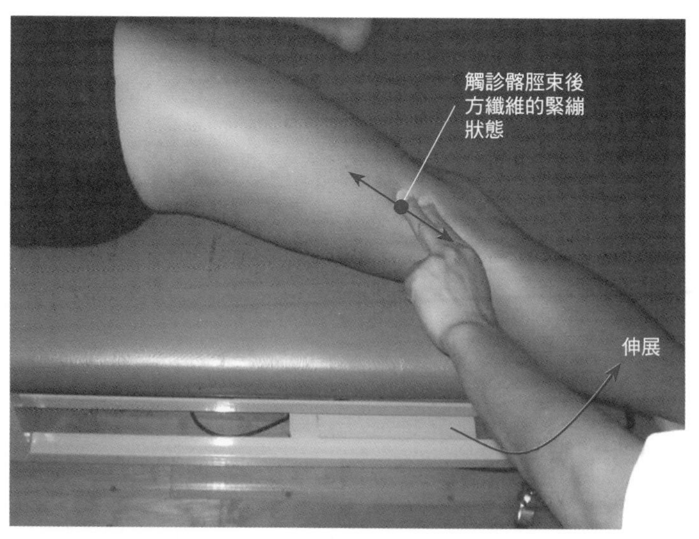

圖2-48　藉由膝關節運動所進行的髂脛束觸診④

最後，診療者再為病患上側腳的膝關節進行被動屈曲至100° 以上。病患膝關節的屈曲位約略呈100° 的角度時，病患髂脛束的緊繃度亦會隨之趨緩，診療者即可開始觸診髂脛束緊繃度有所緩和的狀態。

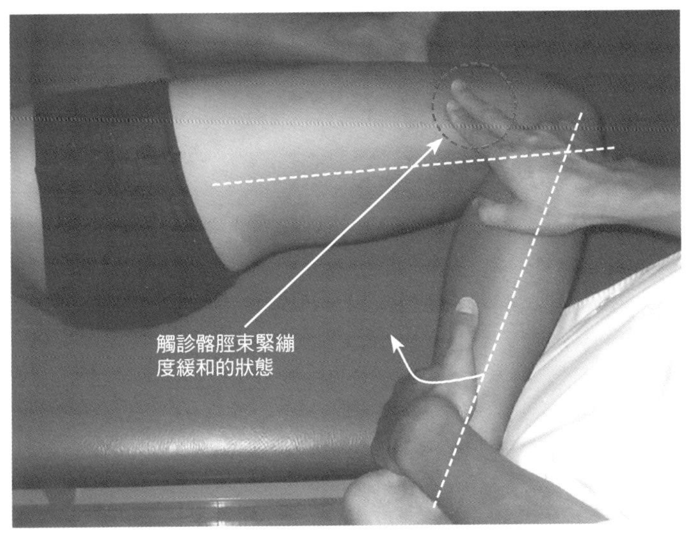

Skill Up

髂脛束攣縮的評量

髂脛束攣縮程度是以歐柏測試（Ober test）加以診斷出來的，因為髂脛束本身是毫無伸縮性的組織，因此便以闊筋膜張肌的伸展性為評量的基準。診療者先讓病患呈側臥姿勢，並為病患的髖關節進行伸展及外展，讓病患的膝關節呈90° 屈曲位，並使病患的髖關節內收。若是病患的髖關節內收動作受到限制，即表示歐柏測試（Ober test）結果呈陽性反應。我們再為病患進行修飾型歐柏測試，先將病患下側腳的髖關節呈最大屈曲位，再將病患的骨盆固定在後傾位，然後以此姿勢進行同樣的評量。以一般的歐柏測試（Ober test）來檢測病患的髂脛束攣縮程度，結果呈陰性反應的案例較多；而以修飾型歐柏測試來檢測病患的髂脛束攣縮程度，結果呈陽性反應的案例較多。

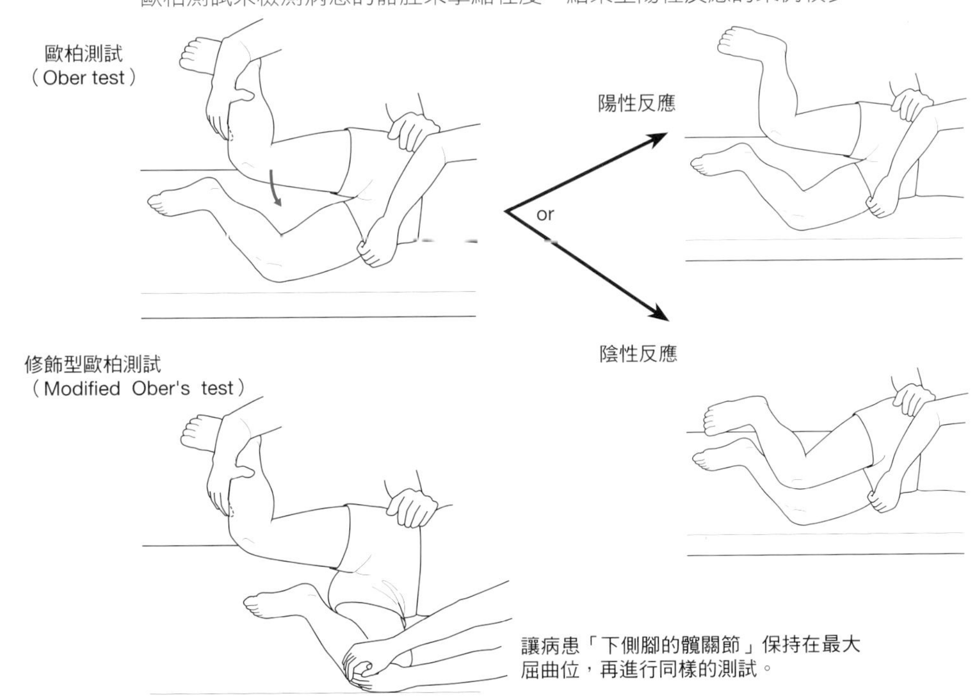

三角韌帶 deltoid ligament（內側副韌帶MCL ）

解剖學上的特徵

- 三角韌帶乃是能強化踝關節以及距骨下關節內側部位的韌帶。三角韌帶起始於內踝，呈三角狀分散，並止於內踝下方。
- 根據三角韌帶附著部位的不同，三角韌帶可分成四條纖維束。
  ①脛舟部：脛舟部附著於內踝前方至舟骨粗隆略微上方之處。
  ②脛跟部：脛跟部附著於內踝遠側至載距突之處，脛跟部並覆蓋住部分的脛舟部。
  ③後脛距部：後脛距部附著於內踝後方至距骨後突內側結節之處。
  ④前脛距部：前脛距部位於脛舟部的深層，從表面並無法觀察到前脛距部。前脛距部是附著於內踝前方至距骨頸內側之處。
- 脛跟部是三角韌帶中最強韌的部位，脛跟部乃是對於能夠遏止「因負重使得跟骨所產生的強制外翻」的重要韌帶。
- 脛舟部和前脛距部會因踝關節的背屈而鬆弛，後脛距部則會因踝關節的背屈而緊繃。踝關節呈蹠屈位時，後脛距部的緊繃度則會趨緩。

臨床相關

- 三角韌帶損傷是因足部受到強制旋前（強制外翻）而引起的，因為韌帶極其強韌，因此韌帶極少單獨損傷，反而是發生內踝撕裂性骨折的情況較多。
- 內踝骨折時，並非只專注於骨傷本身的治療就會康復，亦須用心治療三角韌帶損傷。
- 脛跟部受到損傷後，有時會因韌帶長度的伸長（elongation）而引發「柔軟性扁平足」，因此對於脛跟部的損傷還必須包含「為病患量身訂做矯正鞋墊」的因應對策。
- 造成馬蹄內翻足的成因除了脛後肌等肌性因素之外，三角韌帶攣縮（特別是後脛距部和脛跟部的攣縮）亦是造成馬蹄內翻足的主要成因之一。

相關疾病

三角韌帶損傷、內踝撕裂性骨折、馬蹄內翻足、扁平足……等。

圖3-1　三角韌帶（內側副韌帶）的周邊解剖

三角韌帶起始於脛骨內踝，並呈三角狀擴散，三角韌帶實屬極其強韌的韌帶。根據三角韌帶附著部位的不同，三角韌帶可分成四個部分，分別有「連接舟骨的脛舟部」、「連接載距突的脛跟部」、「連接距骨後突內側結節的後脛距部」以及「連接位於脛舟部深層的距骨頸內側之前脛距部」。

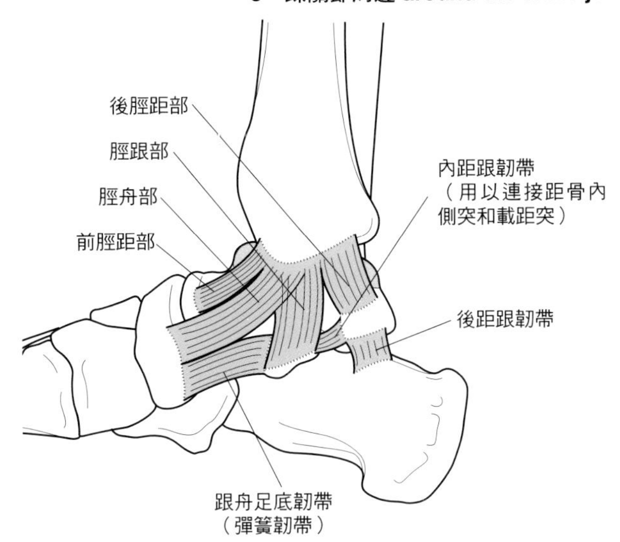

圖3-2　三角韌帶的緊繃程度會依據踝關節位置的不同而產生差異

三角韌帶的緊繃部位會依據踝關節位置的不同而產生變化，踝關節呈背屈位時，脛舟部和前脛距部便會鬆弛，後脛距部則會緊繃。反之，踝關節呈蹠屈位時，脛舟部和前脛距部便會緊繃，後脛距部則會鬆弛。踝關節不論是背屈時或是蹠屈時，脛跟部皆會維持一定的緊繃度。脛跟部乃是身為「制動距骨下關節旋前」的重要穩定者（primary stabilizer）。

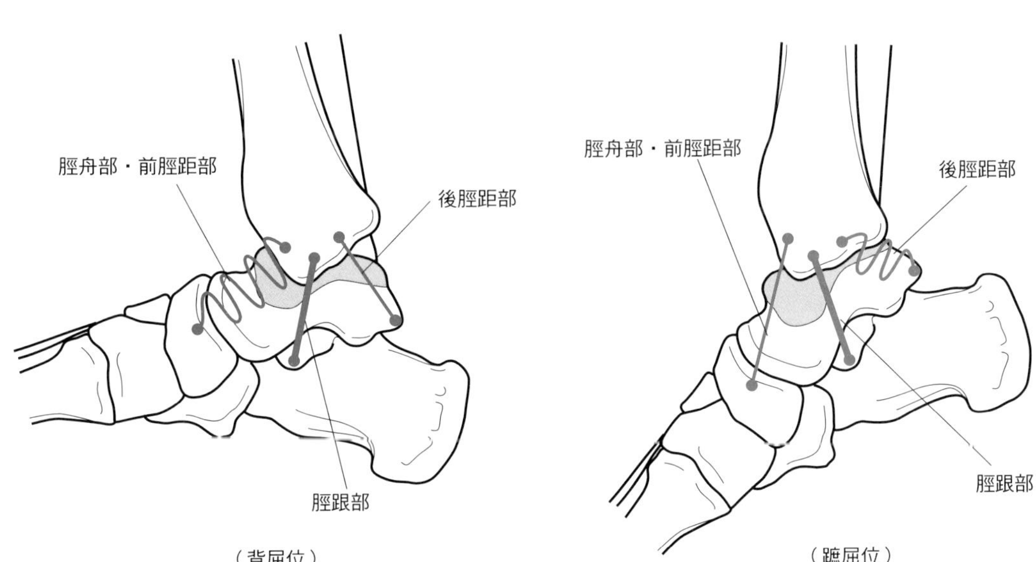

圖3-3　三角韌帶（脛舟部）的觸診①

進行三角韌帶脛舟部的觸診時，讓病患呈長坐姿，並請病患將腳部移至床外，診療者即可以此姿勢作為觸診起始位置。接下來，診療者要確認出「病患的舟骨粗隆和內踝前下方的位置」，並在這兩個地方畫上記號。

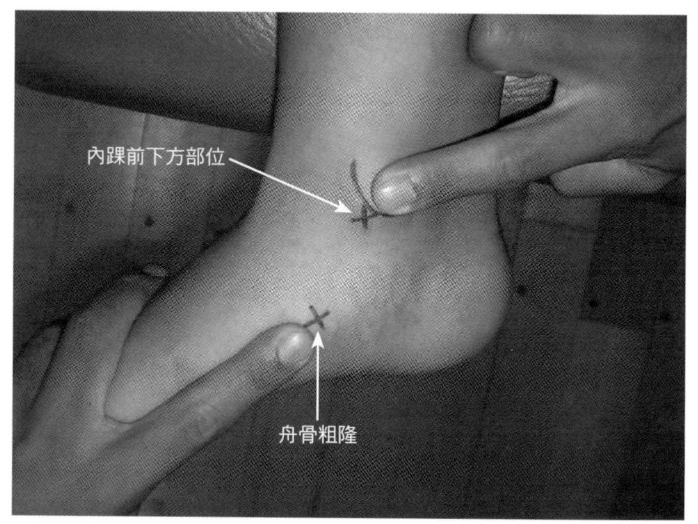

圖3-4　三角韌帶（脛舟部）的觸診②

診療者將手指放在連接病患內踝前方和舟骨粗隆的中心點。然後自病患的內踝前方呈直線方向往舟骨粗隆遠側按壓，並為病患的踝關節進行被動蹠屈運動和被動旋前運動。一旦施加如此的動作，病患的三角韌帶脛舟部的緊繃度便會隨之升高，診療者即可開始觸診三角韌帶脛舟部緊繃度升高的狀態。

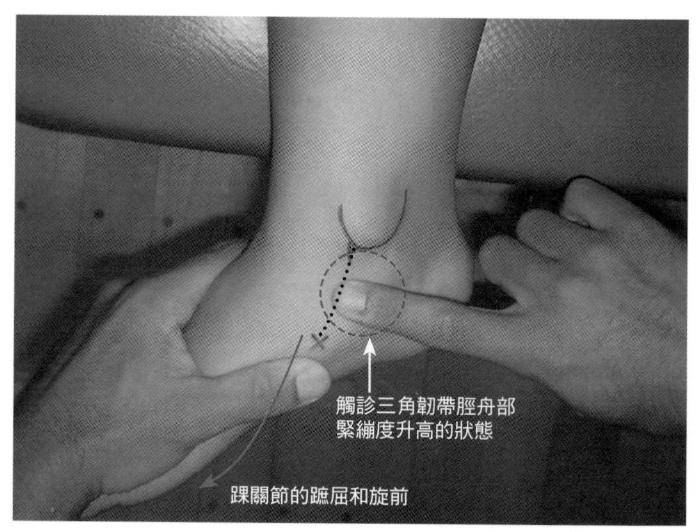

圖3-5　三角韌帶（脛跟部）的觸診①

進行三角韌帶脛跟部的觸診時，讓病患呈長坐姿，並請病患將腳部移至床外，然後以此姿勢作為觸診起始位置。診療者將「病患的載距突和內踝的遠端位置」加以確認出來，並在這兩個地方畫上記號。

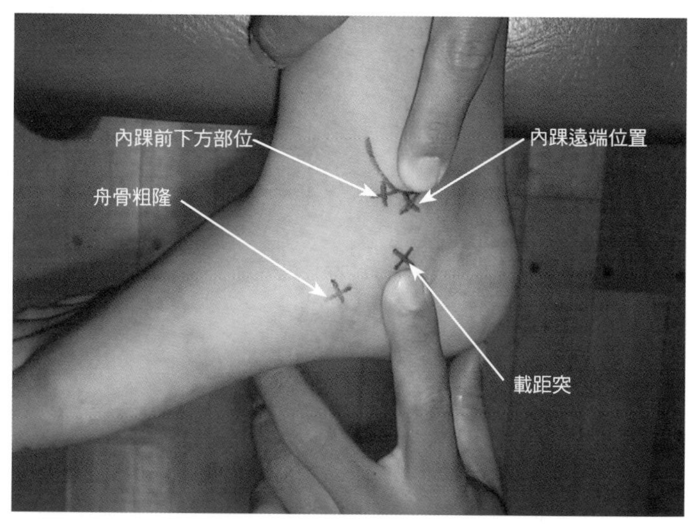

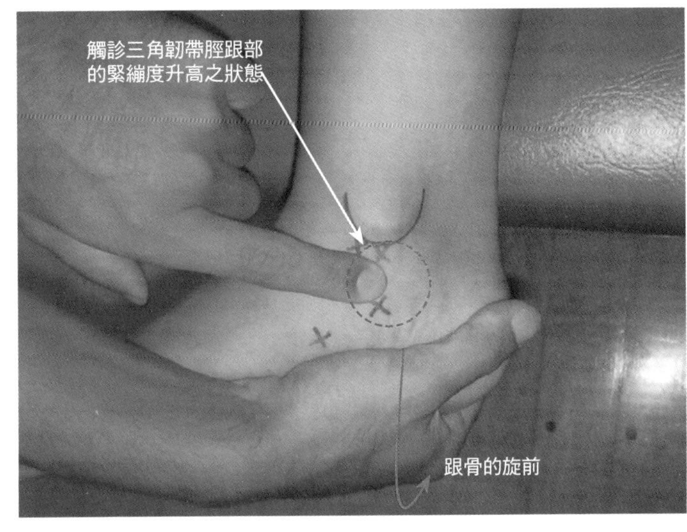

圖3-6　三角韌帶（脛跟部）的觸診②

診療者將手指放在連接病患內踝遠端和載距突的中心點上。然後自病患的內踝遠端呈直線方向往載距突遠側按壓，並為病患的跟骨進行被動旋前（外翻）運動。一旦施加如此的動作，病患的三角韌帶脛跟部的緊繃度便會隨之升高，診療者即可開始觸診三角韌帶脛跟部的緊繃度升高之狀態。

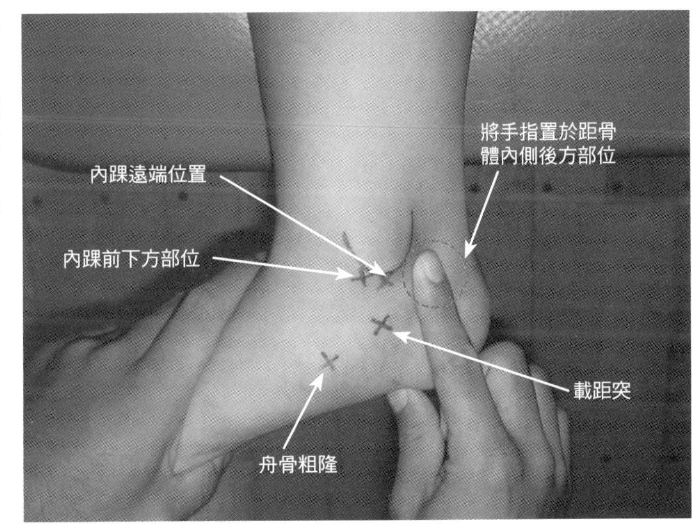

圖3-7　三角韌帶（後脛距部）的觸診①

進行三角韌帶後脛距部的觸診時，讓病患呈長坐姿，並請病患將腳部移至床外，然後以此姿勢作為觸診起始位置。診療者將手指放在病患內踝後方的距骨體內側後方部位。

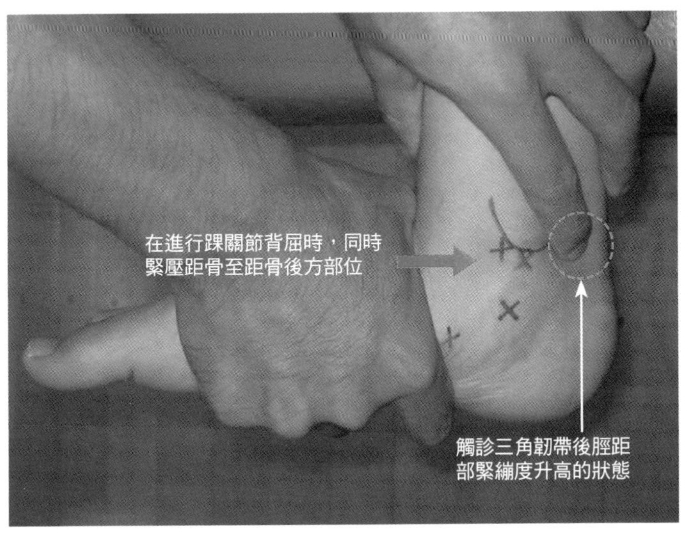

圖3-8　三角韌帶（後脛距部）的觸診②

診療者一邊為病患的踝關節施加輕度外翻運動，一邊讓病患的踝關節背屈，如此一來，病患的三角韌帶後脛距部的緊繃度便會升高，診療者即可開始觸診三角韌帶後脛距部緊繃度升高的狀態。在為病患的踝關節進行背屈運動時，以極徹底深壓般的方式，緊壓病患的距骨內側至距骨後方部位，如此即可輕易感受到後脛距部的緊繃狀態。

外側副韌帶 lateral collateral ligament（LCL）

解剖學上的特徵

- 踝關節外側副韌帶乃是能強化踝關節以及距骨下關節外側部位的韌帶。踝關節外側副韌帶起始於外踝，呈放射狀分散，並止於「外踝前方和外踝下方及外踝後方」。
- 根據外側副韌帶的附著部位，外側副韌帶可分為三條韌帶：
  ①前距腓韌帶：前距腓韌帶附著於外踝前方至距骨頸外側部位。
  ②跟腓韌帶：跟腓韌帶附著於外踝遠側至跟骨外側面之處。
  ③後距腓韌帶：後距腓韌帶附著於外踝後方至距骨後突外側結節之處。
- 在三角韌帶的功能比較上，「外側副韌帶能為外踝帶來穩定性的比率」比「內側副韌帶維持踝關節穩定性的比率」高，但是在韌帶構造方面，外側副韌帶卻遜於三角韌帶。
- 前距腓韌帶會因踝關節的背屈而鬆弛，後距腓韌帶則會因踝關節的背屈而緊繃。踝關節蹠屈時，後距腓韌帶的緊繃度則會趨緩。
- 跟腓韌帶的緊繃程度與踝關節的背屈角度和蹠屈角度毫無關係，跟腓韌帶始終維持一定的緊繃度，跟腓韌帶乃是「能制動踝關節內翻」的主要制動組織。

臨床相關

- 外側副韌帶損傷是因為腳部受到強制內翻而引起的。[參考p.105]
- 在外側副韌帶損傷方面，最初受到損傷的是前距腓韌帶，若是更進一步地施加外力，跟腓韌帶便會斷裂。
- 能驗證出前距腓韌帶斷裂的徒手檢查有「前拉測試（anterior drawer test）」，以及照射「向前拉壓力照（anterior drawer stress view）」，以此檢測前距腓韌帶是否斷裂的情況相當普通。
- 能驗證出前距腓韌帶斷裂和跟腓韌帶斷裂的測試有「內翻測試（inversion-supination test）」。照射「內翻應力X射線攝影」則可檢測出距骨傾斜（talar tilt）的狀況。
- 在「因疼痛以致腓骨肌的緊繃度升高的病例」中，則有內翻測試結果呈陰性反應的情況出現，這點務必小心注意。
- 在新形成的外側副韌帶損傷的病例中，常被診斷出踝關節腫脹以及出現瘀斑的病狀。
- 在能治療陳舊性外側副韌帶損傷的保留手術中，醫界多半會採用「運用掌長肌肌腱和半腱肌腱等來進行的游離肌腱移植（free tendon graft）」，或「腓骨短肌肌腱轉移固定術」[8,9]。
- 對於外側副韌帶損傷痊癒的患者（包含陳舊性外側副韌帶損傷重建術後的患者），必須施行腓骨肌群的強化，同時亦須進行本體感覺訓練（proprioceptive training），藉以提高筋性防禦機制的功能，以防外側副韌帶損傷再度復發。

相關疾病

前距腓韌帶損傷、跟腓韌帶損傷、陳舊性外側副韌帶損傷、外踝撕裂性骨折……等。

圖3-9　外側副韌帶的周邊解剖

外側副韌帶乃是「起始於腓骨外踝，呈放射狀擴散，並止於腓骨外踝前方和腓骨外踝下方及腓骨外踝後方」的韌帶，根據外側副韌帶附著部位的不同，外側副韌帶可分為三條韌帶。分別有「附著於外踝前方至距骨頸外側部位的前距腓韌帶」、「附著於外踝遠側至跟骨外側面的跟腓韌帶」、「附著於距骨後突外側結節的後距腓韌帶」。

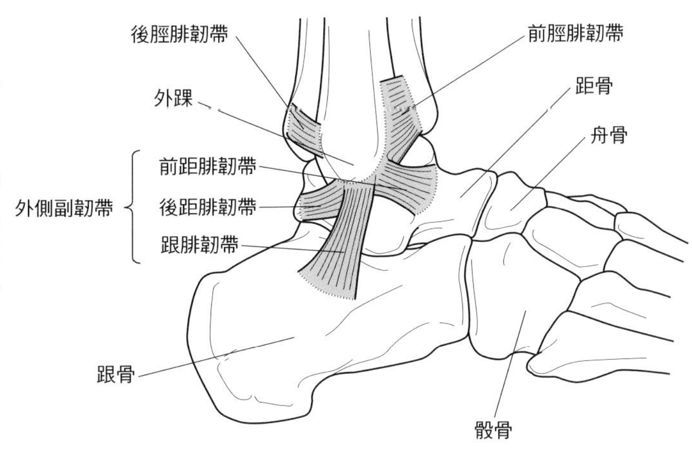

圖3-10　根據踝關節位置的不同外側副韌帶的緊繃程度亦會產生差異

根據踝關節位置的不同，外側副韌帶的緊繃部位亦會產生變化。踝關節呈背屈位時，前距腓韌帶便會鬆弛，而後距腓韌帶則會緊繃。反之，踝關節呈蹠屈位時，前距腓韌帶便會緊繃，而後距腓韌帶則會鬆弛。踝關節不論是背屈時或是蹠屈時，跟腓韌帶皆會維持一定的緊繃度，跟腓韌帶乃是「能制動距骨下關節內翻」的重要穩定者（primary　stabilizer）。

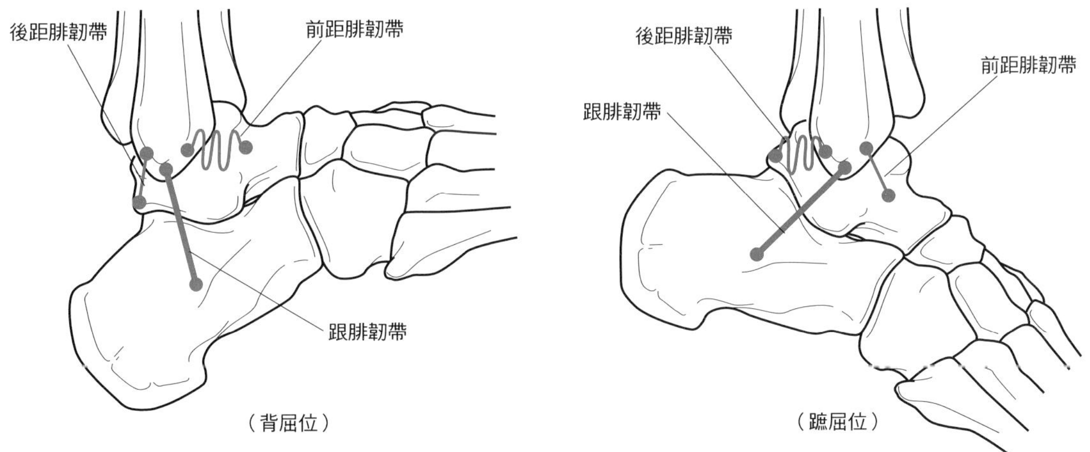

圖3-11　前拉測試

進行「能驗證出前距腓韌帶斷裂的前拉測試」時，診療者將病患的踝關節呈輕度蹠曲位，以單手抓住病患的小腿下端，並以另一隻手抓住病患的腳跟，然後往前拉。前距腓韌帶不穩定的程度因人而異，相差程度極大，務必要比較病患左右腳的差別。病患左右腳的差別相差2mm以上，即可判讀為前距腓韌帶深具不穩定性。

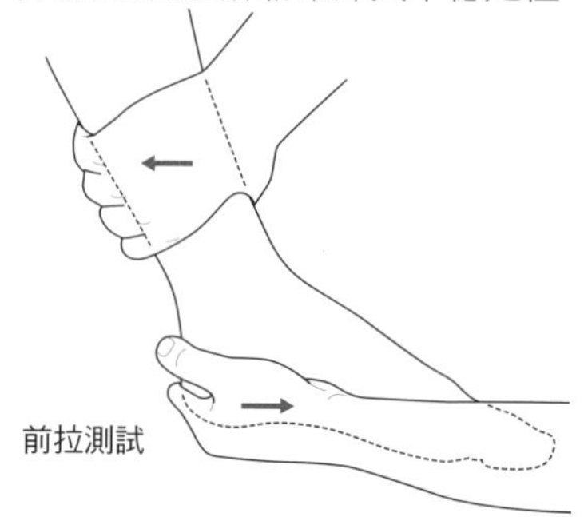

前拉測試

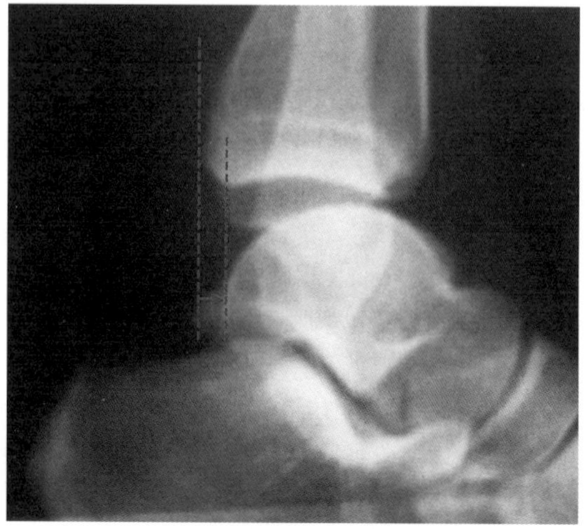

向前拉壓力照

轉載自文獻10 ）

圖3-12　內翻測試

進行「能驗證出前距腓韌帶以及跟腓韌帶斷裂的內翻測試」時，診療者將病患的踝關節呈蹠屈位，並在病患的腳部施加內翻壓力。因為曾有「因疼痛而使得腓骨肌的緊繃度升高，以致內翻測試結果呈陰性反應」的情形發生，因此務必小心注意。以X射線攝影來檢測距骨傾斜角度（talar tilt ）時，務必要比較病患左右腳的差別。一般而言，若是病患的距骨傾斜角度（talar tilt ）達15°以上，即可判定病患的前距腓韌帶以及跟腓韌帶斷裂，並合併有跟腓韌帶損傷。

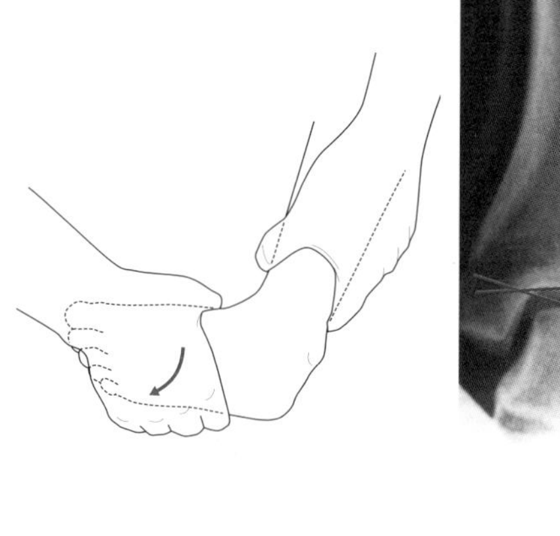

內翻測試

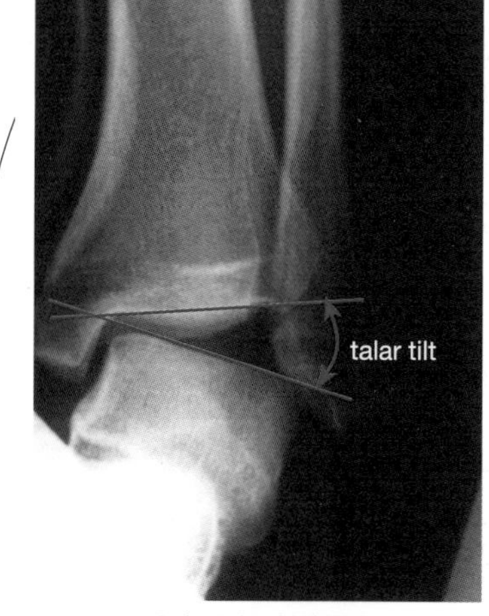

內翻壓力X射線攝影

轉載自文獻10）

圖3-13　前距腓韌帶的觸診①

進行前距腓韌帶的觸診時，讓病患呈長坐姿，並請病患將足部移至床外，診療者再將病患的足部呈輕度蹠曲位，診療者即可以此姿勢作為觸診起始位置。診療者先觸摸病患的外踝，再將手指放在病患的外踝前緣。

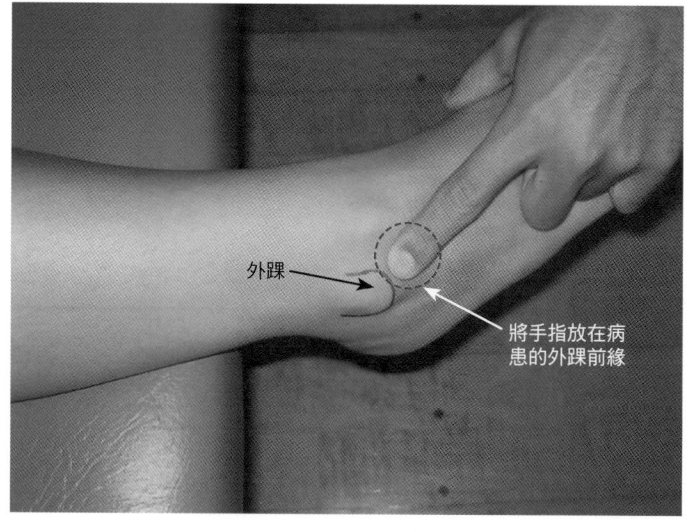

圖3-14　前距腓韌帶的觸診②

診療者自兩側抓住病患的距骨頸，讓病患的距骨呈輕度內旋的狀態，並將病患的距骨頸往前拉，如此一來，病患的前距腓韌帶便會緊繃，診療者即可開始觸診病患的前距腓韌帶的緊繃狀態。「過去曾有踝關節扭傷舊疾，以致前距腓韌帶消失或者是前距腓韌帶的長度伸長（elongation）」的這類病例，不能參與此項觸診。

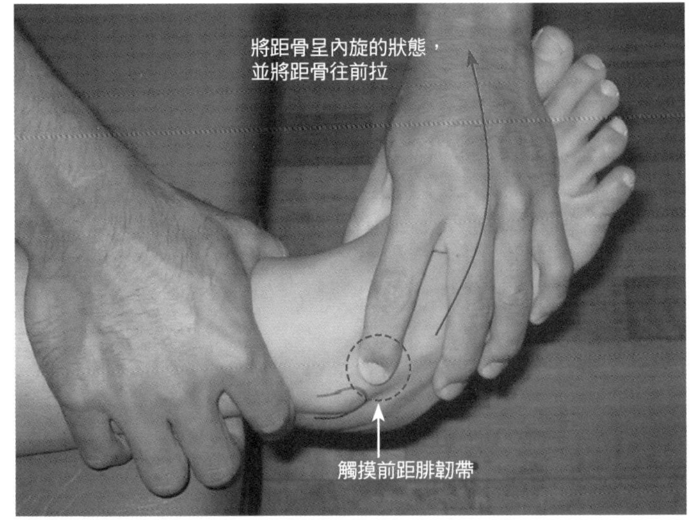

圖3-15　跟腓韌帶的觸診①

進行跟腓韌帶的觸診時，讓病患呈側臥姿勢，病患的上側腳則要移至床外。診療者再將病患的踝關節固定在0°背屈的角度，藉以排除距骨的活動。診療者再觸摸病患的外踝，然後將手指放在病患的外踝下緣。

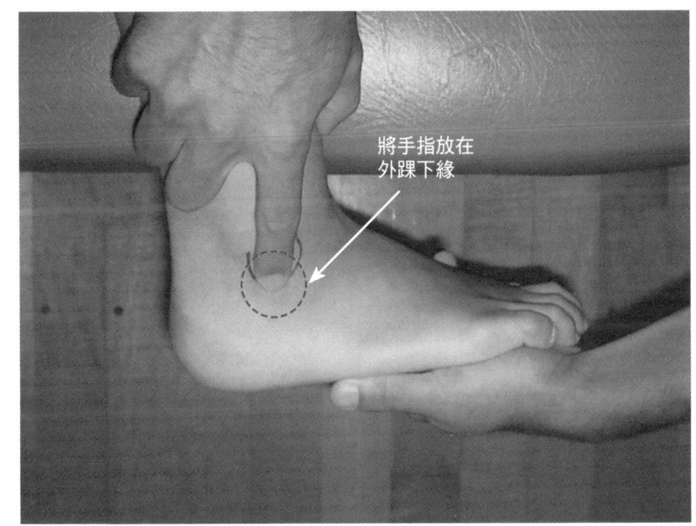

圖3-16　跟腓韌帶的觸診②

診療者抓住病患的跟骨，並對跟骨施加旋後（內翻）運動，如此一來，病患的跟腓韌帶便會隨之緊繃，診療者即可開始觸診跟腓韌帶的緊繃狀態。在「過去曾有踝關節扭傷舊疾，以致跟腓韌帶的長度伸長（elongation）」的這類病患中，曾有難以進行跟腓韌帶觸診的個案發生。

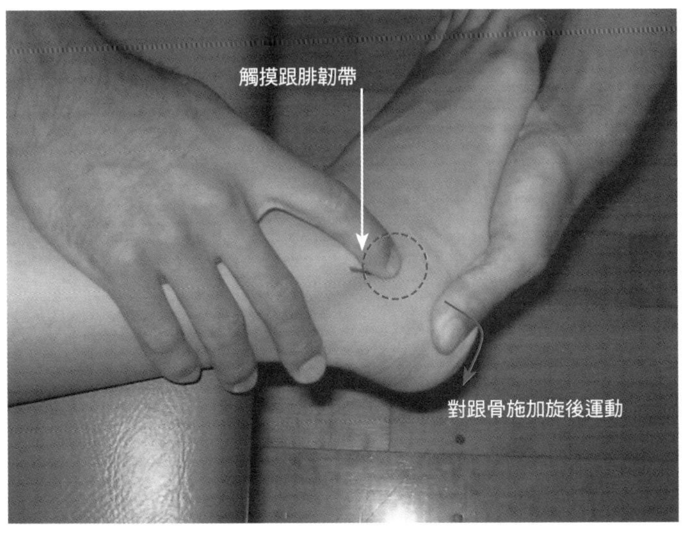

圖3-17　後距腓韌帶的觸診①

進行後距腓韌帶的觸診時，讓病患呈側臥姿勢，病患上側腳的足部則要移至床外。診療者將手指置於病患的外踝後方阿基里斯腱附近的外側部位。

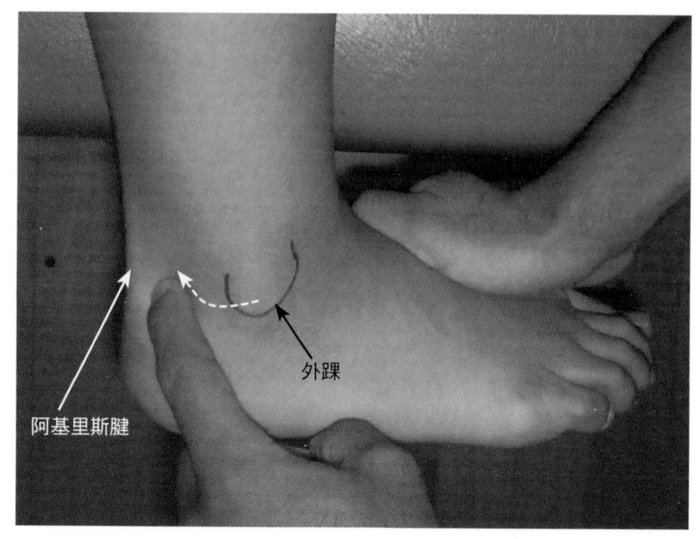

圖3-18　後距腓韌帶的觸診②

雖然使病患的踝關節背屈，即可觸診到病患後距腓韌帶的緊繃狀態，然而，一旦透過「緊壓距骨前方部位至距骨後方部位」的引導，便更可輕而易舉地知曉後距腓韌帶的緊繃狀態。後距腓韌帶與其他兩條韌帶截然不同，診療者必須觸摸病患的踝關節正後方，才能觸摸到病患的後距腓韌帶。

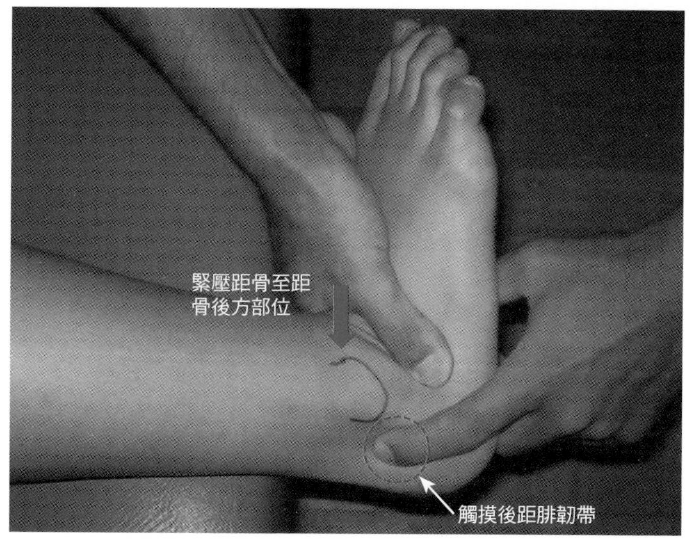

外側副韌帶損傷

因強制內翻伴隨而來的外側副韌帶損傷，乃是進行體育活動時，發生次數居冠的一項外傷。外側副韌帶損傷的全部病例，大致上皆被判定為前距腓韌帶損傷，其中半數以上的病例被判定為前距腓韌帶損傷合併有跟腓韌帶損傷。

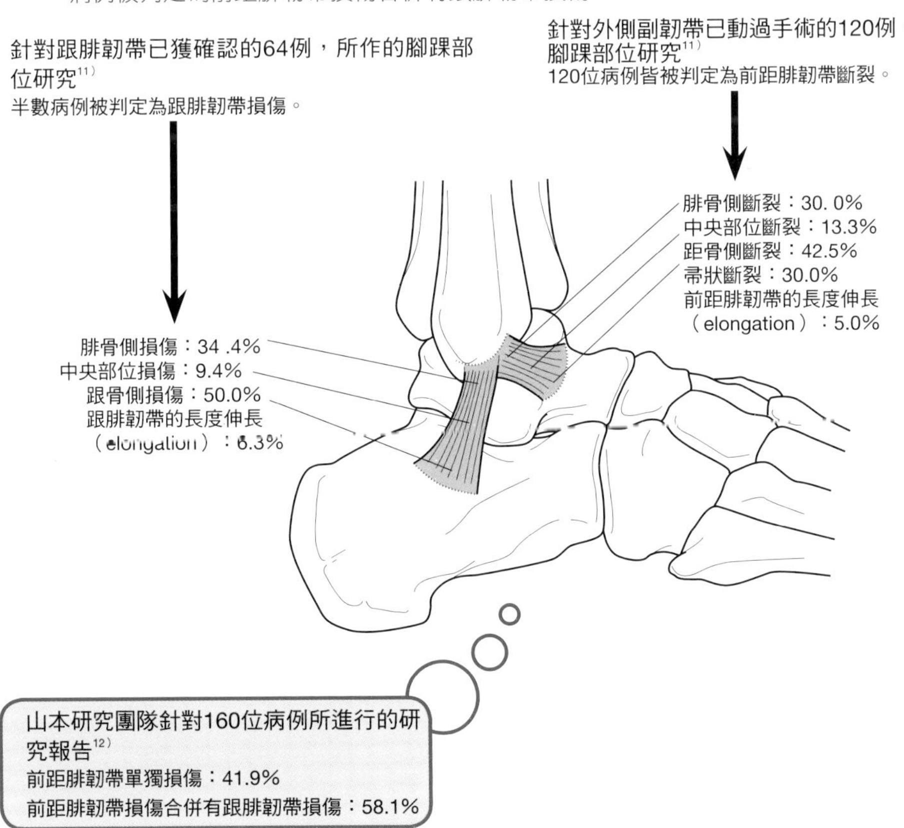

雙叉韌帶 bifurcate ligament
（跟舟韌帶 calcaneonavicular ligament，跟骰韌帶 calcaneocuboid ligament）

解剖學上的特徵

- 雙叉韌帶乃是「起始於跟骨前突，止於舟骨和骰骨，並分成兩種走向」的韌帶，前者稱之為跟舟韌帶，後者則稱之為跟骰韌帶。
- 雙叉韌帶乃是「對於加諸在中跗關節的強制內收能加以遏止」的韌帶。

臨床相關

- 在踝關節韌帶損傷的相關疾病中，發生機率僅次於外側副韌帶損傷的即是雙叉韌帶損傷。
- 進行跳躍動作腳部著地時，因踝關節呈蹠屈位，使得強力的強制內收力作用於中跗關節上，因而導致踝關節損傷的病例相當多。
- 在踝關節扭傷舊疾的病例中，40.5%的病例被判定為雙叉韌帶損傷[13)]。
- 將雙叉韌帶損傷予以分類，則可分為：

  ①跟骨前突引發撕裂性骨折。
  ②骰骨附著部位引發撕裂性骨折。
  ③舟骨附著部位引發撕裂性骨折。
  ④雙叉韌帶本身受到損傷。

相關疾病

雙叉韌帶損傷、跟骨前突撕裂性骨折、舟骨撕裂性骨折、骰骨撕裂性骨折、踝關節外側副韌帶損傷……等。

圖3-19　雙叉韌帶的周邊解剖

雙叉韌帶乃是「起始於跟骨前突、並延伸至舟骨以及骰骨」的韌帶，延伸至舟骨以及骰骨的這兩條韌帶所合併而成的韌帶就稱之為雙叉韌帶。雙叉韌帶乃是「對於中跗關節所受到的強制內收能加以遏止」的韌帶。因為常有「將雙叉韌帶損傷誤認為外側副韌帶損傷」的情形發生，因此務必小心注意。

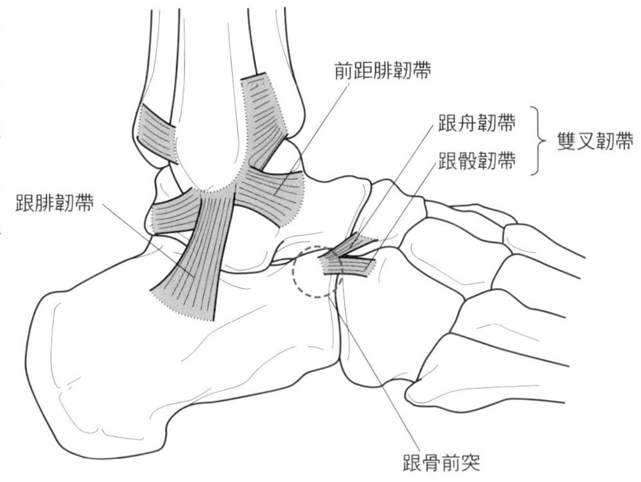

圖3-20　雙叉韌帶的觸診①

進行雙叉韌帶的觸診時，讓病患呈仰臥姿勢，再請病患將足部移至床外，診療者即可以此姿勢作為觸診起始位置。診療者先確認出病患的跗骨竇位置，再將手指放在病患的跗骨竇前端遠側部位。

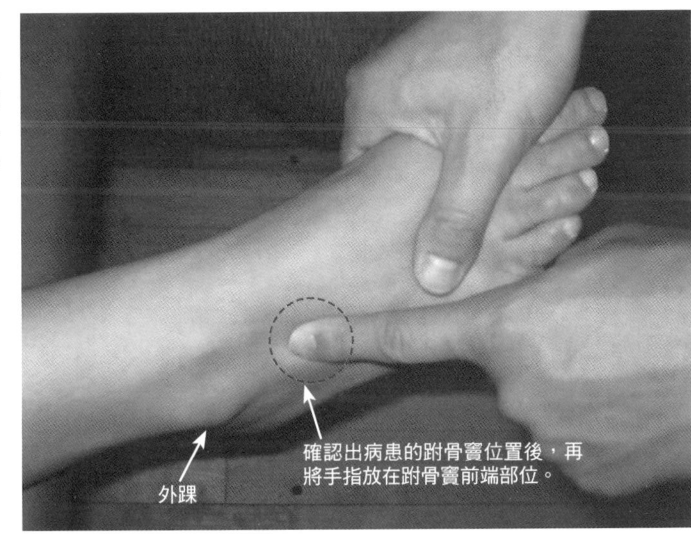

圖3-21　雙叉韌帶的觸診②

診療者單手抓住病患的後足部，另一隻手則觸摸病患的跗骨竇前端部位，並對病患的前足部施加強制內收力，一旦施加如此的動作，病患的雙叉韌帶便會隨之緊繃，診療者即可開始觸診雙叉韌帶的緊繃狀態。

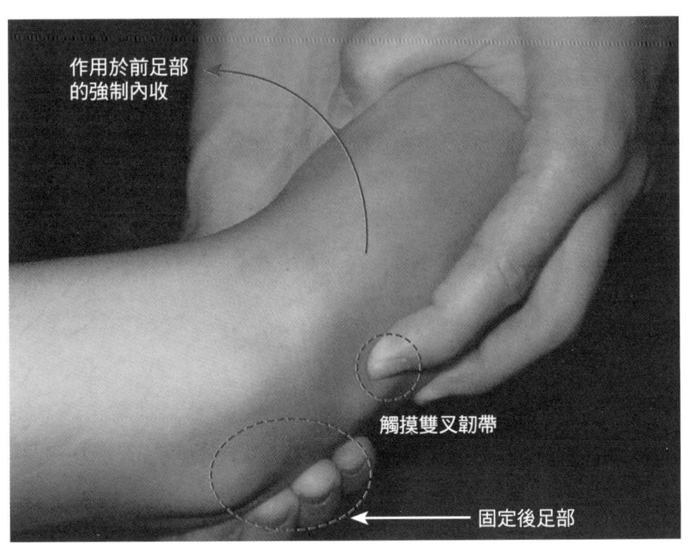

後距跟韌帶 posterior talocalcaneal ligament

解剖學上的特徵

●後距跟韌帶與「距骨後突外側結節、距骨後突內側結節，以及跟骨」相互連接。

●連接外側突的纖維會因跟骨的旋後（內翻）而緊繃，附著於內側突的纖維則會因跟骨的旋前（外翻）而緊繃。

臨床相關

●在芭蕾舞者身上所診查到「因踝關節呈蹠屈位而引發的踝關節後方部位疼痛」，大多是附三角骨症候群所引起的，藉由X射線攝影的檢測發現踝關節沒有三角骨的病例隨處可見。此類型的病例之所以沒有三角骨，有時是因「包括後距跟韌帶在內的後方骨元件產生夾擠（impingement）」這般的成因所造成的。

●進行跳躍動作腳部著地時，踩到他人的腳部等因素所引起的外傷會導致後距跟韌帶引發撕裂性骨折，而後距跟韌帶撕裂性骨折反而會形成偽關節，若要鑑別偽關節與附三角骨症候群，實屬困難。

●步行時或是跑步時，因「後足部的列位過度呈旋前位（外翻位）或旋後位（內翻位）」而引起的踝關節後方部位疼痛，到底是隸屬阿基里斯腱周圍炎或是因後距跟韌帶所引起的疼痛？對於這方面的診斷鑑別必須十分謹慎小心。主要的診斷除了藉由觸診來判斷患部是否有壓痛症狀外，診斷「小腿三頭肌處於收縮狀態時，是否具有疼痛感？」亦是極其重要的。

相關疾病

後距跟韌帶損傷、距骨後突撕裂性骨折、足球踝（footballer's ankle）、附三角骨症候群……等。

圖3-22　後距跟韌帶的周邊解剖

後距跟韌帶乃是連接「構成距骨後突的內側結節和外側結節」與跟骨的韌帶。距骨後突內側結節除了附著有後距跟韌帶，其內上方亦附著有後脛距韌帶，而前方則附著有內距跟韌帶。距骨後突外側結節除了附著有後距跟韌帶，亦附著有後距腓韌帶。

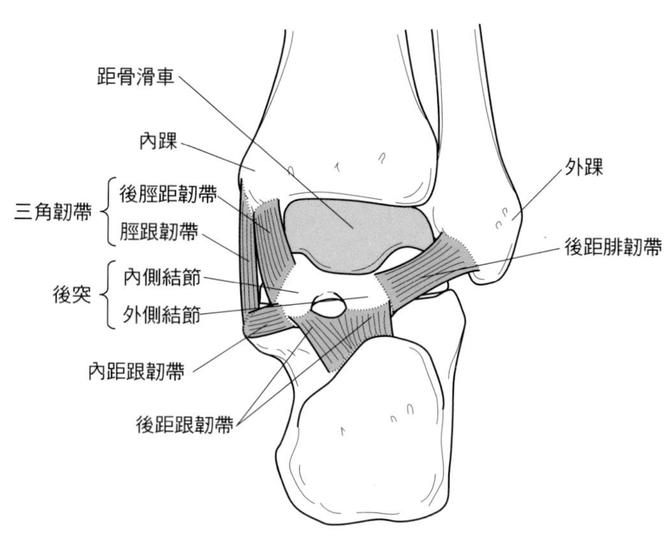

圖3-23　易於觸摸到後距跟韌帶的解剖標記，藉由運動所伴隨而來的後距跟韌帶緊繃度之變化

觸摸「起始於距骨後突內側結節和距骨後突外側結節」的後距跟韌帶時，務必要確認出距骨後突內側結節和距骨後突外側結節這兩結節的位置。而內側突以及外側突的高度大致與載距突的高度一致。此外，起始於外側結節的纖維會因跟骨的旋後（內翻）而緊繃，起始於內側結節的纖維則會因跟骨的旋前（外翻）而緊繃。

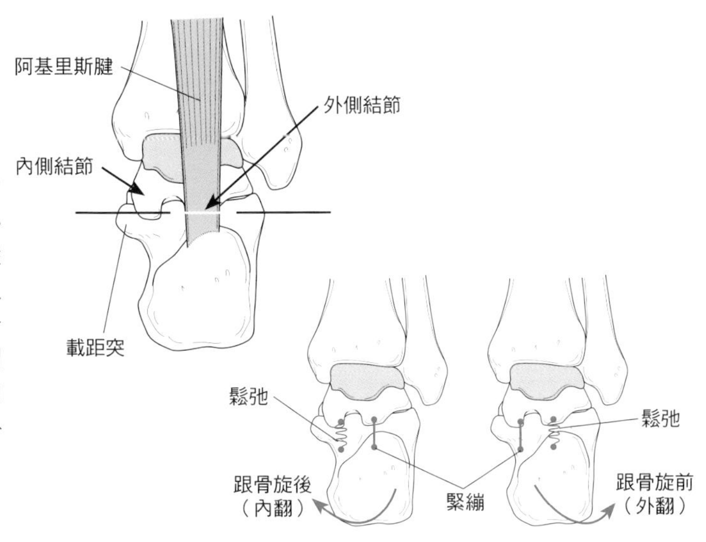

圖3-24　後距跟韌帶的觸診

進行後距跟韌帶的觸診時，讓病患呈俯臥姿勢，診療者將病患的膝關節呈90°屈曲位，再將病患的踝關節呈0°背屈位，然後以此姿勢作為觸診起始位置。診療者再確認出病患的載距突高度，然後在病患的阿基里斯腱的長軸直角交叉處畫上一條線。此線條的位置就是內側結節和外側結節的位置。

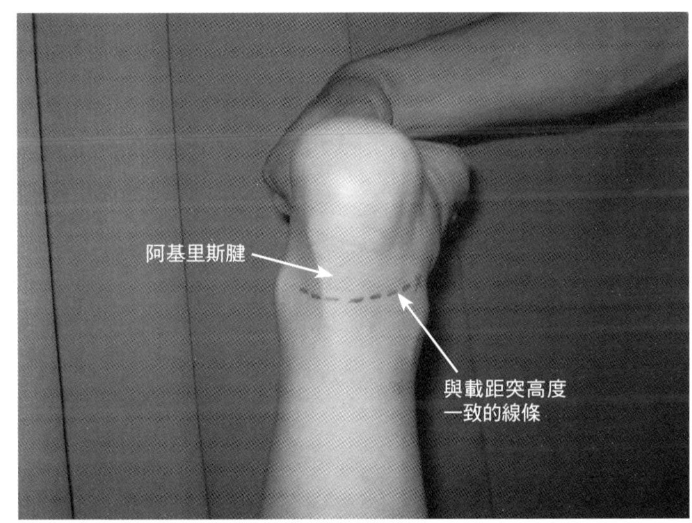

圖3-25　後距跟韌帶（起始於內側結節的纖維）的觸診①

診療者以手指沿著先前畫好的基準線自基準線內側向前觸摸，並在病患的阿基里斯腱內側觸診距骨後突內側結節。然後為病患的踝關節進行適度的背屈運動，一旦施加如此的動作，即可輕而易舉地觸摸到位於後方的突出部位。

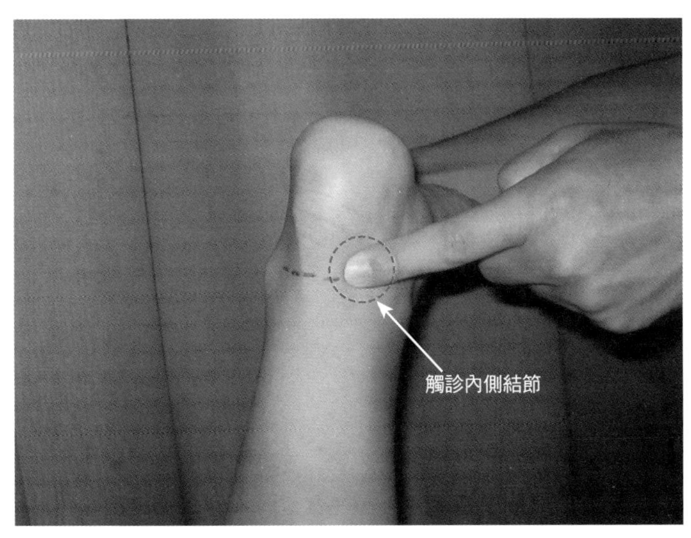

圖3-26　後距跟韌帶（起始於內側結節的纖維）的觸診②

診療者依舊以手指觸摸病患的內側結節，並以另一隻手抓住病患的跟骨，然後輕輕地施加往長軸方向的牽引，同時讓病患的跟骨旋前（外翻）。隨著以上的運動，病患的後距跟韌帶（起始於內側結節的纖維）便會逐漸緊繃，診療者即可開始觸診呈緊繃狀態的後距跟韌帶。

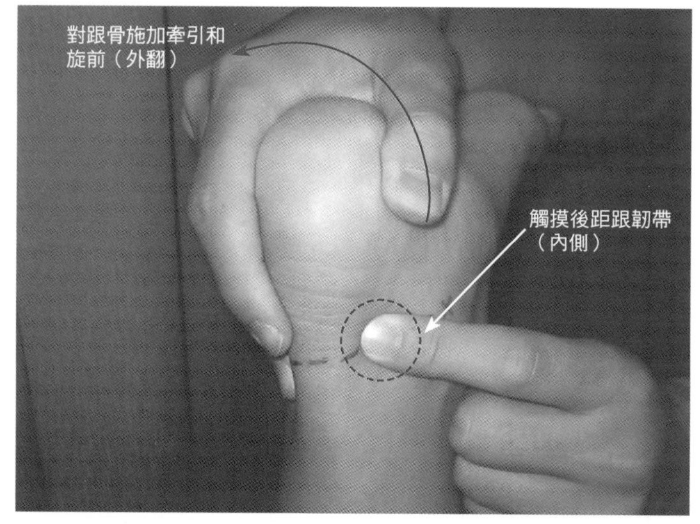

圖3-27　後距跟韌帶（起始於外側結節的纖維）的觸診①

診療者以手指沿著先前畫好的基準線自基準線外側向前觸摸，觸摸時要避開病患的阿基里斯腱，如此一來，即可確認出病患的距骨後突外側結節的位置。然後以與「觸診內側結節」同樣的方式，為病患的踝關節進行適度的背屈運動，一旦施加如此的動作，即可輕而易舉地觸摸到位於後方的突出部位。

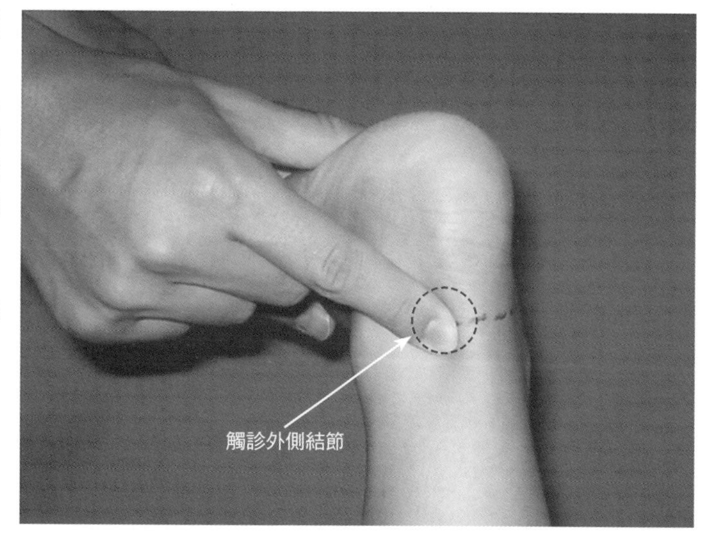

圖3-28　後距跟韌帶（起始於外側結節的纖維）的觸診②

診療者依舊以手指觸摸病患的外側結節，並以另一隻手抓住病患的跟骨，然後輕輕地施加往長軸方向的牽引，同時使病患的跟骨旋後（內翻）。隨著以上的運動，病患的後距跟韌帶（起始於外側結節的纖維）便會隨之緊繃，診療者即可開始觸診呈緊繃狀態的後距跟韌帶。

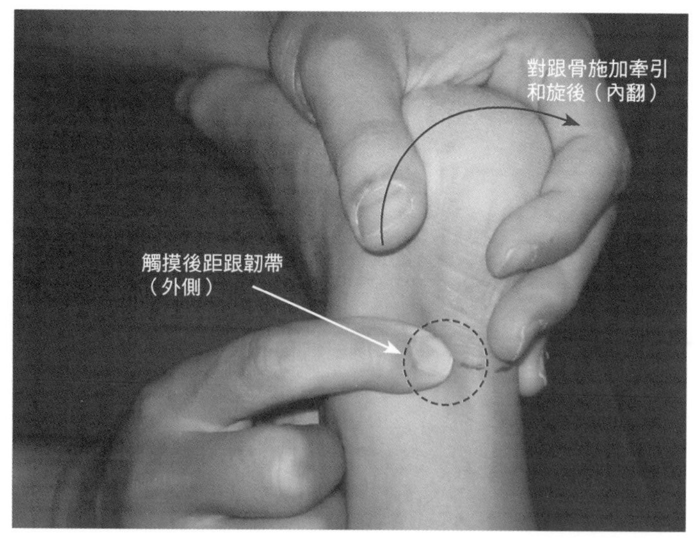

足部運動傷害

足部運動傷害乃是基於各樣的原因所造成的，依據疼痛的大概位置，可約略推斷出可能的相關疾病。患部的疼痛幾乎都是因體重的負荷而產生的。診療者務必先仔細觀察病患足部的足弓構造及足部的靜態列位和動態列位後，再進行診斷較為恰當。

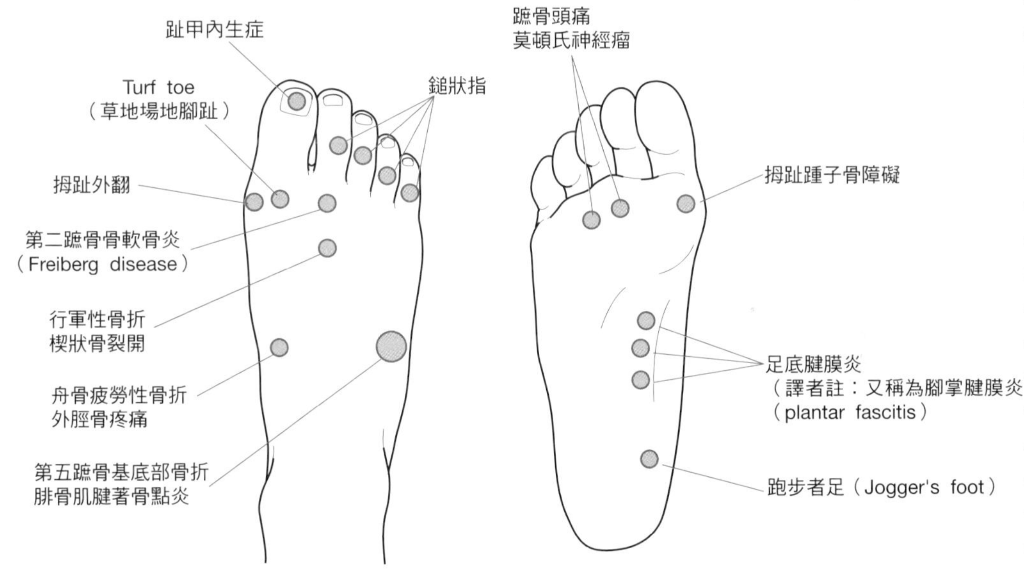

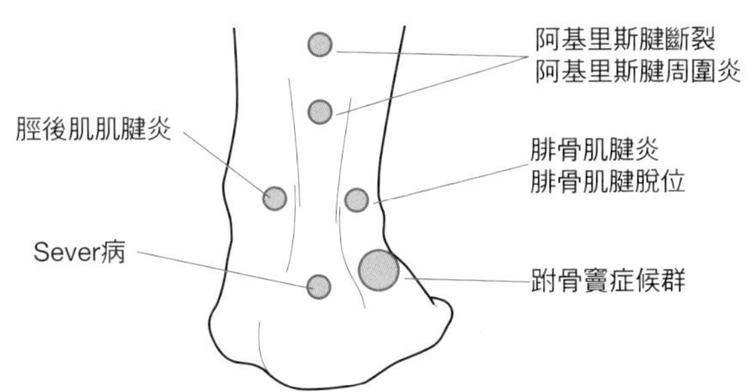

足底腱膜 plantar aponeurosis
彈簧韌帶 spring ligament
（跟舟足底韌帶 plantar calcaneonavicular ligament）

解剖學上的特徵

- 腳底肌肉的外層皆被「厚質結實的表層筋膜所形成的足底腱膜」所包覆著。
- 足底腱膜乃是「起始於跟骨粗隆，並擴散至腳趾」的縱纖維，縱纖維最為強韌。而橫纖維則擔負著連結這群縱纖維的任務。
- 足底腱膜乃是厚實肥厚的筋膜組織，足底腱膜在功能上主要是扮演著「維持足弓構造」此韌帶裝置的角色。
- 彈簧韌帶（跟舟足底韌帶）乃是用於連接跟骨載距突和舟骨粗隆後方部位的韌帶。
- 彈簧韌帶與「跟骰足底韌帶、長足底韌帶以及足底腱膜等」共同維持支撐住足弓的構造。
- 彈簧韌帶能延展關節窩，以使關節窩可自底部將距骨頭容納進來。彈簧韌帶亦能使距舟關節趨於穩定，藉以支撐住足弓的頂端。

臨床相關

- 足底腱膜相當於捲揚機的纜線，足底腱膜能藉由腳趾的背屈運動，讓被拉起的足弓向上舉起。這般的作用稱之為Windlass mechanism（足弓上升）。
（譯者註：Windlass mechanism「足弓上升」又稱為「足底腱膜之絞緊效應」）
- 有足底腱膜炎者，在步行或運動時，腳底會產生疼痛。足底腱膜炎在足底腱膜附著部位所引發的發炎症狀是跟骨附近會產生疼痛，而足底腱膜炎在足底腱膜本身所引發的發炎症狀則是足弓部位會產生疼痛。讓足底腱膜炎患者穿著能讓足底腱膜完全獲得舒緩的矯正鞋墊是相當有效的。
- 因為韌帶緊繃或肌力衰退造成足弓下塌，這就是所謂的「成人期扁平足」。即使在非負重狀態及正常狀態下，仍會因負重而使足弓下塌，以致彈簧韌帶及跟骰足底韌帶的長度伸長，因而引起腳底部位產生疼痛的情況相當多，這就是「成人期扁平足」的症狀。[參考p.115]。

相關疾病

足底腱膜炎、足跟骨刺、扁平足……等。

圖3-29　足底腱膜和彈簧韌帶的周邊解剖

足底腱膜起始於跟骨粗隆，並連接著每根腳趾，實屬相當強韌的腱膜。在功能方面，足底腱膜被認定是「用以支撐足弓的韌帶裝置」。而其他負責支撐足弓的韌帶，就屬「彈簧韌帶、長足底韌帶、跟骰足底韌帶」這三條韌帶最為重要。而其中的彈簧韌帶更是身負「能使關節窩支撐住距骨頭」此任務。

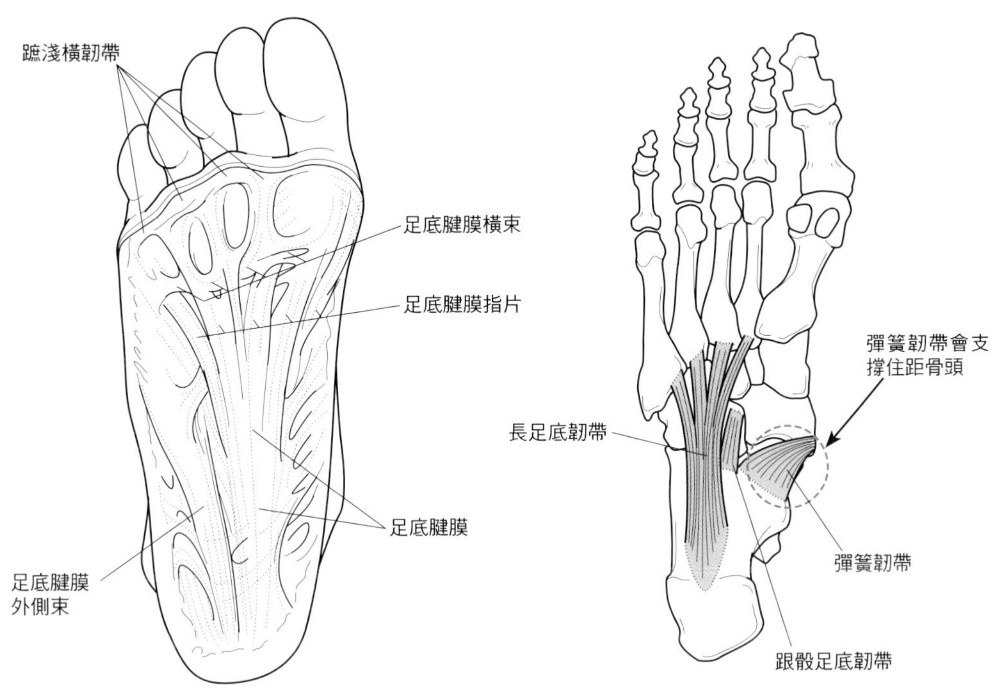

圖3-30　步行時Windlass mechanism（足弓上升）所擔負的任務

足底腱膜相當於捲揚機的纜線，隨著腳趾的伸展，就如同纜線被拉起一般，足弓便會自動向上舉起，此一作用便稱為Windlass mechanism（足弓上升）。步行時為了使身體體重能順利平滑地移動，足弓的這項機能加上彈簧韌帶的作用就顯得極其重要。

※譯者註：Windlass mechanism「足弓上升」又稱為「足底腱膜之絞緊效應」

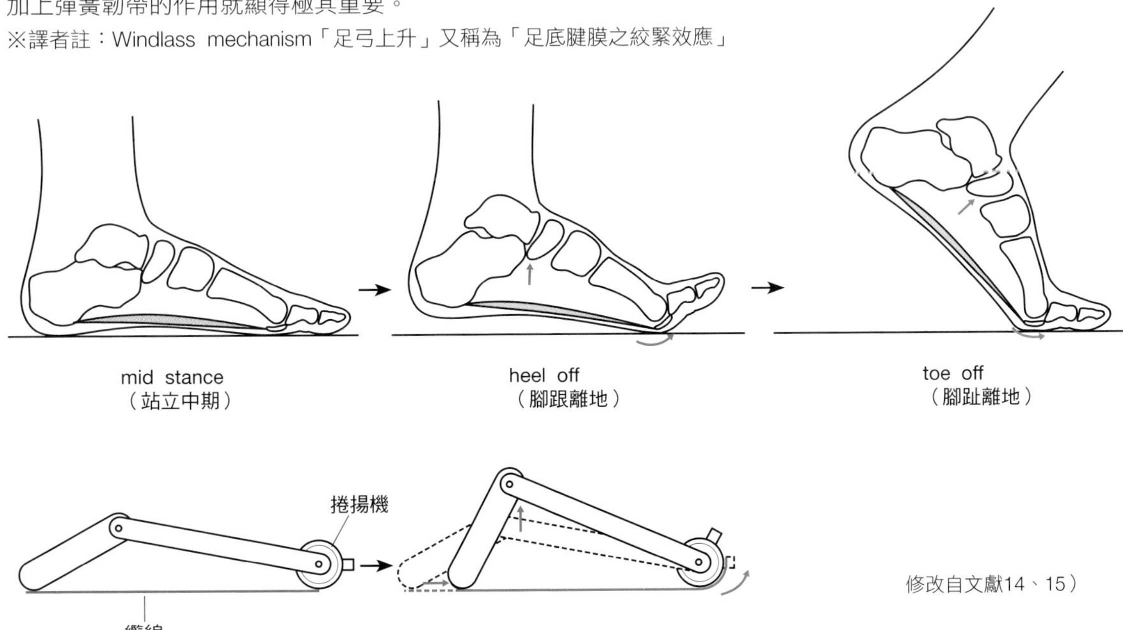

修改自文獻14、15）

圖3-31　足底腱膜的觸診①

進行後距跟韌帶的觸診時，讓病患呈俯臥姿勢，診療者將病患的膝關節呈伸展位，並將病患的踝關節呈蹠屈位，然後請病患將前足部移至床外，診療者即可以此姿勢作為觸診起始位置。診療者先確認出病患的舟骨粗隆位置，然後將手指放在病患的舟骨粗隆底側約二橫指寬之處。

※譯者註：「二橫指寬」是指「食指和中指兩根手指頭合併在一起的寬度」，即1.5吋

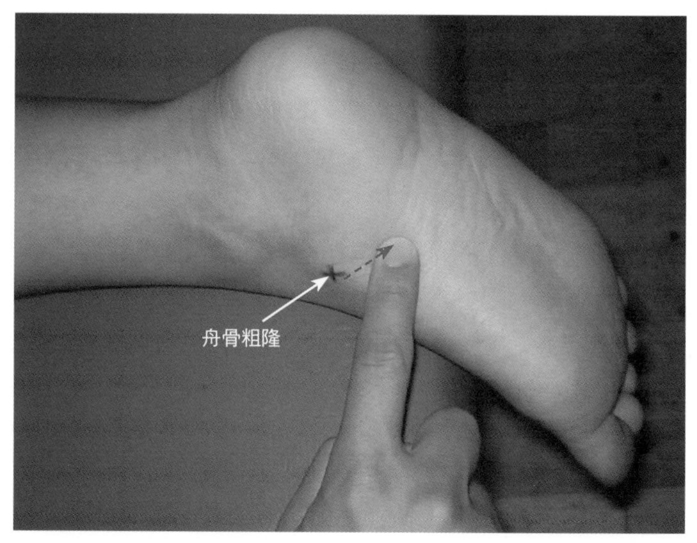

圖3-32　足底腱膜的觸診②

診療者依舊將手指放在病患的腳底，並以另一隻手以被動方式使病患的拇指蹠趾關節過度伸展，如此一來，病患足底腱膜的緊繃度便會升高，診療者即可以此狀態開始進行觸診。診療者一邊為病患反覆進行被動背屈運動，一邊觸摸病患足底腱膜的完整形狀。

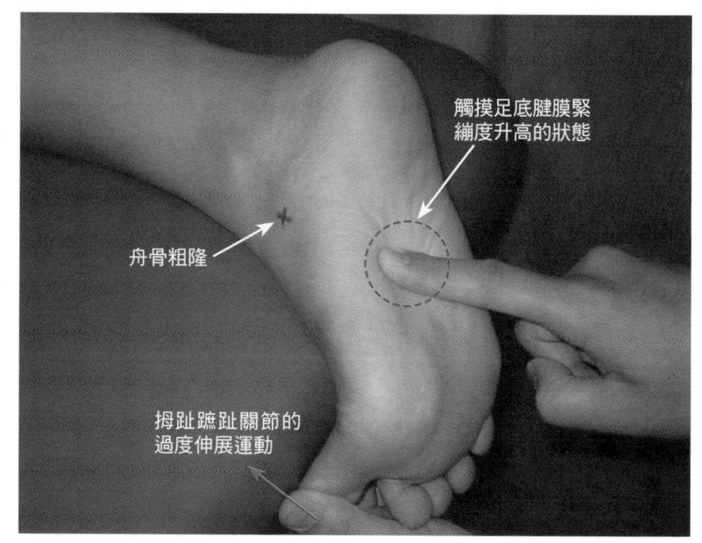

圖3-33　彈簧韌帶的觸診①

進行彈簧韌帶的觸診時，要讓病患呈俯臥姿勢，診療者將病患的膝關節呈伸展位，再請病患將腳部移至床外，診療者即可以此姿勢作為觸診起始位置。診療者先確認出病患的舟骨粗隆和載距突的位置，然後在病患的舟骨粗隆和載距突這兩部位之間畫上一條線加以連接起來。

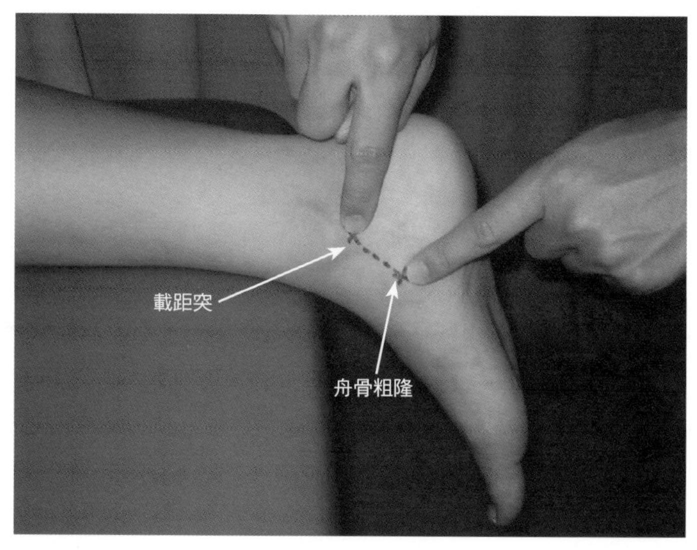

圖3-34 彈簧韌帶的觸診②

診療者將手指放在「先前畫在病患腳踝處的連接線中心點稍微偏底側」之處。接下來，再為病患的腳部施加強制外展力以及強制旋前力（強制外翻力），如此一來，病患的彈簧韌帶便會隨之緊繃，診療者即可開始觸診彈簧韌帶的緊繃狀態。

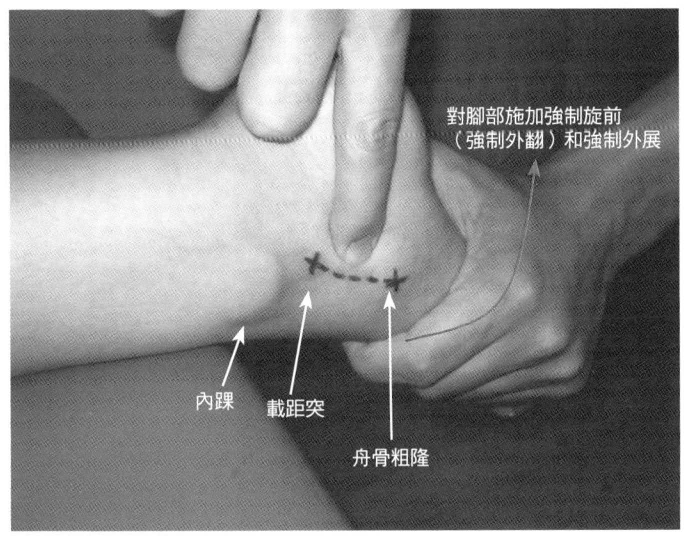

Skill Up

因負重伴隨而來足弓機能的改變

因為負重造成足弓機能有所改變，足弓機能的改變不僅能吸收震盪力，亦能充分提升步行時的推進力，「足弓機能改變」如此的理論，在疼痛性足部疾病的診治上實屬相當重要的知識。在對病患提出矯正鞋墊的處方建議時，重要的是一定要先思考病患的足弓構造究竟發生了甚麼問題?再提出對應的方法較為妥當。

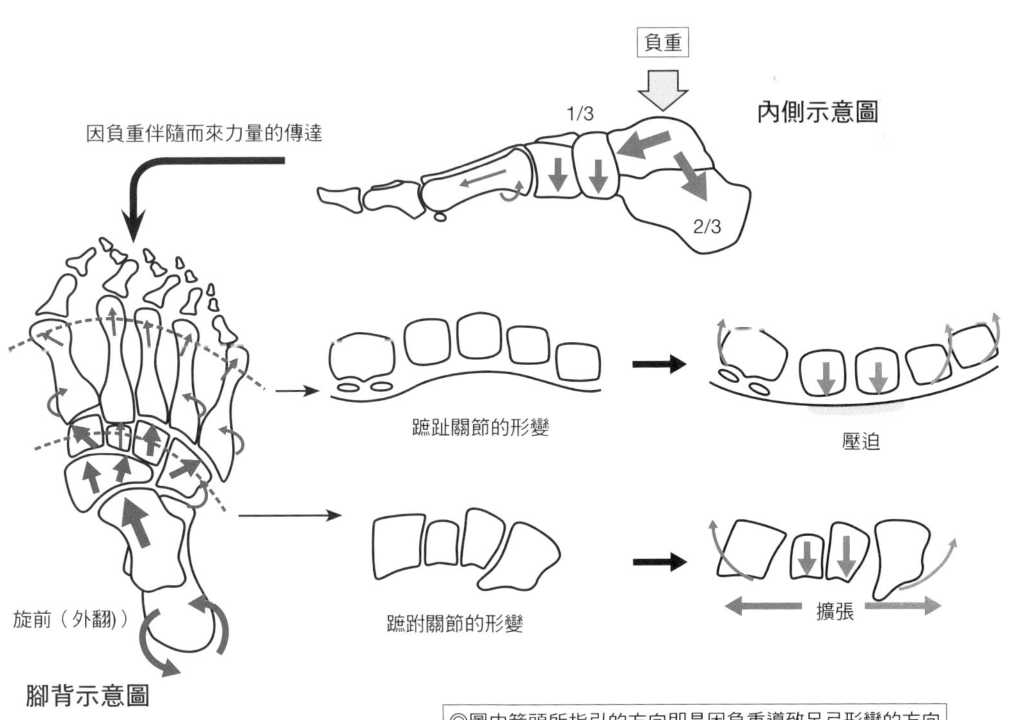

Ⅲ 下肢的肌肉

1. 和髖關節有關的肌肉
2. 和膝關節有關的肌肉
3. 和踝關節及足部相關的肌肉

髂腰肌 iliopsoas muscle
髂肌 iliacus muscle
腰大肌 psoas major muscle

解剖學上的特徵

- 由髂肌和腰大肌合併而成的肌肉就稱之為髂腰肌。
- **髂肌**（iliacus muscle）
  [起端] 髂骨內面的髂骨窩
  [止端] 股骨小轉子
- **腰大肌**（psoas major muscle）
  [起端]（淺頭）T12～L5的椎體以及椎間盤
  （深頭）所有的腰椎肋突
  [止端] 股骨小轉子
- **[支配神經]** 股神經（L1～L4）
- 髂肌和腰大肌止於小轉子，因為靠近小轉子的髂肌肌纖維和腰大肌肌纖維會相互交叉，因此這些相互交叉的髂肌肌纖維和腰大肌肌纖維多半被視為髂腰肌。
- 股三角的標準位置是位於股動脈偏外側的位置。

肌肉功能的特徵

- 髂腰肌是進行髖關節屈曲運動時最為重要的肌肉。有關髂腰肌會參與旋轉運動的相關學說報告林林總總，但看來各方見解卻未一致。
- 股骨一旦被固定住，髂肌便會將骨盆往前拉（使骨盆前傾），而腰大肌則會將腰椎往前拉，藉以維持住腰椎的前彎姿勢。
- 當髖關節過度伸展時，髂股韌帶和恥股韌帶會共同制動骨骺前方的不穩定性，並支撐住骨骺的前方。※譯者註：「骨骺（epiphysis）」位於人體長骨的兩端。

臨床相關

- 在可檢測出髖關節屈曲攣縮主要成因的相關檢查當中，以Thomas test（湯姆斯測試）特別有名。[參考p.122]
- 髂腰肌攣縮會引起腰椎的代償性前彎，這常是造成下背痛的原因。
- 從腰椎管狹窄症患者身上所看到的馬尾性間歇性跛行的病狀，大多是髂腰肌攣縮導致繼發性腰椎前彎，而繼發性腰椎前彎多半攸關著下肢病狀的顯現。
- 醫學報告顯示髂腰肌的訓練具有改善平衡機能的功效[1)]。
- 針對田徑選手，我們則可留意田徑選手跑動時步伐的延伸與髂腰肌機能的相互關係。

相關疾病

髖關節屈曲攣縮、慢性下背痛（又稱為「慢性腰背痛」）、椎管狹窄症、退化性髖關節炎、髂腰肌膿瘍、髂恥囊炎……等。

圖1-1　髂腰肌的走向

髂腰肌是由髂肌和腰大肌所組成的。髂肌起始於髂骨窩，腰大肌則起始於所有的腰椎椎體和椎間盤及肋突。髂肌和腰大肌的纖維會在髂肌及腰大肌的止端附近相互交叉，並附著於股骨小轉子。

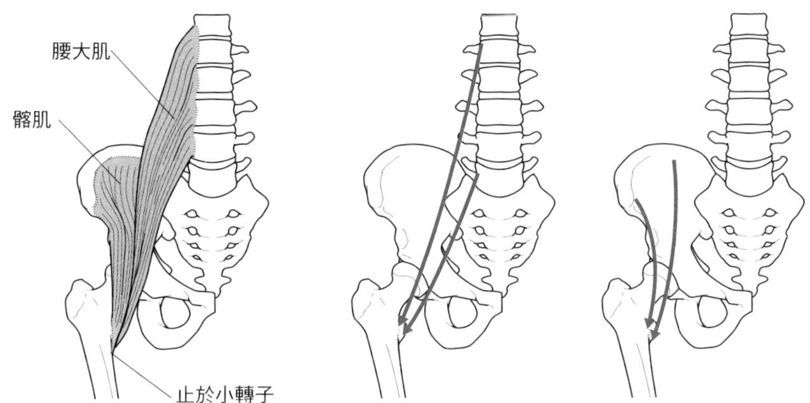

圖1-2　髂腰肌的作用

骨盆和腰椎呈固定狀態時，髂腰肌會作用於髖關節的屈曲。相反的，股骨呈固定狀態時，髂腰肌則會將骨盆往前拉（使骨盆向前傾），此外，股骨呈固定狀態時，髂腰肌並會同時將腰椎往前拉，藉以加強前彎的姿勢。

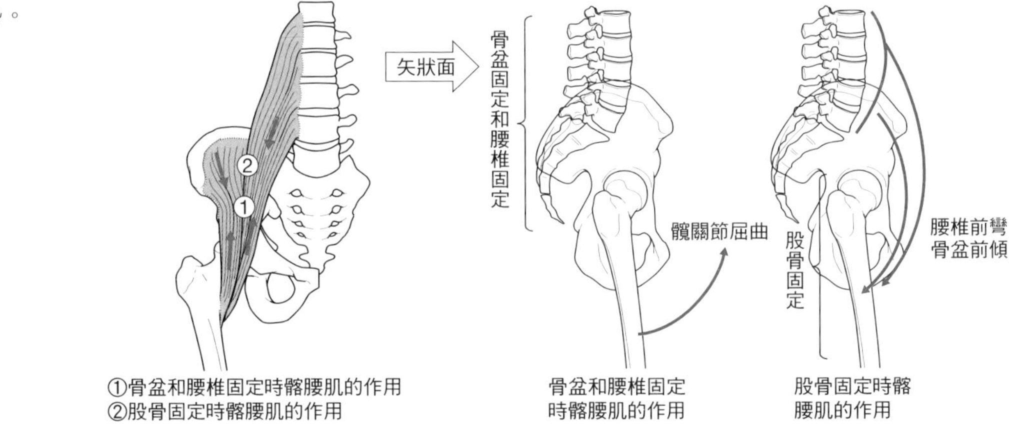

圖1-3　髂腰肌的觸診點

靠近鼠蹊韌帶近側部位的髂腰肌是位於腹部內臟的深處，若要直接觸摸到髂腰肌實屬困難。「位於股三角中央靠近股動脈外側，並位於股骨頭前方的地方」就是能觸摸到髂腰肌的最佳位置 。

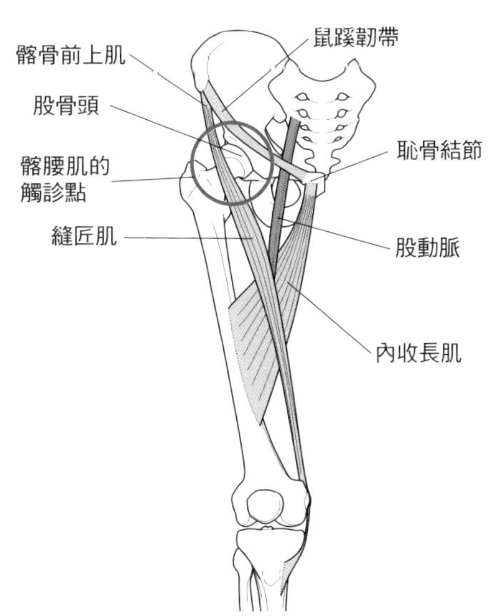

圖1-4　髂腰肌的觸診①

進行髂腰肌的觸診時，讓病患呈仰臥姿勢。診療者並以「自病患的髂骨前上棘往內下方的方向」，確認出病患的鼠蹊韌帶的位置。[參考p.69]

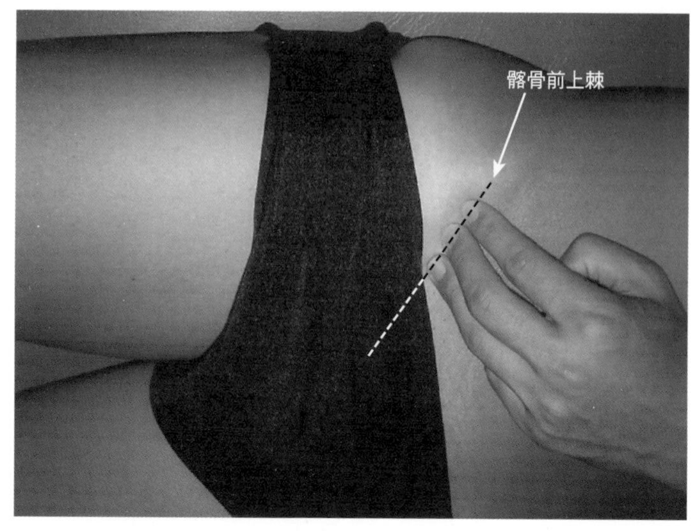

圖1-5　髂腰肌的觸診②

診療者若是確認出病患的鼠蹊韌帶位置後，接著再確認出病患的縫匠肌位置。然後再為病患的髖關節進行屈曲運動和外展運動，並為病患進行外旋複合運動（呈盤腿坐姿的動作），再以「自病患的髂骨前上棘往內下方的方向」，確認出病患的縫匠肌位置。

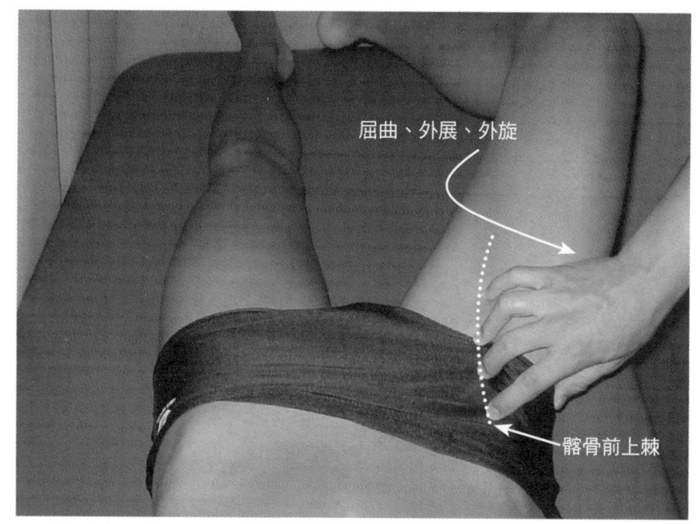

圖1-6　髂腰肌的觸診③

股三角是以髂骨前上棘為頂端，股三角的兩邊則是鼠蹊韌帶和縫匠肌，診療者若是確認出病患的股三角兩邊（鼠蹊韌帶和縫匠肌）的位置後，接下來就觸診病患的股動脈。依循病患股動脈的脈動，將病患的動脈走向加以確認出來。

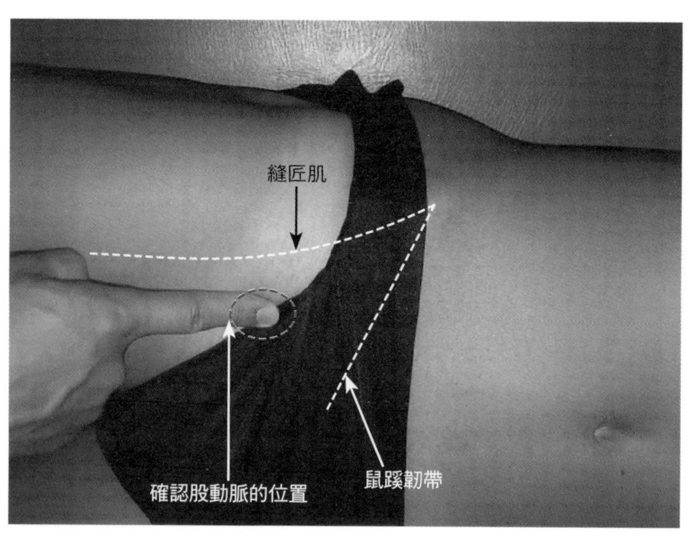

圖1-7　髂腰肌的觸診④

診療者將手指放在「以髂骨前上棘為頂端的兩邊」以及「由股動脈所構成的股三角」的位置。（以下就是髂腰肌的觸診點）。診療者再用手指沿著「與髂腰肌走向呈直角交叉的方向」，一邊移動手指一邊觸摸，一旦觸摸到宛如鵪鶉蛋般大小的隆起部位，診療者即可針對此一隆起部位進行觸診。因為診療者一旦為病患的髖關節進行輕度屈曲運動，此一隆起便會消失，因此診療者最好再為病患的髖關節進行伸展運動，藉以感受髂腰肌隆起感的差異之處。

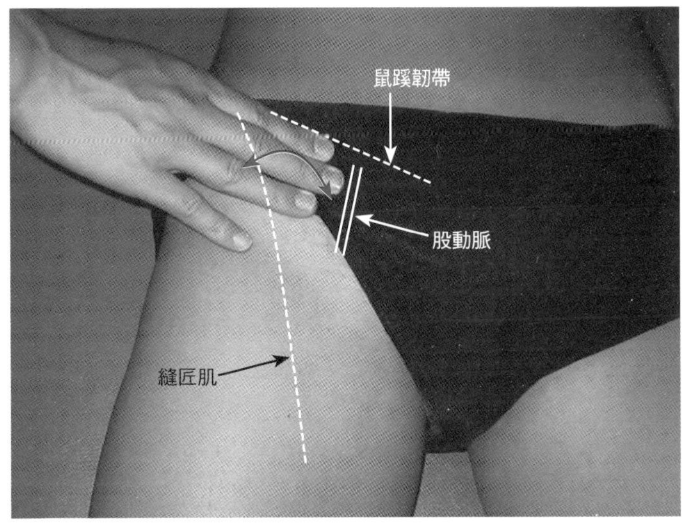

圖1-8　髂腰肌的觸診⑤

接下來，診療者依舊將手指放在病患的髂腰肌觸診點上，並將病患的髖關節呈約45° 的屈曲位。然後再為病患進行與矢狀面方向一致的髖關節屈曲運動。此時的屈曲運動不需要施加抵抗。隨著屈曲運動，病患的髂腰肌便會收縮，診療者即可開始觸診已收縮的髂腰肌。

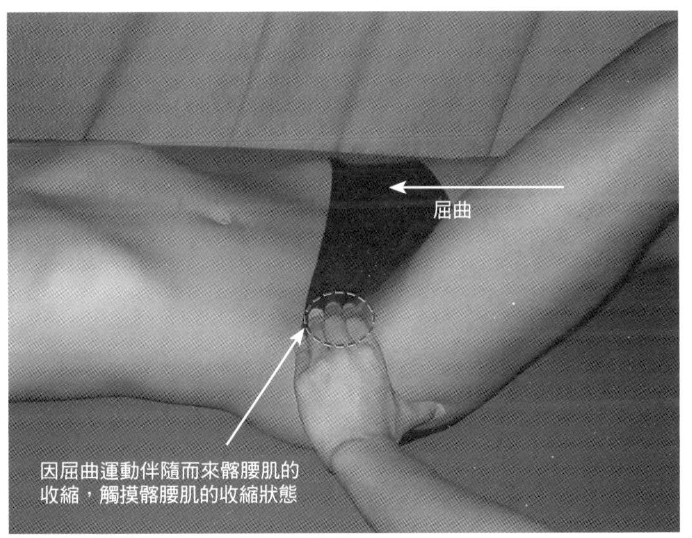

Skill Up

檢測髂腰肌攣縮的方式

髂腰肌攣縮是引發下背痛或跛行的原因，必須早期診斷早期治療。一般來說，現今有關髂腰肌攣縮的檢測尤以Thomas test（湯姆斯測試）（左圖）較廣為人知，而且Thomas test（湯姆斯測試）亦可檢測出髂腰肌攣縮的角度。此外，進行髂腰肌攣縮的測試，讓病患躺在床上時，診療者一旦有先檢查病患腰椎前彎程度的習慣，檢測病患的髂腰肌屈曲攣縮時，診斷錯誤的情況便會減少（右圖）。

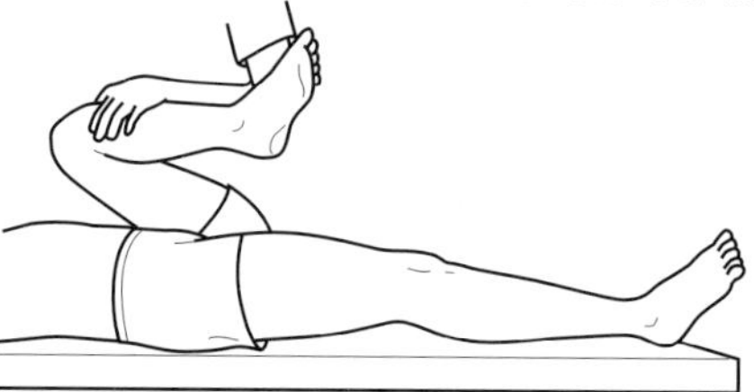

當病患的髖關節處於正常情況時，若是病患的另一下肢處於自然伸展的狀態，病患的髖關節即會屈曲。

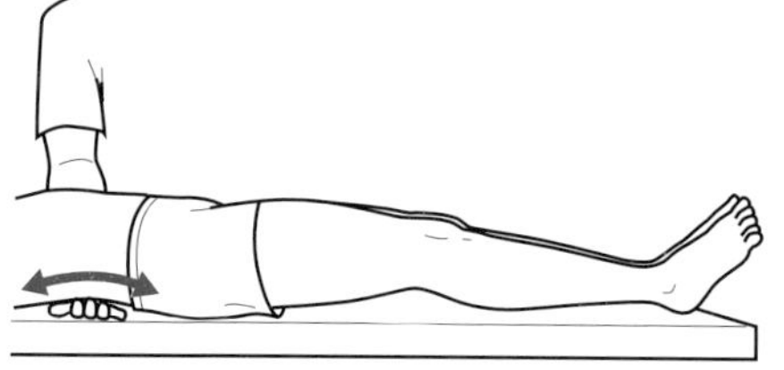

當病患的髖關節處於正常情況時，讓病患呈仰臥姿勢，雙腳筆直地伸直，如此一來，病患的腰椎便會向前彎，而病患腰椎前彎的高度剛好可放入診療者的單隻手掌。

具有屈曲攣縮現象時

具有屈曲攣縮現象時

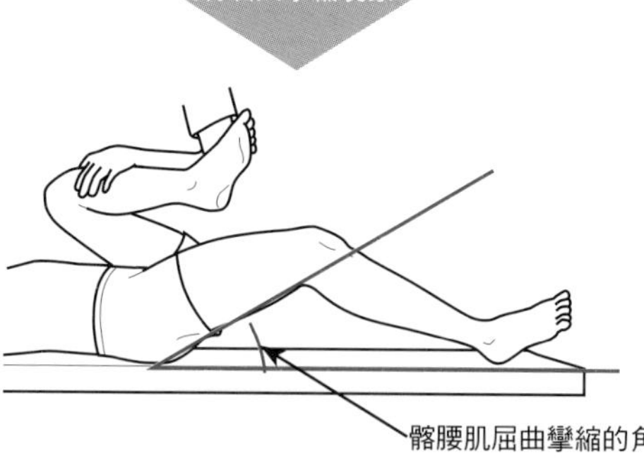

當病患的髖關節具有屈曲攣縮現象時，診療者一旦將病患單腳的髖關節進行屈曲，病患的骨盆便會被迫向後傾，病患的另一下肢則會被髂腰肌拉住，並漸漸自床上向上舉起。此時病患的髖關節角度就是髂腰肌屈曲攣縮的角度。

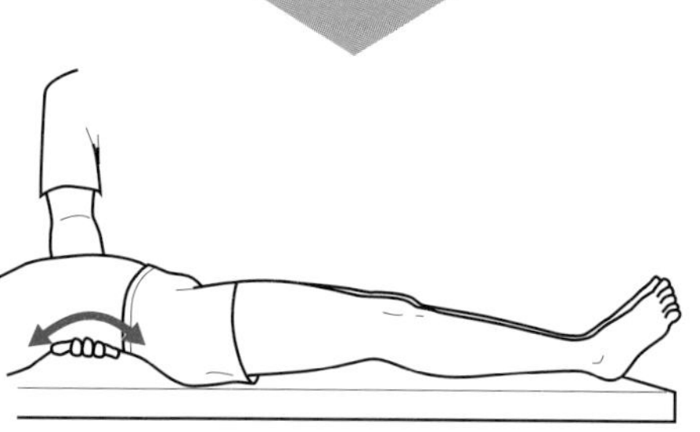

當病患的髖關節具有屈曲攣縮現象時，讓病患呈仰臥姿勢，雙腳筆直地伸直，如此一來，病患的髂腰肌便會被股骨拉住，病患的骨盆便會向前傾，而且病患腰椎的前彎程度亦會增強。

修改自文獻2）

縫匠肌 sartorius muscle

解剖學上的特徵

- **[起端]** 髂骨前上棘
  [止端] 脛骨粗隆內側
  [支配神經] 股神經（L2・L3）
- 縫匠肌的止端一帶與股薄肌以及半腱肌共同形成鵝足，並參與維持膝關節的穩定性。
- 縫匠肌是構成股三角的組織之一。

肌肉功能的特徵

- 縫匠肌為髖關節帶來的運動有屈曲、外展、外旋。
- 縫匠肌為膝關節帶來的運動則有屈曲和內旋。
- 盤腿而坐的動作是藉由縫匠肌特有的作用而形成的。

臨床相關

- 在運動動作方面，一旦膝關節被要求呈過度knee-in列位時，膝關節的動態穩定性，就必須藉由「以縫匠肌為首的鵝足肌群」加以控制。
- 鵝足部位的疼痛顯現是與縫匠肌息息相關，髖關節一旦呈伸展位、內收位、內旋位，而膝關節一旦伸展，便會引發鵝足部位疼痛。
- 全力狂奔時，常會引發髂骨前上棘撕裂性骨折，而髂骨前上棘撕裂性骨折大多是「縫匠肌過度收縮」這般的原因所造成的。
- 蛙泳員膝症的疼痛原因究竟是起因於鵝足或是起因於內側副韌帶？這方面的診斷鑑別必須十分謹慎小心。

相關疾病

鵝掌肌滑囊炎（pes anserine bursitis）、髂骨前上棘撕裂性骨折、蛙泳員膝症（breast stroker's knee）等等。譯者註：鵝掌肌滑囊炎（pes anserine bursitis）又稱為「鵝足滑囊炎」

圖1-9　縫匠肌的走向

縫匠肌起始於髂骨前上棘，下行至大腿前面內下方，並經過後膝關節屈伸軸的後方，最後止於脛骨粗隆的內側。縫匠肌乃是纖長細繩狀的肌肉。縫匠肌會作用於髖關節的屈曲、外展、外旋，縫匠肌並會作用於膝關節的屈曲。

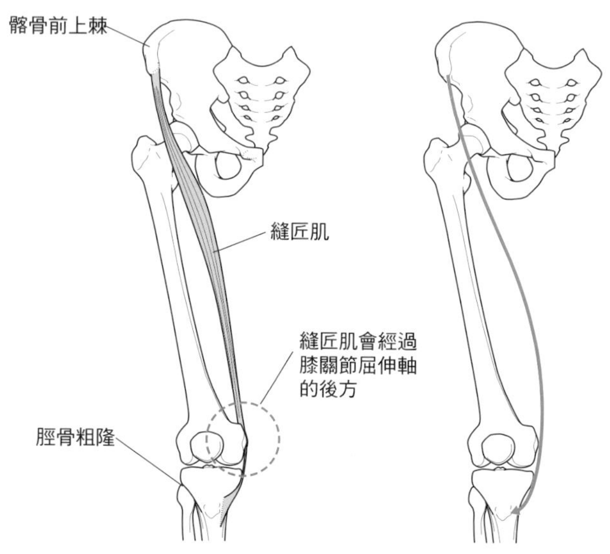

圖1-10　縫匠肌對於膝關節的穩定作用

縫匠肌與股薄肌等肌肉共同形成了鵝足，並參與維持膝關節的穩定性。若是膝關節被強制要求進行過度knee-in的動作（左圖），為了要對抗小腿的強制外旋力，以縫匠肌為首的鵝足肌群便會發揮作用，為膝關節帶來動態穩定性（右圖）。

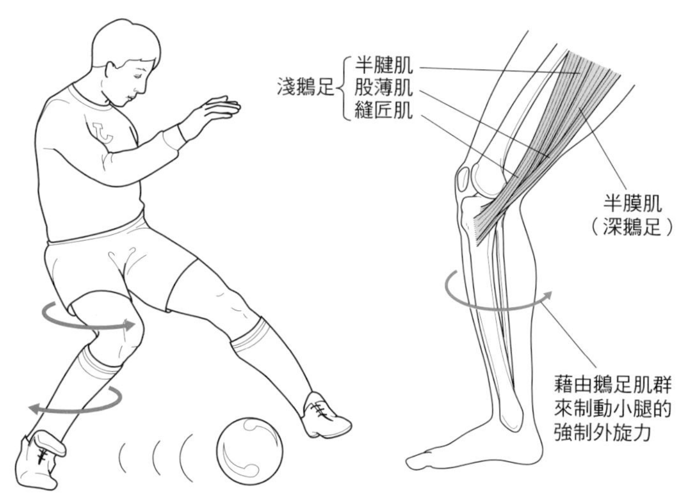

圖1-11　縫匠肌的觸診①

進行縫匠肌的觸診時，讓病患呈直立式坐姿的姿勢。並請病患將右腳的跟骨後方沿著左脛骨前緣的遠側部位向左脛骨前緣的近側部位向上抬高，並反覆進行髖關節的屈曲、外展、外旋運動。

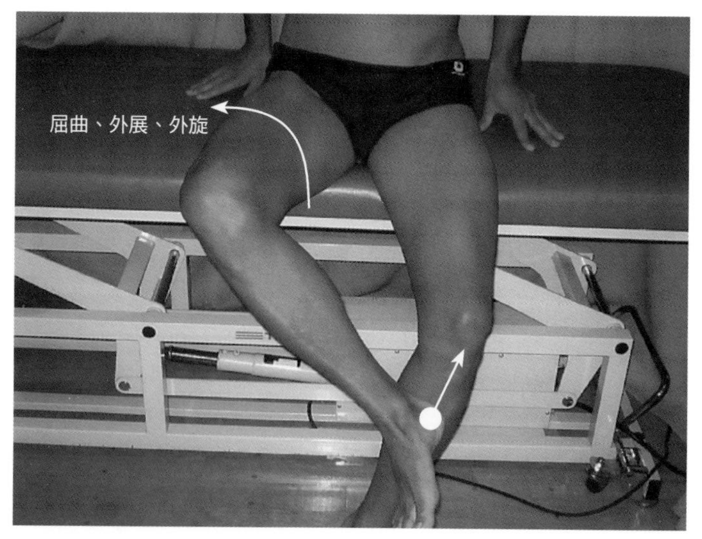

圖1-12　縫匠肌的觸診②

診療者將手指放在病患的髂骨前上棘前方部位，再觸診「已進行過屈曲運動和外展運動及外旋運動」的縫匠肌起始處周邊的走向。如此一來，即可觀察到病患的縫匠肌起始處呈現出較為清晰的凸現（浮凸部位）[圖中標示有→處就是呈現出較為清晰凸現的縫匠肌起始處（浮凸部位）]。

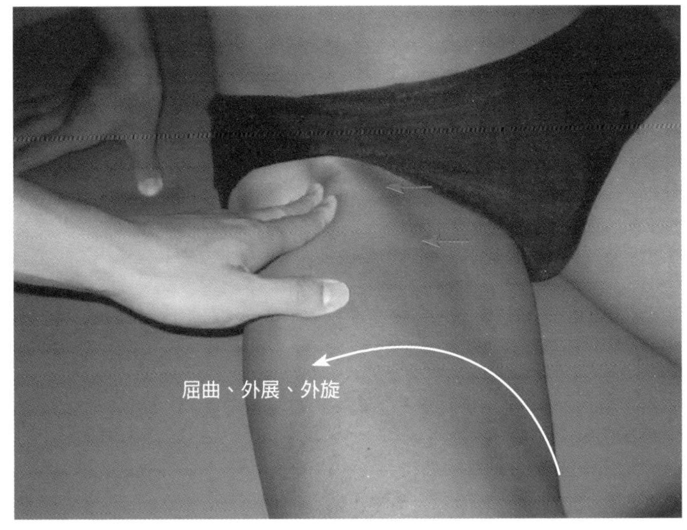

圖1-13　縫匠肌的觸診③

診療者一邊讓病患反覆進行髖關節屈曲運動、髖關節外展運動、髖關節外旋運動，一邊觸摸病患的縫匠肌之收縮狀態，並自病患的縫匠肌觸摸至縫匠肌遠側部位。再加以確認「自病患大腿前方斜行至病患大腿內下方的縫匠肌走向」。

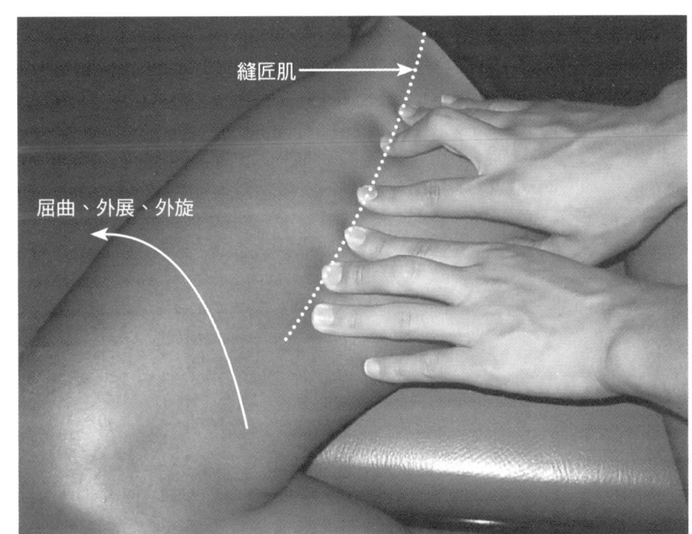

圖1-14　縫匠肌的觸診④

位於膝關節近側的縫匠肌乃是沿著股內側肌的後緣而延伸。診療者先以手掌將病患的股內側肌包覆起來，並在手指包覆著股內側肌的狀態下，自前方位置觸摸病患的縫匠肌，如此一來，即可輕而易舉地知曉病患的縫匠肌走向。

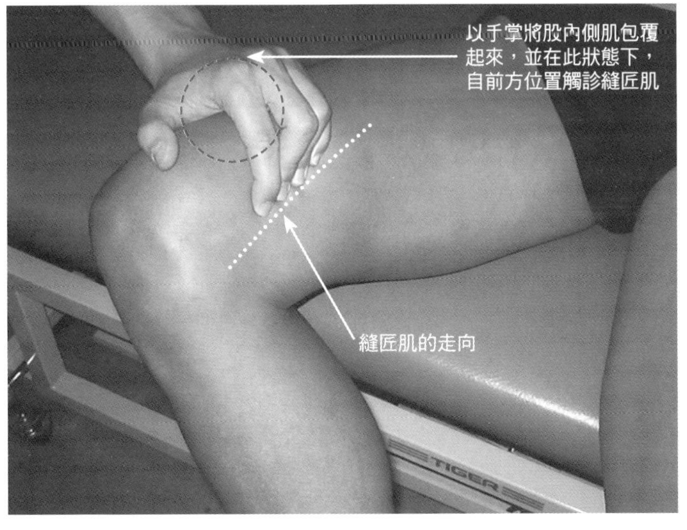

圖1-15　縫匠肌的觸診⑤

縫匠肌肌腱的走向是自鵝足中央延伸至鵝足最前方。有關鵝足部位的觸診則是，診療者將手指對著病患的內側關節間隙，並自內側關節間隙的前方位置開始觸摸，然後再讓病患的髖關節反覆進行屈曲、外展、外旋運動。隨著這般的運動，病患的縫匠肌肌腱便會緊繃，診療者即可開始觸診呈緊繃狀態的縫匠肌肌腱，並自病患的縫匠肌肌腱觸診至脛骨粗隆內側部位。

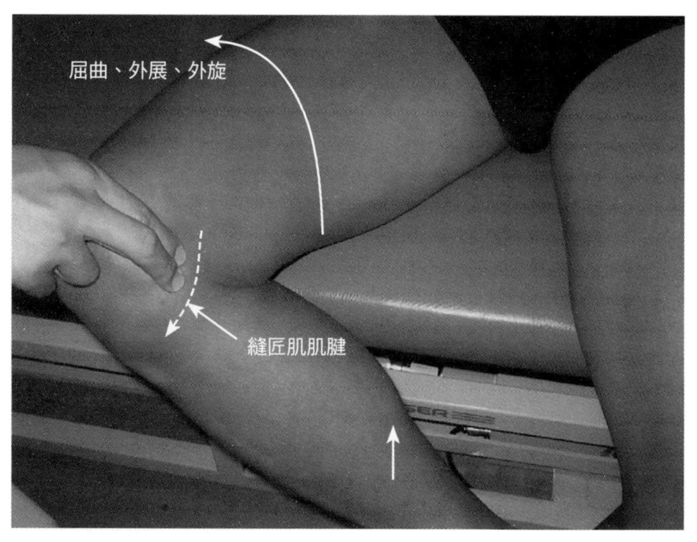

Skill Up

縫匠肌所引發的髂骨前上棘撕裂性骨折

縫匠肌所產生急遽又強力的牽引力，常會引發髂骨前上棘撕裂性骨折。尤其是「離心性收縮與向心性收縮急遽變換」這般的動作過於頻繁的運動項目，最容易引發髂骨前上棘撕裂性骨折，如短跑或跳遠等。因此在進行髂骨前上棘撕裂性骨折的治療時，診療者必須從運動的動作與縫匠肌的相關性來思考病患的肌肉所承受到的力學負擔。

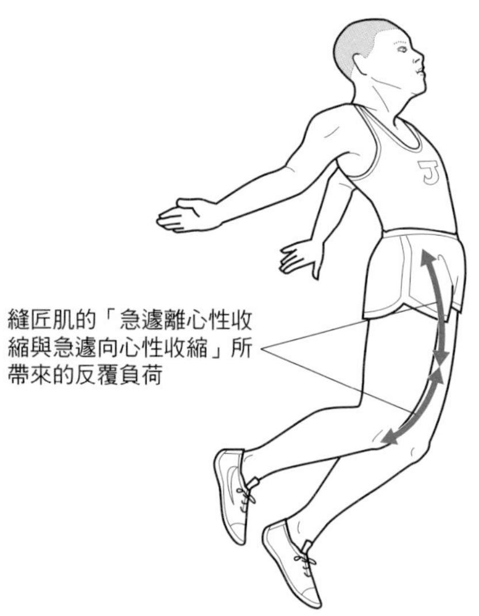

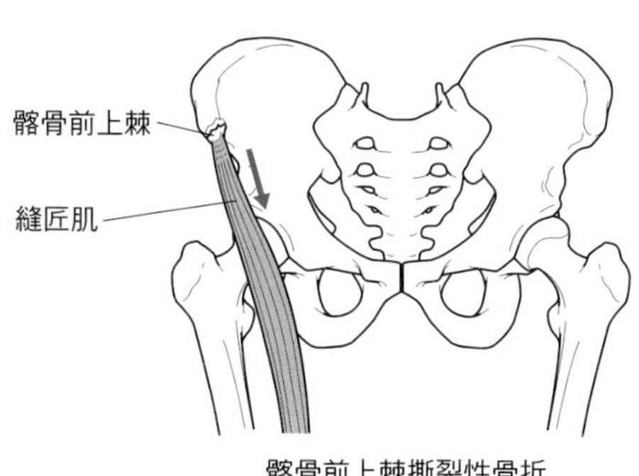

髂骨前上棘撕裂性骨折

闊筋膜張肌 tensor fasciae latae muscle

解剖學上的特徵

- **[起端]** 髂骨前上棘
  [止端] 經由髂脛束，止於位於脛骨粗隆外側的脛骨結節。
  [支配神經] 臀上神經（L4～S1）
- 闊筋膜張肌能調整髂脛束的緊繃度，闊筋膜張肌間接地參與了維持膝關節穩定的任務。
- 以髂骨前上棘為中心，縫匠肌乃是延伸至髂骨前上棘的前下方，而闊筋膜張肌則是延伸至髂骨前上棘的後下方。

肌肉功能的特徵

- 在髖關節的運動方面，闊筋膜張肌會作用於髖關節的屈曲和外展及內旋。
- 闊筋膜張肌透過髂脛束參與了膝關節的運動，膝關節的屈曲角度未達90°時，闊筋膜張肌會作用於膝關節的伸展運動上，而膝關節的屈曲角度達90°以上時，闊筋膜張肌則會作用於膝關節的屈曲運動上。此外，闊筋膜張肌作用於小腿的外旋運動時，則與膝關節的屈曲角度毫無關係。
- 單腳站立時，闊筋膜張肌和臀中肌及臀小肌會共同參與維持骨盆穩定的任務。

臨床相關

- 在運動動作方面，一旦膝關節被要求呈過度knee-out列位時，除了必須藉由股外側肌來控制膝關節的動態穩定性外，透過髂脛束讓闊筋膜張肌來控制膝關節的動態穩定性亦是有其必要性。
- 在髂脛束短縮測試中尤以歐柏測試最負盛名，歐柏測試所顯示的結果就是闊筋膜張肌短縮的程度。[參考p.95]
- 長跑跑者的代表疾病有髂脛束摩擦症候群，髂脛束摩擦症候群就是在髂脛束和外上髁之間所引起的摩擦症候群。對於髂脛束摩擦症候群的預防，重要的就是務必要使闊筋膜張肌獲得充分地伸展。
- 髂骨前上棘撕裂性骨折有時是因闊筋膜張肌的收縮而引起的。
- 大多數的奧斯戈德氏症（Osgood-Schlatter disease）的病例皆合併有闊筋膜張肌攣縮[3]。
- 在罹患青少年椎弓解離的病例中，有九成以上的病例被判定出「包括髂腰肌和闊筋膜張肌在內」的髖關節屈肌的攣縮[4]。

相關疾病

髂骨前上棘撕裂性骨折、髂脛束摩擦症候群、奧斯戈德氏症（Osgood-Schlatter disease）、青少年椎弓解離……等。

圖1-16　闊筋膜張肌的走向

闊筋膜張肌的走向起始於髂骨前上棘，並經由髂脛束，再延伸至大腿外側面下方，最後止於脛骨粗隆外側的脛骨結節。闊筋膜張肌會作用於髖關節的屈曲、外展、內旋，且闊筋膜張肌會依據膝關節屈曲角度的不同，分別作用於膝關節的伸展及膝關節的屈曲 。

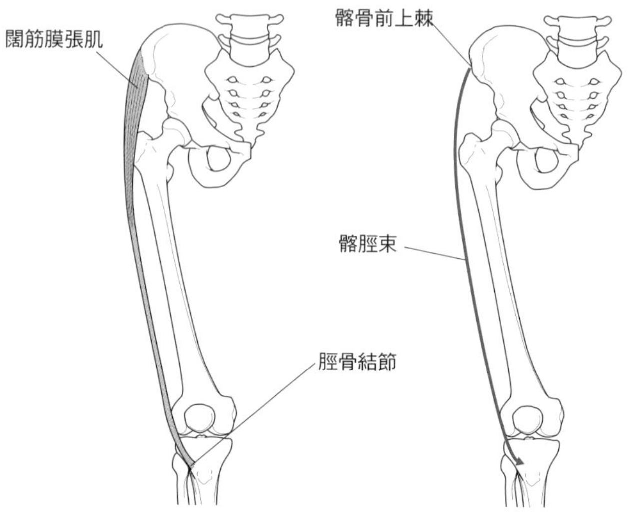

圖1-17　闊筋膜張肌透過髂脛束對膝關節的穩定性產生作用

「如舉重等被強制要求knee-out」的運動項目，會對膝關節強制施加屈曲負荷和內翻負荷及內旋負荷。為了對抗這些負荷，除了可藉由股外側肌來提升髂脛束的緊繃度，以維持膝關節的穩定性，還可藉由闊筋膜張肌使髂脛束的緊繃度有所提升，藉以維持住膝關節的穩定性。

圖1-18　闊筋膜張肌的觸診①

進行闊筋膜張肌的觸診時，讓病患呈側臥姿勢，診療者將病患下側腳予以彎曲，再為病患上側腳的髖關節進行輕度伸展和輕度外旋，然後以此姿勢作為觸診起始位置。

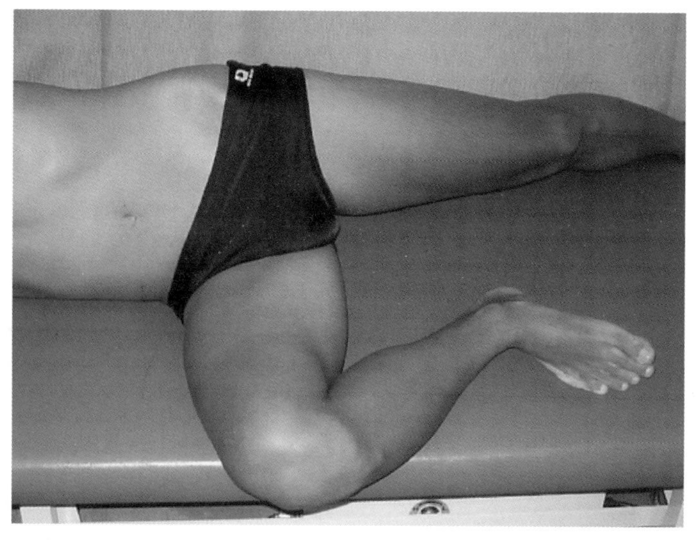

圖1-19　闊筋膜張肌的觸診②

診療者將手指放在病患的髂骨前上棘前方部位，再指點病患讓病患反覆進行髖關節屈曲、髖關節外展、髖關節內旋的複合運動。隨著這般的運動，病患的闊筋膜張肌便會強烈收縮，診療者即可開始觸診呈收縮狀態的闊筋膜張肌。

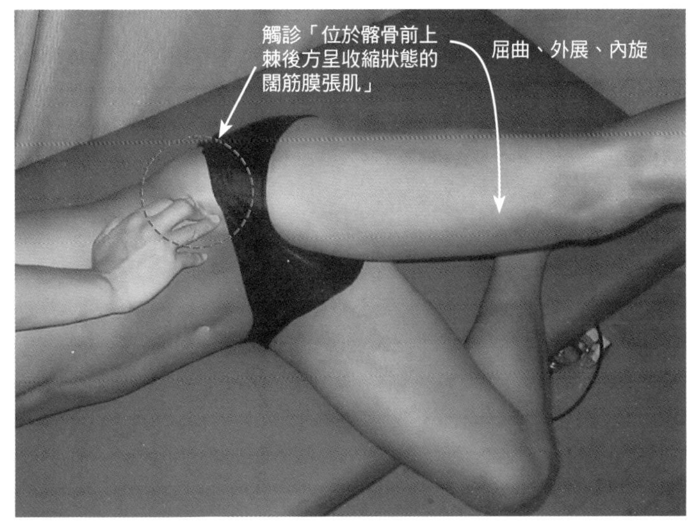

圖1-20　闊筋膜張肌的觸診③

因為闊筋膜張肌的收縮，使得病患的髂脛束呈緊繃狀態，接下來，診療者即可開始觸診髂脛束的緊繃狀態。診療者再將病患上側腳的髖關節呈輕度外展位，藉以讓病患的髂脛束緊繃狀態全然消失。診療者再按壓病患的大腿外側，以確認病患的髂脛束是否已不再緊繃。

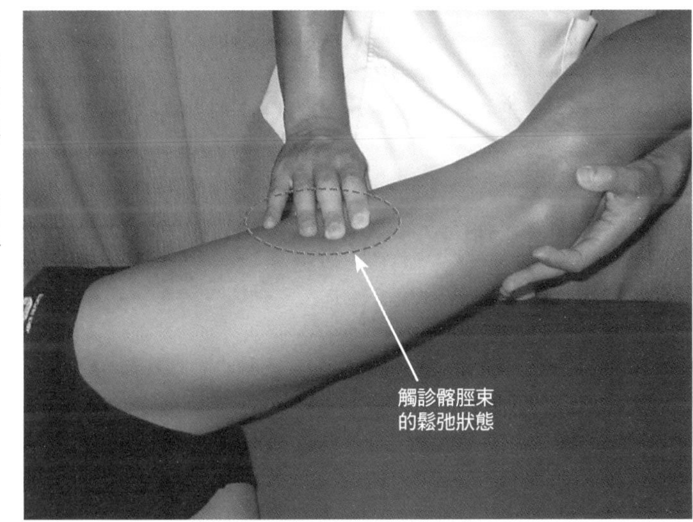

圖1-21　闊筋膜張肌的觸診④

診療者依舊將手指放在病患的大腿外側之處，並將扶住病患腳部的手移開，讓病患保持在外展位的姿勢，如此一來，病患的髂脛束便會變硬並變得緊繃，診療者即可開始觸診呈緊繃狀態的髂脛束，藉以確認出闊筋膜張肌和髂脛束的關係。

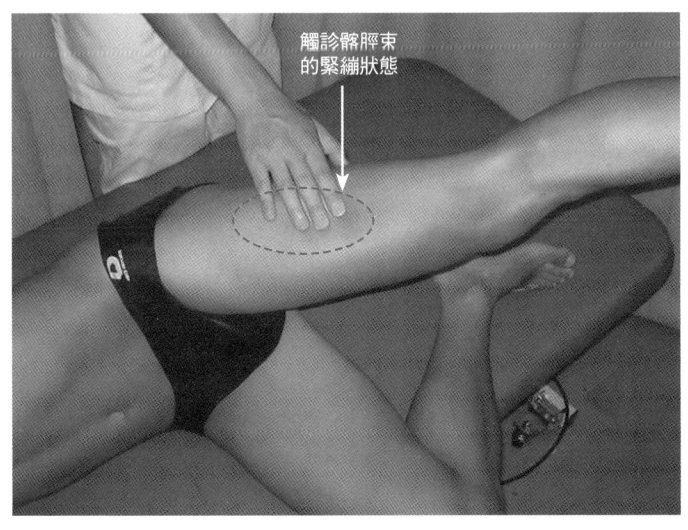

臀中肌 gluteus medius muscle
臀小肌 gluteus minimus muscle

解剖學上的特徵

- **臀中肌**

 [起端] 髂骨表面的臀前線和臀後線之間 **[止端]** 大轉子外側面
 [支配神經] 臀上神經（L4～S1）

- **臀小肌**

 [起端] 髂骨表面的臀前線前方 **[止端]** 大轉子前面 **[支配神經]** 臀上神經（L4～S1）

- 因為臀小肌完全被臀中肌覆蓋住，而且臀小肌所擔負的功能大致與臀中肌相同，因此在進行觸診時，對於臀中肌和臀小肌兩者的區分實屬困難。
- 從前額面觀察臀中肌，即可發現臀中肌所有的纖維皆位於股骨頭的外側，從矢狀面觀察臀中肌，則可發現臀中肌前後部位將股骨頭予以覆蓋住。也就是說在臀中肌的功能上，可將臀中肌區分為前部纖維和後部纖維。

肌肉功能的特徵

- 臀中肌及臀小肌皆是強而有力的髖關節外展肌。
- 股骨處於固定狀態時（呈單腳立姿的狀態時），臀中肌及臀小肌會將骨盆拉至骨盆的外下方，藉以將骨盆保持在水平位。
- 臀中肌的前部纖維除了具有「髖關節外展作用」外，亦具有髖關節屈曲作用和髖關節內旋作用。
- 臀中肌的後部纖維除了具有「髖關節外展作用」外，亦具有髖關節伸展作用和髖關節外旋作用。
- 臀小肌除了具有「髖關節外展作用」外，亦具有髖關節屈曲作用和髖關節內旋作用。

臨床相關

- 舉凡施行過各種髖關節手術後的病患，為了要能穩定地行走，就必須長期且有計畫性地改善臀中肌的機能。
- 診察臀中肌無力的病患時，讓病患呈單腳站立的姿勢，病患的對側骨盆便會出現下傾的現象，如此的病狀就稱之為「傳德蘭堡徵狀（Trendelenburg sign）」。
- 步行時，在單腳站立期，軀幹會向患側傾斜，如此的步態就是「Duchenne步態（Duchenne gait）」，常可在「臀中肌無力」及「髖關節因負重而疼痛」等的病患中診察出來。
- 「Duchenne步態（Duchenne gait）」與「德氏步態（Trendelenburg gait）」的差異之處就在於呈「Duchenne步態」的患者其軀幹會向患側傾斜，負重線會靠近股骨頭，使髖關節所受到的內收力矩及壓縮力減少，藉以讓骨盆保持在水平位。
- 「德氏步態」的特徵就是「步行的速度一旦加快，支撐髖關節的時間便會減少，所以左右搖晃程度反而減少」，這就是德氏步態的特徵。
- 對於膝上截肢且需要安裝義肢的患者，安裝義肢時會將義肢的初始角度設定為內收角度。

因為以義肢步行時，患者的臀中肌會保持在伸展位，為了讓臀中肌易於保持在伸展位，因此安裝義肢時須將初始角度設定為內收角度。

相關疾病

退化性髖關節炎、股骨頸骨折、股骨轉子骨折、臀中肌無力、先天性髖關節脫臼[參考p.17]、膝上截肢、裘馨氏肌肉萎縮症……等。

圖1-22　臀中肌和臀小肌的走向

臀中肌乃是起始於「位於髂骨表面的臀前線和臀後線之間的位置」，並止於大轉子的外側面。臀中肌的深層處有臀小肌，臀小肌起始於臀前線的前方，並止於大轉子的前面。臀中肌和臀小肌共同作用於髖關節的外展，臀中肌前部纖維和臀小肌亦會參與髖關節的屈曲和髖關節的內旋。臀中肌的後部纖維除了與髖關節的外展有關，更與髖關節的伸展和髖關節的外旋有關。

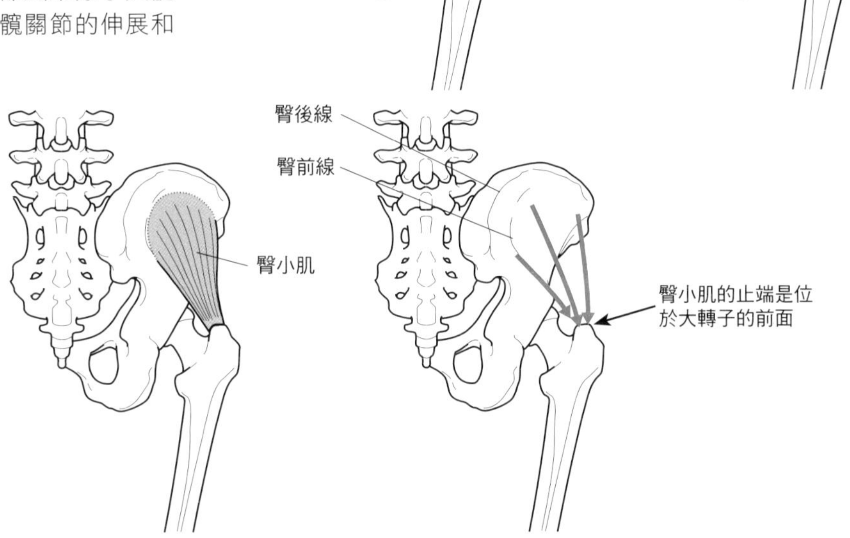

圖1-23　藉由運動軸所觀察到的臀中肌作用

若是以內收軸和外展軸為中心來觀察臀中肌的走向，即可發現所有的纖維群皆位於運動軸的外側，因此所有的纖維群皆會作用於髖關節的外展運動上。若是從「臀中肌與屈伸軸以及旋轉軸的關係」來觀察臀中肌的走向，則可發現臀中肌前部纖維是位於屈伸軸以及旋轉軸的前方，因此前部纖維對於髖關節具有屈曲作用以及內旋作用。相反的，臀中肌後部纖維對於髖關節則具有伸展作用以及外旋作用。

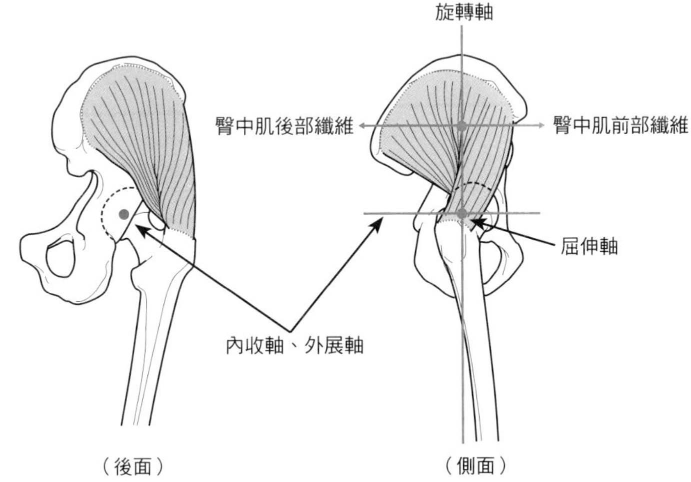

圖1-24　臀中肌肌力和「傳德蘭堡徵狀（Trendelenburg sign）」

單腳站立時，骨盆的穩定性與臀中肌肌力具有密切的關係。單腳站立時，因為體重的關係會導致骨盆下傾，而支撐腳這一邊的臀中肌則會發揮作用，防止骨盆下傾，如此一來，就可為另一邊的腳部（擺動腳）帶來穩定性。一旦臀中肌的肌力衰退，就無法制止擺動腳的骨盆往下傾，這種現象就稱之為「傳德蘭堡徵狀」（Trendelenburg sign）。

※譯者註：單腳站立時，站立於地面且負責支撐身體的腳部稱為「支撐腳」，呈懸空狀態的另一隻腳則稱為「擺動腳」。

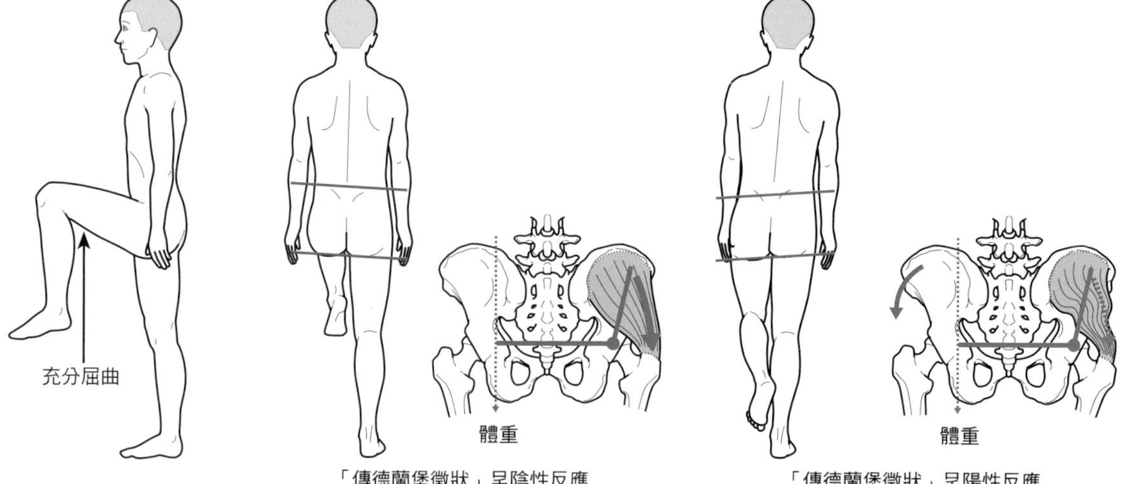

「傳德蘭堡徵狀」呈陰性反應
單腳向上舉起時，位於上舉腳部這一邊的骨盆會呈水平狀態或是略微上舉。

「傳德蘭堡徵狀」呈陽性反應
單腳向上舉起時，位於上舉腳部這一邊的骨盆便會往下傾，因此無法充分地維持住單腳站立的姿勢。

圖1-25　德氏步態和Duchenne步態的差異之處

在「臀中肌無力」或「髖關節產生負重痛」的病例中，有相當多病例是因負重而使軀幹向患側傾斜，以致呈Duchenne步態。Duchenne步態和德氏步態最大的差異之處就在於：「呈Duchenne步態的患者會因負重而導致軀幹重心線靠近骨骺，因此，即使只有少許的肌力亦能支撐住骨盆。此外，Duchenne步態亦可將骨骺所承受到的力量予以減少。」，這類型的病例多半合併有下背痛的病狀。

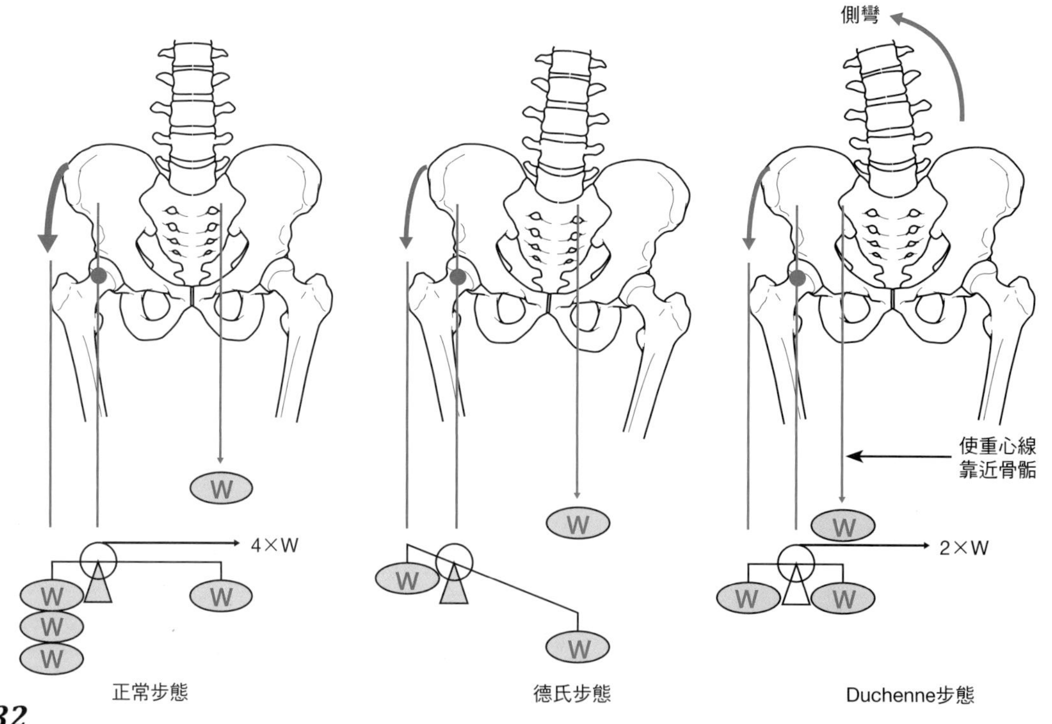

圖1-26　臀中肌的觸診（呈站立姿勢）①

進行臀中肌的觸診時，讓病患呈站立姿勢，診療者將手指放在病患的大轉子略微近側之處。並讓病患的左側髖關節屈曲，使病患呈單腳站立的姿勢，如此診療者即可開始觸診病患的臀中肌的收縮狀態。

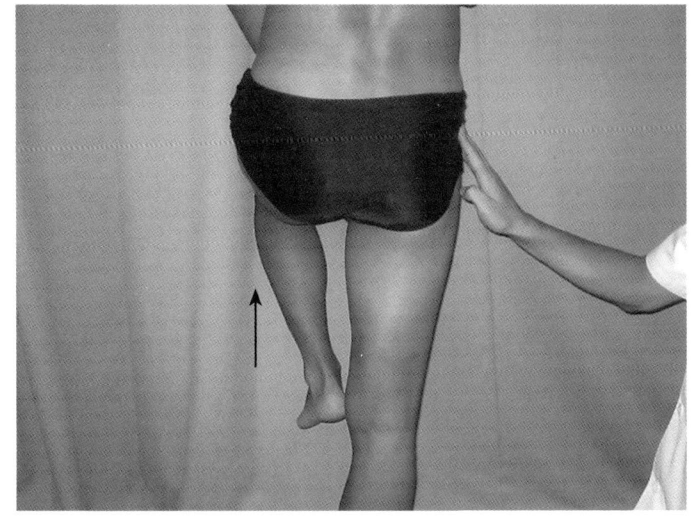

圖1-27　臀中肌的觸診（呈站立姿勢）②

診療者依舊繼續觸摸病患臀中肌的收縮狀態，然後指點病患將頭部連同軀幹向左側傾斜。隨著頭部及軀幹皆向左側側彎，病患的臀中肌的收縮程度便會增強，如此一來，診療者即可開始觸診臀中肌收縮程度增強的狀態。

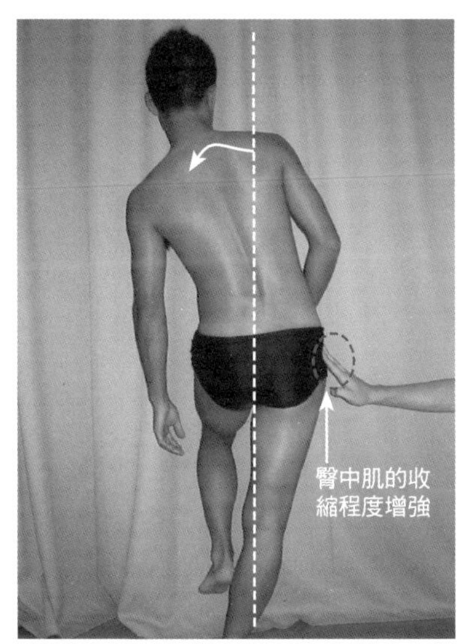

圖1-28　臀中肌的觸診（呈站立姿勢）③

接下來，診療者指點病患將頭部連同軀幹向右側傾斜，如此一來，病患臀中肌的收縮程度便會緩緩地減弱，診療者即可以此狀態開始進行觸診。「將頭部連同軀幹向右側傾斜，臀中肌的收縮程度便會緩緩地減弱」如此就是重心線接近骨骼所產生的現象。

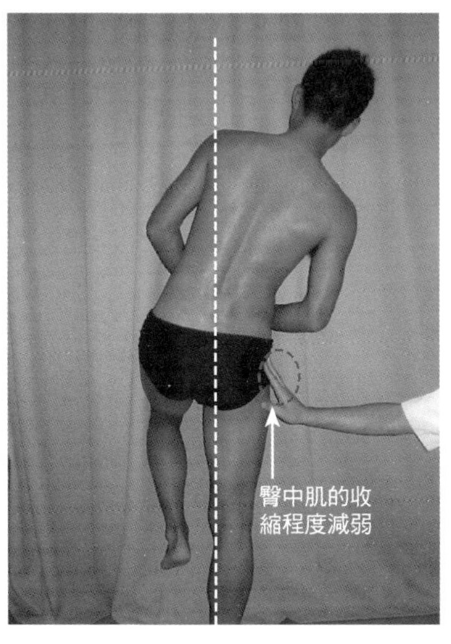

圖1- 29　臀中肌的觸診（呈臥姿姿勢）①

診療者讓病患呈側臥姿勢，將病患下側腳予以屈曲，並先將病患身體的支撐基底面予以擴大。診療者再將手指放在病患的大轉子處，接著指點病患自屈曲0°和伸展0°的角度開始進行髖關節外展運動。

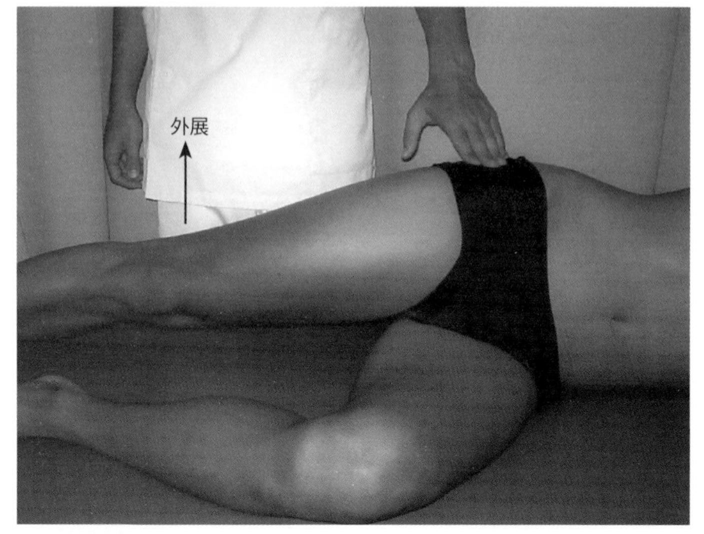

圖1- 30　臀中肌的觸診（呈臥姿姿勢）②

觸診「因髖關節外展運動而產生的臀中肌收縮動作」，並確認「以大轉子為頂點，如三角形般擴展開來的臀中肌形狀」。進行觸診時，診療者能熟練地觸摸到收縮及鬆弛的起伏狀態，並且能果斷判斷出收縮或是鬆弛的狀態乃是相當重要的。

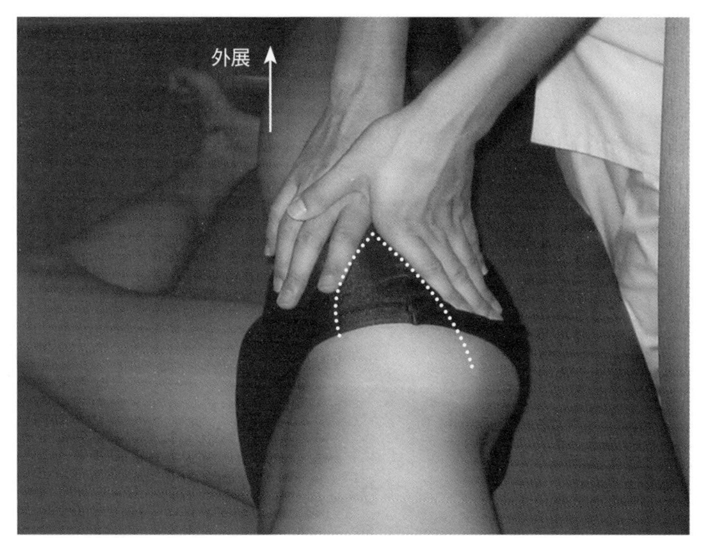

圖1- 31　臀中肌前部纖維的觸診（呈臥姿姿勢）①

進行臀中肌前部纖維的觸診時，讓病患呈側臥姿勢，診療者將病患的下側腳予以屈曲，並先將病患身體的支撐基底面的範圍予以擴大。再將病患的膝關節屈曲至60°的程度，再為病患的髖關節進行0°的內收運動及0°的外展運動，並將病患上側腳維持在輕度伸展的位置。

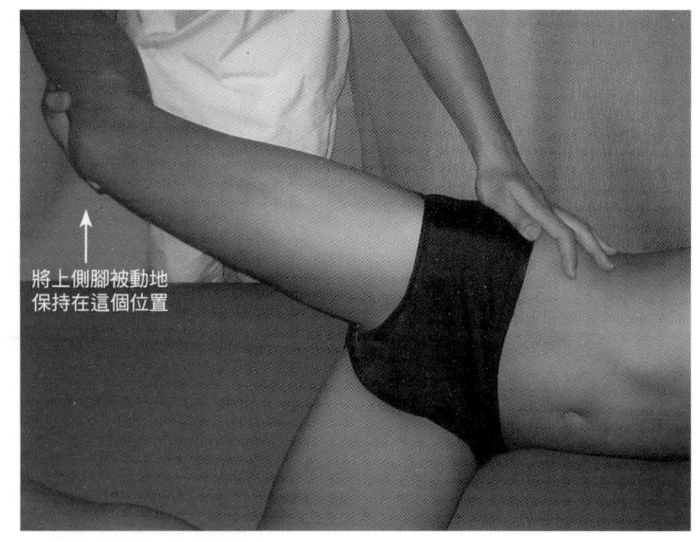

圖1- 32　臀中肌前部纖維的觸診（呈臥姿姿勢）②

診療者將手指放在病患的大轉子前方，並指點病患請病患進行髖關節屈曲運動。隨著髖關節的屈曲運動，病患的臀中肌前部纖維便會收縮，診療者即可開始觸診呈收縮狀態的臀中肌前部纖維。一旦先大略確認出病患臀中肌的體積大小後，就可確認出前部纖維所佔的比例。

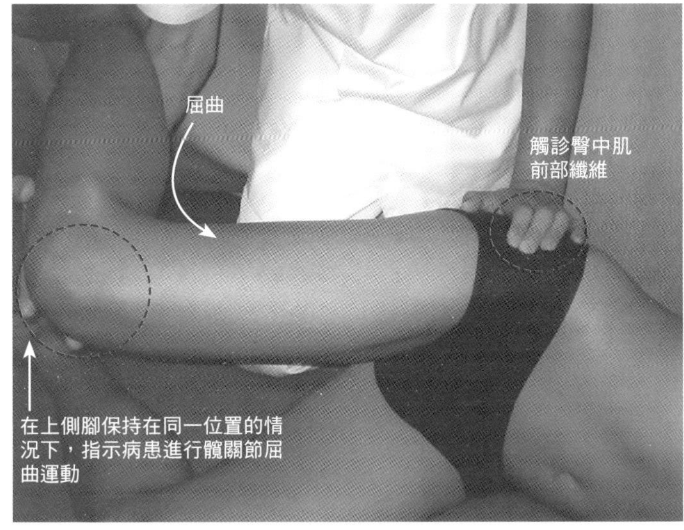

圖1- 33　臀中肌後部纖維的觸診（呈臥姿姿勢）①

進行臀中肌後部纖維的觸診時，讓病患呈側臥姿勢，診療者將病患的下側腳予以屈曲，並先將病患身體的支撐基底面的範圍予以擴大。然後將病患的膝關節屈曲至60°，再為病患的髖關節進行0°內收運動及0°外展運動，並將病患的上側腳維持在約45°的屈曲位置。

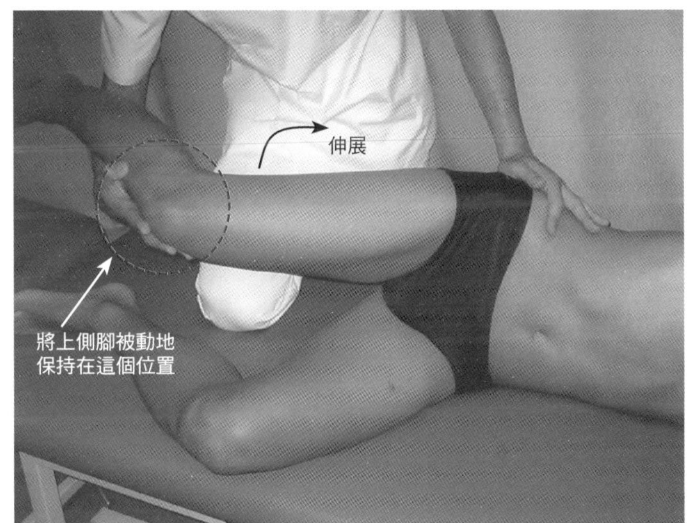

圖1- 34　臀中肌後部纖維的觸診（呈臥姿姿勢）②

診療者將手指放在病患的大轉子後方，並指點病患請病患進行髖關節伸展運動。隨著髖關節伸展運動，病患的臀中肌後部纖維便會收縮，診療者即可開始觸診呈收縮狀態的臀中肌後部纖維。一旦先大略確認出病患臀中肌的體積大小後，就能夠確認出後部纖維所佔的比例。一般來說，能觸診到後部纖維的比例比觸診到前部纖維的比例來地多。

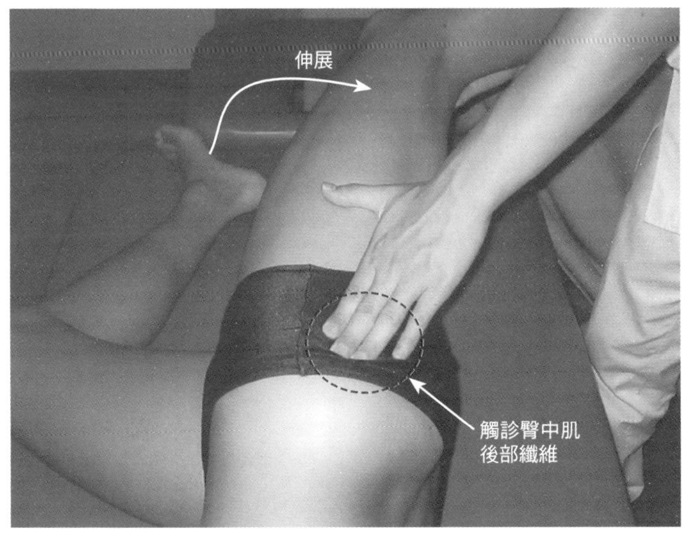

臀大肌 gluteus maximus muscle

解剖學上的特徵

●根據臀大肌起端位置的不同，可將臀大肌分為淺層纖維和深層纖維。

淺層纖維：[起端] 腸骨嵴、髂骨後上棘、腰背腱膜、薦椎、尾骨

[止端] 髂脛束

深層纖維：[起端] 髂骨表面的臀後線後方、薦結節韌帶、臀中肌的肌腹

[止端] 股骨臀肌粗隆

●**[支配神經]** 臀下神經（L5～S2）

●臀大肌乃是「由髖關節的內收軸及外展軸擴大而成，並覆蓋住上下兩側」的肌肉，在功能上，臀大肌可粗分為上方纖維和下方纖維。

●根據姿勢的不同，臀大肌坐骨結節的位置亦會有所改變。也就是說，呈站立姿勢時，臀大肌的坐骨結節會完全被覆蓋住；呈坐姿姿勢時，臀大肌的坐骨結節不會被覆蓋住。

肌肉功能的特徵

●臀大肌與膕旁肌共同作用於髖關節的伸展運動上。 臀大肌同時亦參與了髖關節的外旋運動。

●在股骨處於固定的狀態下，臀大肌會作用於骨盆後傾的動作上。

●臀大肌能調整腰背腱膜的緊繃度，臀大肌間接參與了維持腰部穩定性的作用。

●臀大肌的上方纖維除了具有髖關節伸展作用外，亦具有髖關節外展作用。

●臀大肌的下方纖維除了具有髖關節伸展作用外，亦具有髖關節內收作用。

●臀大肌在步態週期的腳跟觸地期最能發揮作用。因為腳跟觸地時會對骨盆前方及軀幹前方產生「屈曲力」（屈曲力就是藉由慣性力而產生的作用），為了對抗這股屈曲力而進行的肌肉活動，就是腳跟觸地時臀大肌所發揮的作用。

臨床相關

●臀中肌強力地穩定了髖關節的左右方向，但臀大肌卻與臀中肌形成對比，臀大肌則穩定了髖關節的前後方向。

●臀大肌無力的病患，軀幹會向後方大幅度地彎曲，步行時會將重心放在髖關節的後方。這就稱之為「臀大肌步態」[參考p.140]。

●因為臀大肌步態無法制止因慣性力而產生的髖關節屈曲，步行速度極度緩慢就是臀大肌步態的特徵。此外，呈臀大肌步態的病患，爬坡時跛行會變得頗為明顯。

●即使是「先天性髖關節脫臼」髖關節尚未復位的病患，還是可以步行。因為「先天性髖關節脫臼」髖關節尚未復位的病患，此時的骨骺是位於臀大肌內，骨骺的支撐度可仰賴臀大肌的緊繃，因此還是可以步行。

●短跑選手在跑步衝刺時，臀大肌和膕旁肌的機能就變得非常重要，為了要提升跑步的衝刺力，臀大肌和膕旁肌就是務必要強化的肌肉之一。

- 對於膝上截肢且需要安裝義肢的患者，安裝義肢時會將義肢的初始角度設定為屈曲角度，之所以會將義肢的初始角度設定為屈曲角度，乃是因為以義肢步行時，將患者的臀大肌保持在拉長的狀態，如此才能讓臀大肌易於發揮其功能。
- 進行「諸如棒球的揮棒打擊或高爾夫球」等蘊含許多軀幹旋轉動作的運動項目時，因為臀大肌攣縮使得運動者的骨盆旋轉量減少，以致腰椎會出現代償性旋轉運動，這亦是造成腰椎椎弓解離及椎弓解離的主要成因[5)]。

相關疾病

臀大肌無力、退化性髖關節炎、股骨頸骨折、先天性髖關節脫臼、膝上截肢、裘馨氏肌肉萎縮症、椎弓解離、慢性下背痛（又稱為「慢性腰背痛」）……等。

圖 1-35　臀大肌的走向

依據臀大肌起始部位的不同，可將臀大肌分為淺層纖維和深層纖維。淺層纖維起始於腸骨嵴、腰背腱膜、薦椎、尾骨，並止於髂脛束。深層纖維則起始於臀後線後方的髂骨表面及骶結節韌帶，並止於股骨臀肌粗隆。臀大肌會強力地作用於髖關節的伸展和髖關節的外旋。

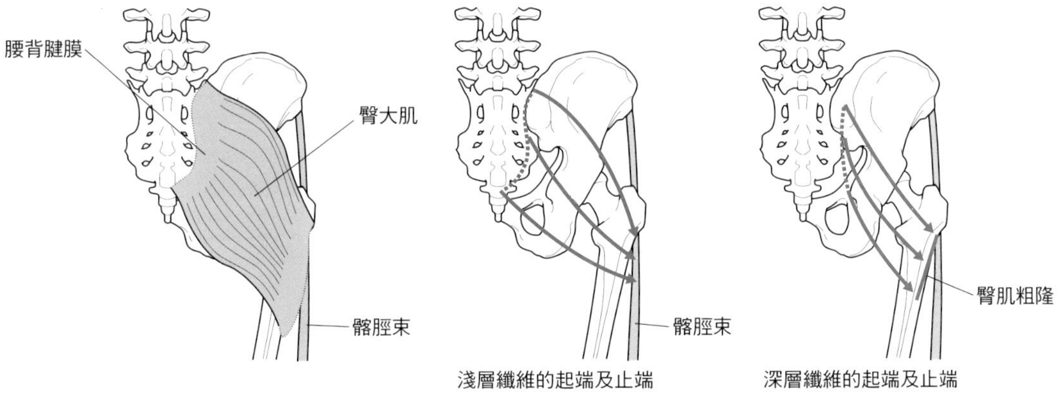

圖1-36　藉由運動軸所觀察到的臀大肌作用

若是以屈曲軸和伸展軸為中心來觀察臀大肌的走向，即可發現所有的纖維群皆位於運動軸的後方，因此所有的纖維群皆會作用於髖關節的伸展運動上。若是以臀大肌與內收軸及外展軸的關係來觀察臀大肌的走向，則可發現上方纖維是位於內收軸及外展軸的上方，因此上方纖維對於髖關節具有外展作用。相反的，下方纖維對於髖關節則具有內收作用。

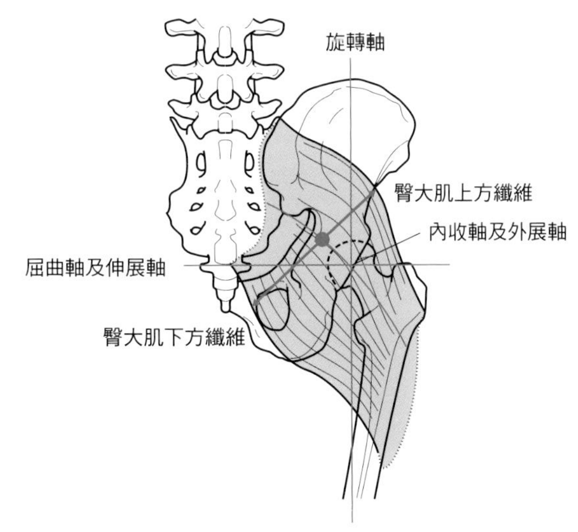

圖1-37　臀大肌的觸診①

進行臀大肌的觸診時，診療者一開始先讓病患呈俯臥姿勢。為了排除膕旁肌對髖關節的伸展作用，因此要將需要觸診的膝關節呈屈曲位。

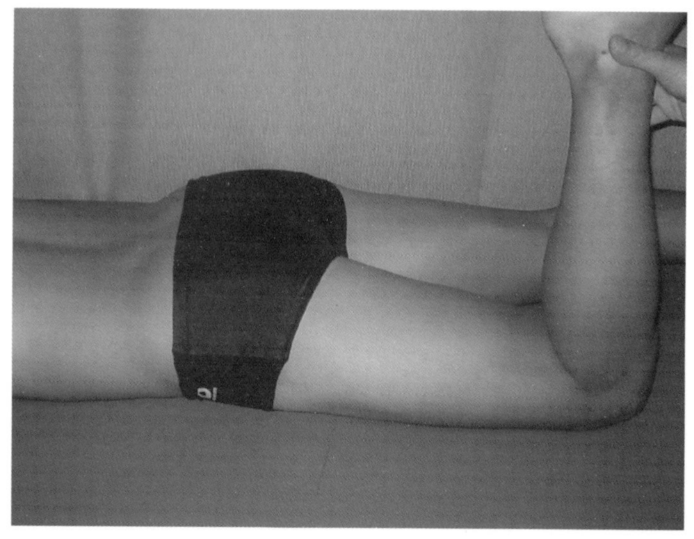

圖1-38　臀大肌的觸診②

診療者讓病患反覆進行髖關節伸展運動，在反覆進行髖關節伸展運動時，會造成病患臀大肌的收縮，接下來診療者就可以開始觸診病患臀大肌的收縮狀態。在讓病患進行髖關節伸展運動的過程中，需要注意的是「因為骨盆會進行代償性前傾運動，同時亦會減弱膕旁肌的收縮程度」，因此一併將病患膕旁肌收縮程度減弱的狀態加以確認出來乃是相當重要的。

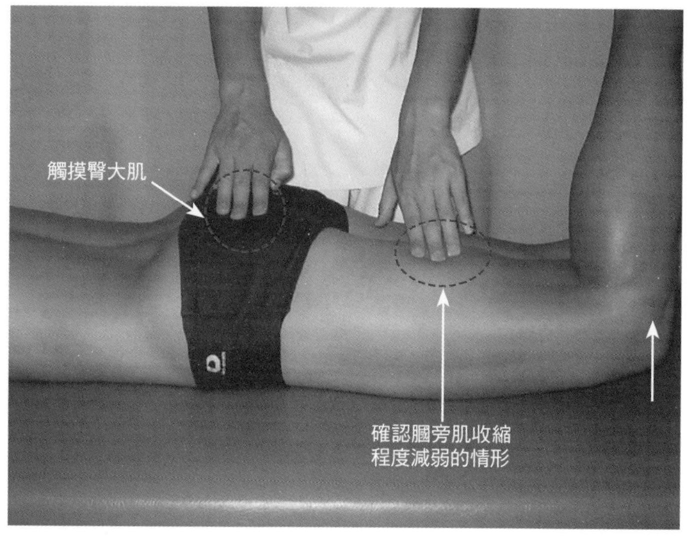

圖1-39　臀大肌上部纖維的觸診①

進行臀大肌上部纖維的觸診時，讓病患呈俯臥姿勢。診療者一開始先將病患的膝關節呈約90°的屈曲位，再將病患的髖關節保持在輕度伸展位。

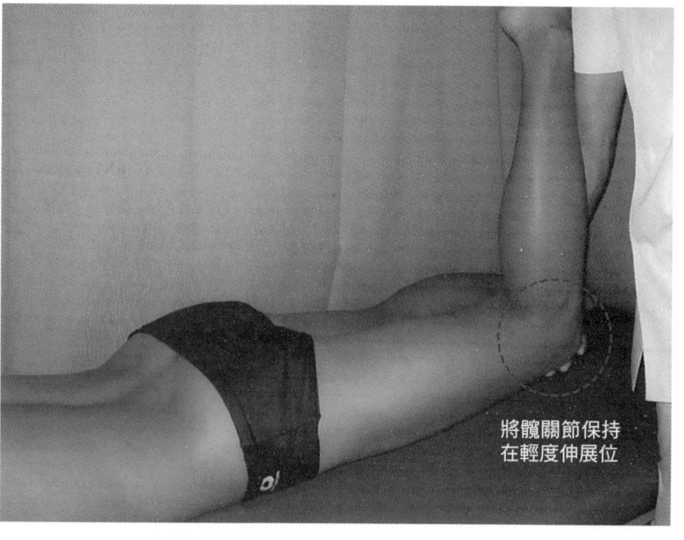

圖1-40 臀大肌上部纖維的觸診②

診療者讓病患反覆進行髖關節外展運動，在進行髖關節外展運動時，會造成病患臀大肌上部纖維的收縮。接下來診療者就可以開始觸診病患的臀大肌上部纖維的收縮狀態 。此時，不需要對外展運動施加阻力，只需在病患的骨盆未進入代償狀態的範圍內，使病患的髖關節充分地外展即可。

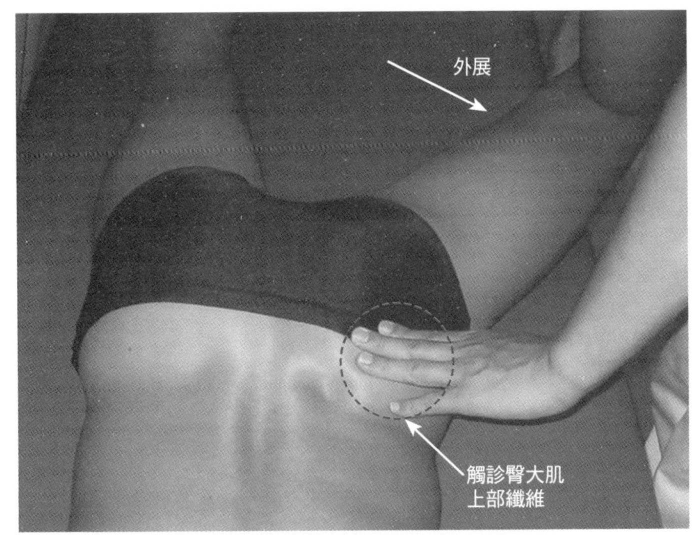

圖1-41 臀大肌下部纖維的觸診①

進行臀大肌下部纖維的觸診時，讓病患呈俯臥姿勢，診療者一開始先將病患的膝關節呈約90°的屈曲位。然後再將病患的髖關節保持在輕度伸展位及輕度外展位。

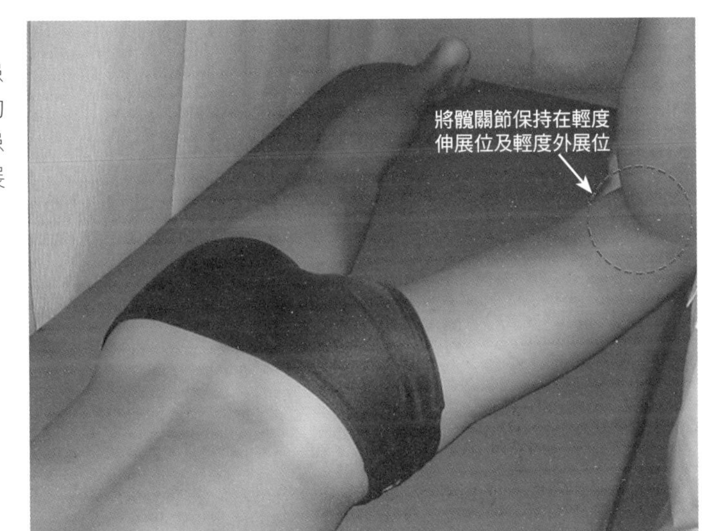

圖1-42 臀大肌下部纖維的觸診②

診療者讓病患反覆進行髖關節內收運動，在反覆進行髖關節內收運動時，會造成病患的臀大肌下部纖維進行收縮，接下來診療者即可開始觸診病患的臀大肌下部纖維的收縮狀態。此時，不需要對內收運動施加阻力，只需在病患的骨盆未進入代償狀態的範圍內，使病患的髖關節充分地外展即可。一般來說，可感覺到上部纖維的比例比下部纖維的比例來得大。

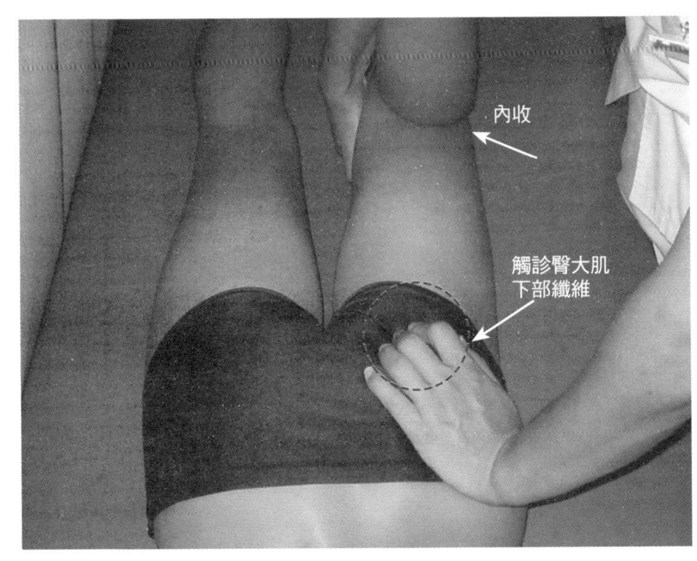

Skill Up

「臀大肌步態」機制[6)]

呈正常步態者，其臀大肌的作用乃是「腳跟觸地時，臀大肌會支撐住髖關節和軀幹的屈曲動作，使得雙腳能順利地向前方移動」。而臀大肌無力的病患，腳跟觸地時重心會落在髖關節的後方，軀幹會向後傾，為了使髖關節穩定，因此步行時會呈搖擺姿勢。步行速度緩慢，爬坡時跛行會變得相當明顯就是「臀大肌步態」的特徵。

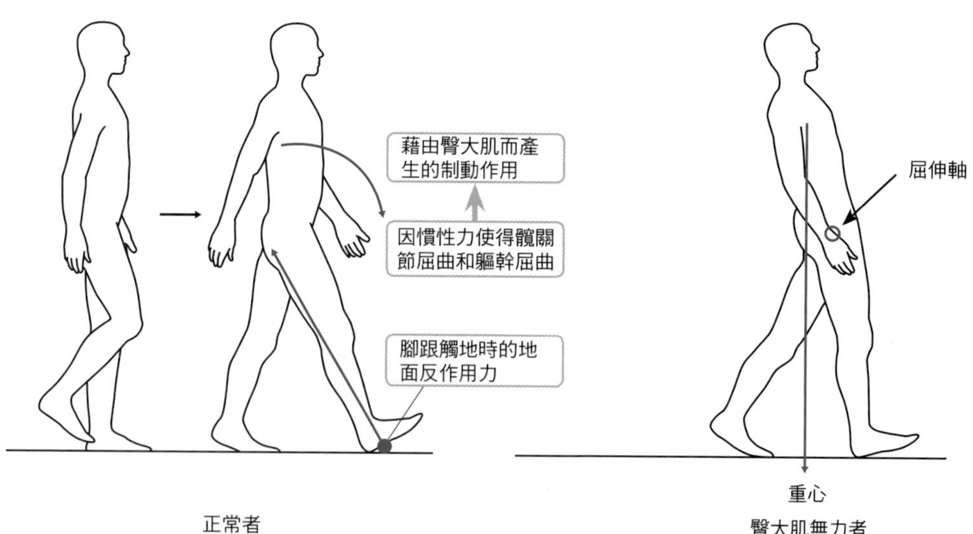

1 和髖關節有關的肌肉

梨狀肌 piriformis muscle
股方肌 quadratus femoris muscle
上孖肌 superior gemellus muscle
下孖肌 inferior gemellus muscle
閉孔內肌 obturator intermus muscle

解剖學上的特徵

● 梨狀肌、股方肌、上孖肌、下孖肌、閉孔內肌，再加上閉孔外肌這六塊肌群，就是將「所有作用於髖關節外旋運動」的小型肌肉集結而成的集合體，此六塊肌群被稱作六條深層外轉肌。

● **梨狀肌**

[起端] 薦椎前面

[止端] 大轉子的尖端後緣

[支配神經] 薦神經叢（S1・S2）

● 梨狀肌在通過坐骨大孔之處，形成了梨狀肌上孔和梨狀肌下孔。

● 臀上神經和臀上動脈及臀上靜脈會通過梨狀肌上孔，坐骨神經、臀下神經、臀下動脈、臀下靜脈則會通過梨狀肌下孔。

● 梨狀肌隸屬於臀肌群系統，梨狀肌與臀中肌的關係特別深厚。梨狀肌和臀中肌出現粘黏的現象並不罕見。

● **股方肌**

[起端] 坐骨結節的表面

[止端] 大轉子後下方的轉子間

[支配神經] 薦神經叢（L4～S2）

● **上孖肌**

[起端] 坐骨棘

[止端] 大轉子轉子窩

[支配神經] 薦神經叢（L4～S2）

● **下孖肌**

[起端] 坐骨結節的上方部位

[止端] 大轉子轉子窩

[支配神經] 薦神經叢（L4～S2）

● 上孖肌和下孖肌之間隔著閉孔內肌，上孖肌和下孖肌與閉孔內肌一同伴行向前延伸。

● **閉孔內肌**

[起端] 位於骨盆內面的閉孔周圍

[止端] 大轉子轉子窩

[支配神經] 薦神經叢（L4～S2）

肌肉功能的特徵

- 以梨狀肌為首的迴旋肌群，其主要作用就是髖關節的外旋運動。
- 根據走向的不同，這些迴旋肌群中亦存在著「具有髖關節外展作用及髖關節內收作用」的肌肉，但是因為有臀中肌等強而有力的肌肉存在於其中，因此這些肌肉所具有的「髖關節外展作用及內收作用」始終都是屬於輔助性質。
- 以肩關節來說，六條深層外轉肌就如同肩關節的旋轉肌腱，六條深層外轉肌會協同髂股韌帶等一同支撐住骨骺，此六條深層外轉肌被認定具有參與維持骨骺穩定性的作用。
- 在六條深層外轉肌中，位於上方位置的梨狀肌具有髖關節的外展作用。
- 在六條深層外轉肌中，位於下方位置的股方肌則具有髖關節的內收作用。

臨床相關

- 通過梨狀肌下孔的坐骨神經，就屬位於梨狀肌部位的坐骨神經最容易受到絞縮（壓迫）。與解剖學相關的坐骨神經病變就稱之為梨狀肌症候群。
- 有關梨狀肌症候群的保守療法就屬阻斷注射（block injection）最為普遍，然而根據醫學報告顯示，近年來藉由運動療法中的神經減壓術及滑動性的改善，來治療梨狀肌症候群相當有效[7-9]。
- 在椎間盤突出和梨狀肌症候群的診斷鑑別上，除了觀察病患的梨狀肌是否有壓痛症狀外，以Freiberg's test、Pace's test來確認病患是否罹患梨狀肌症候群，亦可做出正確的診斷。[參考p.146]
- 在全髖關節置換術或人工假體置換術方面，為病患進行上述手術時，會將病患的迴旋肌群予以切開。施行全髖關節置換術或人工假體置換術術後初期的病患，因為沒有迴旋肌群的支撐，以致病患的髖關節會產生過度屈曲運動和過度內收運動及過度內旋運動，因而使病患的髖關節發生脫臼的危險性增高。

相關疾病

梨狀肌症候群、退化性髖關節炎、股骨頸骨折……等。

圖1-43　外轉肌群的位置關係

梨狀肌在臀中肌的後方延伸，股方肌的位置大致與坐骨神經的高度平行。而佈滿於間隙當中的上孖肌和下孖肌的中間則隔著閉孔內肌，上孖肌和下孖肌並與閉孔內肌一同伴行延伸至轉子窩。外轉肌群的位置關係是進行觸診時須事先牢記在腦海中的知識。

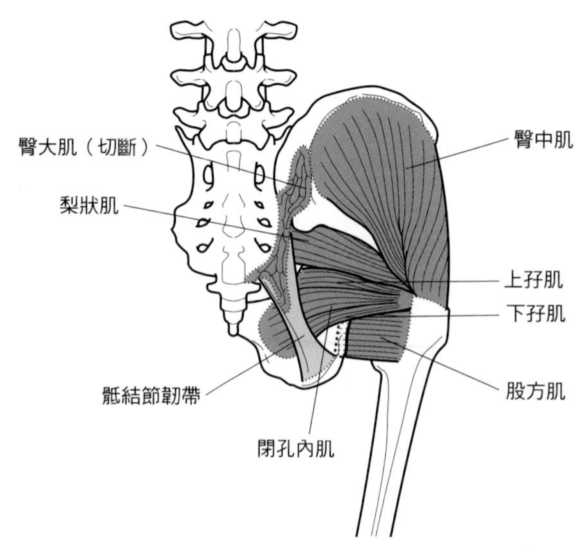

圖1- 44　各個外轉肌群的各自走向

梨狀肌起始於薦椎前面，並延伸至大轉子的尖端後緣。上孖肌和下孖肌則是各自起始於坐骨棘以及坐骨結節的上方部位，並延伸至轉子窩。閉孔內肌起始於骨盆內面的閉孔周圍，並延伸至轉子窩。股方肌則起始於坐骨結節的表面，並延伸至轉子間嵴。

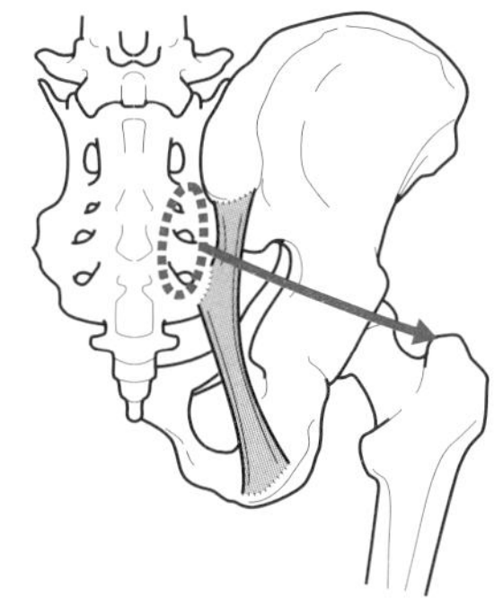

梨狀肌的走向

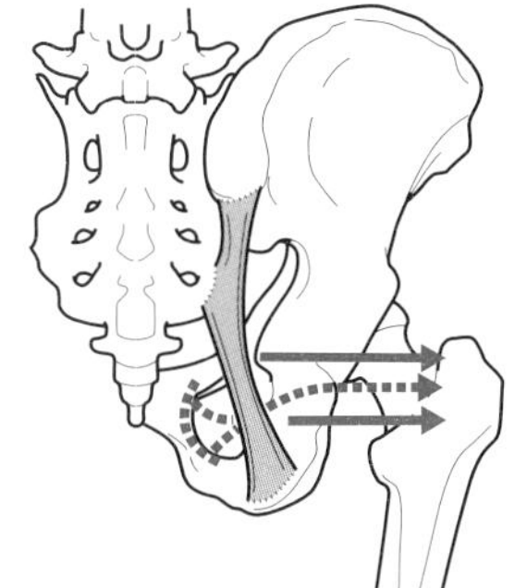

上孖肌、下孖肌、閉孔內肌的走向

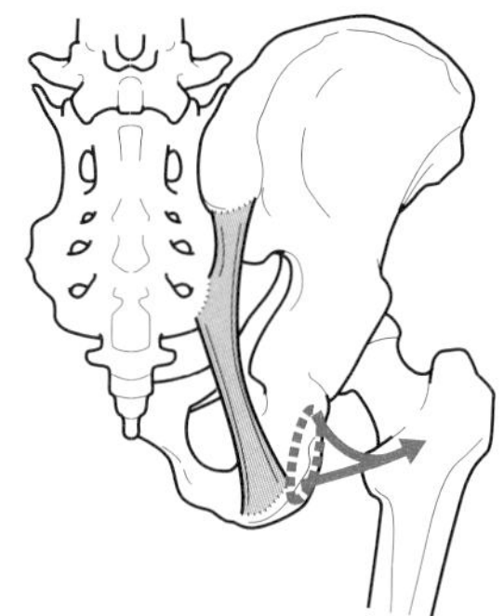

股方肌的走向

圖1- 45　梨狀肌上孔和梨狀肌下孔

梨狀肌會通過坐骨大孔，並在坐骨大孔上方形成了「孔（foramen）」，此就是所謂的「梨狀肌上孔」，梨狀肌在坐骨大孔下方形成的「孔（foramen）」則稱為梨狀肌下孔。臀上神經和臀上動脈及臀上靜脈會通過梨狀肌上孔，坐骨神經、臀下神經等則會通過梨狀肌下孔。

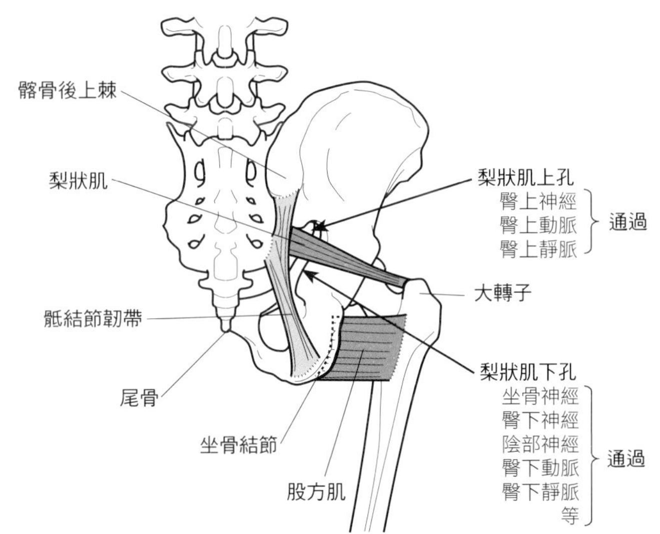

圖1- 46　梨狀肌與坐骨神經的解剖學關係（根據「Beaton LE」予以分類）

「坐骨神經通過梨狀肌下孔的部位」與「梨狀肌中間的位置」特別容易引發壓迫性神經病變，此類型的坐骨神經病變就稱之為「梨狀肌症候群」。一般來說，脛骨神經及腓骨神經共同通過梨狀肌下方的類型佔絕大多數，而「腓骨神經貫穿梨狀肌中央」及「腓骨神經的上方與梨狀肌相隔」等類型，則被認定為例外。

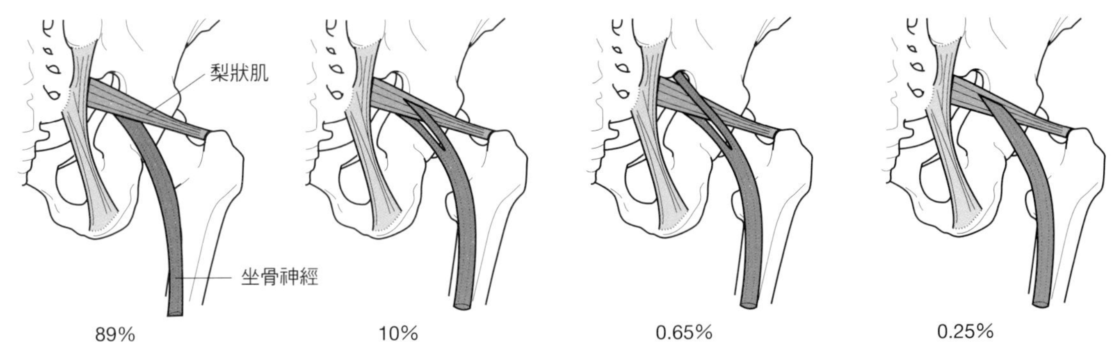

取自文獻10）

圖1-47　梨狀肌的觸診①

進行梨狀肌的觸診時，讓病患呈俯臥姿勢，診療者將病患的髖關節呈輕度內收位，並以此姿勢作為觸診起始位置。然後觸診病患的大轉子，並確認出病患的梨狀肌止端處的近端位置。

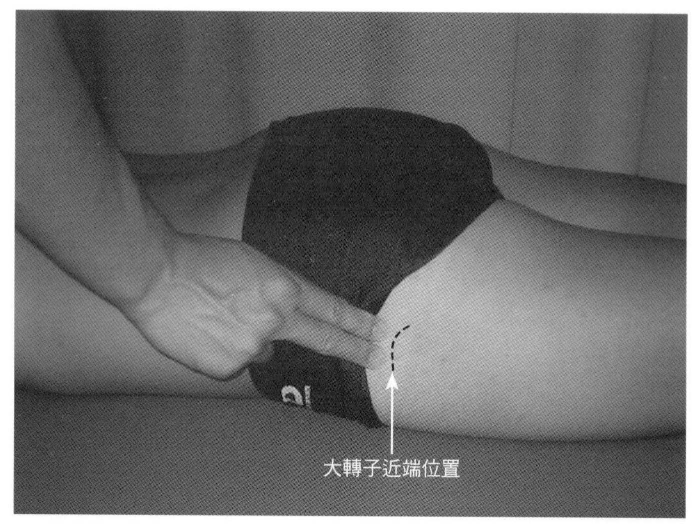

圖1-48　梨狀肌的觸診②

診療者將手指置於病患大轉子近端近側內側方向的位置。然後讓病患反覆進行髖關節外旋運動，病患的梨狀肌便會收縮，診療者再觸摸梨狀肌內上方的收縮狀態。進行觸診時，診療者一旦將手指置於病患的大轉子近端遠側部位，反而容易將梨狀肌的收縮誤認為上孖肌等肌肉的收縮，因此診療者的手指務必要置於大轉子近端近側的位置，這就是觸診梨狀肌的訣竅。

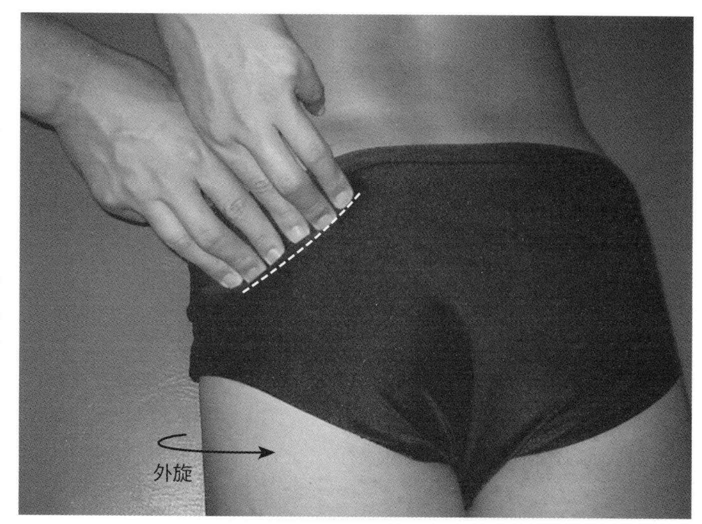

圖1-49　梨狀肌的觸診③

若是觸診到梨狀肌的大致走向後，診療者再將手指放在距離病患的大轉子三橫指寬之處。並以「與梨狀肌走向呈直角交叉」的方向，用手指試著在距離大轉子三橫指寬之處移動看看，如此一來，診療者即可針對「梨狀肌特有的圓滾紡錘狀的肌腹」進行觸診。此肌腹的位置就是梨狀肌症候群的壓痛點。

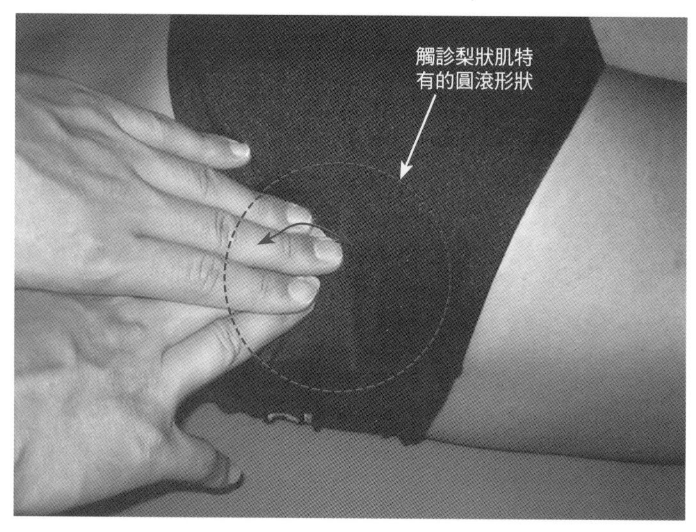

圖1-50　股方肌的觸診①

進行股方肌的觸診時，讓病患呈俯臥姿勢，診療者再將病患的髖關節呈輕度外展位，並以此姿勢作為觸診起始位置。然後觸診病患的坐骨結節，並確認出股方肌的起始部位「坐骨結節表面」的位置。

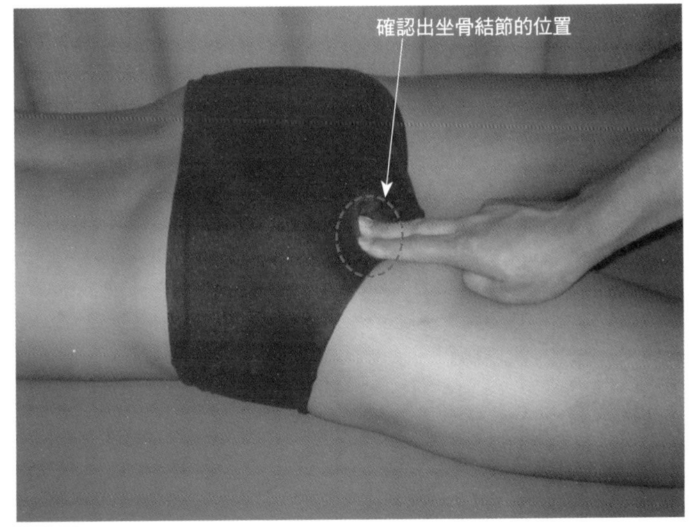

圖1-51　股方肌的觸診②

診療者將手指放在病患的坐骨結節表面的遠側部位。此時，讓指尖與病患的坐骨結節的高度一致就是觸診的要點。診療者並讓病患反覆進行髖關節外旋運動，然後觸診「筆直朝向外側的股方肌」的收縮狀態。診療者再仔細地往前觸診，並一併將病患的轉子間峭的止端位置確認出來。

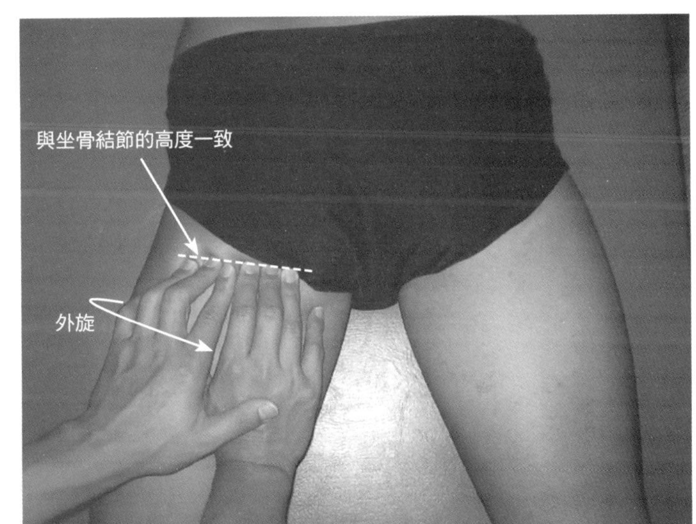

圖1-52　上孖肌、下孖肌、閉孔內肌的觸診①

「上孖肌、下孖肌、閉孔內肌」比「梨狀肌及股方肌」更加纖細，因此要將上孖肌、下孖肌、閉孔內肌加以區分出來實屬困難。進行這三種肌肉的觸診時，一開始先讓病患呈俯臥姿勢，再將病患的髖關節呈0°內收位及0°外展位。先前已確認出梨狀肌和股方肌的位置了，因此診療者就將手指放在介於梨狀肌肌腹和股方肌肌腹的中間位置即可。

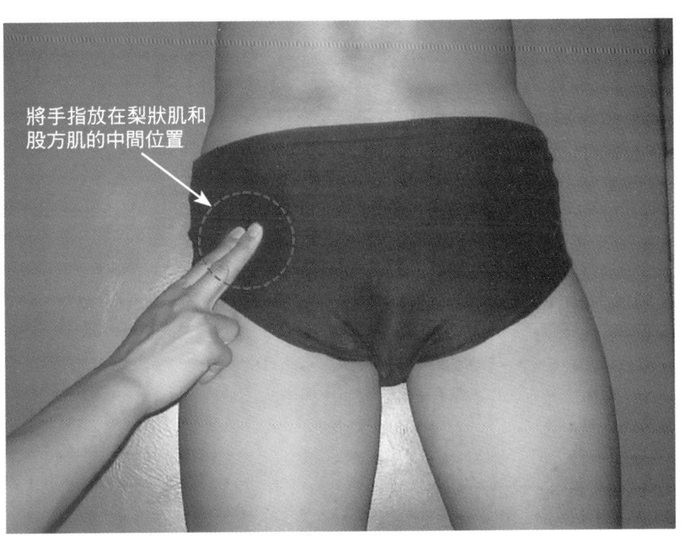

圖1-53　上孖肌、下孖肌、閉孔內肌的觸診②

診療者讓病患反覆進行髖關節外旋運動，如此一來，病患的梨狀肌和股方肌的中間部位便會隨之收縮，診療者即可開始觸診上孖肌和下孖肌以及閉孔內肌。特別的是，上孖肌的緊繃會成為從遠側方向壓迫坐骨神經的壓迫力量，因此診斷梨狀肌症候群時，此部位的壓痛亦須加以注意。

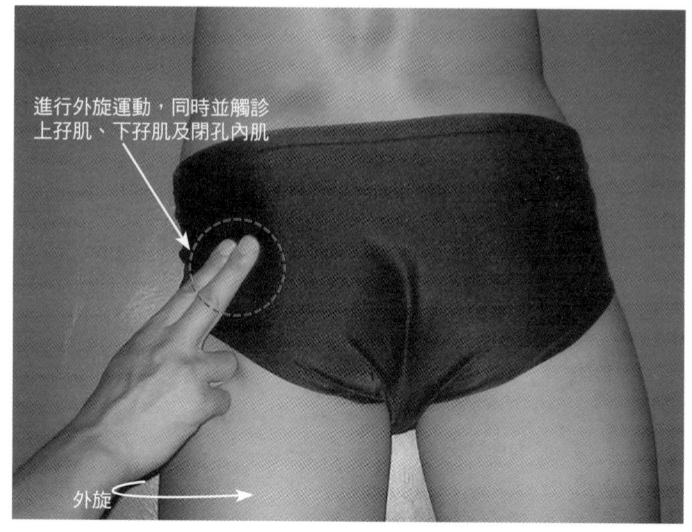

Skill Up

梨狀肌症候群之疼痛誘發測試

Freiberg's test [11)]

進行Freiberg's test時，讓病患呈仰臥姿勢，診療者為病患的髖關節進行被動屈曲及被動內收及被動內旋。若是引發病患的臀部疼痛，即表示「Freiberg's test」測試結果呈陽性反應。此測試乃是「將梨狀肌和上孖肌等肌肉加以伸展，以增強神經的絞縮（壓迫），進而誘發出疼痛感」的測試。

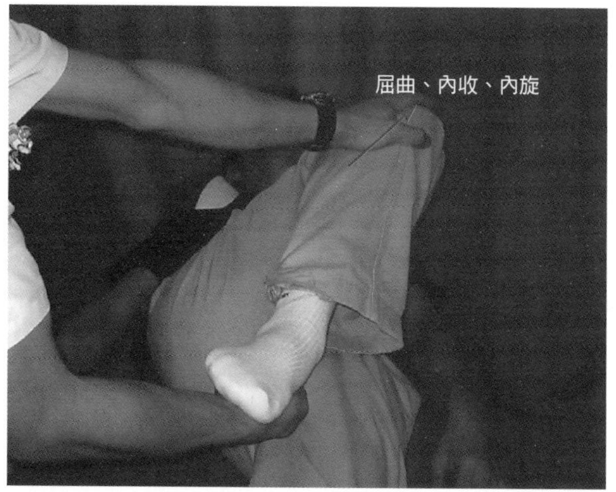

Pace's test [12)]

進行Pace's test時，讓病患呈坐姿姿勢，診療者將病患雙腳的髖關節呈內收方向及內旋方向，並施加阻力，病患為了與如此的動作相抗衡，反而使得髖關節外展及外旋。如此一來，若是病患的肌力無力，並引發病患的臀部疼痛，即表示Pace's test測試結果呈陽性反應。此測試乃是「讓梨狀肌和上孖肌等肌肉收縮，以增強神經的絞縮（壓迫），進而誘發出疼痛感」的測試。

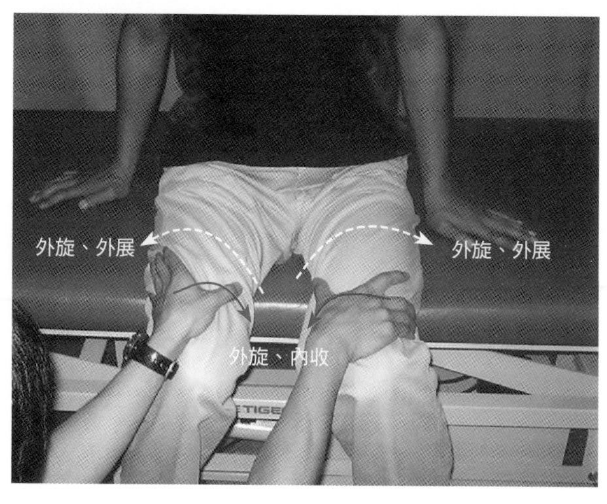

內收長肌 adductor longus muscle
櫛狀肌 pectineus muscle

解剖學上的特徵

● **內收長肌**

[起端] 恥骨結節下方

[止端] 股骨粗線內側唇中央1/3處

[支配神經] 閉孔神經（L2・L3）

● 因為內收長肌的起端部位非常強韌，而且內收長肌的起端是位於最前方的位置，即使在視覺上，內收長肌的凸現部位亦是相當地清晰，因此很容易就可以將內收長肌辨認出來。

● **櫛狀肌**

[起端] 櫛狀肌

[止端] 股骨上方部位的恥骨肌線

[支配神經] 股神經（L 2・L3）

● 櫛狀肌被隔在髂腰肌和內收長肌的中間位置，櫛狀肌並與髂腰肌和內收長肌一同伴行向前延伸。

● 在髖關節內收肌群中，唯一被股神經所支配的就是櫛狀肌。

肌肉功能的特徵

● 內收長肌會將髖關節予以內收及屈曲。

● 股骨側被固定時，內收長肌會拉住恥骨，對側骨盆便會往下壓，同時對側骨盆亦會向前傾。

● 內收長肌的屈曲作用及伸展作用是以60° 屈曲角度為分界線來進行轉換的。（屈曲角度未達60° 時：內收長肌會作用於屈曲，屈曲角度達60° 以上時：內收長肌則會作用於伸展）。

● 櫛狀肌作用於髖關節的屈曲及髖關節的內收。然而，櫛狀肌的內收作用比內收長肌的內收作用來地弱。

● 內收長肌和櫛狀肌共同擔負著輕度外旋作用。

臨床相關

● 製作膝上義肢時，膝上義肢的內壁必須符合內收長肌的曲線，以防內收長肌的功能變差。

● 膝上義肢的四邊形套筒內壁的左右直徑，乃是以「從坐骨結節至內收長肌肌腱的長度減去0.5吋（＝12.7毫米）所得的長度」為基本設定長度。

● 髖關節處於強制伸展運動及強制外展運動時，內收長肌最容易受到損傷。

相關疾病

膝上截肢、內收肌斷裂[參考p.150]、內收肌拉傷、內收肌攣縮……等。

圖1-54　內收長肌和櫛狀肌的位置關係

櫛狀肌的外側與髂腰肌相隔，櫛狀肌的內側則與內收長肌相隔。內收長肌是構成股三角的肌肉，同時，在內收肌群中就屬內收長肌位處最前方的位置。內收長肌肌腱和股動脈的中間位置就成為櫛狀肌的觸診點。

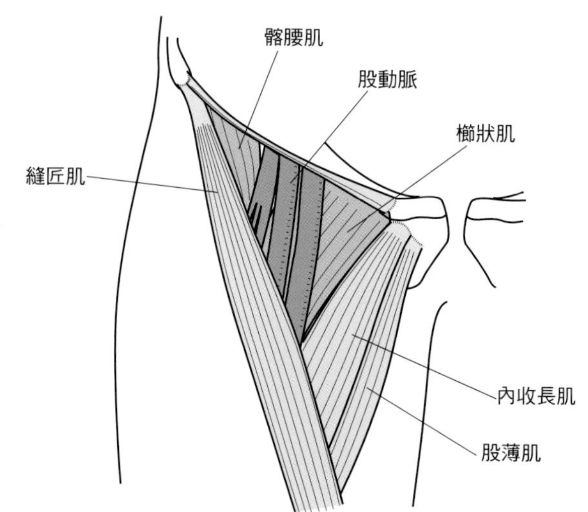

圖 1-55　內收長肌和櫛狀肌的走向

內收長肌起始於恥骨結節的下方，並延伸至位於股骨後方的粗線內側唇中央1/3處。櫛狀肌起始於恥骨梳，並延伸至位於股骨上方部位後面的恥骨肌線。內收長肌和櫛狀肌共同作用於髖關節的內收及髖關節的屈曲，內收長肌和櫛狀肌亦輔助性地參與了髖關節的外旋作用。

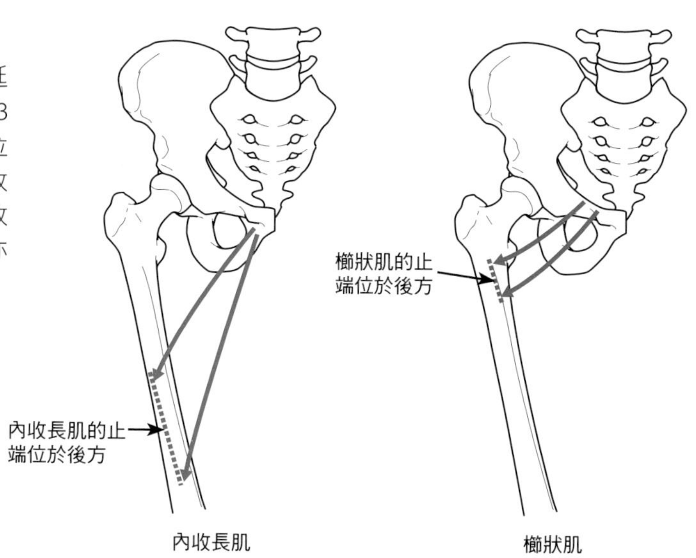

圖 1-56　因髖關節屈曲角度的不同，內收長肌的作用亦有所改變

內收長肌的走向與髖關節呈60°的屈伸軸方向一致。也就是說，髖關節呈60°時，內收長肌不參與髖關節的屈曲、伸展作用。髖關節屈曲角度未達60°時，內收長肌會延伸至屈伸軸的前方，因此內收長肌會作用於屈曲運動上；屈曲角度超過60°以上時，內收長肌則會位於屈伸軸的後方位置，因此內收長肌會作用於伸展運動上。

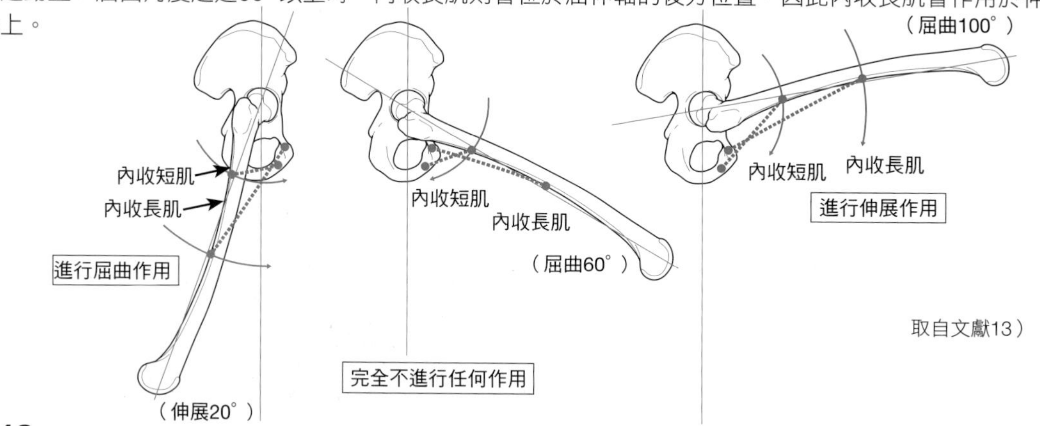

取自文獻13）

圖1-57　內收長肌的觸診①

進行內收長肌的觸診時，讓病患呈仰臥姿勢，診療者將病患的髖關節呈輕度外展位以及伸展位，然後以此姿勢作為觸診起始位置。診療者以手掌將病患的股直肌包覆起來，並將手指放在病患股直肌的外側。

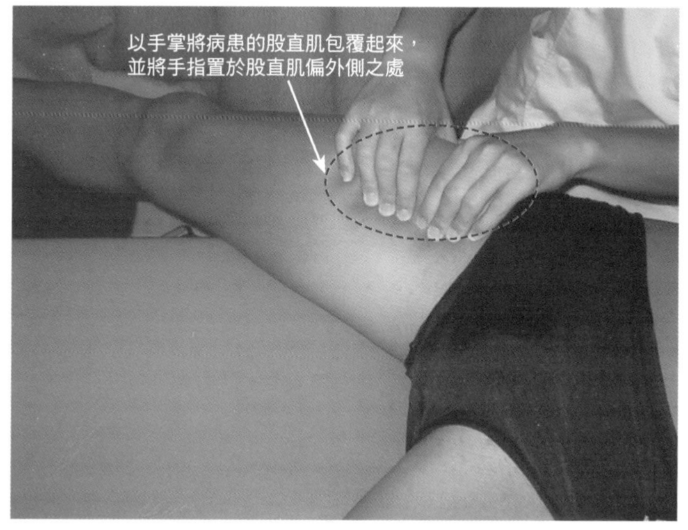

圖1-58　內收長肌的觸診②

診療者使病患的髖關節緩緩地外展，如此一來，即可清楚觀察到病患的內收長肌的凸現部位（浮凸部位），同時病患的內收長肌的緊繃度亦會隨之升高，診療者即可開始觸診病患的內收長肌緊繃度的升高狀態。

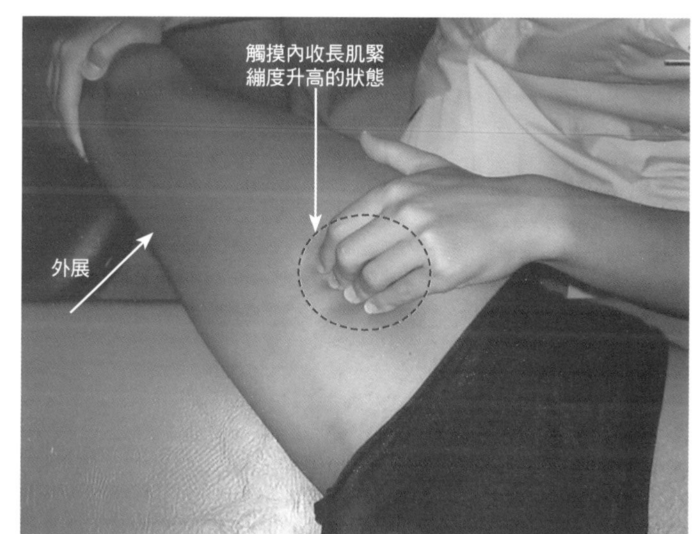

圖1-59　內收長肌的觸診③

診療者為病患的髖關節反覆進行外展運動和內收運動，如此一來，病患內收長肌的緊繃度便會產生變化，在病患內收長肌的緊繃度有所變化的情況下，並同時觸摸病患的內收長肌直至內收長肌遠側之處。如此一來，內收長肌的板狀肌腹便會逐漸進入股內側肌深處，診療者即可以觸診此一狀態。

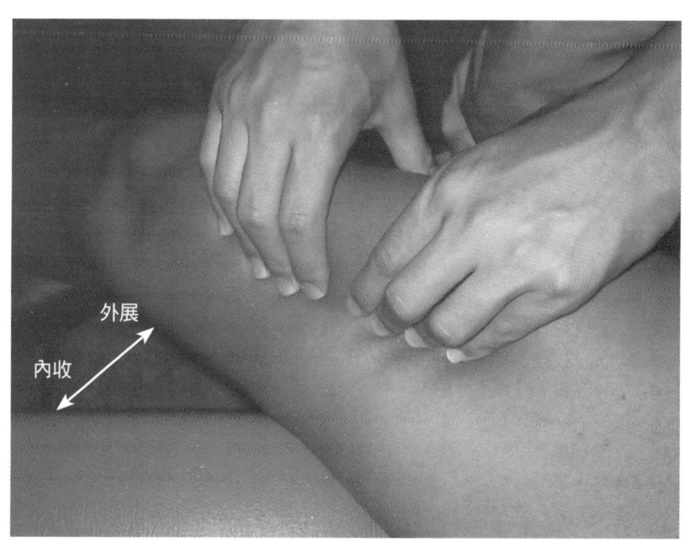

圖1-60　櫛狀肌的觸診①

診療者讓病患的髖關節大幅度地外展，再確認出病患內收長肌的凸現部位，並在此處畫上虛線。然後再觸診病患的股動脈的脈動，以確認出股動脈的位置。

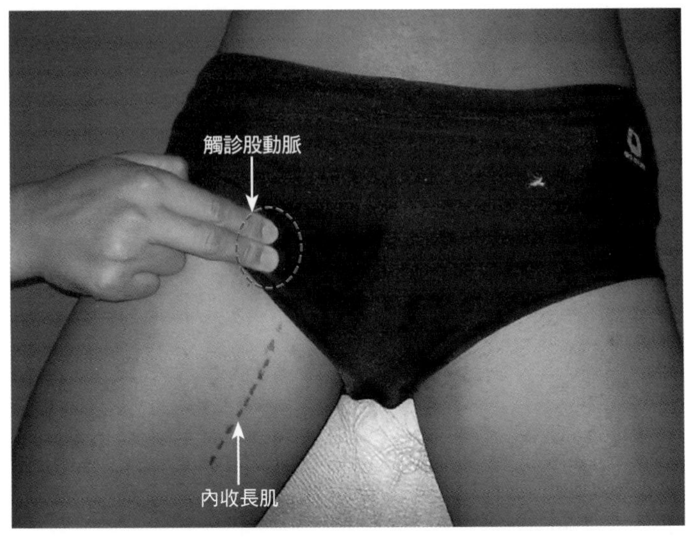

圖1-61　櫛狀肌的觸診②

診療者將手指放在病患的內收長肌肌腱和股動脈的中間位置。並讓病患反覆進行髖關節內收運動。隨著內收運動，病患的櫛狀肌亦會隨之收縮，診療者即可開始觸診呈收縮狀態的櫛狀肌。此外，診療者並仔細觸摸病患的內收長肌肌腱和櫛狀肌的中間位置，如此一來，便可一併將「病患的櫛狀肌和櫛狀肌肌間的位置」加以確認出來。

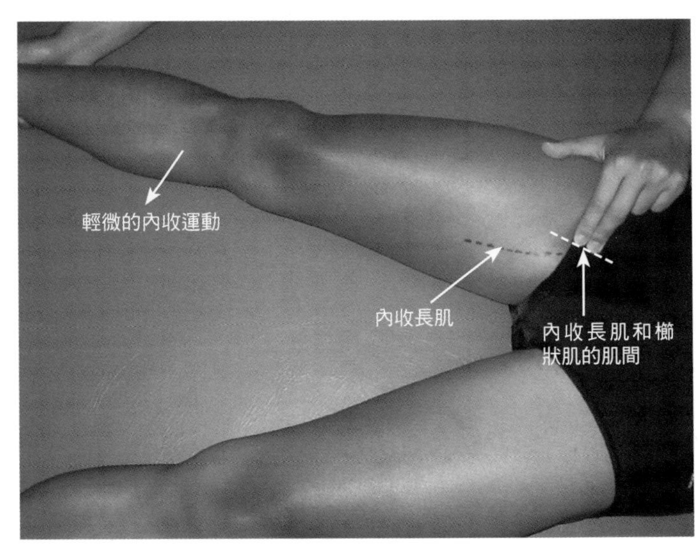

Skill Up

內收肌拉傷及內收肌斷裂[14)]

內收肌的拉傷及斷裂往往是髖關節在轉瞬間受到強制外展而引起的。內收肌拉傷的症狀乃是「大腿內側至骨盆附著處會出現腫脹及壓痛，髖關節的外展運動亦會受到限制」。而內收肌斷裂的病狀則是病患的內收肌就猶如自遠側被拔出般地斷裂了，如圖中→箭頭符號所示，病患的肌腹會出現腫瘤狀的隆起症狀。若是內收肌的斷裂發生在兩週以內，可進行縫合。然而，在內收肌斷裂的舊傷病例中，運動時若會出現疼痛的病患，有時亦須接受切除手術。

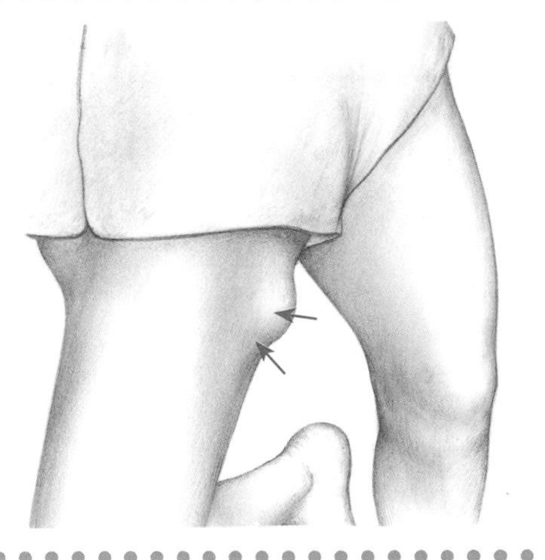

內收大肌 adductor magnus muscle

解剖學上的特徵

- **內收大肌的肌部**
  [起端] 恥骨下支　**[止端]** 股骨粗線內側唇
  內收大肌的腱部
  [起端] 坐骨支、坐骨結節　**[止端]** 內上髁上方的內收肌結節
- **[支配神經]** 閉孔神經（L2～L4），坐骨神經分支「脛骨神經」（L4・L5）
- 內收大肌的腱部是「大腿內側的伸肌和屈肌」的分界線。
- 位於內收大肌兩邊的止端之間，呈裂隙狀開口的孔便稱之為內收肌裂孔。
- 內收大肌的腱部經由內收肌管的前壁，與股內側肌相互連接。
- 由內收肌裂孔和內收肌管的前壁構成的管被稱作內收肌管，股動脈、股靜脈、隱神經則會通過內收肌管。

肌肉功能的特徵

- 內收大肌全體會強而有力地使髖關節內收。
- 當股骨側被固定時，內收大肌會將骨盆往下拉，對側骨盆便會往下壓。
- 內收大肌的肌部（起始於恥骨的部位）亦參與了髖關節的屈曲。
- 內收大肌的腱部（起始於坐骨的部位）亦參與了髖關節的伸展。
- 內收大肌的腱部除了擔負著「身為股內側肌起端」的任務外，內收大肌的活動亦會影響到股內側肌的收縮效率。

臨床相關

- 內收大肌與股四頭肌皆是與「大腿部位的粗壯程度」有關的肌肉。對於大腿萎縮的病例，企盼各位不要只著重於股四頭肌的訓練，亦須著重內收肌的訓練。
- 對於無法以目視診視出任何明確理學症狀的「膝關節內側至小腿內側疼痛」的病例，即可考慮是否是內收肌管方面的隱神經壓迫性神經病變。按壓病患的膝關節內側至小腿內側此部位，就會產生放射痛，這就是內收肌管方面的隱神經壓迫性神經病變的特徵[15, 16]。
- 髖關節呈屈曲位時，髖關節若是受到強制外展，容易使內收大肌的腱部拉傷。

相關疾病

隱神經壓迫性神經病變、內收肌斷裂、內收肌拉傷、內收肌攣縮……等。

圖1-62　內收大肌的走向

內收大肌可分為肌部及腱部，肌部起始於恥骨下支，並延伸至粗線內側唇；腱部則起始於坐骨支以及坐骨結節，並延伸至內收肌結節。內收大肌會強而有力地作用於髖關節的內收運動上。此外，內收大肌的肌部參與了髖關節的屈曲運動，內收大肌的腱部則參與了髖關節的伸展運動。

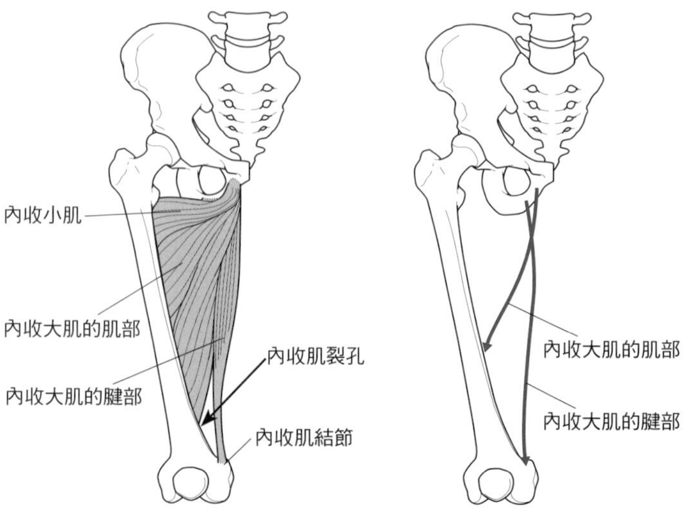

圖1-63　內收肌管的結構

內收肌裂孔形成於內收大肌兩端的止端處的中間位置，內收肌管的前壁則起始於股內側肌，並擴展至內收大肌的腱部，由內收肌裂孔和內收肌管的前壁所構成的管稱之為內收肌管。股動脈、股靜脈、隱神經會通過內收肌管。股動脈、股靜脈一通過內收肌管後，股動脈、股靜脈就會變成膕動脈、膕靜脈。隱神經會在通過內收肌管的途中，自內收肌管的表層穿越出來。此部位所受到的絞縮（壓迫）會引起膝關節內側部位及小腿內側部位的疼痛。

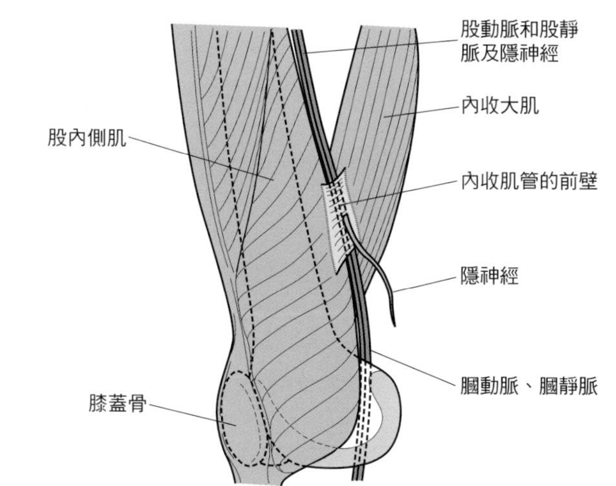

圖1-64　股內側肌和內收大肌肌腱的關係

位於股內側肌的纖維群，尤其是位於膝蓋骨至髕骨內側支持帶的纖維群（斜纖維）中的一部分，乃是經由內收肌管的前壁，起始於內收大肌肌腱。內收大肌肌腱若是收縮至極致的程度，會影響到斜纖維起始部位的穩定性，如此一來，反而會提高斜纖維的收縮效率。

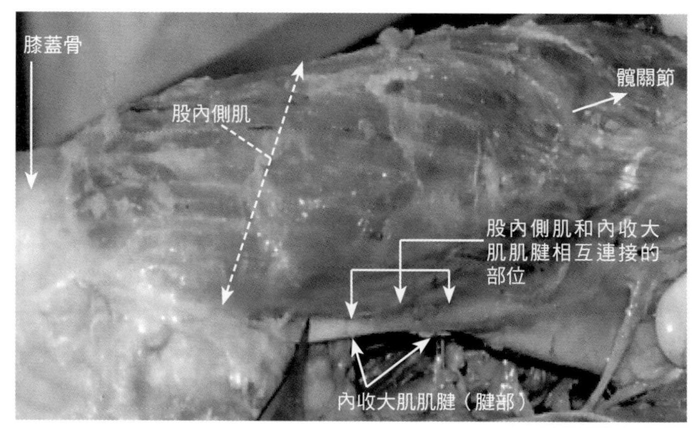

此張照片是由青木隆明博士熱情提供

圖1-65　內收大肌的觸診①

進行內收大肌的觸診時，讓病患呈仰臥姿勢，診療者將病患的膝關節呈輕度屈曲位，並以此姿勢作為觸診起始位置。因為要鑑別出內收大肌的肌部和其他的內收肌，乃是相當地困難，因此就在此示範內收大肌腱部的觸診。診療者先將「病患位於股骨內上髁近側之處的內收肌結節」加以確認出來。

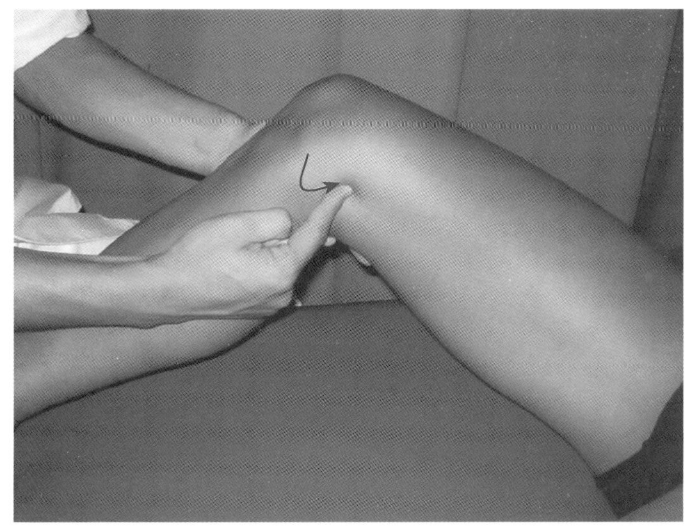

圖1-66　內收大肌的觸診②

診療者依舊將手指放在病患的內收肌結節近側之處，並使病患的髖關節慢慢地屈曲，如此一來，病患的內收大肌肌腱的緊繃度便會隨之升高，診療者即可開始觸診緊繃度升高的內收大肌肌腱。髖關節的屈曲，之所以會造成內收大肌肌腱的緊繃度升高乃是因「髖關節屈曲時，起始於坐骨的內收大肌腱部的緊繃度便會升高，而其他起始於恥骨的內收肌群全都往鬆弛的狀態變化」的緣故所致。

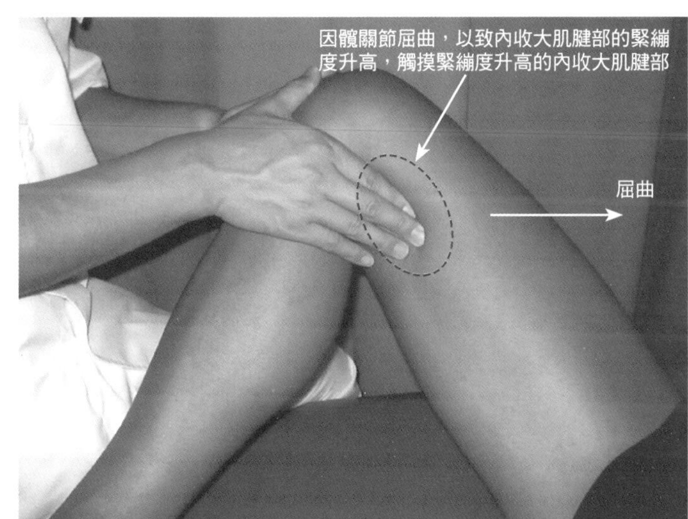

圖1-67　內收人肌的觸診③

因為病患的髖關節屈曲，病患的內收大肌肌腱的緊繃度便會隨之升高，診療者即可觸摸緊繃度升高的內收大肌肌腱至其近側之處，然後在此部位反覆進行被動式的髖關節外展及內收交互運動。隨著髖關節的外展，病患的內收大肌的緊繃度便會更加升高。而病患的髖關節內收，病患內收大肌的緊繃度則會為之趨緩，診療者可同時一併確認內收大肌的緊繃及和緩狀態。然後一邊為病患的髖關節反覆進行內收外展運動，一邊往病患的內收大肌近側向前觸診，直到觸診到病患的坐骨結節為止。

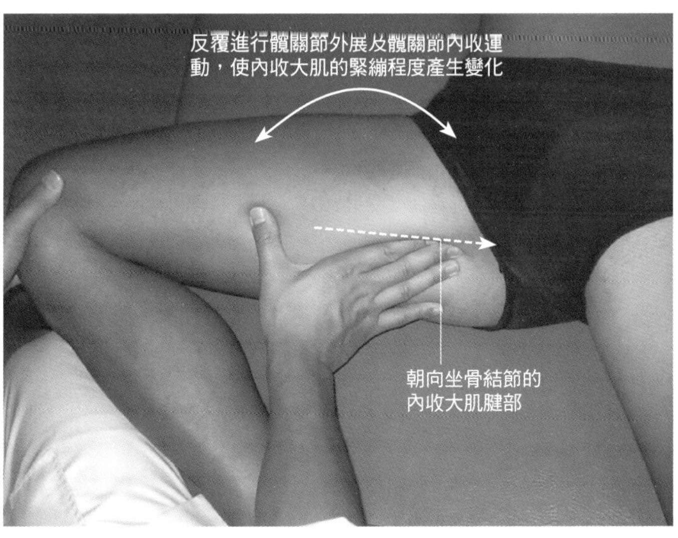

股直肌 rectus femoris muscle

解剖學上的特徵

●**股直肌**

[起端] 髂骨前下棘、髖臼上緣以及關節囊

[止端] 與共同肌腱（股四頭肌肌腱）交接後，經由膝蓋骨，止於脛骨粗隆

[支配神經] 股神經（L2～L4）

●股直肌乃是股四頭肌中唯一的雙關節肌肉。

●股直肌的淺層纖維是呈羽毛狀般的結構，股直肌的淺層纖維一直處於「能快速強力地幫助肌肉收縮」的狀態[17)]。

肌肉功能的特徵

●股直肌作用於髖關節的屈曲以及膝關節的伸展。股直肌若是同時作用於髖關節的屈曲及膝關節的伸展，就會形成直膝抬腿運動（straight leg raising；SLR）。

●下肢被固定時，股直肌會使骨盆向前傾。

●股直肌對於小腿的旋轉及髖關節的內收和外展幾乎毫無作用。

臨床相關

●診察股四頭肌攣縮的病患時，病患的臀部會出現往上翹起的現象，這就是判定股直肌攣縮的檢查方式。

●若要了解股直肌攣縮的詳細情形，可將病患的骨盆呈最大後傾位，以測量出病患的膝關節屈曲角度，如此就能更加客觀地了解病患股直肌的攣縮情形。

●奧斯戈德氏症（Osgood-Schlatter disease）的發病與股直肌攣縮有著非常深切的關係[18)]。

●從事如足球等踢球動作繁多的運動時，常會引發髂骨前下棘撕裂性骨折[19)]。

●短跑選手比較會受到的外傷則有股直肌拉傷。

●對於呈站立姿勢腰椎會嚴重前彎的病患，不僅要留意病患的髂腰肌攣縮情形，亦須留意病患的股直肌攣縮情形。

相關疾病

股四頭肌攣縮（guadriceps contracture）、奧斯戈德氏症（Osgood-Schlatter disease）、跳躍膝（jumper's knee）、髂骨前下棘撕裂性骨折、股直肌拉傷、椎弓解離、慢性下背痛（又稱為「慢性腰背痛」）……等。

圖2-1　股直肌的走向

股直肌起始於髂骨前下棘及髖臼上緣以及髖關節囊，並經由共同肌腱及膝蓋骨，緊鄰髕骨韌帶，最後止於脛骨粗隆。股直肌的走向大致與股骨長軸的方向一致。股直肌參與了髖關節的屈曲運動和膝關節的伸展運動。

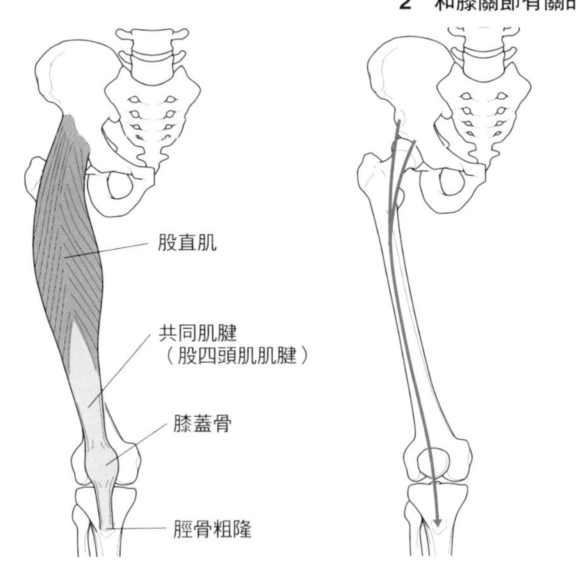

圖2-2　股直肌在解剖學上的特徵

右圖是將股直肌的中央部位予以切開，並從股直肌前方部位來觀察。股直肌表面的肌纖維乃是排列成如羽毛狀般的結構，它是能快速又強而有力地幫助肌肉收縮的組織。股直肌中央部位的寬度約5cm寬左右，與股直肌中央部位的寬度相比，股直肌近側部位的寬度亦或是遠側部位的寬度，都比股直肌中央部位的寬度略微減少。

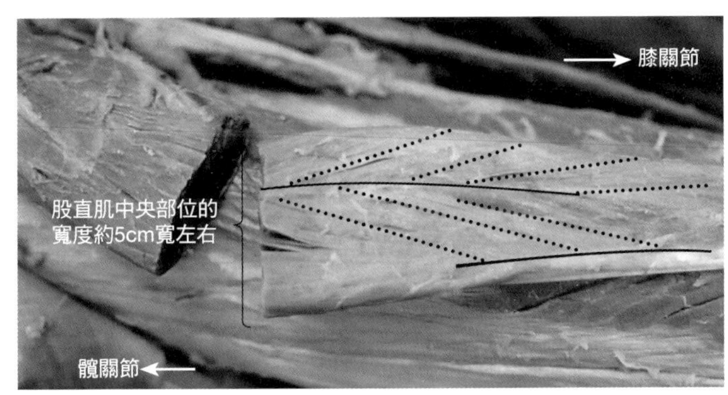

以上照片是由青木隆明博士熱情提供

圖2-3　共同肌腱（股四頭肌肌腱）的周邊解剖

共同肌腱的近側附著有股直肌，內側附著有股內側肌，外側則附著有股外側肌，共同肌腱會將張力傳送至膝蓋骨。共同肌腱乃是「以膝蓋骨底部為底邊」的等腰三角形，其頂端則與股直肌相互連接。進行股直肌的觸診時，以共同肌腱為基準，即可輕而易舉地觸診到股直肌。

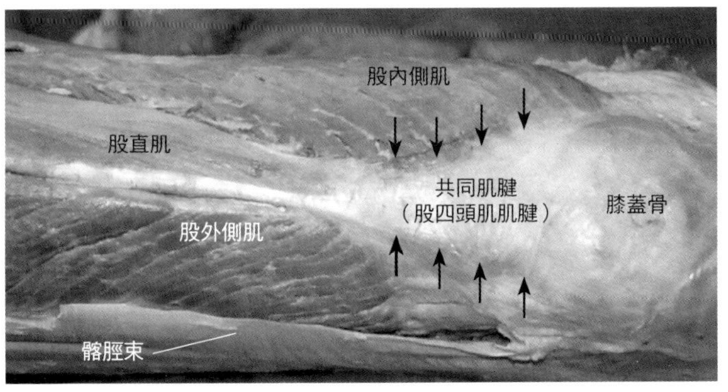

以上照片是由青木隆明博士熱情提供

圖2-4　股直肌的觸診①

進行股直肌的觸診時，讓病患呈仰臥姿勢，診療者並請病患將單邊的小腿自床上往下垂放，然後以此姿勢作為觸診起始位置。為了要正確地觸診到病患的股直肌，可從確認病患的共同肌腱開始著手。

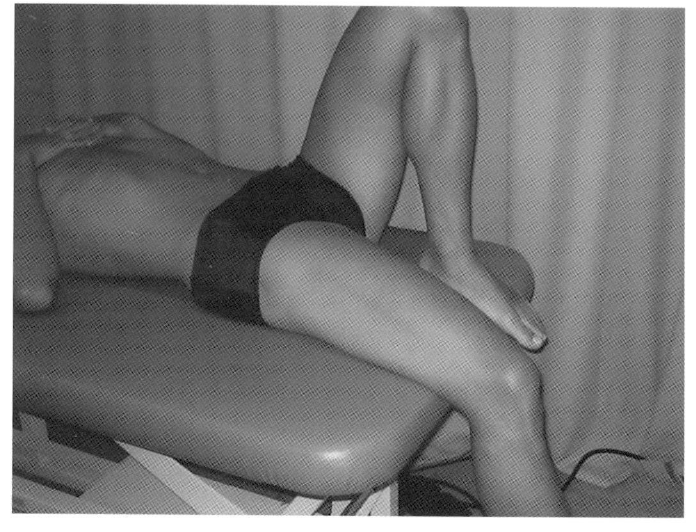

圖2-5　股直肌的觸診②

診療者以左手手指按壓病患位於膝蓋骨近側部位的共同肌腱，並同時以右手手指按壓病患的股內側肌肌腹。由於共同肌腱與肌肉截然不同，共同肌腱乃是非常強韌的纖維束，觸診時診療者可清楚感受到共同肌腱的硬度與肌肉硬度的差異之處。診療者務必要謹慎小心地觸摸共同肌腱與肌肉兩者之間的差異，並將病患的股直肌和共同肌腱的肌肉肌腱交接處的位置確認出來。

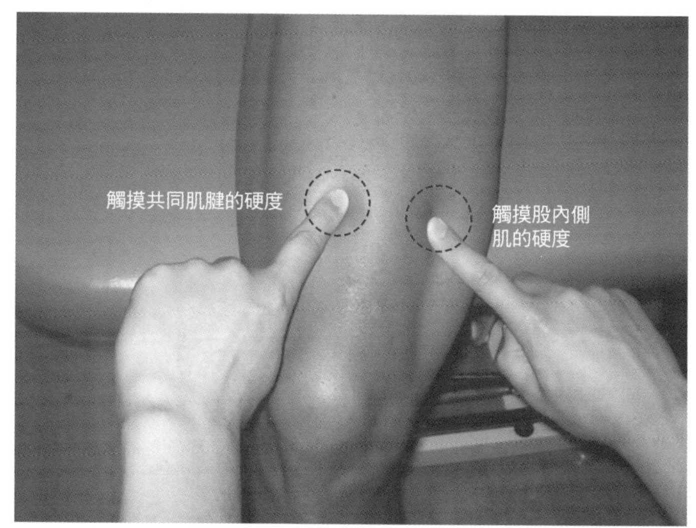

圖2-6　股直肌的觸診③

診療者以手指觸摸先前已確認出位置的「股直肌和共同肌腱之肌肉肌腱交接處」，並為病患呈下垂狀態的腳部膝關節進行被動屈曲運動。隨著膝關節的屈曲運動，病患股直肌的緊繃度便會升高，診療者即可開始觸診股直肌緊繃度升高的狀態。然後再為病患的膝關節反覆進行屈伸運動，並觸摸病患的股直肌肌緣直至近側的位置。

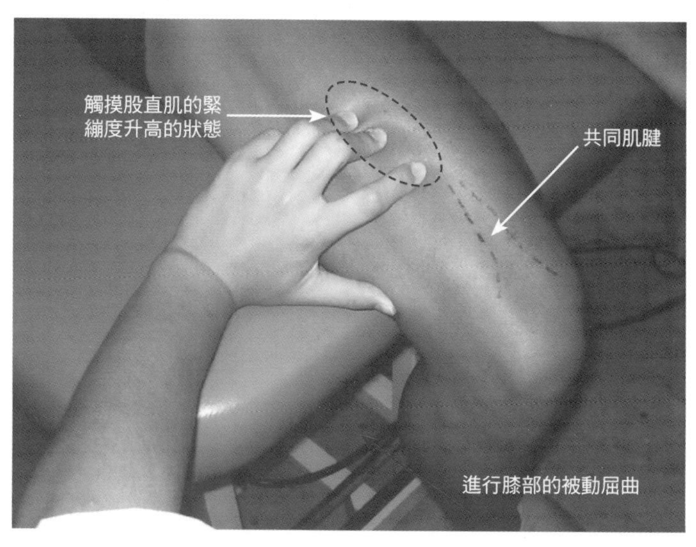

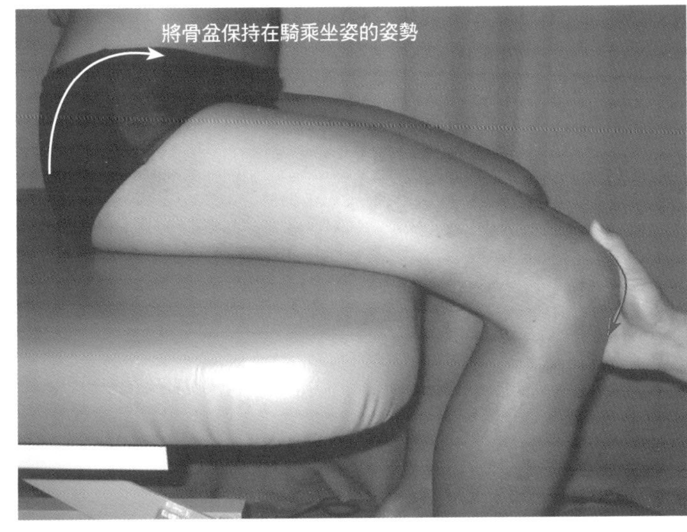

圖2-7　股直肌的觸診④

利用肌肉收縮來進行股直肌的觸診時，診療者先讓病患呈騎乘坐姿（ride sitting，亦稱為短坐姿），為了要讓髖關節儘量排除髂腰肌的作用，因此必須讓病患的骨盆保持在騎乘坐姿的姿勢。診療者再將病患的髕骨基部往遠側方向向下拉，藉以讓病患的股直肌呈靜態緊繃度升高的狀態。

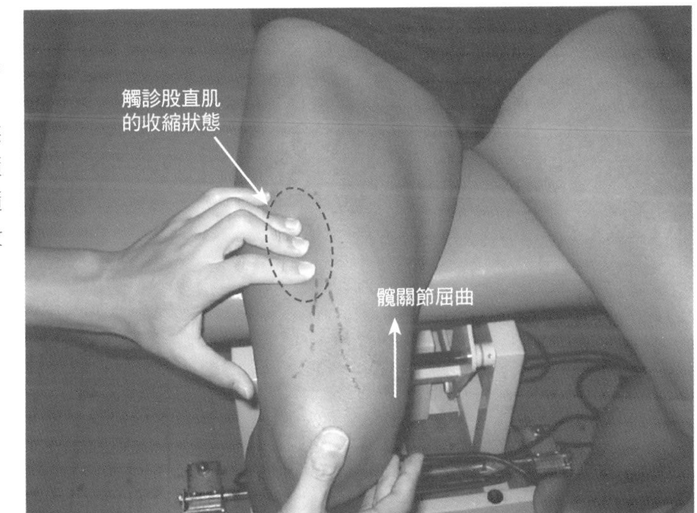

圖2-8　股直肌的觸診⑤

診療者將手指放在病患的「股直肌和共同肌腱交接處」，並在此處畫上記號，同時將病患膝蓋骨的牽引予以解除，然後指點病患進行髖關節的屈曲運動。隨著髖關節的屈曲，病患的股直肌便會隨之收縮，診療者即可開始觸診病患的股直肌收縮狀態。

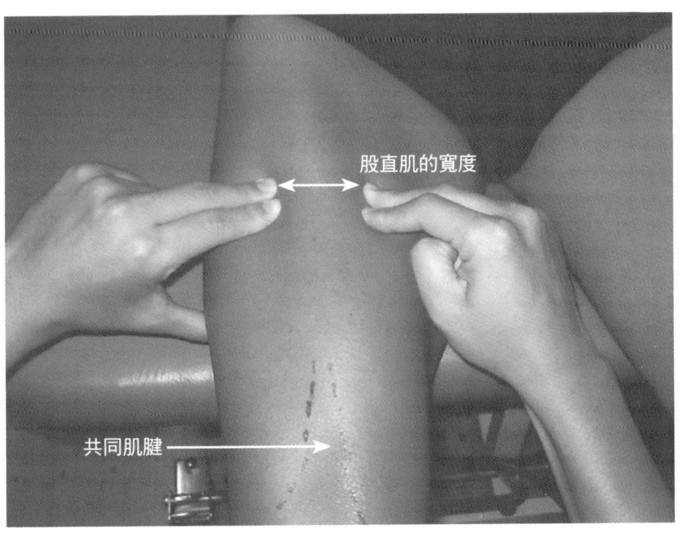

圖2-9　股直肌的觸診⑥

診療者讓病患反覆進行髖關節屈曲運動，並以「往股直肌近側的方向」觸摸病患的股直肌。然後在病患的大腿中央附近，宛如要將病患的股直肌夾起來般地自病患大腿中央的內側及外側，觸摸約5cm寬左右的股直肌。診療者最好也一併將病患的股內側肌以及股外側肌的肌間確認出來。

Skill Up

股直肌短縮程度之評量[20]

一般來說，評量股直肌短縮程度的方法，就屬測試「病患是否有臀部往上翹起的現象」此項檢查最負盛名（上圖）。此項檢查是「讓病患呈俯臥姿勢，藉由膝關節的屈曲，讓病患的股直肌得以伸展，然後再試著檢查看看是否會造成病患的臀部往上翹起？」。然而，實際上，除非是股直肌相當短縮的病例，否則測試結果並不會呈陽性反應。

我們若是要敏銳地評量出股直肌的短縮程度，最優質的方法就是讓病患的骨盆呈最大後傾位，然後測量病患的膝關節屈曲角度（下圖）。由此方法能以數字表示股直肌短縮程度。

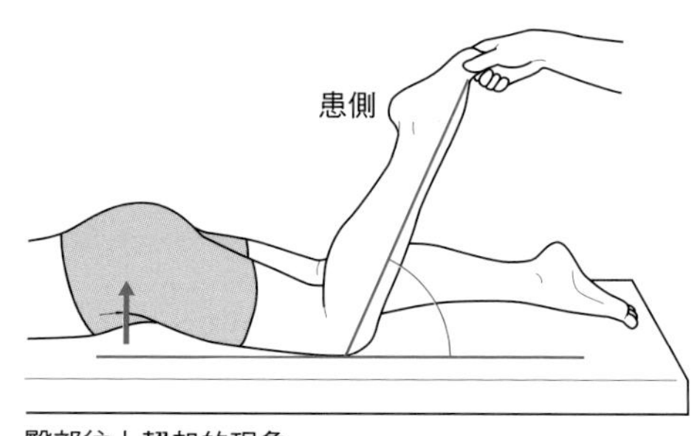

臀部往上翹起的現象

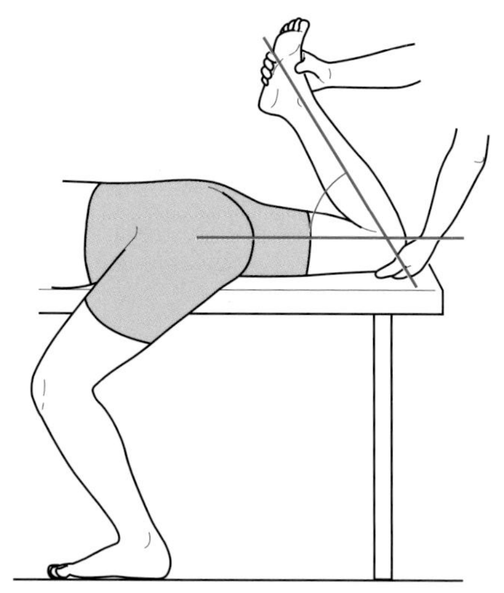
我們所進行的股直肌短縮測試
將病患呈下垂狀態的腳部髖關節屈曲最大程度，並將病患的骨盆固定在後傾位。

股內側肌 vastus medialis muscle

解剖學上的特徵

- 股內側肌可分為「連接共同肌腱（股四頭肌肌腱）內側的股內側肌」和「連接膝蓋骨內側以及髕骨內側支持帶的股內側肌斜纖維」。
- **股內側肌**

[起端] 股骨粗線內側唇

[止端] 與共同肌腱（股四頭肌肌腱）交接後，經由膝蓋骨，並止於脛骨粗隆

- **股內側肌斜纖維**

[起端] 經由內收肌管的前壁，起始於內收大肌肌腱

[止端] 膝蓋骨內側緣以及髕骨內側支持帶

[支配神經] 股神經（L2・L3）

- 朝向股內側肌遠側方向的股內側肌肌纖維角度（pennate angle）是略呈鈍角的角度。
- 位於股內側肌斜纖維深層處的滑囊會向外擴展蔓延開來，滑囊的擴展蔓延有利於減少膝關節屈伸時所產生的摩擦次數。

肌肉功能的特徵

- 股內側肌會作用於膝關節的伸展。此外，在走向上，股內側肌具有小腿的內旋作用及內收作用。
- 一旦呈膝蓋朝內（knee-in）及腳尖朝外（toe-out）如此的列位時，股內側肌便會擔負起穩定膝關節的主要任務。
- 股內側肌斜纖維具有膝關節的伸展作用，而其所身負的「膝蓋骨內側牽引力」的角色更是重要。
- 髕骨內側支持帶的緊繃程度，與股內側肌斜纖維的活躍性有著緊密的依存關係。

臨床相關

- 「使股四頭肌的肌力恢復正常」是針對下肢障礙進行運動治療的最主要目的。在運動治療中，股內側肌萎縮的初期改善是一大課題。
- 對於髕骨不穩定的病狀，最重要的就是必須強化「身為動態穩定者（dynamic stabilizer）的股內側肌斜纖維」。
- 髕骨內側支持帶的粘黏乃是膝關節攣縮的主要成因。為了避免上述的情形發生，股內側肌斜纖維的早期收縮訓練就變得相當重要。
- 膝關節伸直不全（extension lag）與股內側肌的肌肉活動具有強烈的關聯性。
- 在誘發股內側肌斜纖維的肌肉收縮方面，搭配著髖關節內收運動來進行肌肉收縮的誘發最為有效。

相關疾病

髕骨不穩定、膝蓋骨脫臼、股四頭肌萎縮、膝關節攣縮……等。

圖2-10　股內側肌的走向

股內側肌起始於股骨粗線內側唇，然後與共同肌腱交匯，再經由膝蓋骨，並緊鄰髕骨韌帶，最後止於脛骨粗隆。股內側肌斜纖維則經由內收肌管的前壁，起始於內收大肌肌腱，股內側肌斜纖維並與膝蓋骨內側緣及髕骨內側支持帶交匯。股內側肌會自內側方向拉住共同肌腱，並且會作用於膝關節的伸展。股內側肌斜纖維會將膝蓋骨牽引至膝蓋骨內方，同時亦參與了小腿的內旋作用。

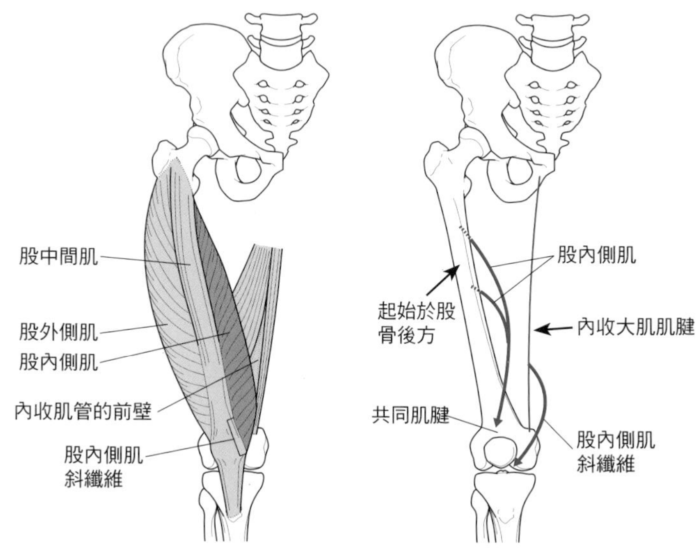

圖2-11　股內側肌和股內側肌斜纖維，兩者肌纖維角度的差異之處①

此張照片是從膝關節近側部位的內側來觀察股內側肌及股內側肌斜纖維。股內側肌的肌纖維角度，是從股內側肌近側往遠側漸漸地變成鈍角。因此，與股內側肌相比，股內側肌斜纖維在「膝蓋骨的內方牽引向量及小腿的內旋向量（b）」上所佔的比率，比「膝關節的伸展向量（a）」的比率來地高。

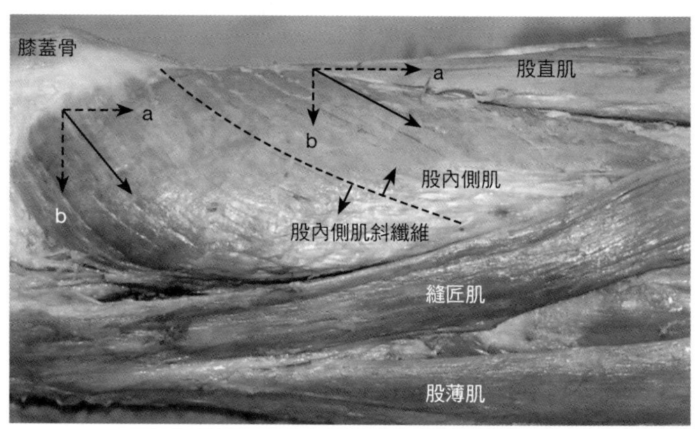

以上照片是由青木隆明博士熱情提供

圖2-12　股內側肌和股內側肌斜纖維，兩者肌纖維角度的差異之處②[21]

此張照片是從膝關節近側部位的正面來觀察股內側肌及股內側肌斜纖維。股內側肌的肌纖維角度是從股內側肌近側往遠側漸漸地變成鈍角。我們的研究顯示，與共同肌腱最近側部位交匯的股內側肌肌纖維角度平均是25.6°，而附著於膝蓋骨最遠側部位的股內側肌斜纖維的肌纖維角度平均是40.8°。而有關「股內側肌所引發的早期肌肉收縮」之相關理論乃是務必要涉獵的必修知識。

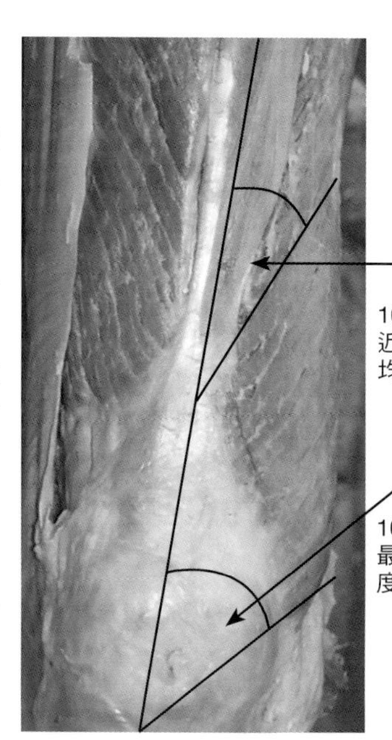

「與共同肌腱最近側部位交匯的股內側肌」的纖維角度

10位實際病例的膝蓋部位「與共同肌腱最近側部位交匯的股內側肌」的纖維角度平均值是25.6 ±4.0°

「附著於膝蓋骨最遠側部位的股內側肌斜纖維」的纖維角度

10位實際病例的膝蓋部位「附著於膝蓋骨最遠側部位的股內側肌斜纖維」的纖維角度平均值是40.8 ±4.2°

此張照片是由青木隆明博士熱情提供

圖2-13　於股內側肌斜纖維深部擴展蔓延的滑囊[22)]

「位於股內側肌斜纖維的深部、體積較大的滑囊」會向外擴展蔓延開來，滑囊的擴展蔓延有利於減少「膝關節運動時所產生的摩擦次數」。但是相反的，此部位所形成的粘黏現象，反而會成為「膝關節的可動範圍」受限的主要原因。

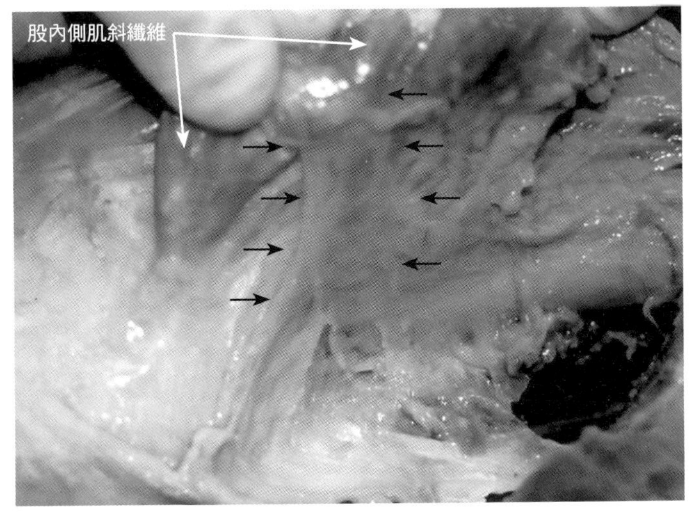

以上照片是由青木隆明博士熱情提供

圖2-14　股內側肌肌纖維角度的觸診①

進行股內側肌的觸診時，因為觸摸部位的不同，肌纖維角度亦會有所差異，因此務必要先約略掌握住肌纖維的角度。診療者先將自己的食指至無名指三根手指呈指尖平行的狀態，然後開始觸診病患的肌纖維角度。

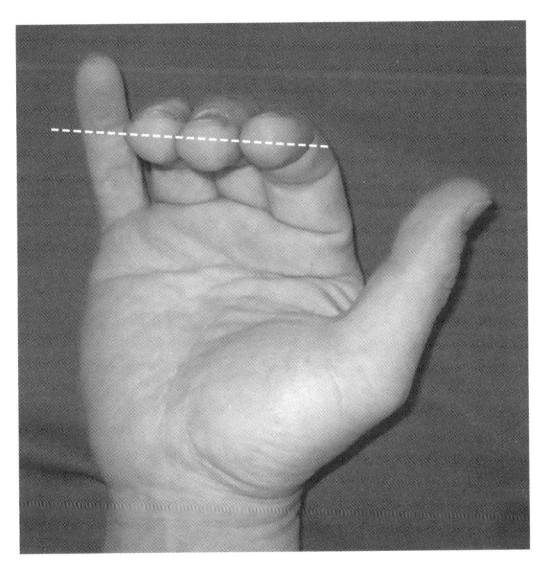

圖2-15　股內側肌肌纖維角度的觸診②

部分「附著於共同肌腱近側部位」的肌纖維，與股骨長軸約略呈25°左右。診療者就以此角度為基準，用三根手指觸摸「與股骨長軸約略呈25°」的共同肌腱近側部位，並進行伸展運動。隨著伸展運動，病患首次的肌肉收縮便會開始集中，診療者即可開始觸診此收縮狀態。觸診的秘訣就是「診療者以三根手指加以感受肌肉收縮伴隨而來的張力，並尋找三根手指皆能同時受到張力的方向」。然後一邊觸摸一邊稍微調整手指觸摸的角度，並將觸診到的纖維角度畫上記號。

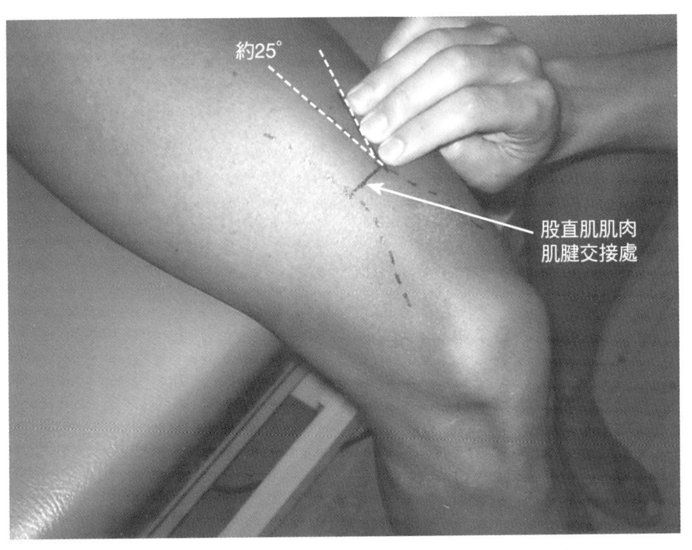

圖2-16　股內側肌斜纖維的肌纖維角度的觸診

股內側肌斜纖維的肌纖維角度的觸診，基本上與「觸診股內側肌肌纖維角度」的程序是相同的。因為「交匯於膝蓋骨內側中央部位（就是附著於膝蓋骨最遠側）」的肌纖維，與股骨長軸約略呈40°左右，因此診療者就以此角度為基準，將三根手指置於此處。並指點病患進行膝關節的伸展運動，藉以確認出病患的股內側肌斜纖維的肌纖維角度。

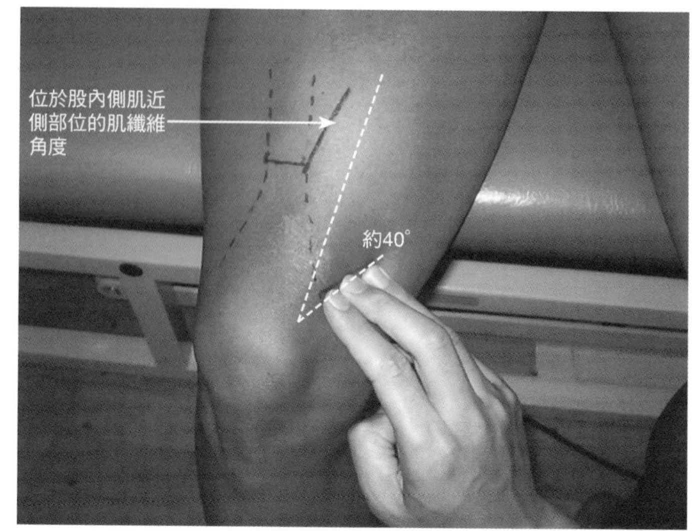

圖2-17 股內側肌的觸診

在誘發「位於共同肌腱近側部位的股內側肌」的收縮方面，首先，為了要讓「先前已確認出角度的肌纖維角度記號」與病患的髕骨韌帶長軸方向一致，診療者須先將病患的小腿加以調整一番。然後，在此處以輕微的等長收縮為病患進行膝關節的伸展運動，如此一來，便可使「股內側肌畫有記號的部位」強烈地收縮。

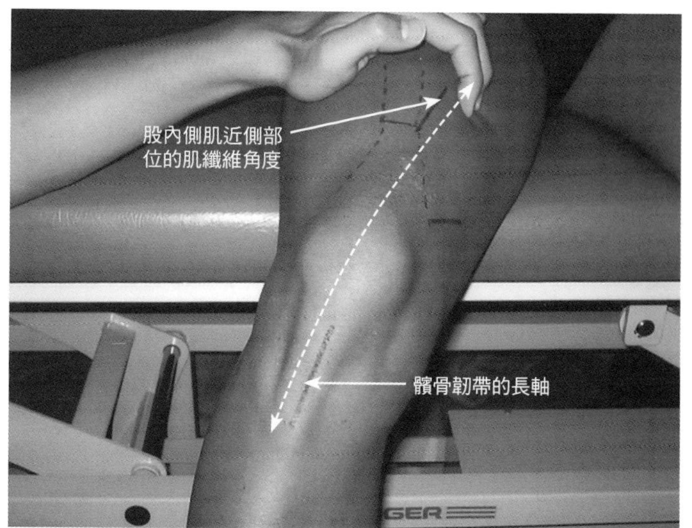

圖2-18　股內側肌斜纖維的觸診

在誘發「交匯於膝蓋骨內側中央部位的股內側肌斜纖維」的收縮，診療者要先調整病患的小腿，以使方才確認過的肌纖維角度記號與髕骨韌帶長軸平行。接著讓病患進行膝關節伸展方向的等長收縮運動（給予輕微阻力即可），這樣一來就可以讓劃有記號部位的股內側肌斜纖維進行強烈收縮。

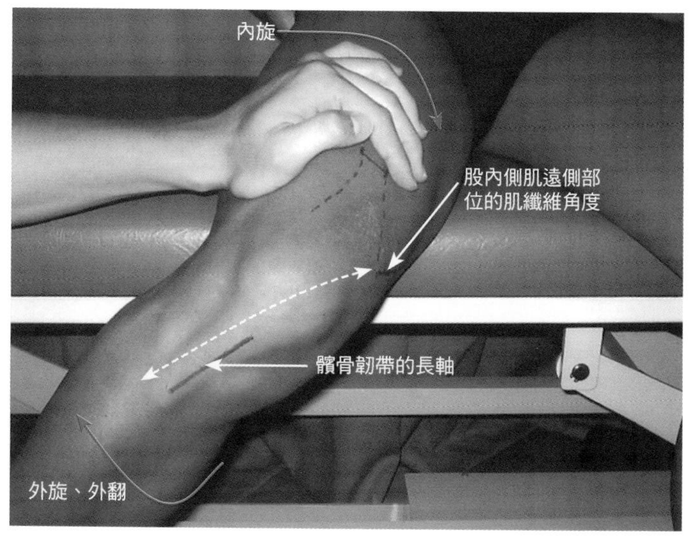

股外側肌 vastus lateralis muscle

解剖學上的特徵

- 股外側肌可分為「連接共同肌腱（股四頭肌肌腱）外側的股外側肌」和「連接膝蓋骨外側以及髕骨外側支持帶的股外側肌斜纖維」。
- **股外側肌**

  [起端] 股外側肌起始於股骨粗線外側唇，股外側肌的上方則是大轉子的下方部位

  [止端] 與共同肌腱（股四頭肌肌腱）交接後，經由膝蓋骨，並止於脛骨粗隆
- **股外側肌斜纖維**

  [起端] 髂脛束的內面　**[止端]** 膝蓋骨外側緣以及髕骨外側支持帶

  [支配神經] 股神經（L3・L4）
- 股外側肌的肌纖維角度（pennate angle）與股內側肌的肌纖維角度相同，愈接近股外側肌的遠側位置，股外側肌的肌纖維角度就愈會呈鈍角角度。
- 股外側肌是股四頭肌中體積最大的肌肉，此外股外側肌大多數的範圍皆被髂脛束所覆蓋住。

肌肉功能的特徵

- 股外側肌會作用於膝關節的伸展。此外，在走向上，股外側肌具有小腿的外旋作用及外展作用。
- 一旦呈knee-out及腳尖朝內（toe-in）如此的列位時，股外側肌便會擔負起穩定膝關節的主要任務。
- 股外側肌的遠側部位，即能讓膝關節伸展作用增強，也能使往膝蓋骨的外方牽引作用增強。
- 髕骨外側支持帶的緊繃程度與股外側肌斜纖維的活躍性有著緊密的依存關係。

臨床相關

- 股外側肌攣縮會妨礙「伴隨膝關節屈曲而來，額狀面上的旋轉（frontal rotation）」因而造成膝關節可動範圍受限。
- 罹患疼痛性二分髕骨的病患，其股外側肌的攣縮程度相當強烈，尤其是附著於髕骨分裂部位的肌群，此肌群的收縮與疼痛的產生有著極大關連。
- 「在膝關節不穩定而引發前膝痛 」的病例方面，其病狀的起因大多是股外側肌或髕骨外側支持帶的延展性變差所致[23)]。
- 如跳躍膝（jumper's knee）及奧斯戈德氏症（Osgood-Schlatter disease）等與膝關節伸展機制有關的疾病，合併有股直肌以及股外側肌緊縮（tightness）的病例非常多。
- 「在隨著髖關節的內收，以致膝關節屈曲可動範圍受到限制」的病例方面，在經驗上多半是因為髂脛束的緊繃程度加深，而使得股外側肌的伸展性變差所致。

相關疾病

髕骨不穩定、膝蓋骨脫臼、膝關節攣縮、疼痛性二分髕骨、跳躍膝（jumper's knee）、奧斯戈德氏症（Osgood-Schlatter disease）……等。

圖2-19　股外側肌的走向

股外側肌起始於股骨粗線外側唇，股外側肌的上方部位起始於大轉子的下方部位，並與共同肌腱交匯。然後，股外側肌會經由膝蓋骨，緊鄰髕骨韌帶，最後止於脛骨粗隆。股外側肌斜纖維則起始於髂脛束的內面，並與膝蓋骨外側緣及髕骨外側支持帶交匯。會自外側方向拉住共同肌腱，並會作用於膝關節的伸展。股外側肌斜纖維會將膝蓋骨往外牽引，同時亦參與了小腿的外旋作用。

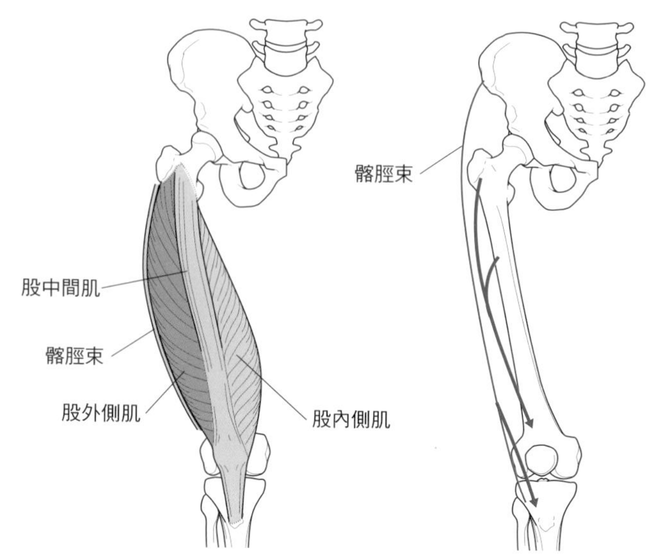

圖2-20　股外側肌和股外側肌斜纖維的區別

此張照片是從膝關節近側部位的外側位置來觀察股外側肌和股外側肌斜纖維。如此一來，即可將「附著於共同肌腱的股外側肌」及「附著於膝蓋骨及髕骨外側支持帶的股外側肌斜纖維」加以區別。股外側肌的肌纖維角度亦是越位於遠側位置，就會越呈鈍角。然而，股外側肌肌纖維角度的變化並沒有股內側肌肌纖維角度的變化那麼大。

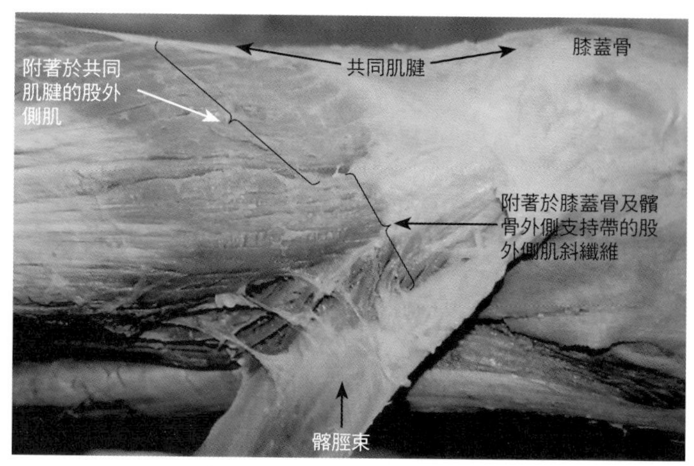

以上照片是由青木隆明博士熱情提供

圖2-21　起始於髂脛束內面的股外側肌斜纖維

此張照片是「起始於髂脛束內面的股外側肌斜纖維」的示意圖。將此張示意圖與「起始於內收大肌肌腱的股內側肌斜纖維」進行比對後，再牢記在腦海中即可。此外，因為髂脛束廣泛地覆蓋在股外側肌的表面，因此髂脛束緊繃對於股外側肌的影響甚鉅。上述理論就是與「髂脛束攣縮的診斷」有關的重要知識。

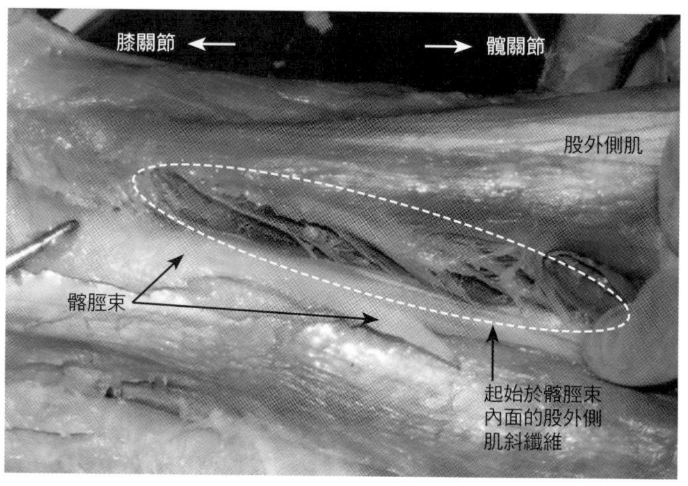

以上照片是由青木隆明博士熱情提供

圖2-22　股外側肌肌纖維角度的觸診①

股外側肌的觸診基本上亦是與股內側肌的觸診相同。觸診位置、手指的運用方式等皆完全相同。而「附著於共同肌腱近側部位的股外側肌肌纖維角度」比「股內側肌的肌纖維角度」略小（約略呈20°），診療者就將手指置於病患的股內側肌此銳角角度上。然後讓病患呈騎乘坐姿（ride sitting，亦稱為短坐姿），並指示病患進行膝關節的伸展運動。

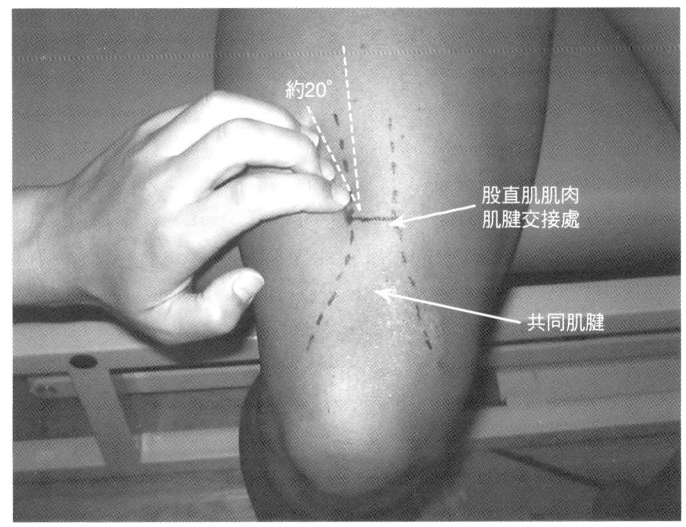

圖2-23　股外側肌肌纖維角度的觸診②

隨著伸展運動，病患首次的肌肉收縮便會開始集中，診療者用三根手指感受病患的肌肉張力，並同時確認出「所感受到的張力方向」。然後一邊為病患進行觸診，一邊稍微調整手指觸摸的角度，並將觸診到的纖維角度畫上記號。

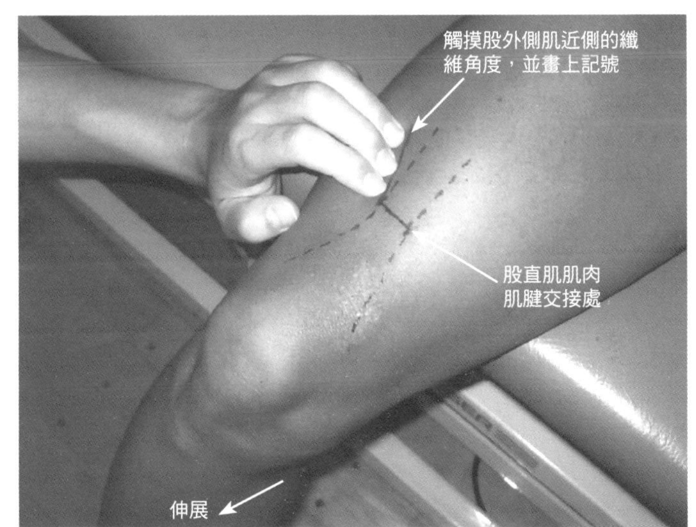

圖2-24　股外側肌斜纖維的肌纖維角度的觸診

「股外側肌斜纖維」的肌纖維角度的觸診，基本上與「觸診股外側肌肌纖維角度」的程序相同。附著於膝蓋骨近側的肌纖維角度大約是25°～30°。診療者以三根手指觸摸「因伸展運動伴隨而來的張力」，並稍微調整手指的觸摸角度，以使三根手指皆能觸摸到張力，然後畫上記號。

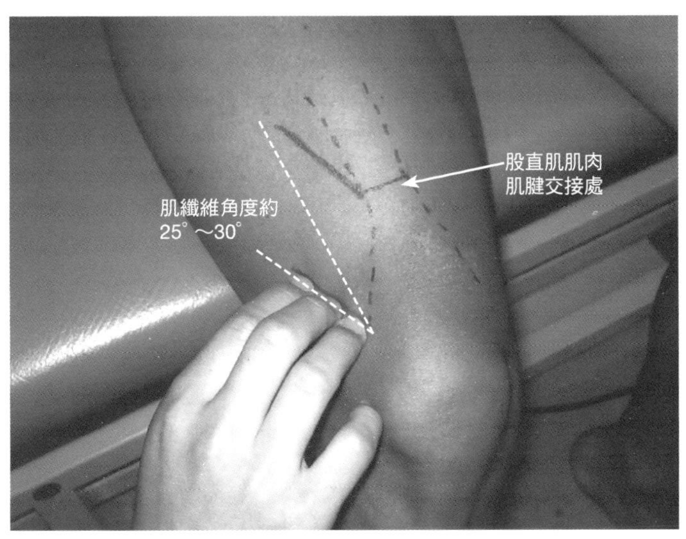

圖2-25　股外側肌的觸診①

觸摸股外側肌時，因為大部分的股外側肌被髂脛束所覆蓋住，因此，髂脛束的緊繃程度若甚劇，便非常難以觸診到股外側肌。為了排除「因膝關節伸展運動伴隨而來的髂脛束緊繃」，診療者要讓病患呈騎乘坐姿，再請病患將骨盆往對側旋轉，並同時使觸診側往前傾。藉由此動作，病患的髖關節便會被動地呈外展位及屈曲位，如此一來，就可排除闊筋膜張肌的參與。

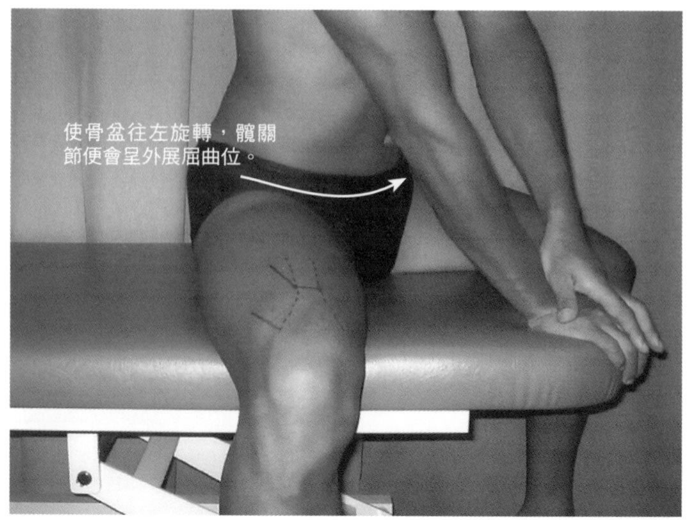

圖2-26　股外側肌的觸診②

在誘發「位於共同肌腱附近的股外側肌」的收縮方面，首先，為了讓先前已確認出角度的肌纖維角度記號，與病患的髕骨韌帶長軸方向一致，診療者須先將病患的小腿加以調整一番。然後，在此處以輕微的等長收縮為病患進行膝關節的伸展運動。如此一來，便可使「股外側肌畫有記號的部位」強烈地收縮。

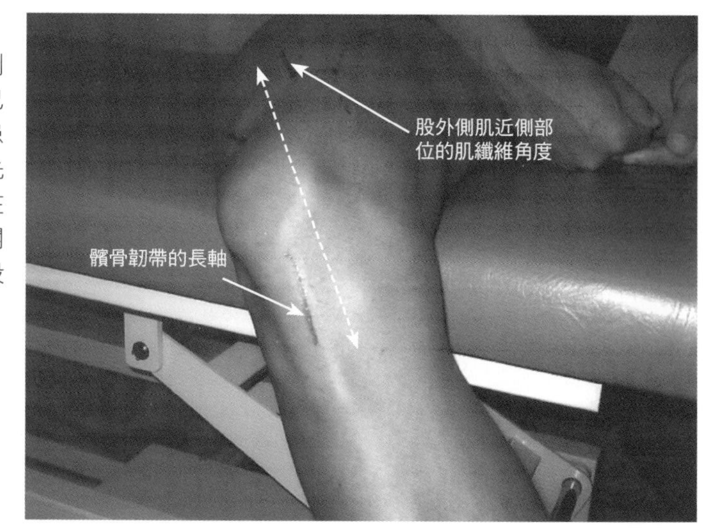

圖 2-27　股外側肌的觸診③

在誘發「附著於膝蓋骨近側的股外側斜纖維」的收縮方面，首先，為了讓先前已確認出角度的肌纖維角度記號，與病患的髕骨韌帶長軸方向平行，診療者須先將病患的小腿加以調整一番。然後，在此處以輕微的等長收縮為病患進行膝關節的伸展運動。如此一來，便可使「股外側肌斜纖維畫有記號的部位」強烈地收縮。

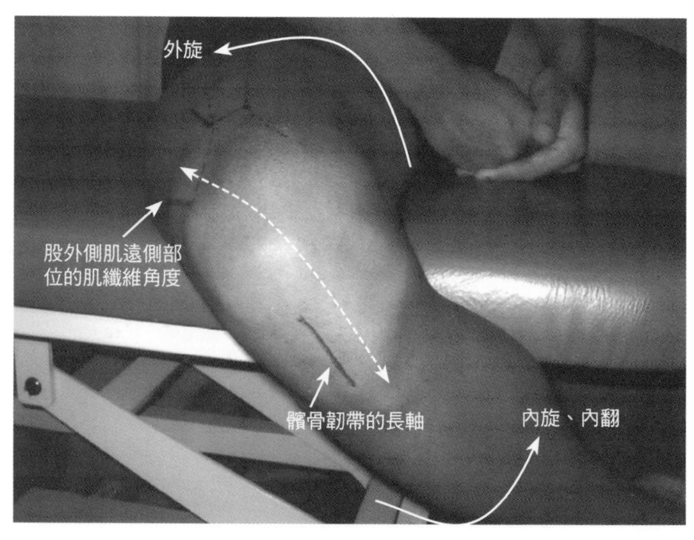

圖 2-28　股外側肌的觸診④

股外側肌的肌腹非常大。股外側肌肌腹的走向乃是起始於大腿外側，並旋轉至大腿後方。進行股外側肌的觸診時，診療者以手指觸摸病患的大腿後方，但是要避開股二頭肌的位置，並讓病患進行膝關節伸展運動。如此一來，位於病患大腿後方的股外側肌便會隨之收縮，診療者即可開始觸診病患大腿後方的股外側肌的收縮狀態。

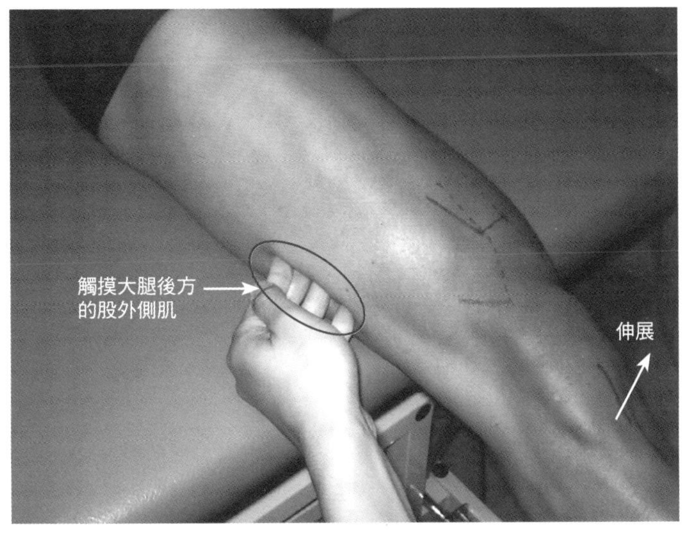

圖 2-29　股外側肌的觸診⑤

股外側肌的上方部位會延伸至大轉子的下方部位。進行股外側肌的觸診時，診療者以手指觸摸病患大轉子下方部位的後方。並讓病患進行膝關節伸展運動。如此一來，位於病患大轉子下方的股外側肌便會因此而產生收縮，診療者即可開始觸摸「位於病患大轉子下方的股外側肌之收縮狀態」。然後，再讓病患的髖關節回復至原位，並讓病患的髂脛束處於緊繃度升高的狀態，並與股外側肌加以比較，如此一來，就能進一步理解髂脛束和股外側肌的關係。

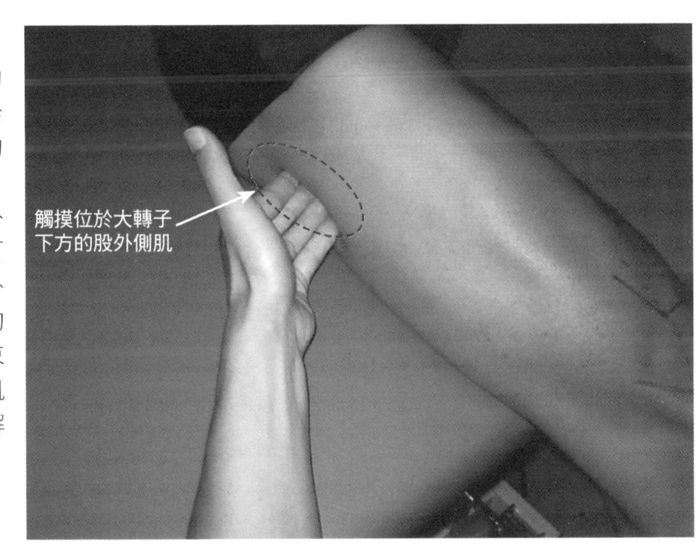

Skill Up

疼痛性二分髕骨和股外側肌的關係

「疼痛性二分髕骨」此疾病會使患部出現分裂現象，此分裂現象大多位於股外側肌的附著部位（SaupeⅢ型），在此部位的hypertraction（過度牽引）與疼痛的產生有著極大的關係。雖然股外側肌的伸展已成為重要的運動療法，但是會對分裂處有所影響的部位就是起始於髂脛束的股外側肌，這點務必要注意。

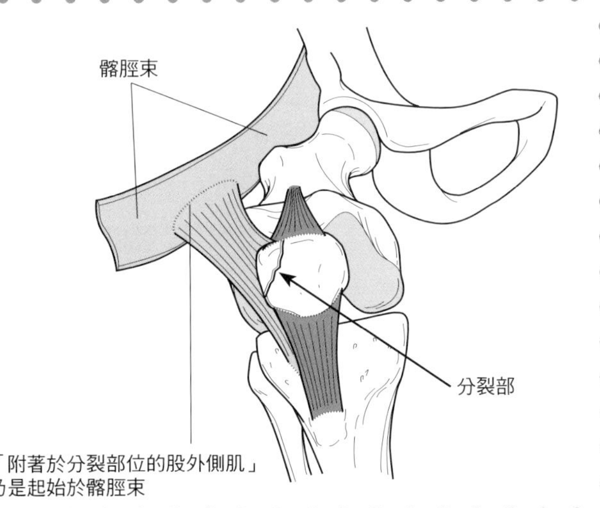

2 和膝關節有關的肌肉

股中間肌 vastus intermedius muscle
髕上囊 suprapatella pouch

解剖學上的特徵

- **股中間肌**
  - **[起端]** 股骨前方近側2/3處
  - **[止端]** 通過膝蓋骨至脛骨粗隆
  - **[支配神經]** 股神經（L2～L4）
- 股中間肌的最內層部位起始於名為膝關節肌的纖維群，並止於髕上囊。
- 股中間肌的肌纖維角度幾乎與股骨長軸一致。此外，股中間肌與其他三種肌肉相比，其肌腱成分非常少。
- 髕上囊是連結股骨髁部和膝蓋骨的滑液囊，有助於髕骨關節的滑動功能。

肌肉功能的特徵

- 股中間肌能使膝關節伸展。
- 膝關節肌會隨著膝關節伸展而牽動髕上囊，並防止髕上囊受到夾擠。

臨床相關

- 股中間肌的明顯結痂是造成膝關節攣縮的主要原因，為了擴大可動範圍，有時也會進行股中間肌切開術[24)]。
- 在股骨骨幹骨折和股骨髁上骨折的病例裡，當患者在接受治療時，股中間肌已有挫傷，所以最好能進行運動治療。
- 髕上囊的粘黏會嚴重限制膝蓋骨活動，此為膝關節攣縮的主要原因，預防重點在於使關節水腫早期消失。
- 在膝關節手術後，初期進行的Quadriceps setting或SLR訓練，就是藉由膝關節肌而對髕上囊施加牽引刺激，從預防緊縮的角度來看也是十分重要的。

相關疾病

膝關節攣縮、股骨骨幹骨折、股骨骨折、股中間肌挫傷……等。

圖2-30 股中間肌的走向

股中間肌起始於股骨前方近側2/3處，沿著股骨往下延伸，通過膝蓋骨止於脛骨粗隆。股中間肌的最內層部位起始於膝關節肌並附著於髕上囊。股中間肌單純能使膝關節伸展。

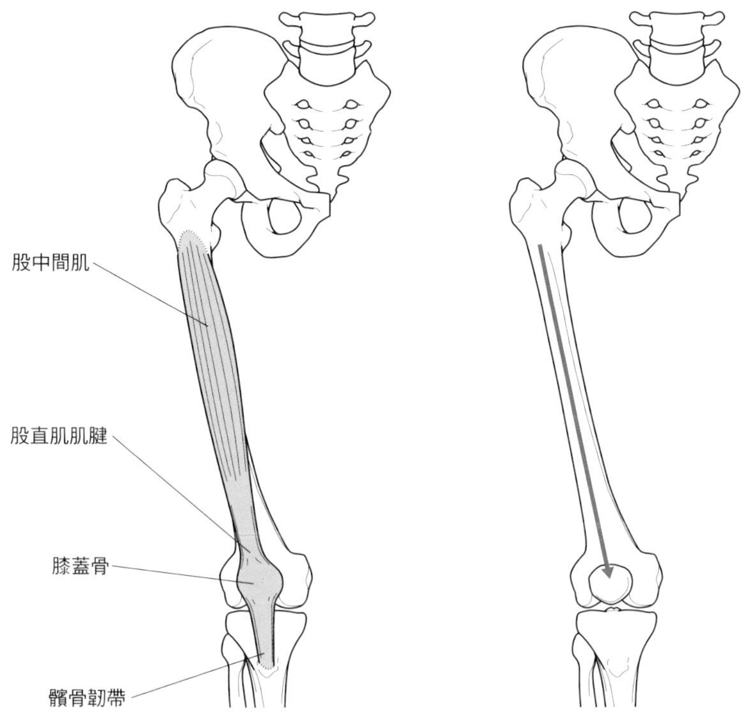

圖2-31 附著於髕上囊的膝關節肌

此圖為附著於髕上囊的膝關節肌狀態。股中間肌最內層部位為膝關節纖維，膝關節纖維附著於髕上囊時，並非採整條肌束的方式，而是以髮毛般的細纖維束做大幅度的附著。那是為了防止髕上囊隨著膝關節伸展而受到夾擠。

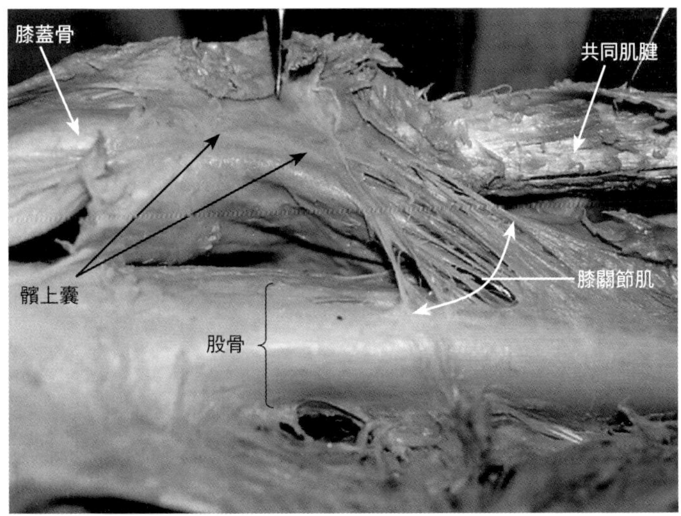

此照片是由青木隆明博士所提供

圖2-32　隨著膝關節屈曲，髕上囊的變化[25、26]

在膝關節屈曲時，髕上囊會使膝蓋骨的長軸在移動時更為滑順。在膝關節呈伸展位時，髕上囊會被拉往近側而呈雙膜構造（a）。但隨著膝關節屈曲，髕上囊會被容許往膝蓋骨下方滑動，同時逐漸轉變成單膜構造（c）。相反地，在膝關節伸展時，髕上囊會因膝關節肌的牽引而再次恢復成雙膜構造。

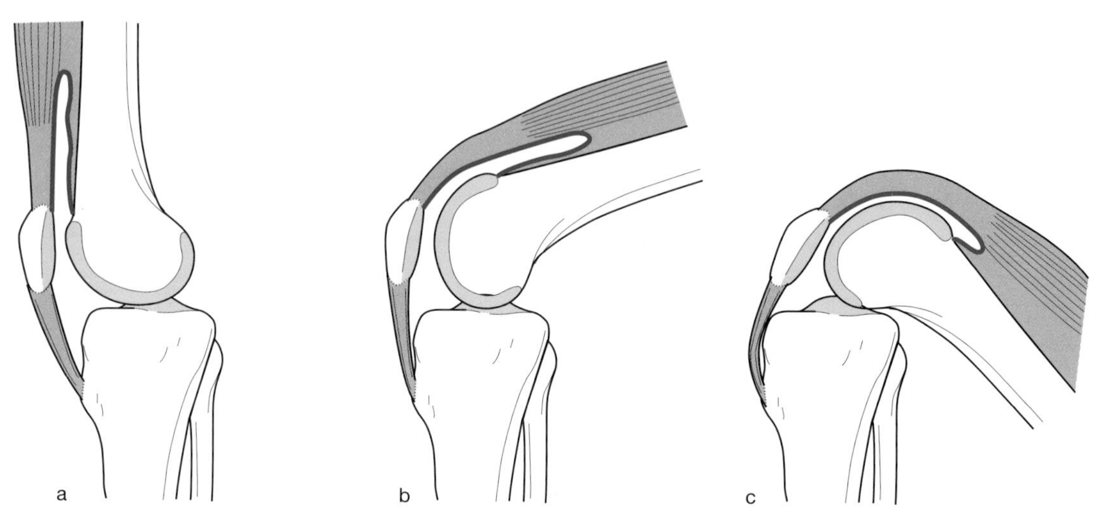

圖2-33　因髕上囊粘黏而引發膝關節屈曲障礙[27]

髕上囊若出現粘黏，在屈曲時膝蓋骨的長軸會明顯受到限制，引起嚴重的屈曲障礙。一旦髕上囊形成粘黏，要透過運動治療加以分離便十分困難，因而多採用關節鬆動術的療法。最好的治療方式在於預防髕上囊發生粘黏。因此，不要讓關節液長期積存於關節內，以及要在早期進行股四頭肌訓練，尤其要引發股中間肌收縮，這些都是十分重要。

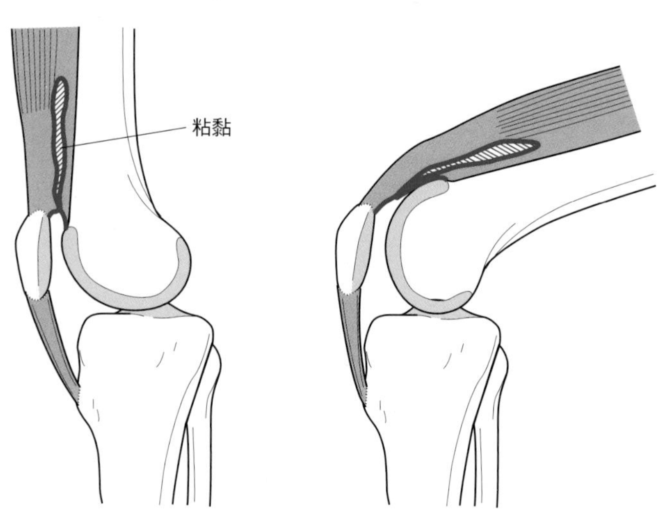

圖2-34　股中間肌的觸診①

對股中間肌進行觸診時，要讓病患呈騎乘坐姿（ride sitting）才能開始進行。在觸摸股中間肌之前，要從正面位置先確認好股中間肌的寬度才容易進行。診療者指示病患進行髖關節的屈曲運動，以針對股直肌觸診並畫出寬度。

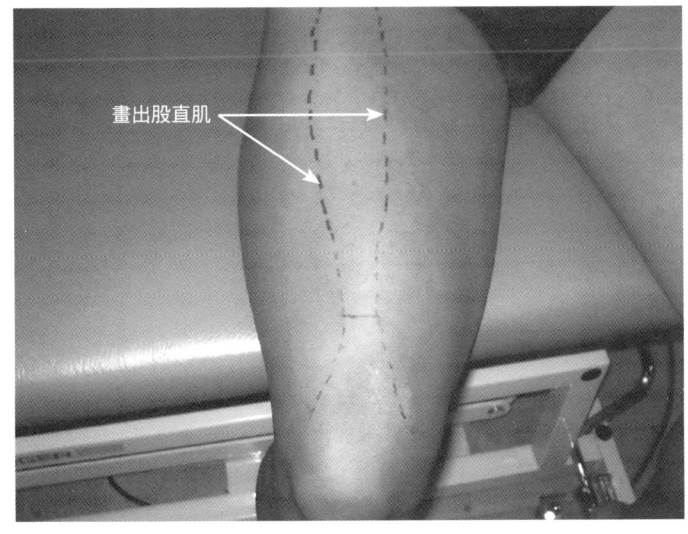

圖2-35　股中間肌的觸診②

接著，從股骨內髁和股骨外髁的遠側上方進行觸診，一面輕輕地進行壓迫，一面朝近側方向前進，並且對連結骨幹部的骨幹端部加以確認。

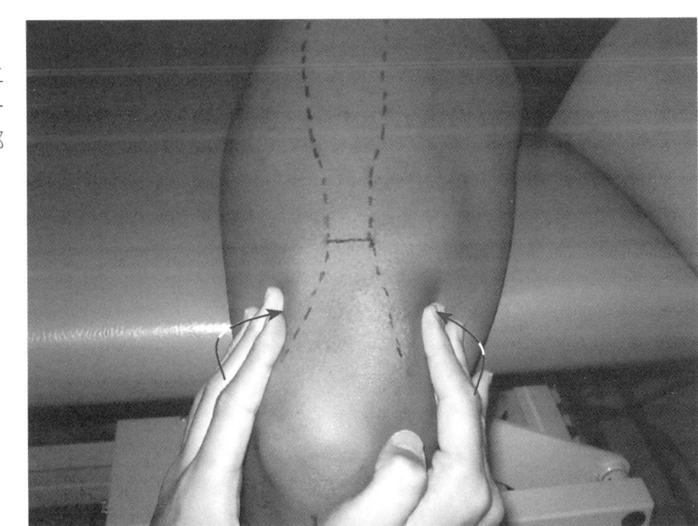

圖2-36　股中間肌的觸診③

越過骨幹端部周圍後，手指若從左右兩側深壓，就能觸摸到股中間肌肌腹。在這附近的股中間肌比位於表層的共同肌腱寬約4～5cm。兩手手指輪流深壓並觸診，以感覺股中間肌的滑動。

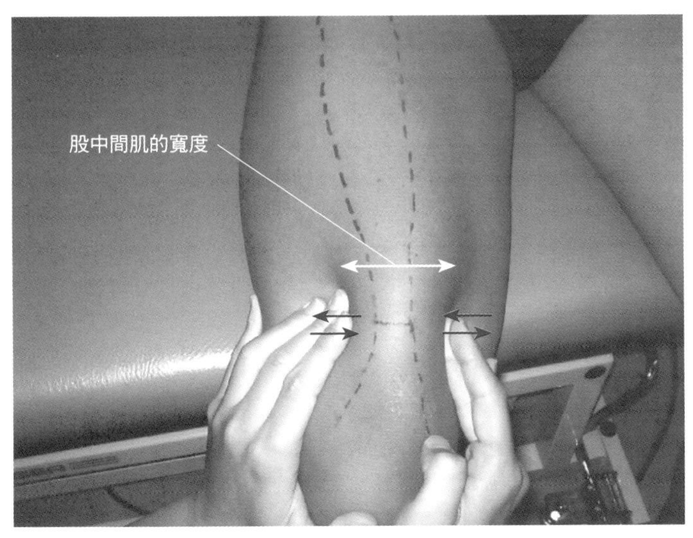

圖2-37　股中間肌的觸診④

從左右兩側擠壓股中間肌肌腹，同時慢慢地往近側方向進行觸診。在大腿中央部位附近，應該可以感覺到寬約7～8cm的股中間肌。此時若以表層的股直肌寬度做為基準，便能清楚分辨股直肌和股中間肌兩者的關係。

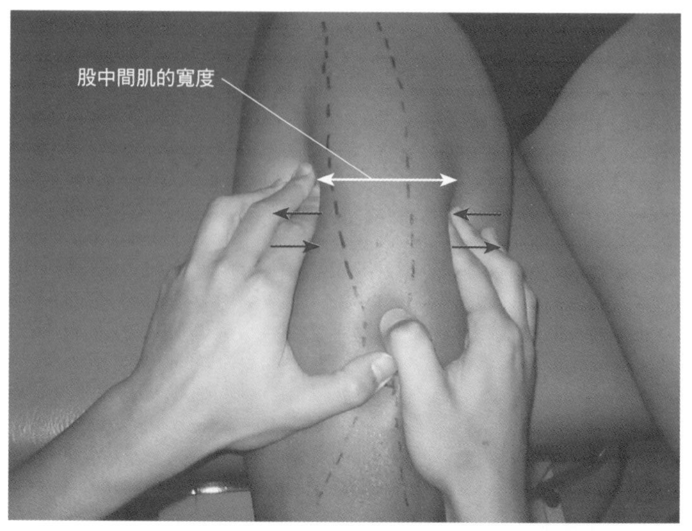

圖2-38　髕上囊的觸診①

對髕上囊進行觸診時，要讓病患呈騎乘坐姿（ride sitting）才能開始進行。將雙手的食指、中指、無名指重疊放在膝蓋骨近側。手指輕輕壓迫並以畫圓的方式移動，如此就能觸摸到髕上囊特有的滑動感。當難以分辨時，可以用同樣方式觸摸髕上囊以外的部位，如此就能清楚知道其差異性。

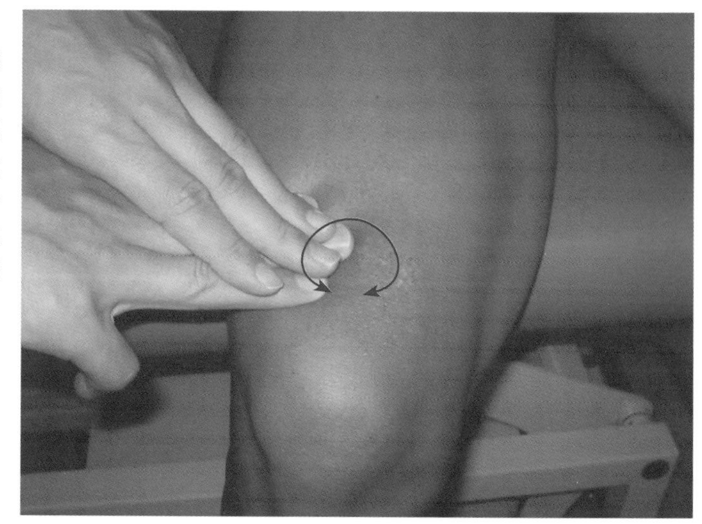

圖2-39　髕上囊的觸診②

以畫圓的方式慢慢地移動手指以確認髕上囊的大小。在髕上囊的邊緣部位，指尖可以感受到邊端的阻力。照片中的手指正在觸摸髕上囊的最近側部位。在髕上囊剛出現粘黏的病例裡，診療者可以感覺到有凝膠狀的結痂組織，而非髕上囊特有的滑動感。

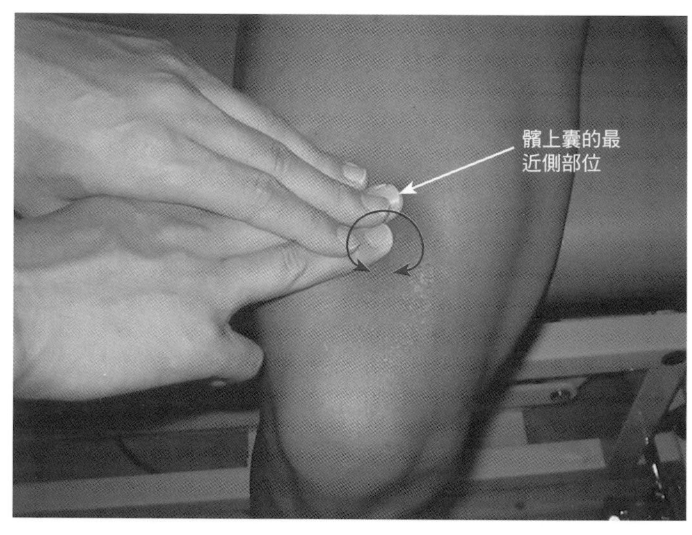

半腱肌 semitendinosus muscle
半膜肌 semimembranosus muscle

解剖學上的特徵

● **半腱肌**

[起端] 坐骨結節

[止端] 脛骨粗隆內側

[支配神經] 坐骨神經中的脛骨神經部（L4～S2）

● 照字義來看，半腱肌的下半部為長條肌腱，走向位於半膜肌上方。

● 半腱肌的止端肌腱會連同縫匠肌肌腱和股薄肌肌腱形成鵝足。

● **半膜肌**

[起端] 坐骨結節

[止端] 脛骨內髁內側至後側、膕斜韌帶、膕肌肌膜、膝後方關節囊、後斜韌帶、內側半月板。

[支配神經] 坐骨神經中的脛骨神經部（L4～S2）

● 照字義來看，半膜肌的上半部是由寬大腱膜所構成，並且位於半腱肌的內層。

● 半膜肌的下半部是由較厚的扁平狀肌腹所構成，肌腱成分非常少。

肌肉功能的特徵

● 對髖關節伸展及膝關節屈曲具有強大作用力。

● 對髖關節內收也有補助性作用。

● 半腱肌和半膜肌對小腿內旋皆具有作用力，但半腱肌的影響較強。

● 下肢固定時，具有將骨盆後傾的作用。因此，可制動在步行時腳跟著地所產生的髖關節屈曲力矩，進而使身體保持直立姿勢。

● 膝關節屈曲時，半膜肌能防止內側半月板或後方關節囊受到夾擠，並且引導屈曲運動能滑順進行。

臨床相關

● 身體站立向前彎曲時，tight hamstrings（膕旁肌緊縮）會成為限制骨盆前傾的因素，此為屈曲型腰痛的主因。

● 「突然停止行進動作」會迫使髖關節在膝關節呈伸展位的情況下過度屈曲，因此容易造成半腱肌或半膜肌的肌肉拉傷。

● 在使用膝下義肢的病例裡，當病患步行出現內側鞭索動作（whip）時，若不是義肢調整上的問題，就可能是半腱肌和半膜肌無力所造成。

● 在進行被動性膝關節屈曲時，如果病患主訴膕窩部位感到痛疼時，大多是因為內側半月板或關節囊受到夾擠所造成，以此案例來說，能帶動半膜肌收縮的主動協助式運動，十分有效。

●半腱肌肌腱和股薄肌肌腱常被用來作為重建ACL時所用的材料。
●若是利用半腱肌進行ACL重建術，術後會有「外側肌肉較為有力」的情況，所以必須針對這樣的情形再進行訓練。
●在鵝掌肌滑囊炎的病例裡，疼痛的原因很少與半腱肌有關，大多是因為股薄肌出現問題所致。

相關疾病

慢性腰痛症、腰椎椎間盤突出、tight hamstrings、膕旁肌拉傷、前十字韌帶損傷、鵝掌肌滑囊炎、小腿截肢等等。

圖2-40　半腱肌和半膜肌的走向

半腱肌起始於坐骨結節，並止於脛骨粗隆內側。半膜肌起始於坐骨結節，並止於六個組織。半腱肌位於半膜肌上方。半腱肌和半膜肌能使髖關節伸展、膝關節屈曲、小腿內旋。在內旋作用裡，半腱肌的作用較強。

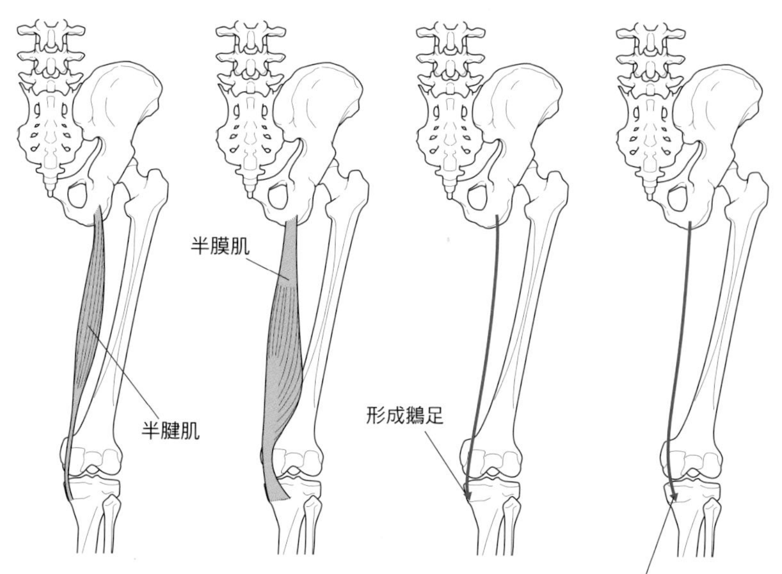

圖2-41　半腱肌和半膜肌的解剖圖

半腱肌的下半部是由肌腱組織所構成。半膜肌的上半部是由腱膜組織所構成，半膜肌的下半部至遠端則是扁平又結實的肌肉，而且肌腱成分相當少。進行觸診時，先確認好半腱肌的話，再觸摸半膜肌，如此一來就不會失誤。

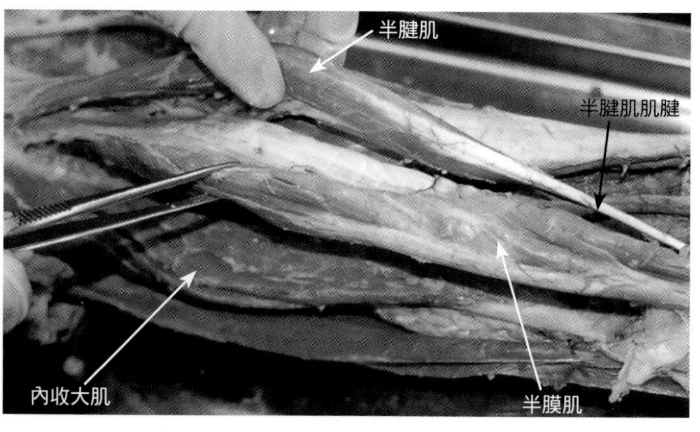

此照片是由青木隆明博士所提供

圖2-42　從膕窩觀察兩條肌腱

在膝關節進行屈曲運動時，若觀察膕窩便會發現有兩條肌腱浮出，位於內側的是半腱肌肌腱，外側則為股二頭肌肌腱。半腱肌的內側有股薄肌肌腱，而股二頭肌肌腱的外側則有髂脛束。

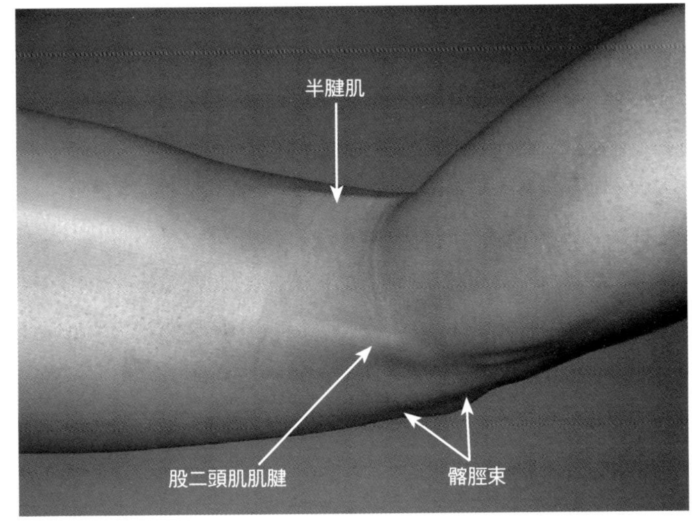

圖2-43　從止端觀察半腱肌的運動

半腱肌肌腱位於鵝足的最遠端。當膝關節屈曲成約45度時，半腱肌的肌腱走向會與股骨長軸幾乎呈平行，並往小腿旋入。要誘發半腱肌收縮的話，要在這樣的姿勢下（膝關節屈曲45°），以平行股骨長軸的方向進行內旋運動，這樣才有效。注意！勿以小腿長軸為中心進行內旋。

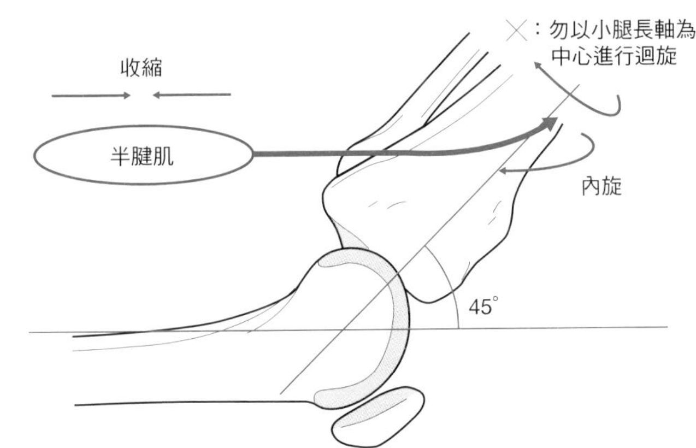

圖2-44　從止端觀察半膜肌的運動

半膜肌肌腱的止端是以脛骨內髁後方為中心廣泛地分布於後方軟組織。要誘發半膜肌收縮的話，膝關節的屈曲角度為何並不重要。要讓半膜肌以脛骨內髁為中心，將脛骨內髁平行股骨長軸往近側牽引，這樣的運動才有效果，並不需像半腱肌般加上旋轉方向的動作來誘發。

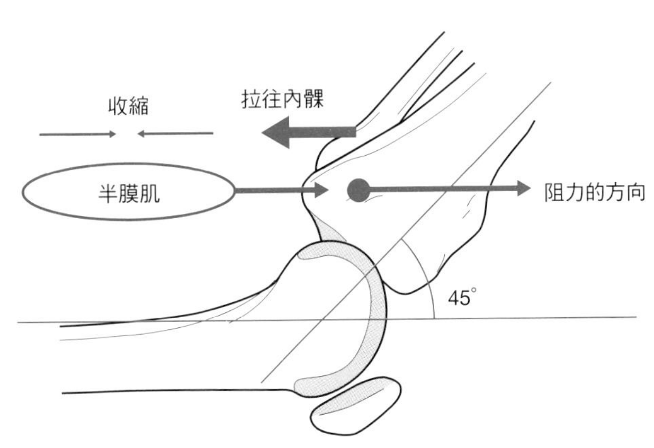

圖2-45　半腱肌的觸診①

對半腱肌進行觸診時，要讓病患俯臥並使膝關節呈約45°屈曲，此為觸診的起始位置。診療者將手伸入病患小腿內側，手掌放在脛骨內側部。此時診療者的前臂手軸要與病患的股骨長軸平行，這點十分重要。

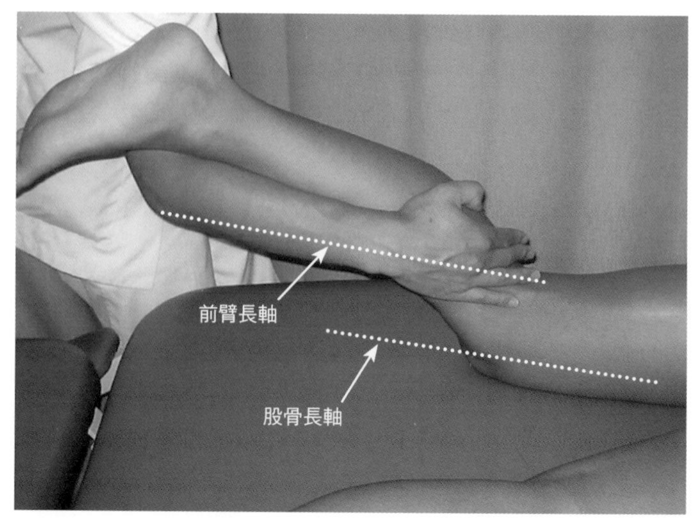

圖2-46　半腱肌的觸診②

接著，診療者用手掌抓住小腿，以平行於股骨長軸的方式將小腿擺在外旋位，並將半腱肌直直地朝遠端牽引（圖①）。接著指示患者讓小腿內旋以恢復成起始位置（圖②），如此就能在膕窩內側觀察到明顯的半腱肌肌腱。

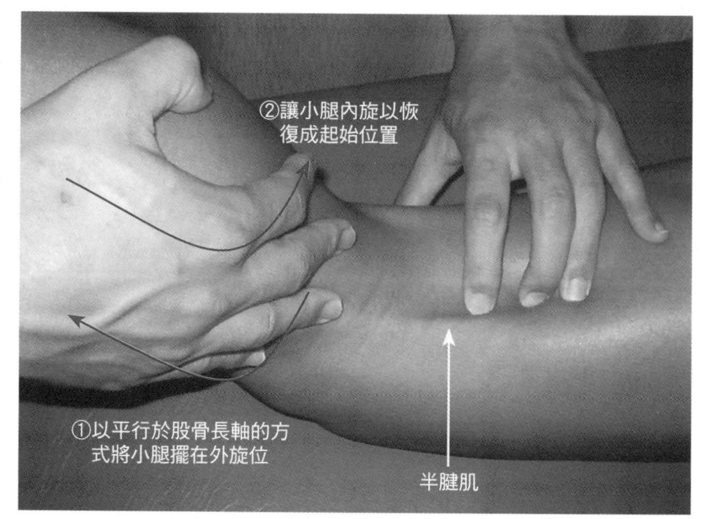

圖2-47　半腱肌的觸診③

讓病患反覆進行膝關節的內旋運動（始終要平行於股骨長軸），同時朝近側進行半腱肌肌腱觸診。對肌腱部位要仔細觸診並將肌腱位置畫出。此外，半腱肌的肌肉肌腱交接處和肌腹部分也要一併進行觸診。

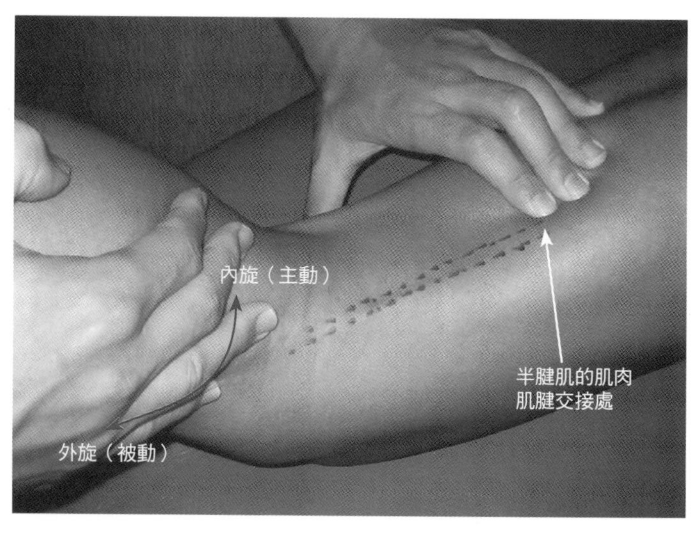

圖2-48　半腱肌的觸診④

若能確認半腱肌的肌肉肌腱交接處，再沿著半腱肌的內側緣就能觸摸到坐骨結節（上圖）。半腱肌的外側緣在肌肉肌腱交接處很容易觸摸得到，但由於其近側部位與股二頭肌的長頭相連。因此，診療者必須將指腹朝向半腱肌，將手指置於半腱肌與股二頭肌長頭之間來進行觸診。

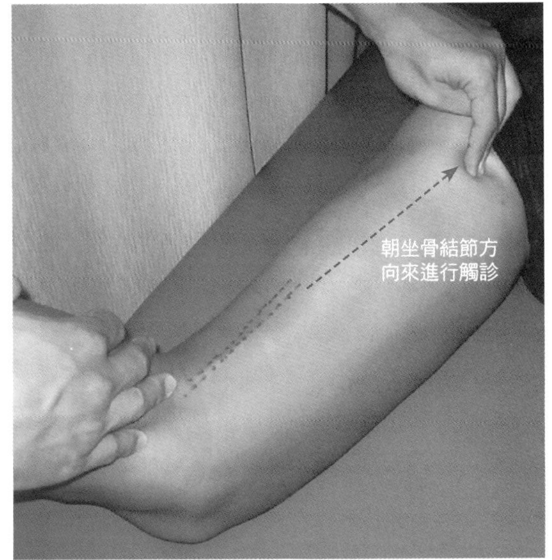

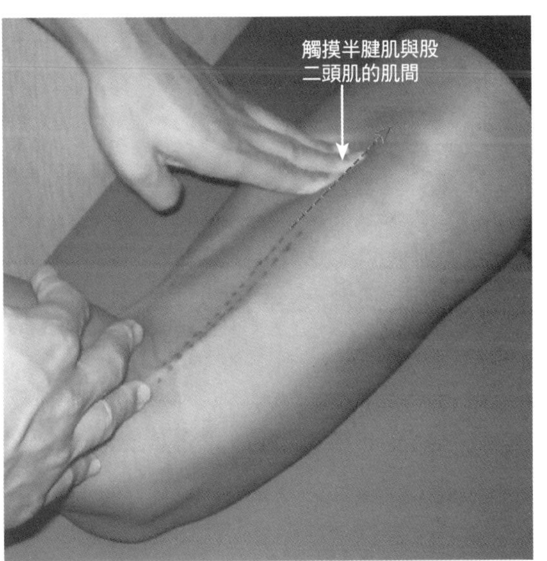

圖2-49　半膜肌的觸診①

對半膜肌進行觸診時，要讓病患俯臥並使膝關節呈約45°屈曲，此為觸診的起始位置。診療者將手掌放在脛骨內髁後方，以平行股骨長軸的方式施加阻力。此時所施加的阻力，並非是要達到讓運動停止的強度，而是給予輕微的阻力以控制運動方向。

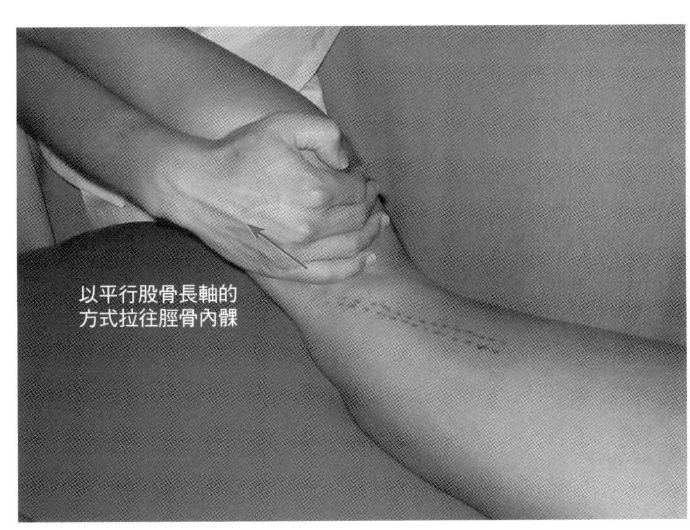

圖2-50 半膜肌的觸診②

病患要在被施加阻力的情況下，反覆進行膝關節屈曲運動，而此時可以觸診到方才觸診過的，位於半腱肌肌腱兩側呈收縮狀態的半膜肌。膝關節的屈曲角度即使有所變化，對脛骨所施加的阻力仍然必須平行於股骨長軸，這是觸診時的訣竅。

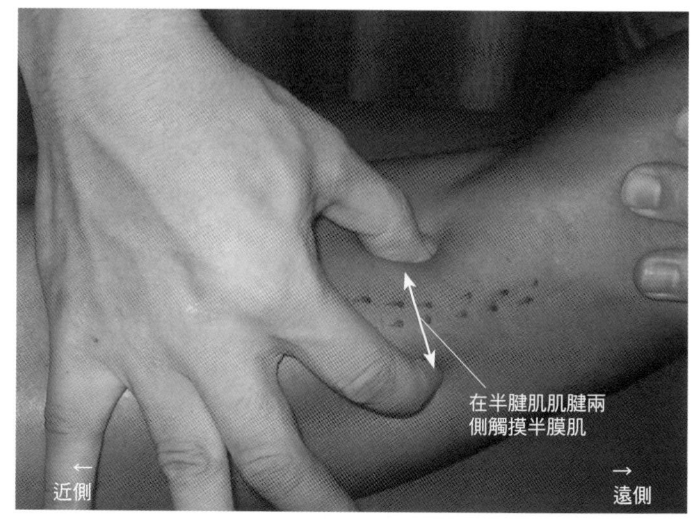

圖2-51 透過半膜肌的收縮以觸診內側半月板①

半膜肌的纖維會延伸至內側半月板。隨著膝關節屈曲，半腱肌能將內側半月板拉往後方。病患的膝關節約呈100° 屈曲時，診療者的手指可擺在內側關節空隙、內側副韌帶的後方。

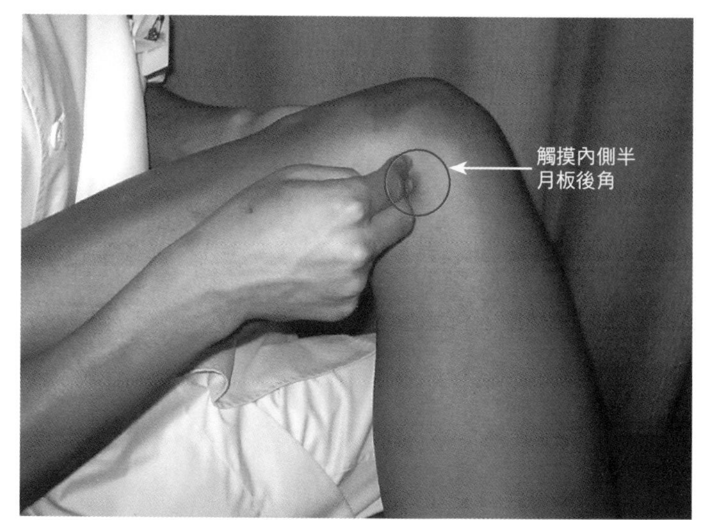

圖2-52 透過半膜肌的收縮以觸診內側半月板②

診療者在脛骨內髁後面以平行股骨長軸的方式施加阻力，並同時指示病患作出膝關節屈曲運動。隨著屈曲運動的進行，就能觸摸到內側半月板往後方移動的狀態。這個觸診方式能用在內側半月板夾擠而產生膕窩部疼病的病例裡，多半能立即減輕膕窩部疼動及增加可動範圍。

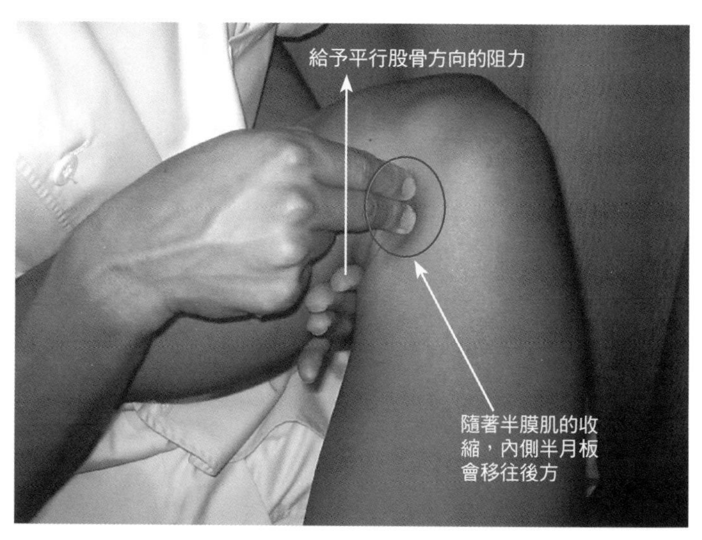

股二頭肌長頭 biceps femoris long head
股二頭肌短頭 biceps femoris short head

解剖學上的特徵

- **股二頭肌長頭**

  [起端] 坐骨結節　**[止端]** 腓骨頭　**[支配神經]** 坐骨神經的脛骨神經部（L5～S2）
- **股二頭肌短頭**

  [起端] 股骨粗線外唇　**[止端]** 通過長頭肌腱至腓骨頭

  [支配神經] 坐骨神經的腓骨神經部（S1・S2）
- 股二頭肌短頭是從內層以羽狀方式匯集於長頭的止端肌腱，並通過長頭肌腱將張力傳達至腓骨頭。
- 股二頭肌短頭的表層幾乎為長頭所覆蓋，因此在身體表面所觀察到的對象主要是長頭肌腹。

肌肉功能的特徵

- 股二頭肌長頭能使髖關節伸展及膝關節屈曲。
- 在下肢固定的情況下，股二頭肌能使骨盆後傾。
- 股二頭肌短頭能使膝關節屈曲，並能連同長頭讓小腿進行外旋。
- 股二頭肌的止端，一部分會匯集於腓腸肌外側頭肌膜，並對腓腸肌外側頭的肌肉活動有所影響。
- 股二頭肌的部分止端肌腱，其內外側會受到外側副韌帶包覆並往腓骨頭延伸，對膝關節的內翻不穩定性間接具有壓制的能力。

臨床相關

- 股二頭肌長頭和內側膕旁肌同樣都是SLR的限制因素。
- 股二頭肌短頭是造成膝關節屈曲緊縮的肌肉因素當中最重要的一條肌肉。
- 在膝關節呈屈曲位的情況下，若是股二頭肌作一強力收縮，或是對小腿作一強內旋時，股二頭肌肌腱將會使腓骨頭脫臼。
- 膝關節呈90°屈曲位時，位於股二頭肌和髂脛束之間的部位，是診療外側半月板後角出現壓痛的最佳位置。
- 在使用膝下義肢的病例裡，當病患步行出現外側鞭索動作（whip）時，若不是義肢調整上的問題，就可能是股二頭肌無力所造成。

相關疾病

tight hamstrings、膝關節屈曲緊縮、肌二頭肌斷裂、肌肉拉傷、腓骨頭脫臼、小腿截肢、外側半月板損傷……等。

圖2-53　股二頭肌的走向

股二頭肌長頭起始於坐骨結節，並止於腓骨頭。股二頭肌短頭起始於股骨粗線外唇，經由長頭肌腱而止於腓骨頭。長頭和短頭皆對膝關節屈曲及小腿外旋具有強大作用。此外，長頭也關係到髖關節伸展。短頭幾乎被長頭所包覆，從身體表面是很難觀察得到。

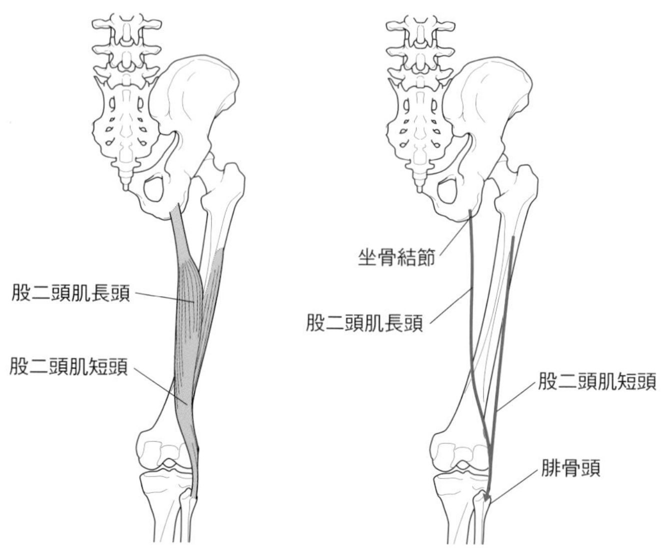

圖2-54　股二頭肌長頭肌腱和短頭之間的關係

此圖是從外側觀察右大腿。用鑷子向上拉起的是股二頭肌長頭。短頭會朝腓骨頭方向延伸，並從長頭內層以半羽狀方式匯集。短頭本身並沒有自已的肌腱。總之，短頭的收縮是透過長頭肌腱才傳達到腓骨頭。

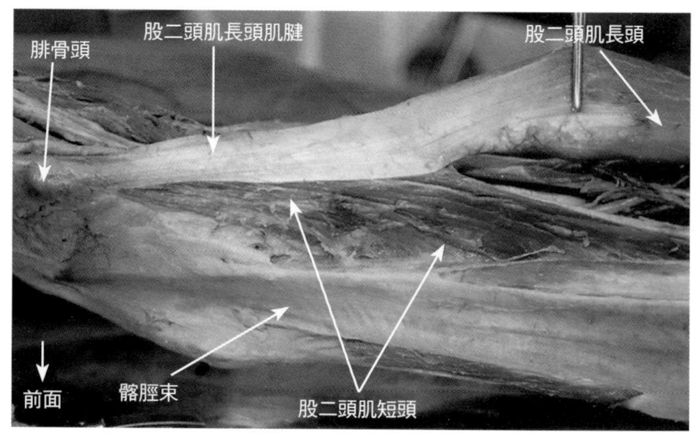

此照片由青木隆明博士所提供

圖2-55　髖關節位置對股二頭肌作用所造成的差異

在髖關節呈伸展位時，因為股二頭肌長頭鬆弛的緣故，所以屈曲膝關節必須依賴短頭的作用。在髖關節呈屈曲位時，因為長頭獲得適度伸展，所以長頭會連同短頭共同對膝關節屈曲產生強力作用。因為短頭是單關節肌肉，所以不受髖關節姿勢影響。

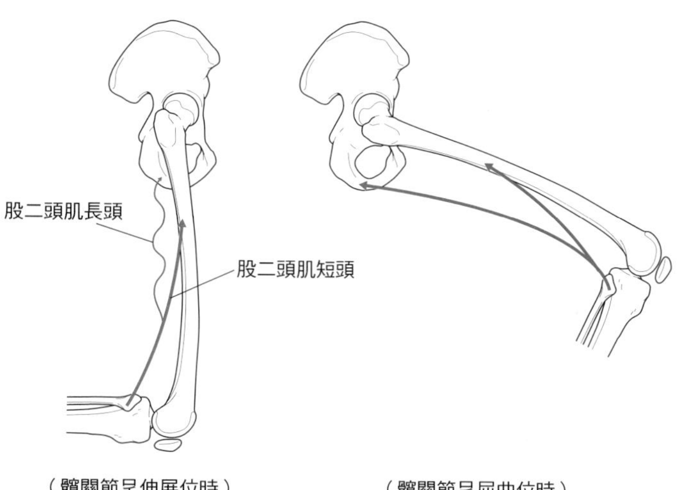

圖2-56　腓骨頭脫臼和股二頭肌之間的關係

腓骨頭脫臼是因股二頭肌的強力牽引所造成。一般是在足部固定的情況下，活動身體和大腿的這類動作，而且是在股二頭肌必須發揮其制動功能的狀態下，因而引發腓骨頭脫臼。此時身體通常是前傾的，因此股二頭肌被迫要同時維持髖關節和膝關節的穩定，這也被認為是造成腓骨頭脫臼的原因之一。

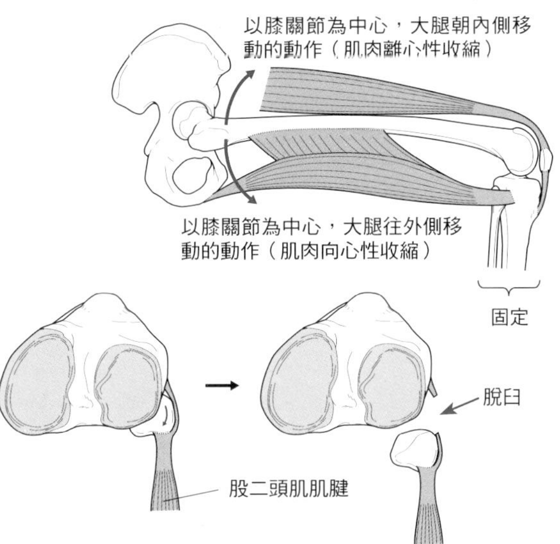

圖2-57 股二頭肌長頭的觸診①

對股二頭肌長頭進行觸診時，要讓病患俯臥並使膝關節呈約45° 屈曲，以這個姿勢作為觸診的起始位置。診療者將手放在病患小腿外側的腓骨頭後方。此時診療者所施加的阻力要與股骨長軸平行，這是重點所在。

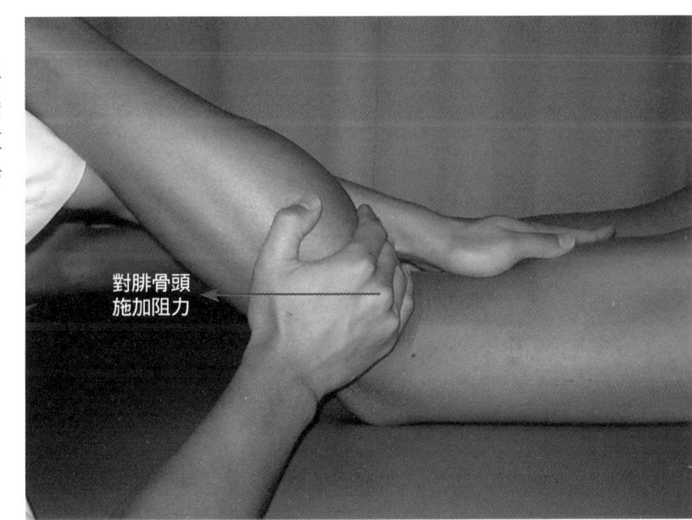

圖2-58　股二頭肌長頭的觸診②

接著，診療者以手掌包住腓骨頭，並以平行股骨長軸的方式讓小腿進行內旋，並將股二頭肌肌腱直直地往遠端牽引（圖中①）。再以這個姿勢要求病患進行小腿外旋以回復成起始位置（圖中②），如此就能在膕窩外側觀察到明顯的股二頭肌肌腱。

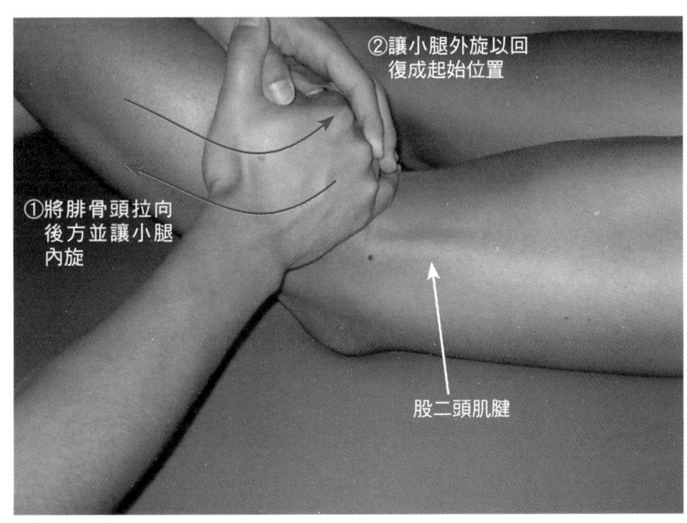

圖2-59　股二頭肌長頭的觸診③

確認好股二頭肌長頭後，就能順著肌腱外側一直觸摸到坐骨結節（上圖）。在股二頭肌長頭的內側，朝近端會觸摸到相連的半腱肌，因此將指腹朝向股二頭肌肌腱，手指插入股二頭肌和半腱肌的肌間進行觸診（下圖）。

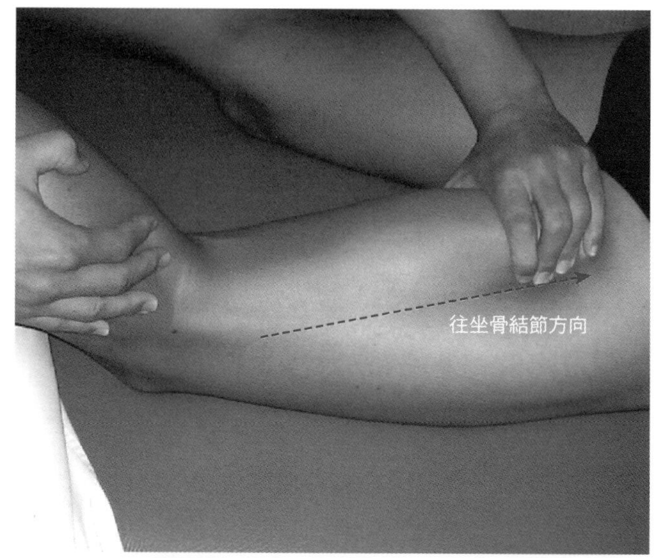

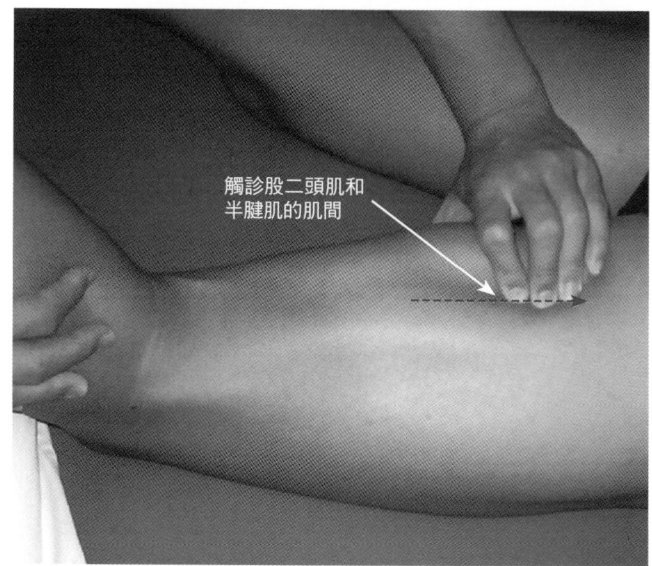

圖2-60　股二頭肌短頭的觸診①

對股二頭肌短頭進行觸診時，要讓病患俯臥，髖關節呈過度伸展位，膝關節呈約90°屈曲，以這個姿勢作為觸診的起始位置。這個姿勢能使位於短頭表層的長頭肌腱鬆弛，因此在進行膝關節屈曲運動時才能排除長頭的作用。

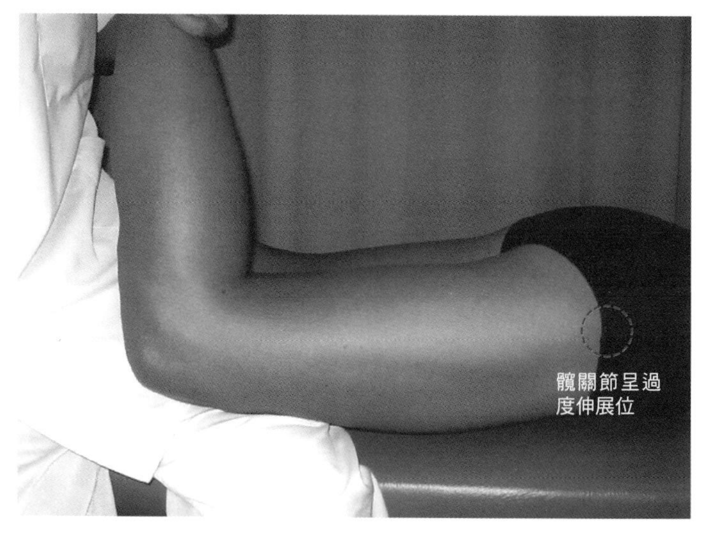

圖2-61　股二頭肌短頭的觸診②

接著，讓病患反覆進行膝關節屈曲運動。隨著膝關節屈曲，確認股二頭肌長頭沒有發生收縮現象。雖然長頭沒有收縮，卻能觀察到股二頭肌肌腱的緊繃程度升高，之所以如此，是因為「短頭的收縮是經由長頭肌腱所傳達」的緣故。

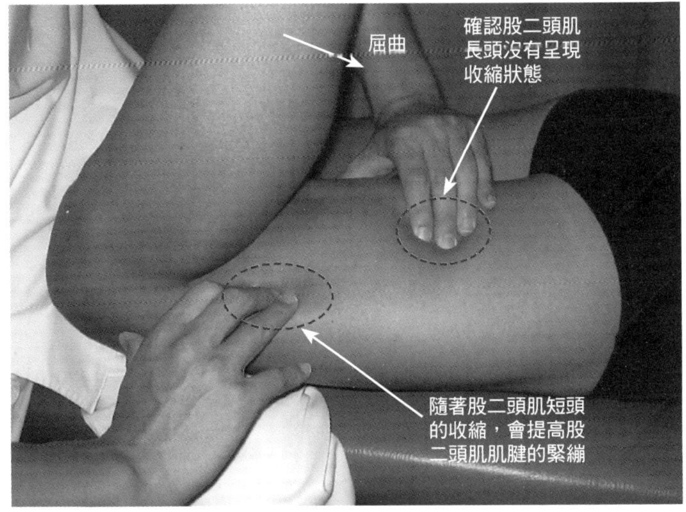

圖2-62　股二頭肌短頭的觸診③

隨著膝關節屈曲，往大腿外側近端持續觸摸股二頭肌短頭的收縮情形。在大腿中央外側部位，從長頭下方就能觸診到股二頭肌短頭肌腹的膨起狀態。

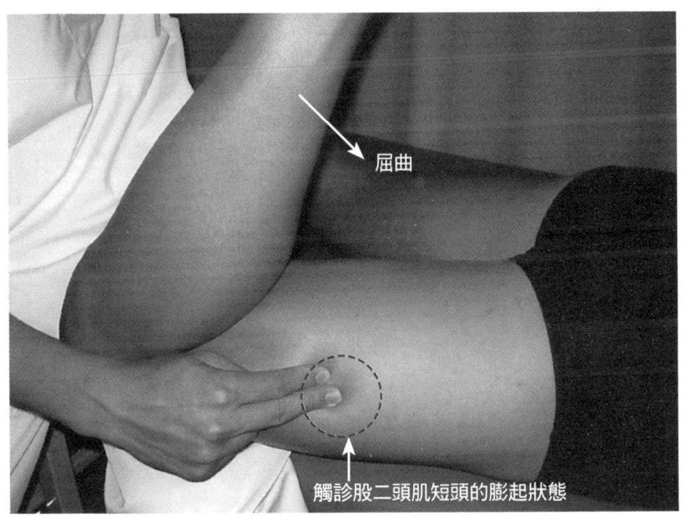

股薄肌 gracilis muscle

解剖學上的特徵

- **[起端]** 恥骨聯合外側
  [止端] 脛骨粗隆內側
  [支配神經] 閉孔神經（L2・L3）
- 股薄肌是長條狀的肌肉，位於大腿最內側部位。
- 股薄肌位於膝關節近端，肌肉走向是沿著縫匠肌後端進行，最後會形成鵝足。
- 股薄肌是髖關節內收肌群中唯一的雙關節肌肉。

肌肉功能的特徵

- 股薄肌會使髖關節內收、屈曲以及膝關節屈曲。
- 股薄肌會和其他鵝足肌群（縫匠肌、半腱肌）共同對小腿內旋產生作用。
- 在小腿固定的情形下，股薄肌會使骨盆前傾。

臨床相關

- 在鵝足部出現疼痛的病例裡，大多認為是因為股薄肌出現壓痛所造成的。
- 在髖關節呈外展位時，若是膝關節受到強制伸展而引發鵝足部疼痛的話，就顯示疼痛的產生與股薄肌有關。
- 股薄肌和半腱肌皆可作為重建前十字韌帶時所用的材料。

相關疾病

鵝掌肌滑囊炎、蛙泳員膝症、前十字韌帶損傷……等。

圖2-63 股薄肌的走向

股薄肌起始於恥骨聯合外側，與縫匠肌和半腱肌共同組成鵝足，然後止於脛骨粗隆內側。股薄肌是髖關節內收肌群裡唯一的雙關節肌肉，位於大腿最內層部位。肌薄肌能使髖關節內收和屈曲，並能使膝關節屈曲和使小腿內旋。

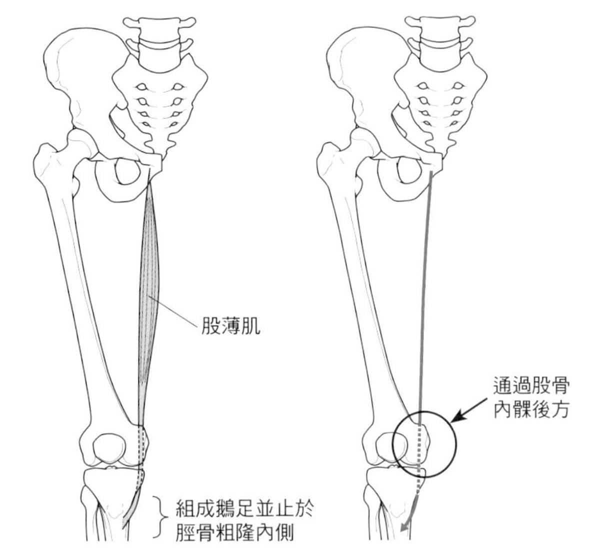

圖2-64 股薄肌的觸診①

對股薄肌進行觸診時，要讓病患仰臥，髖關節呈最大幅度外展並使膝關節屈曲，以這個姿勢作為觸診的起始位置。診療者的手指從後方開始按壓病患的鵝足部。

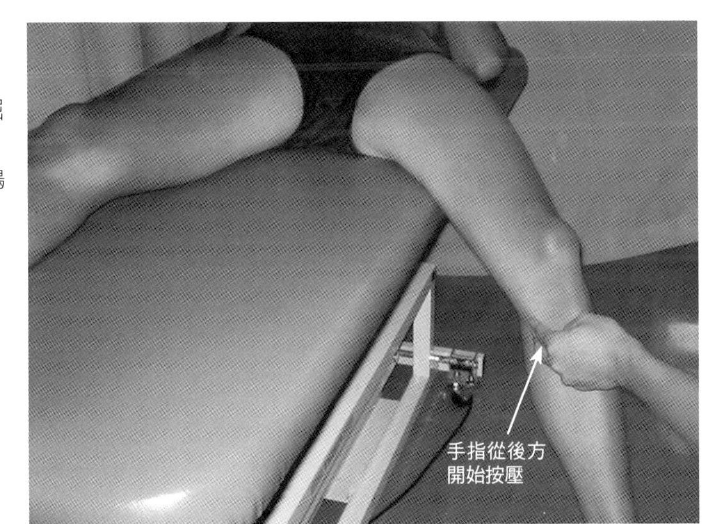

圖2-65 股薄肌的觸診②

接著，讓病患的膝關節進行被動伸展，診療者就能在鵝足部摸到高度緊繃的股薄肌。反覆進行膝關節屈伸，以感覺股薄肌緊繃程度的變化，並且朝著恥骨方向繼續觸摸。

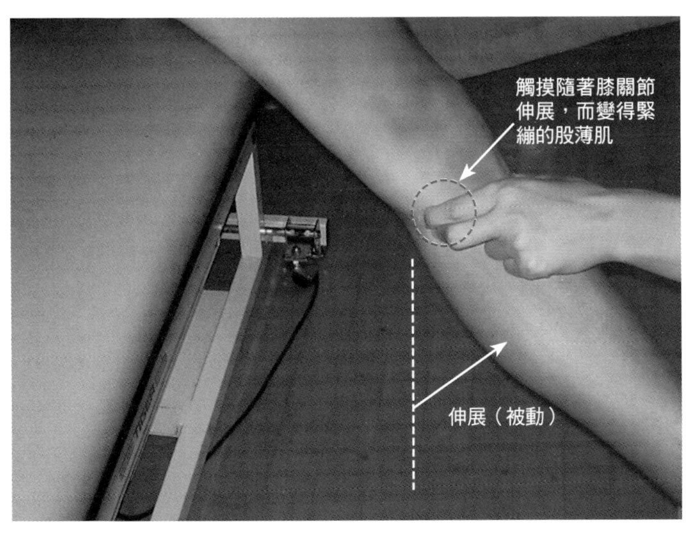

圖2-66　股薄肌的觸診③

利用膝關節屈曲運動進行股薄肌觸診時，要讓病患俯臥並使膝關節屈曲。當膝關節呈90° 屈曲時，施予阻力，並確認半腱肌肌腱的位置。半腱肌肌腱內側的扁平肌腱就是股薄肌。

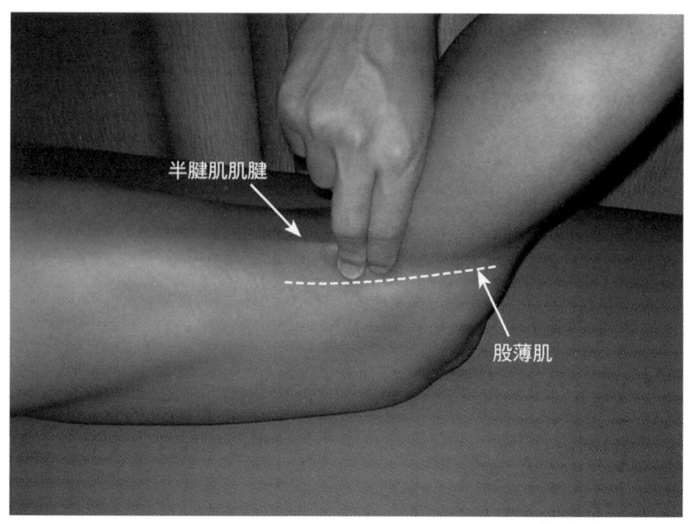

Skill Up

針對引發鵝足部疼痛的關鍵肌肉（trigger muscle）進行辨別測試[28]

「造成鵝足部疼痛的關鍵肌肉究竟是那條鵝足肌群呢？」為了加以分辨，因此我們設計了徒手檢查的方法。這是「選擇性地對各肌肉進行伸展刺激，而肌肉因負荷刺激而引發疼痛」的一種測試。

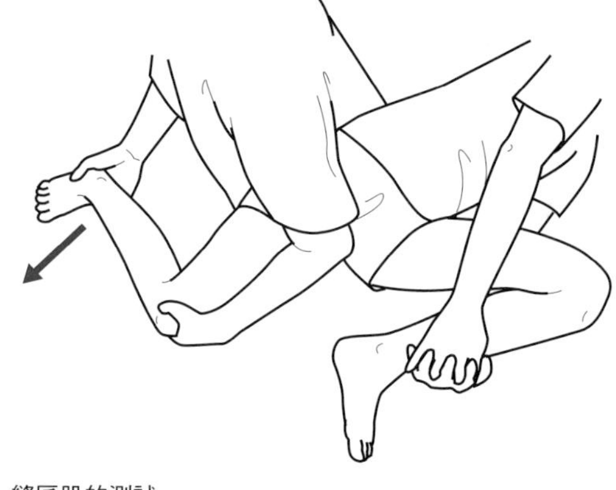

縫匠肌的測試

讓病患的下側腳彎曲，保持骨盆呈後傾位。伸展上側腳的髖關節並將其內收，最後，伸展膝關節使縫匠肌得以伸展。如果鵝足出現疼痛，便為陽性反應。這是因為髖關節伸展會使半腱肌鬆弛，而髖關節內收則會使股薄肌鬆弛。

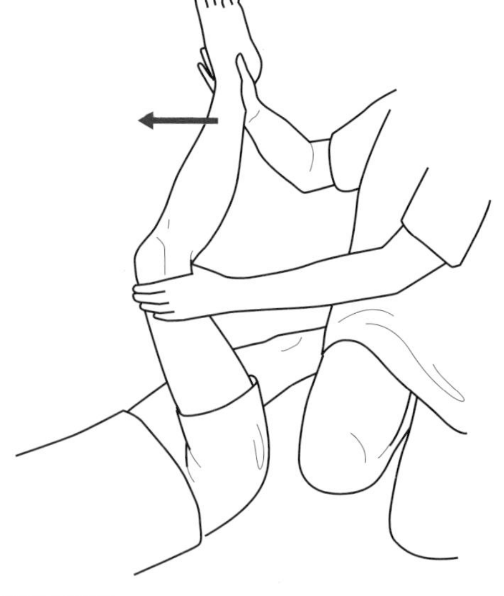

半腱肌的測試

讓病患仰臥，髖關節屈曲並內收。在這個姿勢下伸展膝關節，使半腱肌得以伸展。如果鵝足出現疼痛，便為陽性反應。這是因為髖關節屈曲會使縫匠肌鬆弛，而髖關節內收則會使股薄肌鬆弛。

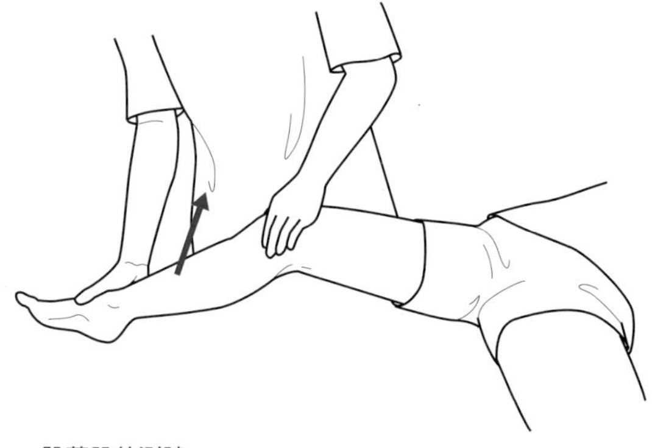

股薄肌的測試

讓病患仰臥，髖關節呈伸展位並做出最大幅度的外展。在這個姿勢下伸展膝關節，使股薄肌得以伸展。如果鵝足出現痛疼，便為陽性反應。這是因為髖關節伸展會使半腱肌鬆弛，而髖關節外展則會使縫匠肌鬆弛。

膕肌 popliteus muscle

解剖學上的特徵

● **膕肌**

[起端] 股骨外上髁的外側面

[止端] 比目魚肌線上方的脛骨後上緣

[支配神經] 脛骨神經（L4～S1）

● 膕肌的部分起端附著於外側半月板。

● 膕肌肌腹和半膜肌的纖維會出現局部匯集的現象。

肌肉功能的特徵

● 膕肌能使膝關節屈曲及小腿內旋。

● 隨著膝關節屈曲，膕肌會將外側半月板拉至後方，防止外側半月板被夾入髁部之間。

● 膕肌具有解除「膝關節在完全伸展位時所產生的外旋固定」的功能。

臨床相關

● 在膝關節被動屈曲時，病患主訴膕窩部疼痛的病例當中，大多被認為是膕肌的壓痛所致。

● 運動選手出現「Knee-in toe-out」列位而產生的膕窩部疼痛，大多是因膕肌的間室內壓上昇所致。

● 在「外側半月板部分切除或縫合術後進行膝關節的關節運動」時，要留意半月板的可動範圍是否有增加，並且最好也能進行膕肌也有參與收縮的主動協助式運動。

相關疾病

膕肌肌腱股骨附著部撕裂性骨折、膕肌肌腱箝閉、外側半月板損傷……等。

圖2-67　膕肌的走向[29]

膕肌起始於股骨外上髁的外側面及外側半月板，並止於比目魚肌線上方的脛骨後上緣。膕肌能使膝關節內旋和屈曲。此外，膕肌具有解除「膝關節完全伸展時所產生的小腿外旋固定」的功能。

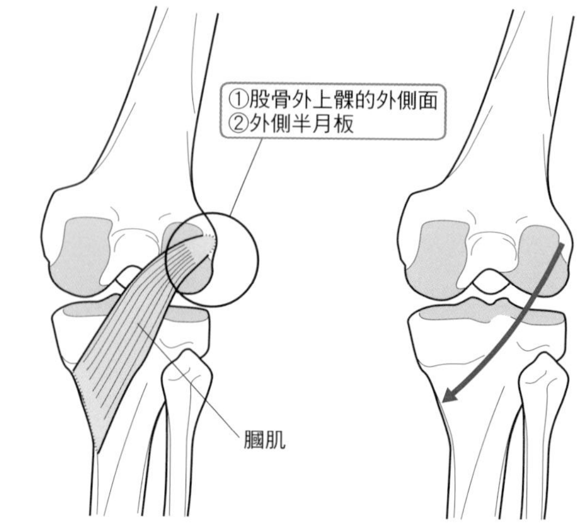

圖2-68　膕肌對外側半月板的拉出作用[30]

膕肌的部分起端附著於外側半月板。膕肌在膝關節屈曲時，具有防止股骨髁部和脛骨髁部之間的外側半月板受到夾擠（impingement）的功能。在膝關節進行被動屈曲時，如果是病患主訴膕窩出現疼痛的病例，大多是因外側半月板受到夾擠所致，只要引導膕肌進行收縮，疼痛的症狀多會立即消失。

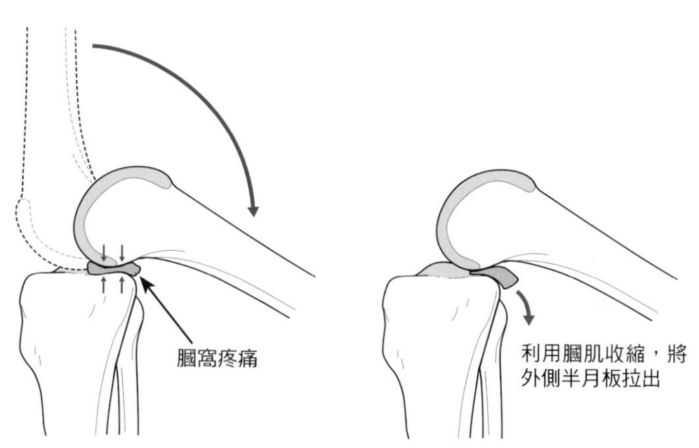

圖2-69　膕肌的觸診①

對膕肌進行觸診時，要讓病患俯臥並使膝關節呈90°屈曲，以這個姿勢作為觸診的起始位置。診療者以手掌包住病患的腓腸肌外側頭肌腹，手指則放在膕窩上。

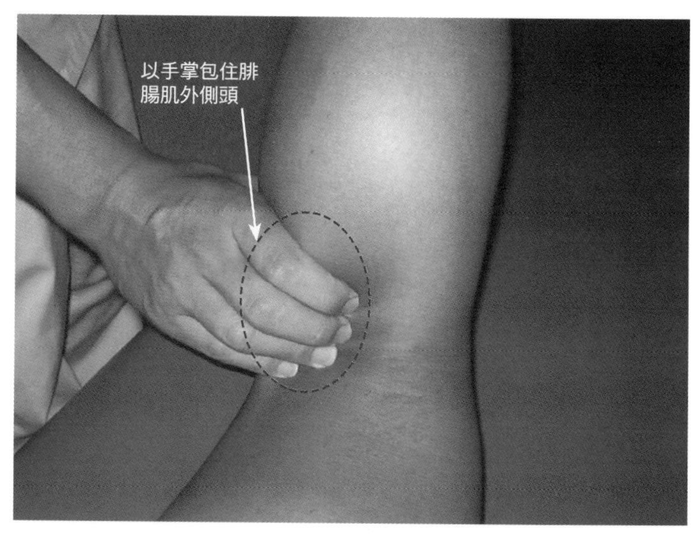

圖2-70 膕肌的觸診②

接著，被動且迅速地讓小腿外旋以提高膕肌緊繃。反覆進行這個動作會使膕肌緊繃出現變化，如此就能觸診到其間的差異。觸診的訣竅在於讓小腿外旋的速度盡可能加快，就容易感覺到膕肌緊繃程度的變化。

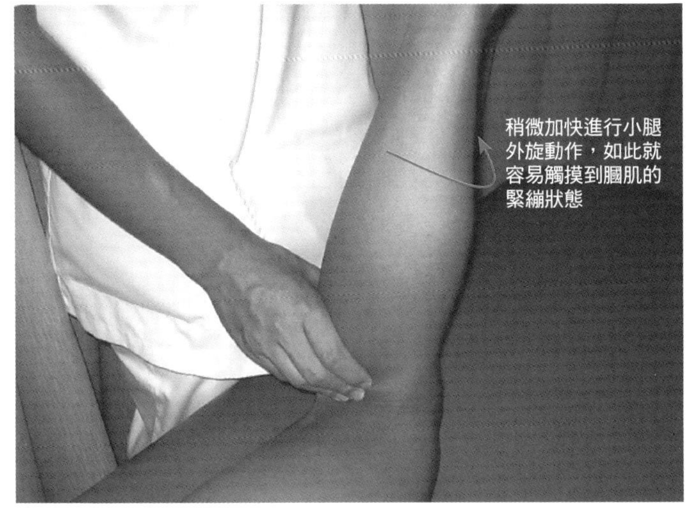

圖2-71 利用膕肌收縮進行外側半月板的觸診①

利用膕肌收縮對外側半月板進行觸診時，必須要引導膕肌進行適度的運動。基於此，首先在膝關節呈屈曲位時進行踝關節蹠屈運動，以確認出比目魚肌線的位置。沿著比目魚肌線朝外上髁延伸，就能掌握膕肌的大致走向。（比目魚肌的觸診參考p. 203）

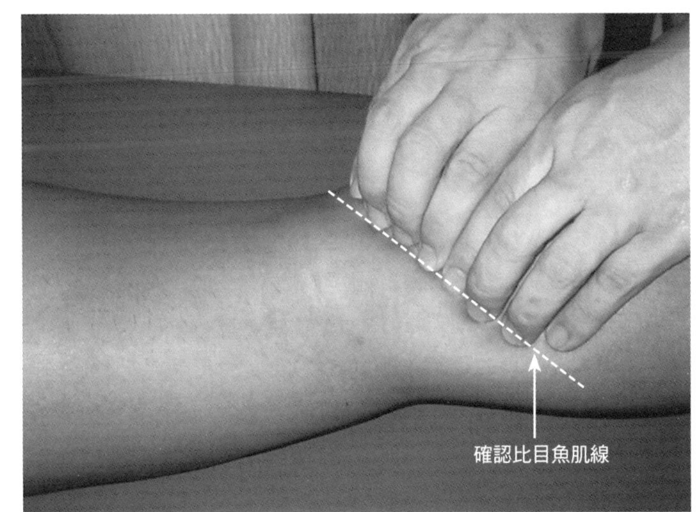

圖2-72 利用膕肌收縮進行外側半月板的觸診②

接著讓病患仰臥，診療者的手要順著膕肌走向，食指指尖要配合股骨外上髁的方向。讓病患的膝關節呈約90° 屈曲，診療者的另一隻手要放在髂脛束和股二頭肌肌腱之間的外側關節空隙裡。

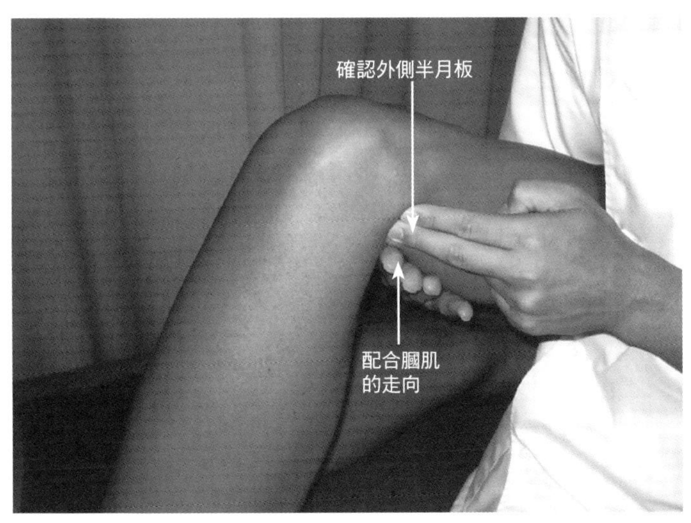

圖2-73　利用膕肌收縮進行外側半月板的觸診③

順著膕肌的走向，診療者要以「手掌靠近食指」這樣的手勢，引導膕肌被動地進行其固有的動作（膝關節屈曲和內旋），並且要讓病患逐漸配合進行肌肉收縮。（上圖至下圖）

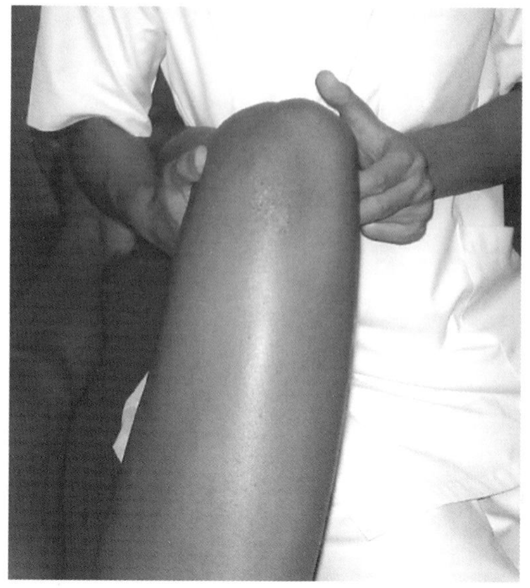

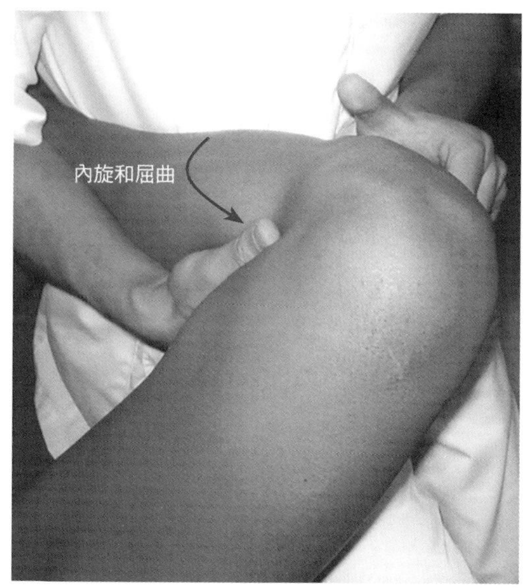

圖2-74　利用膕肌收縮進行外側半月板的觸診④

在膝關節運動時，病患必須逐漸配合進行膕肌收縮，如此就能在外側後方的關節空隙裡，觸摸到外側半月板被大幅度拉往後方的狀態。如果比較被動運動和膕肌收縮時的情形，就能明確知道外側半月板的運動性差異。

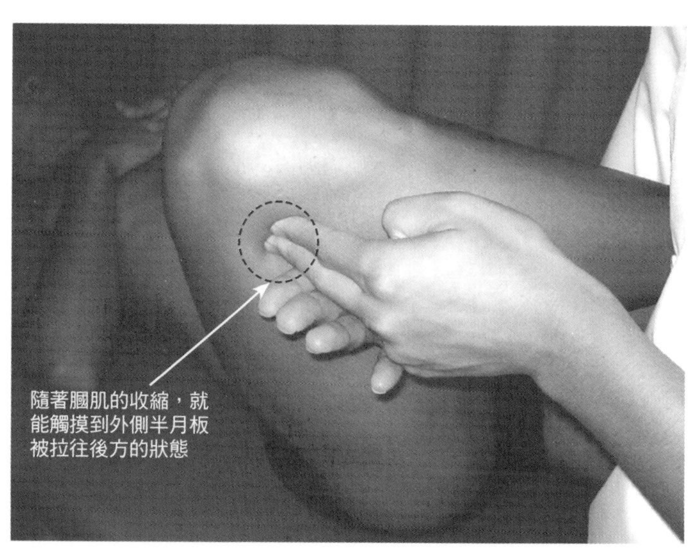

脛前肌 tibialis anterior muscle

解剖學上的特徵

- **[起端]** 脛骨外側面及小腿骨間膜的上部
  [止端] 內楔骨及第一趾蹠骨的足底部
  [支配神經] 腓深神經（L4～S1）
- 脛前肌會連同伸趾長肌和伸拇長肌共同收在前側腔室。
- 脛前肌的上方部位會與伸趾長肌結合，因此脛前肌和伸趾長肌的肌間並不明顯。

肌肉功能的特徵

- 脛前肌能使踝關節背屈及足部旋後。
- 在足部固定的情況下，脛前肌能使小腿前傾。
- 脛前肌是能對整個步態週期產生作用的特殊肌肉。
- 脛前肌能抬高內縱足弓，降低橫向足弓。
- 脛前肌和脛後肌的關係頗有意思，在旋前和旋後運動時，兩者關係為協同肌；在背屈和蹠屈時，兩者關係為拮抗肌。

臨床相關

- 當腓骨神經麻痺造成脛前肌功能喪失時，就會引起垂足並出現跨閾步態的現象。[參考P.195]
- 慢性前腔室症候群是長跑跑者經常發生的運動傷害之一。
- 慢性腔室症候群的病因在於筋膜這個容器的硬化和肥厚，以及筋膜內肌肉的肥大所致。
- 慢性腔室症候群會因肌肉內壓上昇引發阻血性疼痛。因此，確實做好脛前肌的伸展運動是相當重要的。然而，依病狀不同也可能進行筋膜切開術。[31-34)]

相關疾病

腓骨神經痲痺、慢性前腔室症候群（脛前肌症候群）、脛前肌肌腱斷裂……等。

圖3-1　脛前肌的走向

脛前肌起始於脛骨外側面及小腿骨間膜上部，並止於內楔骨及第一趾蹠骨的足底部。脛前肌能使踝關節背屈及足部旋後。此外，在足部固定的情況下，脛前肌會參與小腿的前傾作用。

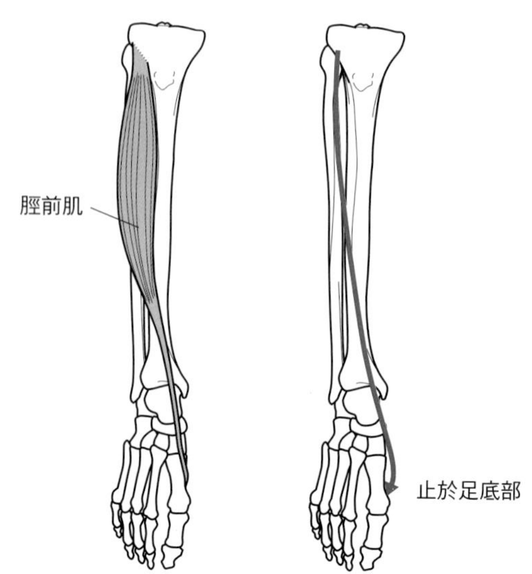

圖3-2　脛前肌和足弓之間的關係

脛前肌和足弓之間的關係在於脛前肌的止端位於足底部。因此，脛前肌對內縱足弓和橫向足弓所產生的作用不同。對內縱足弓的作用，在於脛前肌會以內楔骨為中心產生上舉向量藉以提高足弓。對橫向足弓的作用，在於脛前肌能使拇趾蹠骨基部產生旋後向量藉以降低足弓。

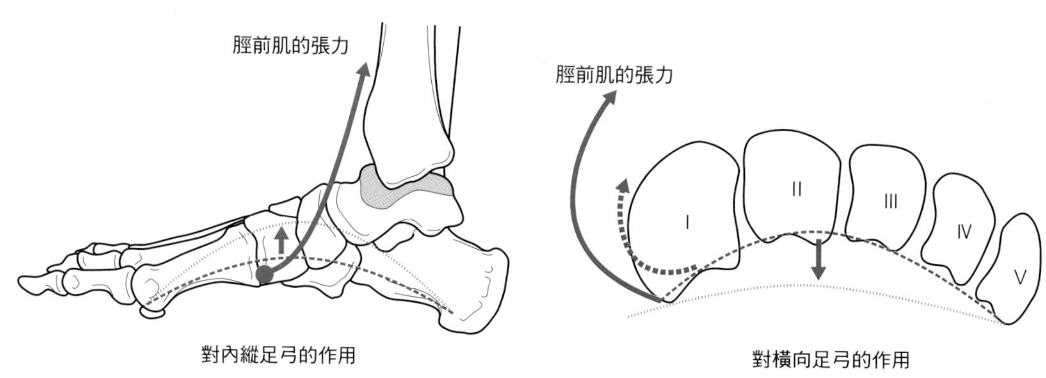

圖3-3　小腿腔室及所容納的肌肉（右足）

小腿的腔室分成前側、外側、後側深層和後側淺層，共四個腔室。脛前肌、伸趾長肌和伸拇長肌共同被收在前側腔室裡。

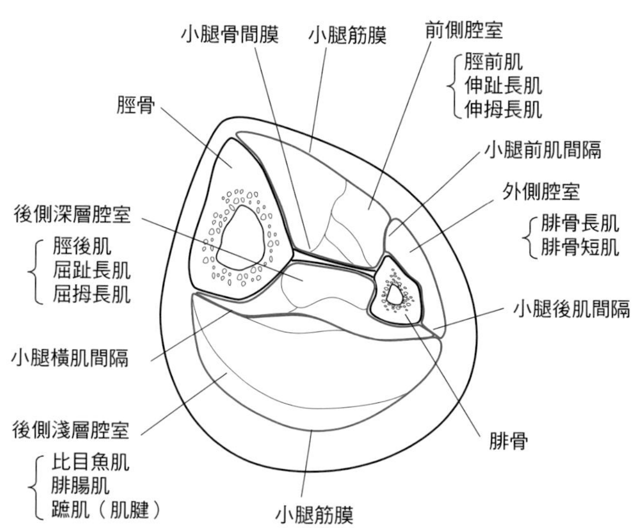

圖3-4　小腿肌群的功能區分

小腿肌群是以肌腱的狀態通過踝關節周圍，所以在討論小腿肌群功能時，最好要考慮小腿肌群與踝關節軸、距跟關節軸的關係。由於脛前肌肌腱在踝關節軸的前方通過距跟關節軸的內側，故脛前肌能對踝關節背屈和旋後產生作用，而這項功能也是其他肌肉所沒有的，所以可視為脛前肌的特殊功能。

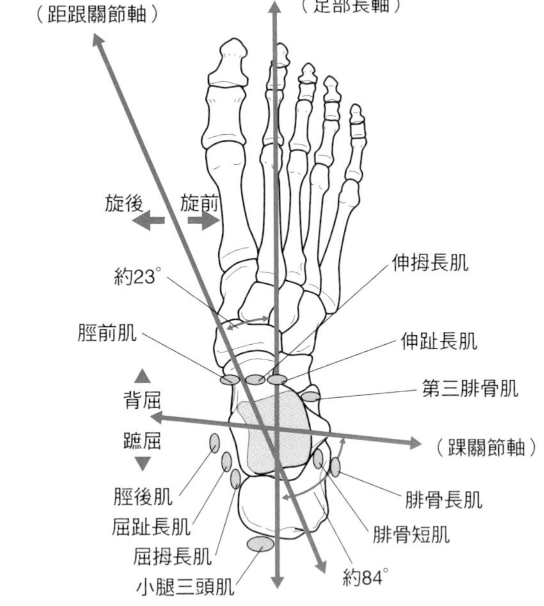

修改自文獻35和36）

圖3-5　脛前肌的觸診①

對脛前肌進行觸診時，要讓病患仰臥並使膝關節呈約90° 屈曲，足底要平放於診療床上。如果以這個姿態進行踝關節背屈運動的話，伸趾長肌和伸拇長肌會同時對踝關節背屈產生作用，因此不容易區分前側腔室內的各個肌肉。

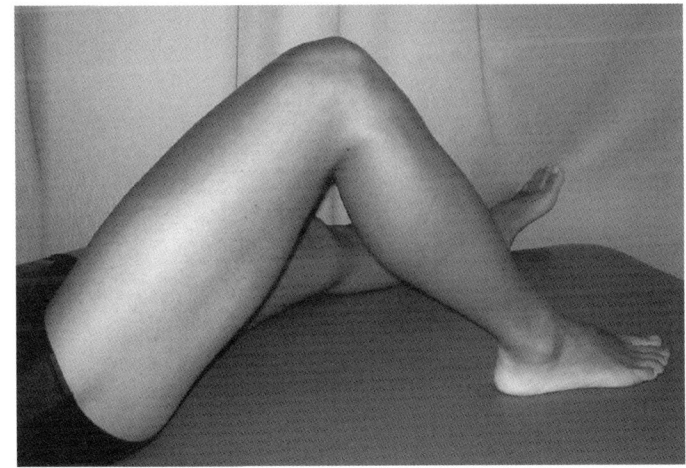

圖3-6　脛前肌的觸診②

為了能單獨引導脛前肌收縮，必須要讓足趾（含拇趾）進行主動屈曲運動，並且同時進行踝關節背屈和足部旋後的複合運動。隨著運動的進行，診療者可以在踝關節的內側觀察到明顯浮出的脛前肌肌腱。這是「足趾的主動屈曲運動，造成伸趾長肌和伸拇長肌產生神經學上的交互抑制」的結果，所以脛前肌才能單獨進行收縮作用。

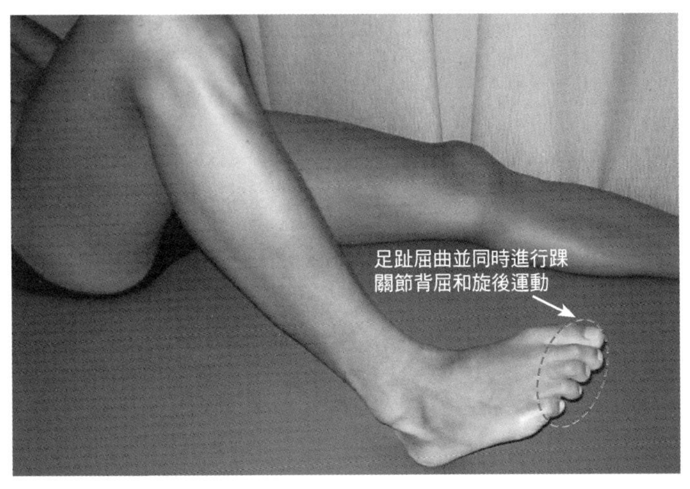

圖3-7　脛前肌的觸診③

在踝關節內側進行脛前肌的觀察。接著診療者要將手指放在脛前肌肌腱的內側，再讓病患反覆進行踝關節背屈和足部旋後運動。隨著運動的進行，往近側方向繼續觸診緊繃的脛前肌。在脛骨前外側部位膨起的肌群，就是脛前肌。

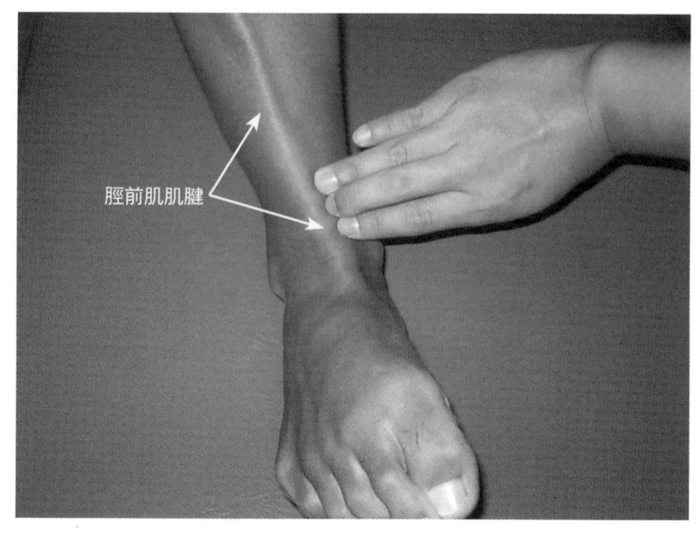

圖3-8　脛前肌的觸診④

接著，診療者將手指放在脛前肌肌腱的外側，並沿著脛前肌肌腱外側進行觸診。為了能分辨脛前肌和伸趾長肌之間的肌間，必需要讓病患反覆交替進行「伴隨著足趾伸展」（上圖）和「伴隨著足趾屈曲」（下圖）的踝關節背屈運動。

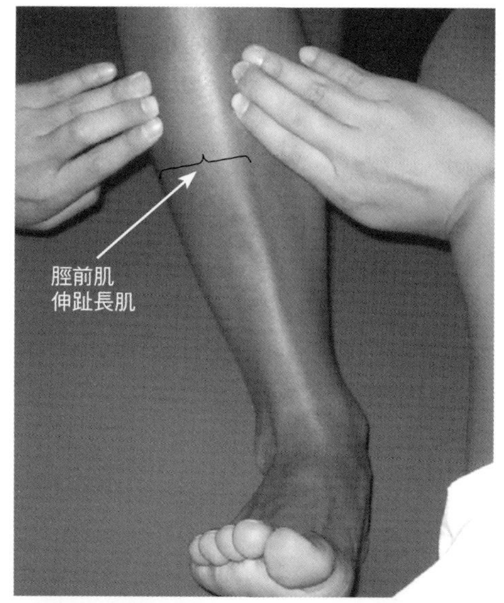

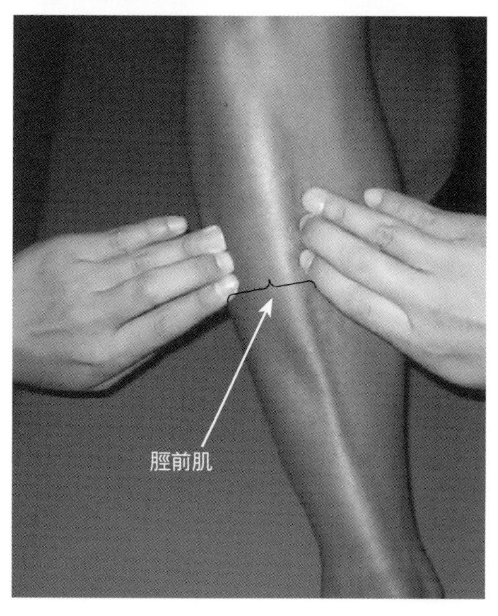

圖3-9 脛前肌的觸診⑤

「帶動足趾伸展」或「帶動足趾屈曲」的踝關節背屈運動，兩者的差異就在於踝關節背屈運動是否伴隨有伸趾長肌的收縮。仔細觸摸兩項運動的收縮幅度差異，就能確認出脛前肌和伸趾長肌之間的肌間。

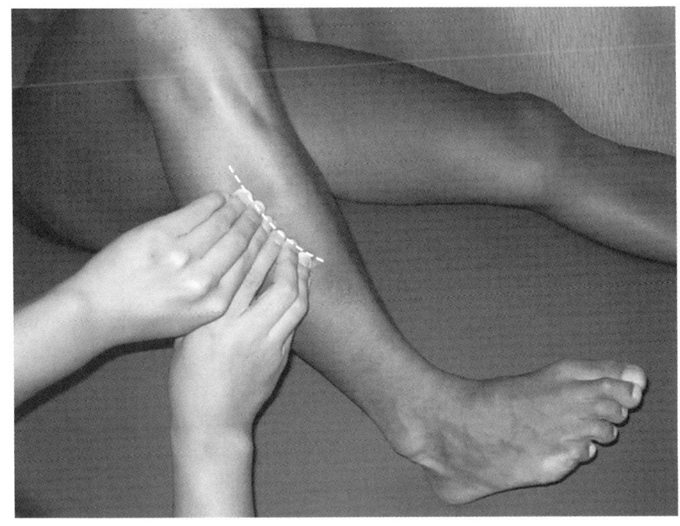

Skill Up

下肢神經麻痺所引起的異常步態的特徵

由於下肢神經麻痺會造成肌力降低。這類病患在步行時，因為作用肌的功能喪失而產生特殊步態。以下列舉的異常步行特徵為必備的重要知識，熟記後只要看一下病患的步行姿勢，就能大致推測出肌肉受損的部位。

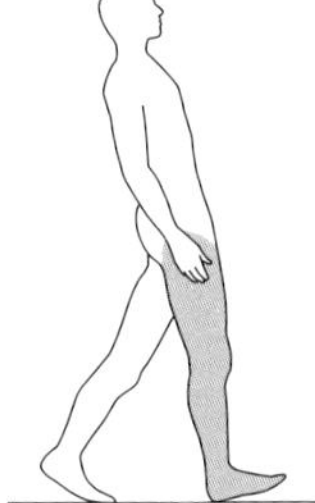

臀大肌麻痺[37)]
因臀大肌麻痺而使「髖關節伸肌肌力降低」的病例裡，患側在站立期時會出現「上半身向後傾，身體重心落在後方」的步行。

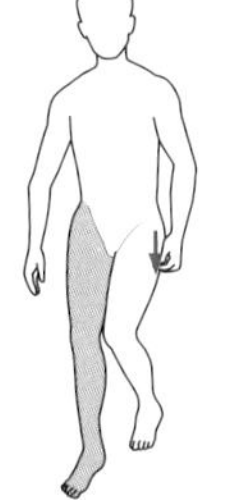

臀中肌麻痺[37)]
因臀中肌麻痺而使「髖關節外展肌肌力降低」的病例裡，患側在進入站立期時會出現「對側骨盆往下沈」的步行「特倫佰氏（Trendolonburg）步行，左腳」，或者「上半身往患側傾斜」的步態「裘馨氏（Duchenne）步態，右腳」。

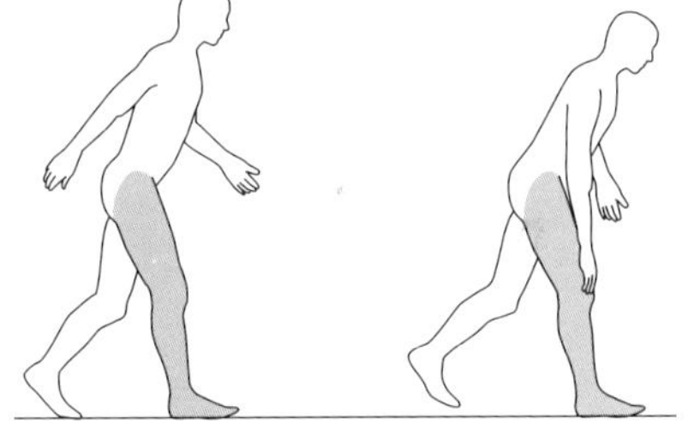

股四頭肌麻痺[37)]
因肌四頭肌麻痺而使「膝關節伸肌肌力降低」的病例裡，患側在進入站立期時會出現「上半身向前傾斜，身體重心放在膝關節前方」的步行，或是「走路時會用手壓住膝關節前面」的現象。

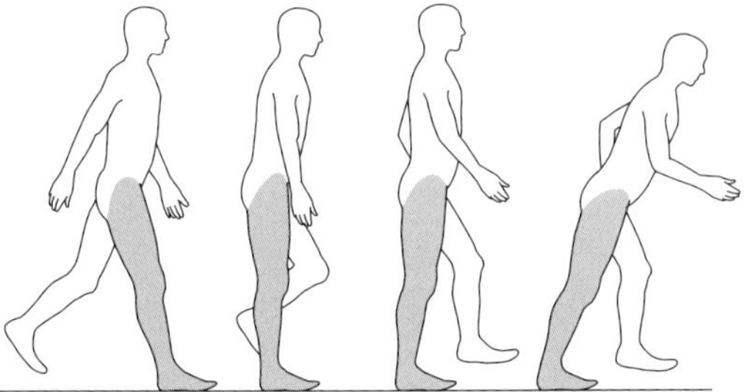

小腿三頭肌麻痺[38)]
因小腿三頭肌麻痺而使「踝關節蹠屈肌肌力降低」的病例裡，患側在整個站立期期間會出現「膝關節伸展」的現象，而在進入擺盪期時則會出現「整個下肢向前傾斜」的現象。

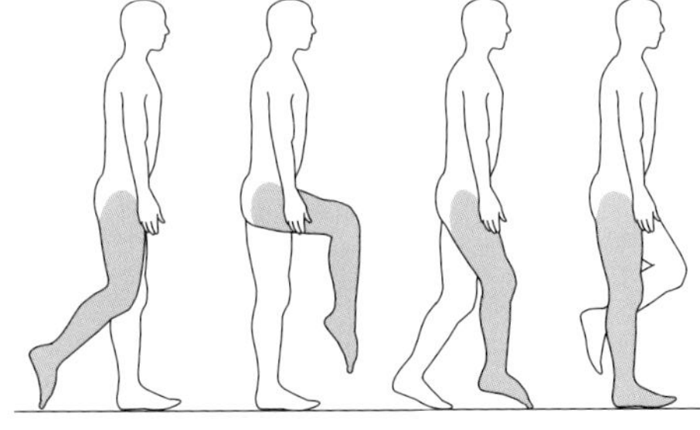

脛前肌麻痺
因脛前肌麻痺而使「踝關節背屈肌肌力降低」的病例裡，患側在擺盪期時腳尖會卡在地上，而為了避免這個情形反而會出現「膝蓋抬高」的現象，由於類似雞的步行方式，故稱為「跨閾步態」。為了使腳尖能碰地，患側在站立期會維持「膝蓋呈伸展位」的步態。

伸趾長肌 extensor digitorum longus muscle
伸拇長肌 extensor hallucis longus muscle

解剖學上的特徵

● **伸趾長肌**

[起端] 腓骨內側面及腓骨外側面上部

[止端] 往第2至第5趾的指背腱膜延伸後，終止於中節趾骨和遠節趾骨

[支配神經] 腓深神經（L4～S1）

● 伸趾長肌會沿著脛前肌外側往下延伸，在下伸肌支持帶的遠側分開成四個肌腱。

● 「從伸趾長肌外側下方分開後往第5蹠骨延伸」的肌肉，稱為第三腓骨肌。

● **伸拇長肌**

[起端] 小腿骨間膜及腓骨中央的骨間緣

[止端] 往拇趾的指背腱膜延伸後，止於近節趾骨。一部分的伸拇長肌會延伸到遠節趾骨。

[支配神經] 腓深神經（L4～S1）

● 伸拇長肌是呈半羽狀的肌肉。在小腿部位，伸拇長肌會被脛前肌和伸趾長肌所覆蓋。

肌肉功能的特徵

● 伸趾長肌能伸展第2至第5趾，並且能夠對踝關節背屈及距跟關節旋前產生作用。

● 在足部固定的情況下，伸趾長肌能使小腿前傾。

● 伸拇長肌能伸展拇趾，並對踝關節背屈產生作用。但是伸拇長肌只能稍微讓距跟關節產生旋前作用，其影響力不如伸趾長肌。

● 在足部固定的情況下，伸拇長肌能使小腿前傾。

● 伸趾長肌和伸拇長肌對足趾的伸展作用會受到踝關節的位置所影響。當踝關節在蹠屈位時，伸趾長肌和伸拇長肌是處於拉長狀態，比較能有効地發揮作用。

臨床相關

● 腓骨神經麻痺並不只是會影響踝關節的背屈作用，也會連帶地降低足趾的伸展作用。

● 慢性前腔室症候群的損害部位主要在脛前肌，不過也有很多病例顯示此症會連帶影響到伸趾長肌和伸拇長肌的功能。

● 在第4/5腰椎椎間盤突出的病例裡，其中一項重要的神經症狀，在於伸展足趾的肌力降低，尤其是伸展拇指的肌力降低。

相關疾病

腓骨神經麻痺、慢性前腔室症候群、腰椎椎間盤突出、伸趾長肌肌腱斷裂、伸拇長肌肌腱斷裂……等。

圖3-10　伸趾長肌的走向

伸趾長肌起始於腓骨內側面及脛骨外側面上部，往第2至第5趾的趾背腱膜延伸後，最後終止於中節趾骨和遠節趾骨。伸趾長肌除了能伸展第2至第5趾之外，也能使踝關節背屈和足部旋前。此外，在足部固定的情況下，伸趾長肌會參與小腿的前傾作用。

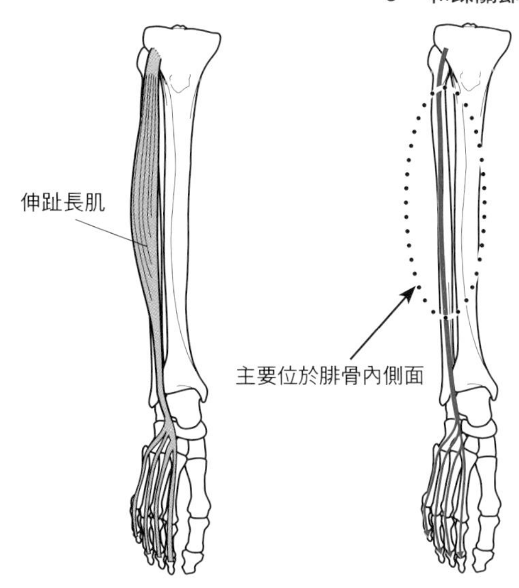

圖3-11　伸拇長肌的走向

在前側腔室的組成肌肉裡，伸拇長肌位於腔室的最內層部位。伸拇長肌起始於小趾骨間膜及腓骨體的骨間緣，往拇趾的趾背腱膜延伸之後，終止於近節趾骨，不過也有部分纖維會延伸至遠節趾骨。伸拇長肌除了能伸展拇指之外，也能使踝關節背屈和足部旋前。此外，在足部固定的情況下，伸拇長肌會參與小腿的前傾作用。

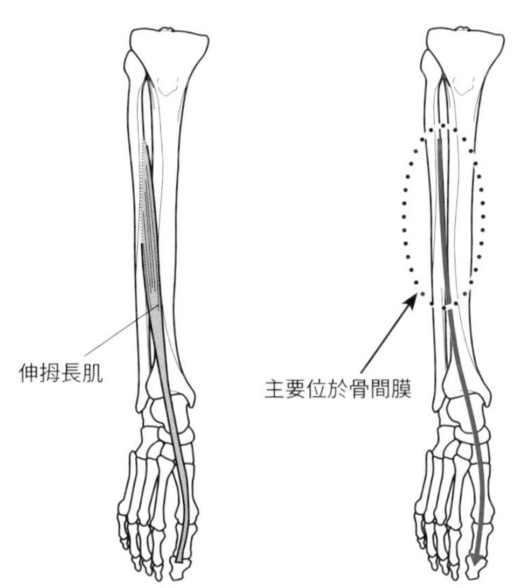

圖3-12　伸趾長肌的觸診①

對伸趾長肌進行觸診時，要讓病患仰臥並使膝關節呈約90゜屈曲，踝關節呈蹠屈位，足趾要超出診療床前端，以這個姿勢作為觸診的起始位置。由於足趾的活動很難像手指一樣可以隨意靈巧地加以控制，因此要以伸展刺激的方式進行觸診說明。

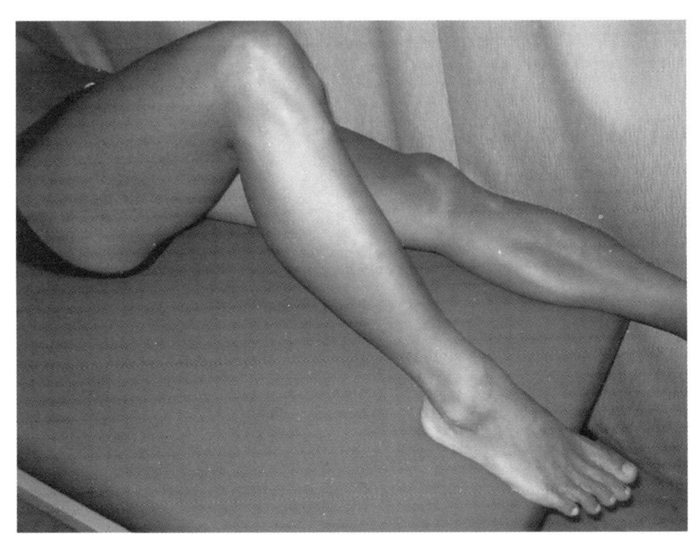

圖3-13 伸趾長肌的觸診②

診療者將一指放在第二趾蹠骨的背側，另一隻手對第二趾施加被動屈曲。由於肌腱受到伸展，肌腱的緊繃變化才能明顯出現。因此，診療者要稍微加快進行屈曲操作。透過被動屈曲的進行，如此就能觸診到緊繃的伸趾長肌肌腱。

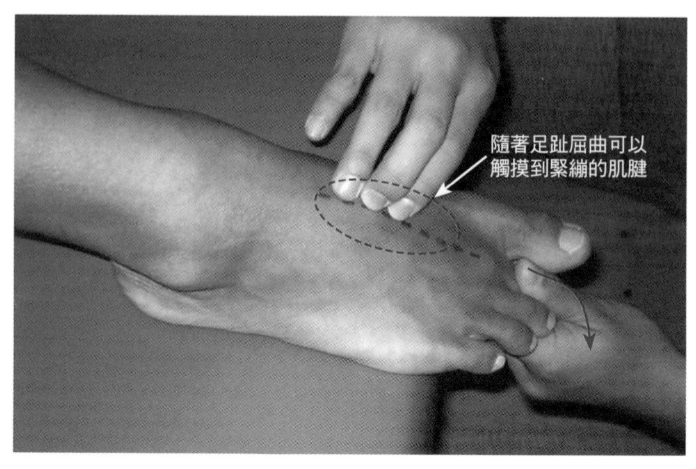

圖3-14 伸趾長肌的觸診③

在反覆進行被動屈曲時，診療者要同時往近端方向繼續觸摸緊繃的伸趾長肌肌腱。在觸診的過程中會經過伸肌支持帶，這時，就不容易觸診到因肌腱伸展而造成的伸趾長肌的緊繃變化，必須加以注意（說明：不容易觸診到是因為有伸肌支持帶擋著的關係）（圖左）。以同樣的方式仔細觸診伸趾長肌和脛前肌之間的肌間（圖右）。再依序對第3至第5趾進行觸診，以確認伸趾長肌的完整形狀。

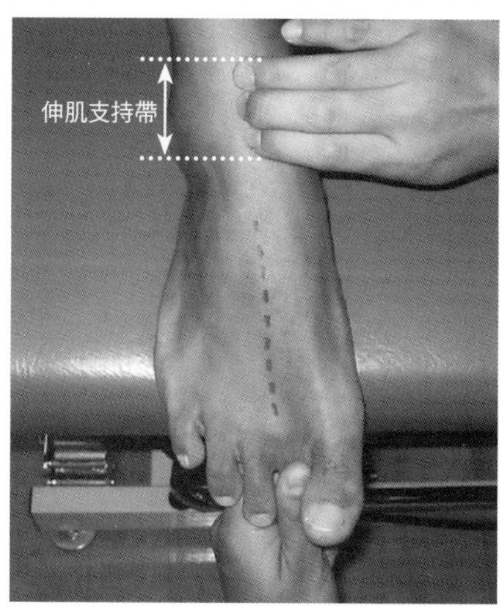

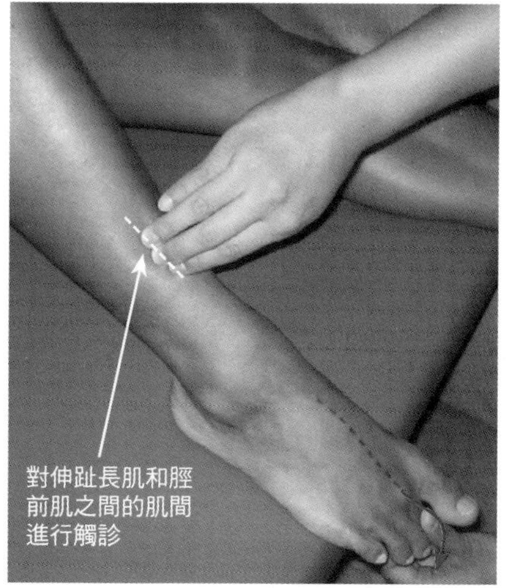

圖3-15 伸拇長肌的觸診①

伸拇長肌的觸診方式如同伸趾長肌，要讓病患仰臥並使膝關節呈約90°屈曲，踝關節呈蹠屈位，足趾要超出診療床前端，以這個姿勢作為觸診的起始位置。對拇指進行被動屈曲操作，以進行伸拇長肌的觸診。

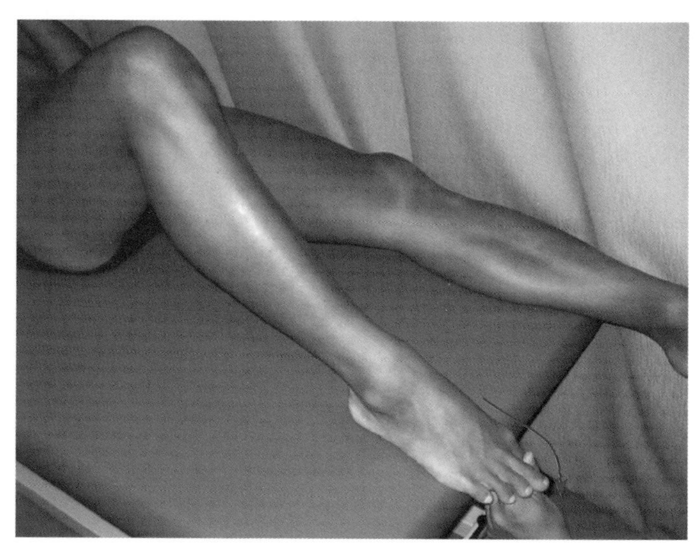

圖3-16 伸拇長肌的觸診②

診療者將一手的手指放在第一趾蹠骨的背側，另一隻手對拇趾施加被動屈曲。由於肌腱受到伸展，肌腱的緊繃變化才能明顯出現。因此，診療者要稍微加快進行屈曲操作。透過被動屈曲的進行，如此就能觸診到緊繃的伸拇長肌肌腱。

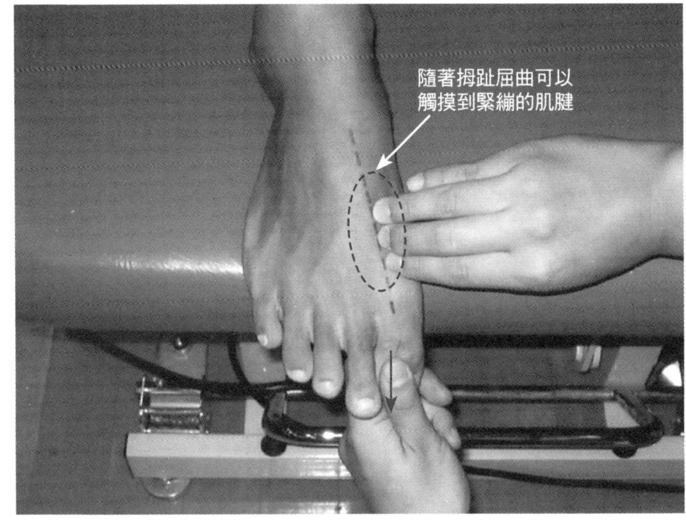

圖3-17 伸拇長肌的觸診③

在反覆進行被動屈曲時，診療者要同時往近端方向繼續觸摸緊繃的伸拇長肌肌腱。在觸診途中會經過伸肌支持帶，這時，就不容易觸診到因肌腱伸展而造成的伸拇長肌的緊繃變化，必須加以注意（說明：不容易觸診到是因為有伸肌支持帶擋著的關係）（圖左）。在小腿部位，因為伸拇長肌被脛前肌和伸趾長肌所覆蓋，所以診療者的手指要稍微深壓一下，才能觸摸到隨著伸展而緊繃的伸拇長肌（圖右）。

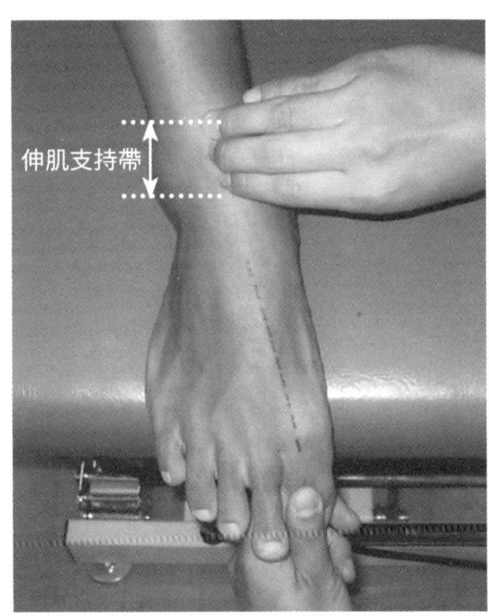

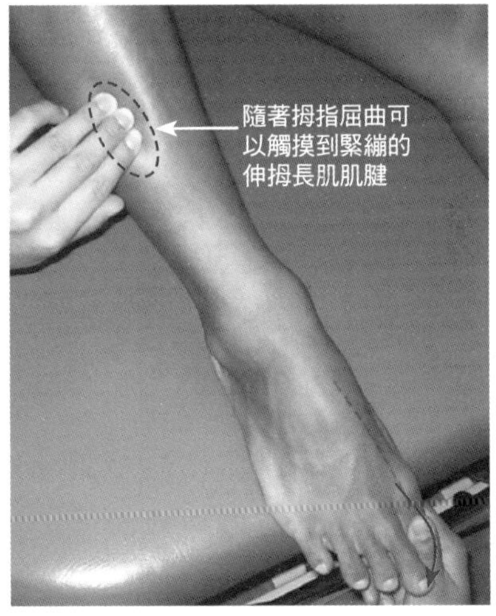

腓腸肌 gastrocnemius muscle
比目魚肌 soleus muscle

解剖學上的特徵

- 腓腸肌和比目魚肌，兩肌合稱為小腿三頭肌（triceps surae muscle）。
- **腓腸肌內側頭**

  內側頭 [起端] 股骨內髁　**[止端]** 跟骨粗隆　**[支配神經]** 腓骨神經（L4～S2）

  外側頭 [起端] 股骨外髁　**[止端]** 跟骨粗隆　**[支配神經]** 腓骨神經（L4～S2）
- 腓腸肌肌腹的內側頭比外側頭發達，這是為了要抵抗「站立時所增加的膝外翻壓力」或是「足部旋前壓力」的緣故。
- **比目魚肌**

  [起端] 自腓骨頭到腓骨後側以及脛骨比目魚肌線

  [止端] 比目魚肌會連同腓腸肌共同組成阿基里斯腱，並止於跟骨粗隆。

  [支配神經] 腓骨神經（L4～S2）
- 膕動脈、膕靜脈和脛骨神經會通過比目魚肌腱弓的下方。

肌肉功能的特徵

- 腓腸肌能使膝部屈曲及踝關節蹠屈。
- 比目魚肌與踝關節蹠屈作用有關。
- 膝關節呈屈曲位時，比目魚肌能使踝關節蹠屈。
- 膝關節呈伸展位時，踝關節的蹠屈作用是與比目魚肌和腓腸肌有關，但是以腓腸肌的作用較強。
- 在足部固定的情況下（站立），腓腸肌和比目魚肌能使腳後跟抬起。
- 腓腸肌主要是由白肌所組成，比目魚肌主要是由紅肌所組成。

臨床相關

- 阿基里斯腱斷裂為運動項目裡常見的一種急性外傷[39]。
- 在阿基里斯腱斷裂的病例裡，病患一般仍可以靠著腓長肌和脛後肌進行蹠屈動作，但是如果要墊腳尖站立就無法辦到。
- 阿基里斯腱斷裂的徒手檢查有Thompson-Simmond squeeze test[參考p.204]。

相關疾病

阿基里斯腱斷裂、阿基里斯腱發炎、腓腸肌拉傷……等。

圖3-18　腓腸肌和比目魚肌的走向

腓腸肌內側頭起始於股骨內髁，外側頭起始於股骨外髁，內外側頭共同形成阿基里斯腱，並止於跟骨粗隆。比目魚肌起始於腓骨頭、腓骨後側以及脛骨比目魚肌線，往阿基里斯腱匯集後，止於跟骨粗隆。腓腸肌能使膝關節屈曲及踝關節蹠屈。比目魚肌則只參與踝關節蹠屈作用。

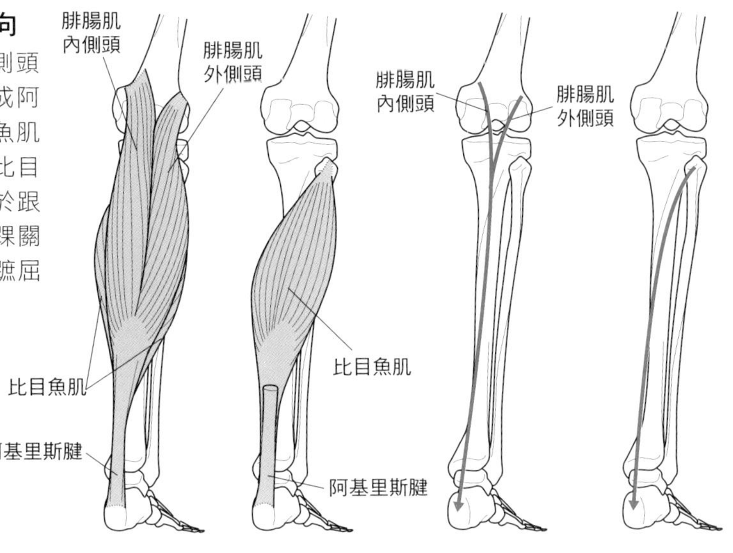

圖3-19　相鄰關節的位置與腓腸肌和比目魚肌的活動變化

在膝關節呈伸展位並墊著腳尖站立的情況下，腓腸肌和比目魚肌均強力地作用著（a）。當膝關節慢慢轉為屈曲位時，腓腸肌會鬆弛，而維持墊腳尖站立的肌肉則由比目魚肌擔任。接下來，若是讓足底踩地且踝關節呈背屈位的話，腓腸肌又會被再度伸展，此時腓腸肌會和比目魚肌一同作用於蹠屈運動。

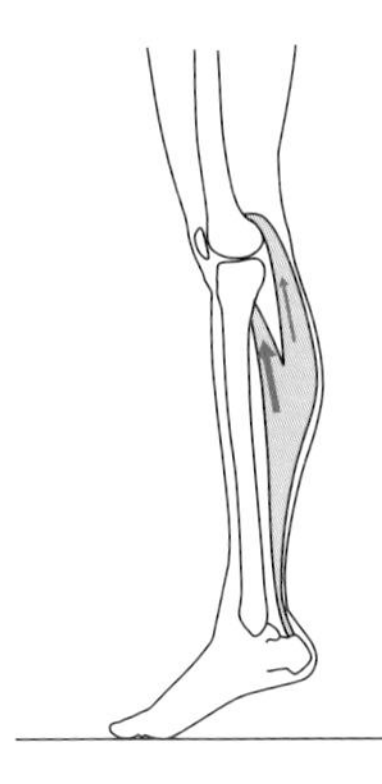

a. 腳部呈伸展位，墊腳尖站立

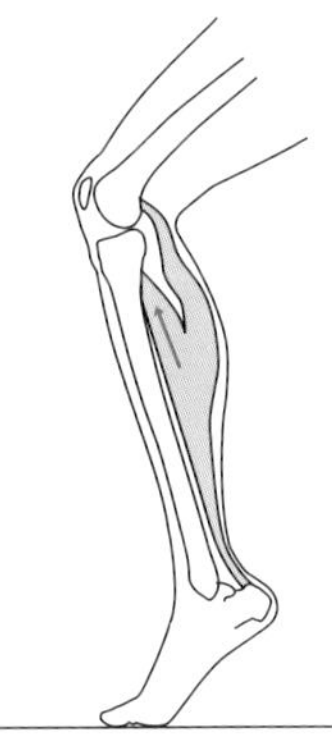

b. 膝部呈屈曲位，墊腳尖站立

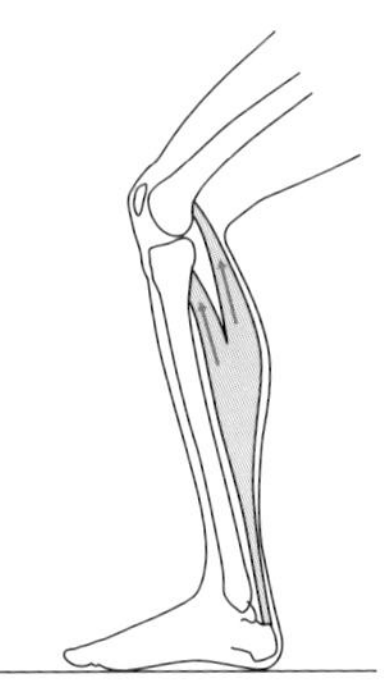

c. 膝部呈屈曲位，足底落地

圖3-20　腓腸肌的觸診（站姿）

以站姿進行腓腸肌觸診時，要讓病患單腳站立，膝關節呈伸展位並墊著腳尖站立。病患墊著腳尖站立，診療者就可以觀察到明顯浮出的阿基里斯腱以及腓腸肌內側頭和外側頭的肌腹。

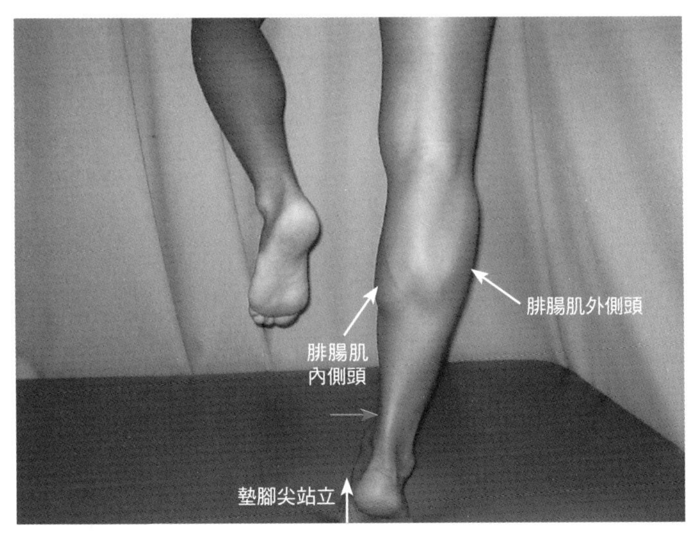

III 下肢的肌肉

圖3-21　比目魚肌的觸診（站姿）

膝關節呈伸展位且墊著腳尖站立。若觀察得到腓腸肌，就維持墊腳尖的姿勢慢慢地屈曲膝關節。隨著膝關節的屈曲，腓腸肌肌腹的緊繃程度會降低，就能觀察得到寬厚的肌腹，這個肌腹就是比目魚肌。如果反覆進行膝關節伸展和屈曲運動，就能充分了解腓腸肌和比目魚肌之間的關係。

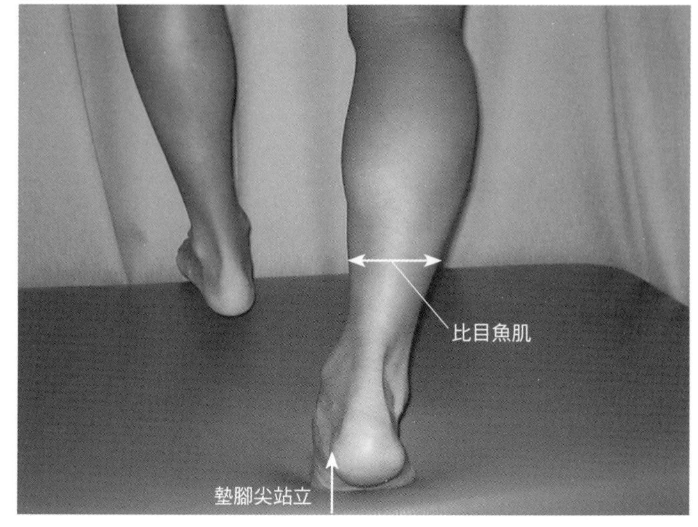

圖3-22　腓腸肌的觸診（臥姿）①

以臥姿進行腓腸肌觸診時，要讓膝關節呈伸展位，踝關節呈完全蹠屈，並連同跟骨固定住踝關節。此時，踝關節要固定在蹠屈/背屈軸上，並須特別注意固定部位不要往前足方向滑動。

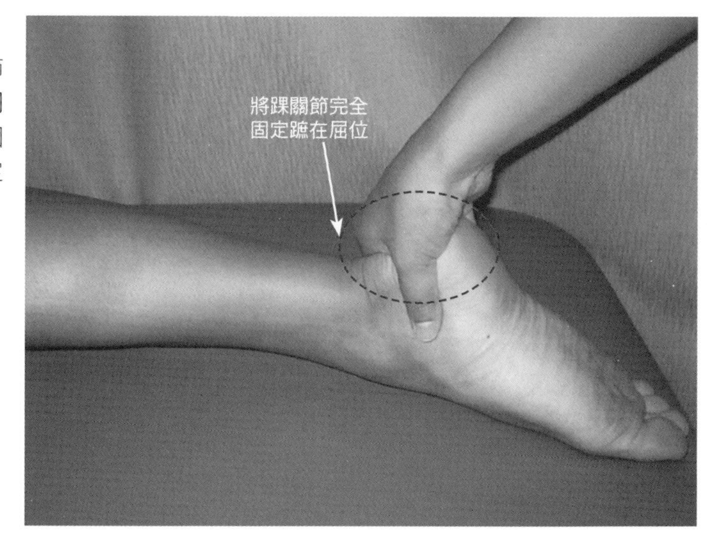

圖3-23　腓腸肌的觸診（臥姿）②

在踝關節固定的情況下，診療者指示病患進行膝關節屈曲方向的等長收縮運動。隨著膝關節的屈曲，阿基里斯腱會緊繃，同時也能觀察到肌腱浮出的狀態。此時，肌腱的緊繃現象是與膝關節屈曲相關的腓腸肌所造成的。

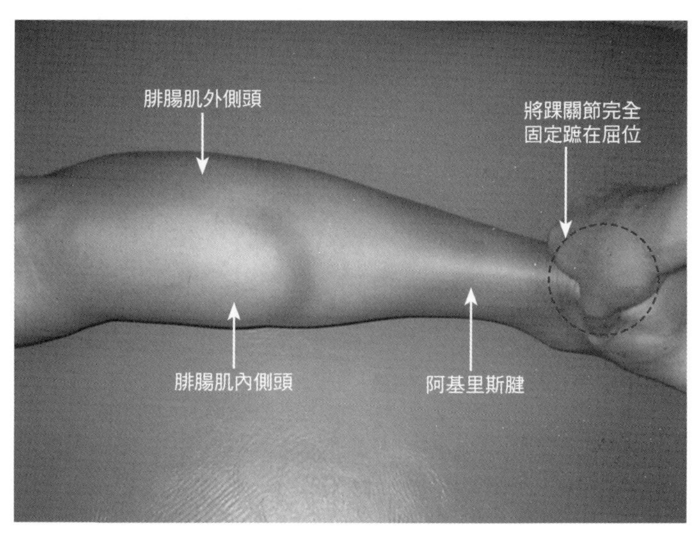

圖3-24　腓腸肌的觸診（臥姿）③

讓膝關節反覆進行屈曲方向的等長收縮運動，再依序觸診阿基里斯腱內側部分、腓腸肌內側頭，以及阿基里斯腱外側部分、腓腸肌外側頭。照片中，診療者的手指放在內側頭和外側頭之間的肌間，診療者正在比較兩者的大小差異。

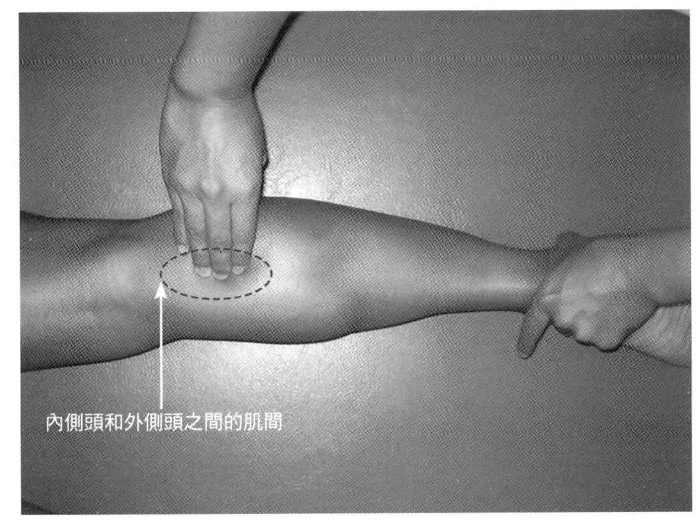

圖3-25　比目魚肌的觸診（臥姿）①

以臥姿進行比目魚肌觸診時，要讓膝關節呈90°屈曲，踝關節呈輕度蹠屈位（約30°），讓腓腸肌在鬆弛的狀態下開始觸診。接著，讓病患反覆進行踝關節蹠屈運動。一旦踝關節呈背屈位，鬆弛的腓腸肌就會再度伸展。因此，為了避免發生此種情況，蹠屈運動必須一直維持在輕度蹠屈位。

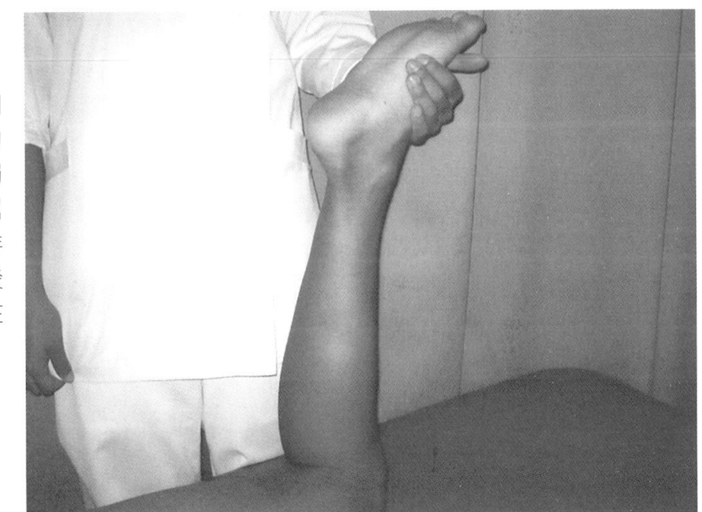

圖3-26　比目魚肌的觸診（臥姿）②

診療者將手指放在跟骨粗隆。隨著踝關節的蹠屈運動，就能觸摸到緊繃的阿基里斯腱。此時，阿基里斯腱的緊繃現象是比目魚肌收縮所造成的。診療者要將手指放在腓腸肌外側頭上面，而不是腓腸肌內側頭。最好能一併確認腓腸肌沒有隨著蹠屈運動的進行而出現收縮的現象。

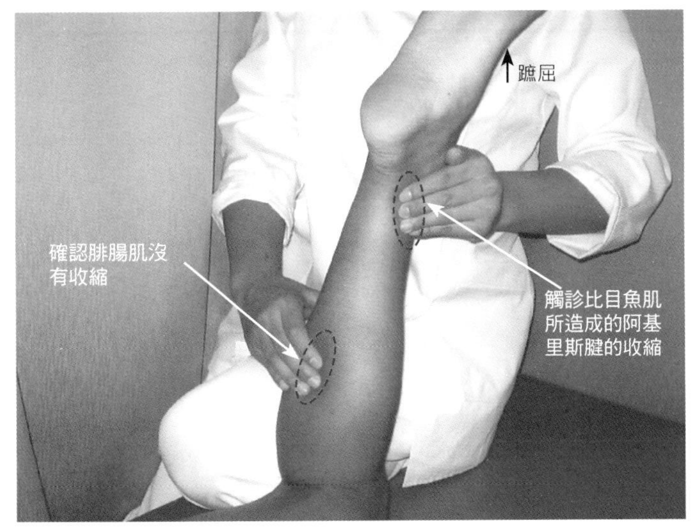

Ⅲ 下肢的肌肉

圖3-27　比目魚肌的觸診（臥姿）③

配合踝關節蹠屈運動，朝小腿後方繼續進行觸診，就能摸到比目魚肌肌腹。在確認腓腸肌沒有收縮動作之後，從腓骨頭開始直接以手指按壓，並朝外側下方延伸的比目魚肌起端進行觸診。

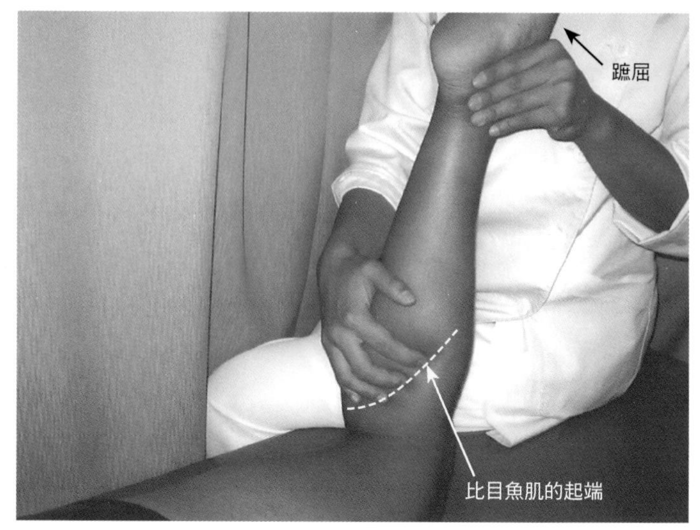

Skill Up

阿基里斯腱斷裂的臨床特徵

阿基里斯腱發生斷裂時，病患會感覺到「後面被踢了一腳」般的強烈衝擊，然後就受傷了。阿基里斯腱斷裂在運動傷害裡屬於較常發生的病例。臨床特徵可以經由臥姿「比較健側和患側的方式」（圖左）及「Thompson-Simmond squeeze test」（圖右）來加以了解。

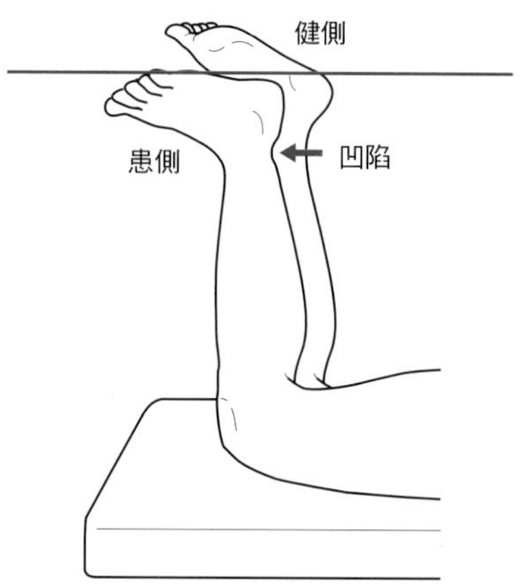

比較健側和患側的方式

讓患者俯臥且膝關節呈90˚屈曲，正常的踝關節會因小腿三頭肌緊繃而呈現輕度蹠屈位。但是阿基里斯腱斷裂的患側除了會出現凹陷現象之外，踝關節也會呈現蹠屈和背屈的中間位（即蹠屈和背屈皆為0˚左右）。

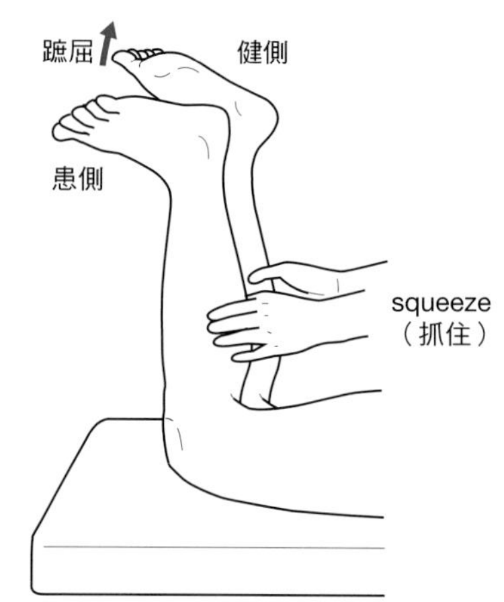

Thompson-Simmond squeeze test

一旦抓住健側的小腿三頭肌，踝關節就會被誘發蹠屈運動，但是，阿基里斯腱斷裂的患側卻會因張力無法傳達至末梢而無法被誘發蹠屈運動。

修改自文獻41）

脛後肌 tibialis posterior muscle

解剖學上的特徵

- **脛後肌**

  [起端] 小腿骨間膜上方，以及脛骨和腓骨之間的骨間膜

  [止端] 主要終止於舟骨粗隆和內楔骨，局部纖維會往腳底擴張並延伸到中楔骨、外楔骨和骰骨底部。

  [支配神經] 脛骨神經（L5～S2）
- 脛後肌的上半部呈羽狀，下半部呈半羽狀狀態。
- 在跗骨隧道區域裡，脛後肌會通過內側腳踝的後方。
- 脛後肌、屈趾長肌和屈拇長肌這三條肌肉位於後側深層腔室裡，且三者皆受到比目魚肌的袋狀包覆。

肌肉功能的特徵

- 脛後肌能使踝關節蹠屈、足部旋後（內翻）和內收。
- 在足部固定的情況下，脛後肌能使小腿後傾並拉往內側。
- 脛後肌是維持足弓的最重要肌肉。

臨床相關

- 脛後肌功能障礙（posterior tibial tendon dysfunction；PTTD）具有「too many toe sign」的特徵。
- 足部有旋前不穩定現象時，容易引發脛後肌腱鞘炎及脛骨疼痛。
- 脛骨疼痛是跑步所引起的運動傷害中的代表性疾病，脛後肌會有強烈的壓痛並同時有高度的緊繃現象。[42, 43)]
- 在小腿骨折等病例裡，以脛後肌為中心的後側深層腔室，會因腔室內壓上升而引發疼痛，或是容易有可動範圍受限的情形。
- 踝關節周圍出現外傷後，踝關節背屈會受到限制。在這個情況下，最密切相關且為治療首選的肌肉是「脛後肌」。

相關疾病

脛後肌功能障礙（PTTD）、脛後肌腱鞘炎、脛骨疼痛、踝關節腳踝骨折、有痛性外脛骨、扁平足、高弓足……等。

圖3-28　脛後肌的走向

脛後肌起始於小腿骨間膜及脛骨腓骨之間的骨間膜。脛後肌主要止於舟骨粗隆和內楔骨後，並廣為附著於足底。脛後肌能對踝關節蹠屈以及足部旋前和旋後產生作用。此外，在足部固定的情況下，脛後肌能使小腿後傾並拉往內側。再者，舟骨和內楔骨往上方拉入時，脛後肌能維持內縱足弓。

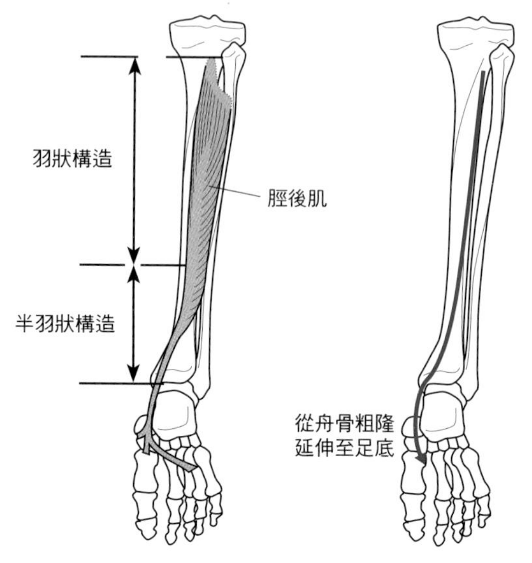

圖3-29　比目魚肌袋狀包覆的三條肌肉

脛後肌、屈趾長肌、屈拇長肌是構成後側深層腔室的肌肉，這三者皆位於小腿最內層部位。這三條肌肉像是被比目魚肌袋狀所包覆的三個羽翼。

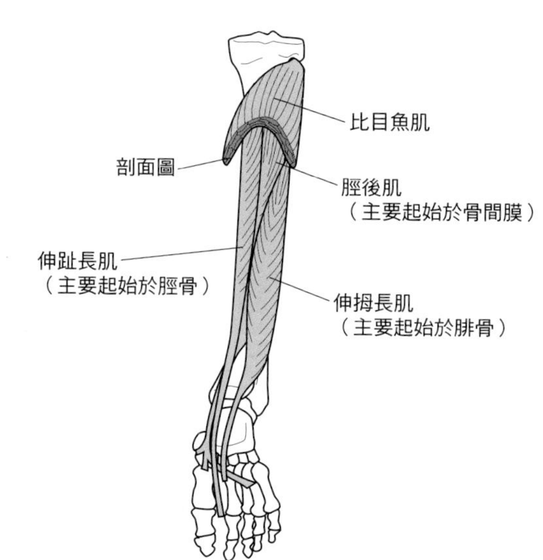

圖3-30　脛後肌功能障礙中的「too many toe sign」[44,45)]

在脛後肌功能障礙的病例裡，脛後肌無法抵抗「中足至前足間的旋前及外展方向的壓力」，這種情況會慢慢地轉變為「後足旋前」及「中足以下外展變形」。在這類病例方面，若從後方觀察的話，可以看到多數腳趾外露的現象，此現象稱之為「too many toe sign」。

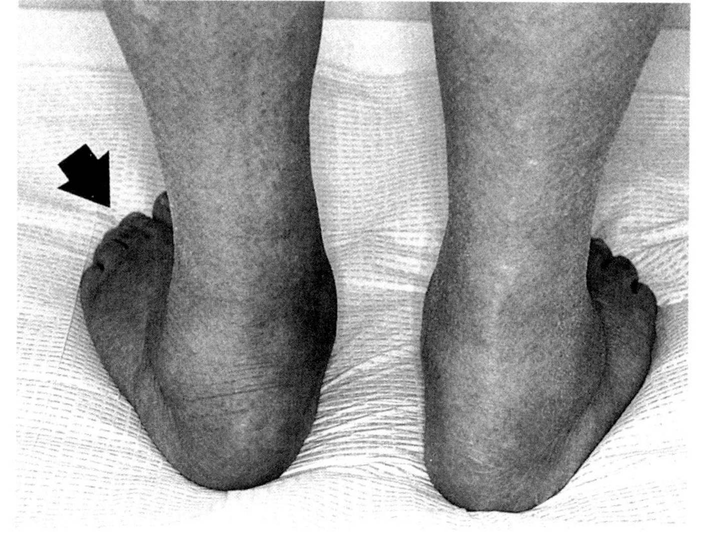

取自文獻44）

圖3-31　脛後肌肌腱的觸診①

對脛後肌進行觸診時，一開始要讓病患側臥，而位於下方的右腳則要超出診療床。針對脛骨內髁及舟骨粗隆進行觸診並加以標記。

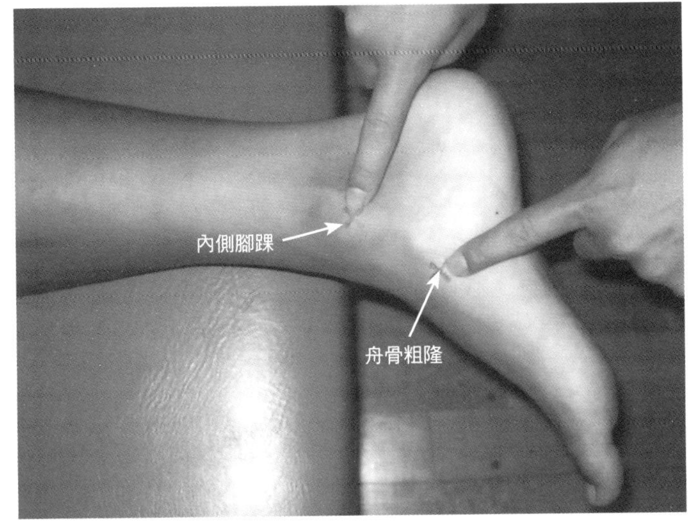

圖3-32　脛後肌肌腱的觸診②

接著，抓住病患足部反覆進行被動運動（旋後和內收），拉近舟骨粗隆與內側腳踝的距離，使彼此的距離達到最短的狀態。診療者要指示病患逐漸地參與這項運動，才能充分觀察脛後肌固有的運動。

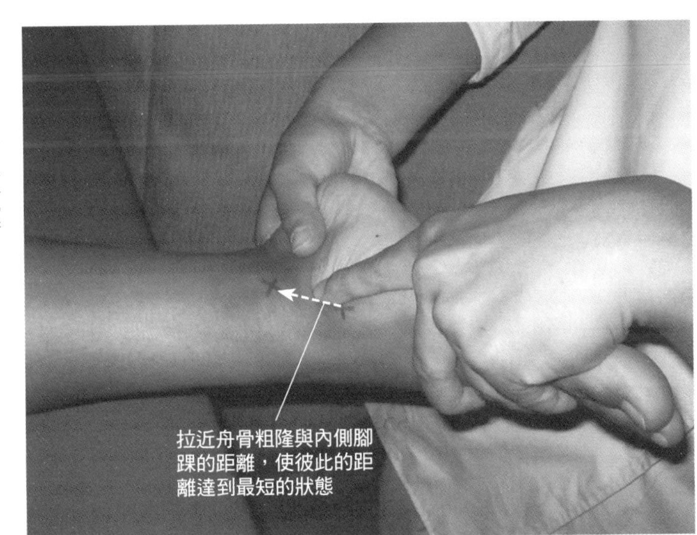

圖3-33　脛後肌肌腱的觸診③

慢慢地從被動運動轉換成主動運動，診療者可以觀察到「自舟骨粗隆往內側腳踝後方延伸」的脛後肌浮出。對緊繃的肌腱持續觸診。在病患進行運動時，要注意不能彎曲拇趾和趾頭。

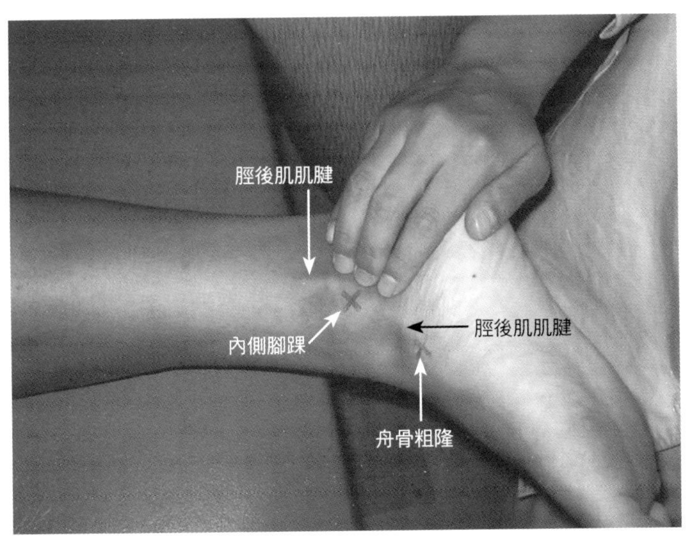

圖3-34　脛後肌的觸診①

對脛後肌肌腹進行觸診時，要讓病患俯臥並使膝關節約呈90° 屈曲，踝關節呈輕度蹠屈位，以排除小腿三頭肌的緊繃現象，以這個姿勢進行觸診。

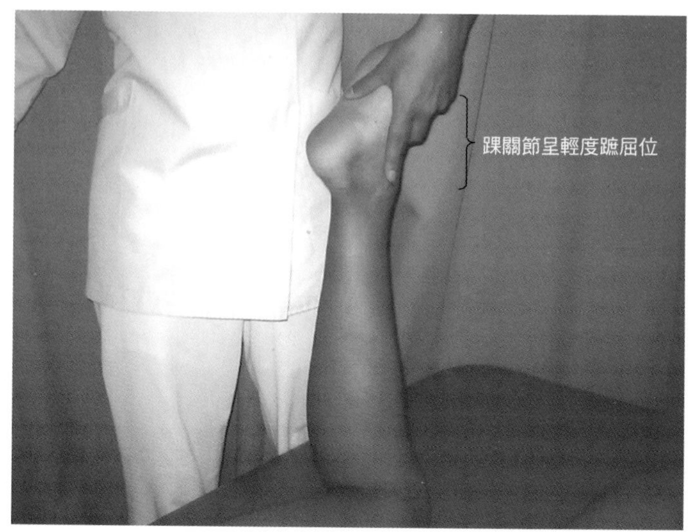

圖3-35　脛後肌的觸診②

診療者將手指放在內側腳踝後方的脛後肌肌腱上，讓踝關節保持蹠曲位，以這個姿勢施加被動足部旋前和外展運動。這個動作會使脛後肌肌腱緊繃，診療者可以往近側方向繼續觸診。

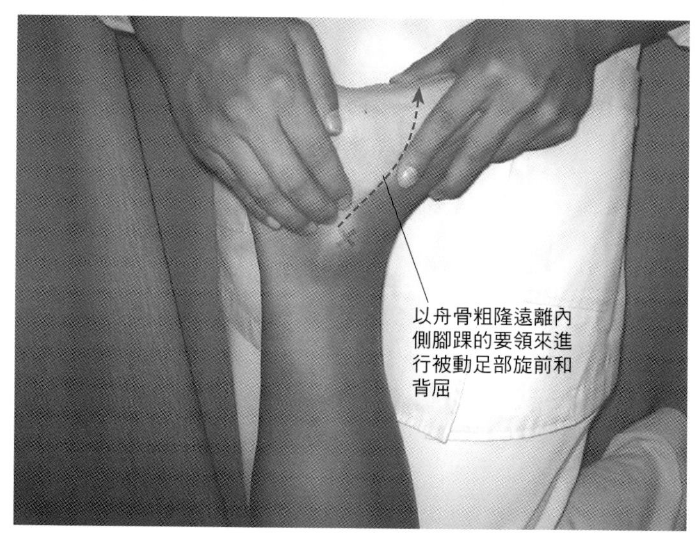

圖3-36　脛後肌的觸診③

診療者在小腿後方，往小腿三頭肌上方深壓以持續進行觸診。此時，踝關節呈背屈位，並且要避免使小腿三頭肌的緊繃狀態增加，如果加以留意的話，並不難發現。脛後肌肌腹的基準位置在小腿中央稍微偏外側，這點可以當作觸診脛後肌的參考。

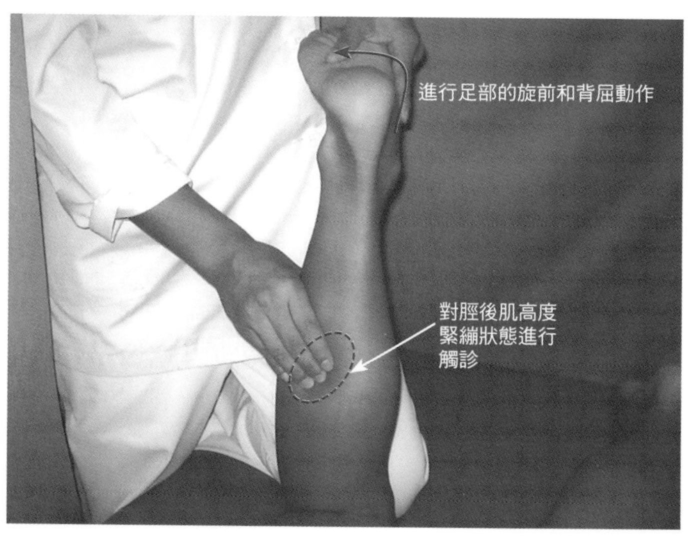

Skill Up

脛骨疼痛[46]

脛骨疼痛是田徑選手常見的一項運動傷害，病患主訴脛骨內側中央至遠端1/3處有疼痛和壓痛的情形。這類症狀稱為骨膜炎、肌膜炎或過勞障礙等等。雖然沒有特定的名稱，但無疑都是以「過度使用（overuse）」為判定基準。疼痛的原因與脛後肌或比目魚肌有關，這是「這些肌肉過度使用而出現足外翻」的結果。然而，並非所有病例都只出現足外翻的現象。在真實病例裡，有越來越多的病例是「該患者具有高弓足且患者在起跳時會出現鞭索動作」。

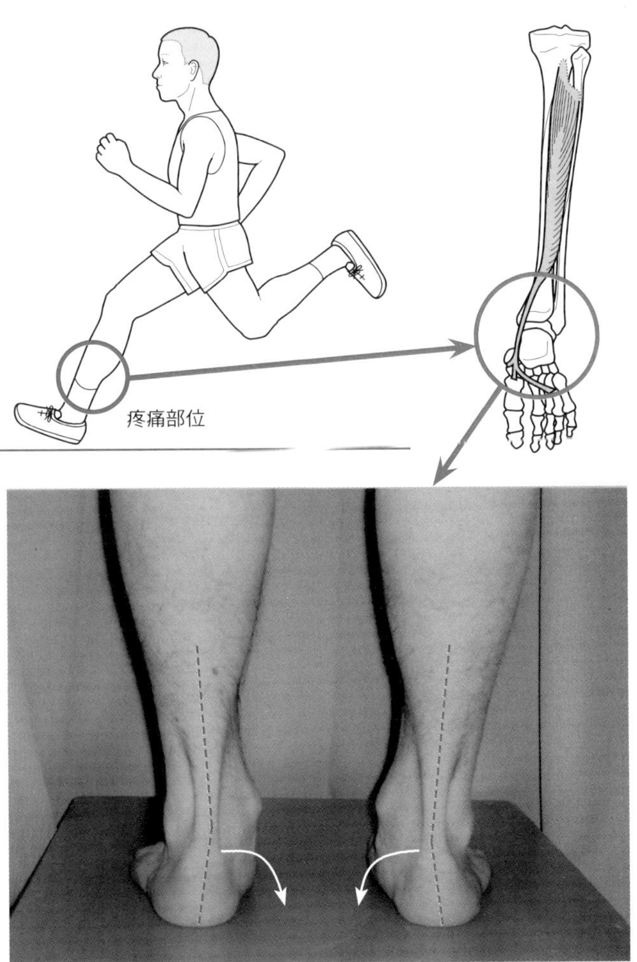

屈趾長肌 flexor digitorum longus muscle
屈拇長肌 flexor hallucis longus muscle

解剖學上的特徵

- **屈趾長肌**

  [起端] 脛骨後側

  [止端] 貫穿屈趾短肌的腱裂孔至遠節趾骨底部

  [支配神經] 脛骨神經（L5～S2）
- 屈趾長肌在小腿遠端跨越脛後肌腱的上方，並通過位於跗骨隧道範圍的脛後肌腱後側。
- **屈拇長肌**

  [起端] 腓骨體後面

  [止端] 大拇趾趾端

  [支配神經] 脛骨神經（L5～S2）
- 在跗骨隧道範圍，屈拇長肌通過位於脛後動脈後側的阿基里斯腱內側的前端之處。
- 屈拇長肌腱潛入阿基里斯腱的下方，並延伸至腓骨旁。

肌肉功能的特徵

- 屈趾長肌能使第二～五趾彎曲、踝關節蹠屈。而且，腳部能藉此肌肉產生旋後的動作（內翻）。
- 屈拇長肌能使大拇趾彎曲、踝關節蹠屈。而且能藉此肌肉使腳部旋後（內翻）。
- 在腳部固定住的情況下，屈趾長肌和屈拇長肌會一同作用而使小腿往後傾。
- 這兩條肌肉都能將足弓上抬。

臨床相關

- 位於跗骨隧道範圍的脛後神經所發生的壓迫性神經病變，稱作「跗骨隧道症候群」。
- 阿基里斯腱斷裂後，在固定期間內，也有屈拇長肌和阿基里斯腱相癒合的案例出現。像這樣的案例，從解剖學來看，是因為「屈拇長肌通過阿基里斯腱下側」之故[47]。
- 針對小腿骨折或腳踝骨折的病例，若是早期就進行腳趾的主動運動，不但能防止深後側腔室的內壓上升，更能促進跗骨隧道內肌腱的滑動、預防緊縮和跗骨隧道症候群。
- L5/S椎間盤突出的例子中，有相當多腳趾屈肌力下降的案例。

相關疾病

屈趾長肌腱斷裂、屈拇長肌腱斷裂、跗骨隧道症候群、阿肌里斯腱斷裂、小腿骨骨折、踝關節踝部骨折、腰椎椎間盤突出……等。

圖3-37　屈趾長肌的走向

屈趾長肌起始於脛骨後側，通過屈趾短肌的腱裂孔，並止於第二～五趾的趾端。屈趾長肌能使第二～五趾彎曲，也能使踝關節蹠屈、腳部旋後（內翻）。而且在腳部固定住的情況下，屈趾長肌也會參與小腿往後傾的作用。

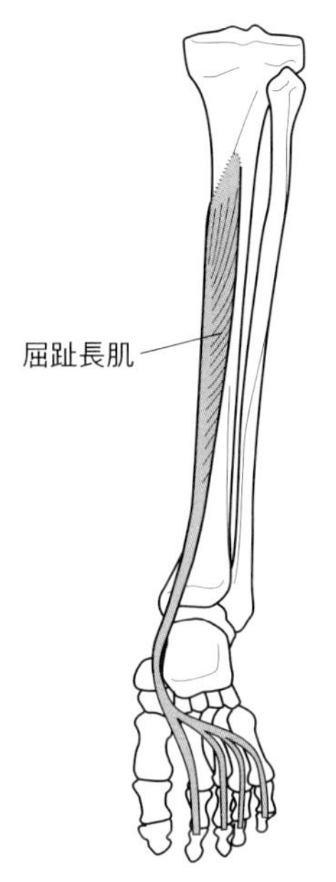

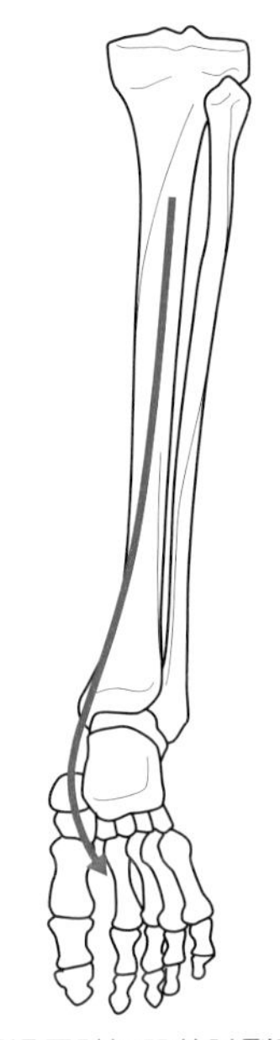

圖3-38　屈拇長肌的走向

屈拇長肌起始於腓骨體後側，通過阿肌里斯腱下方後，以載距突為滑車而止於大拇趾趾端。屈拇長肌除了能使大拇趾彎曲，還能使踝關節蹠屈、腳部旋後（內翻）。而且在腳部固定住的情形下，屈拇長肌也會參與小腿往後傾的作用。

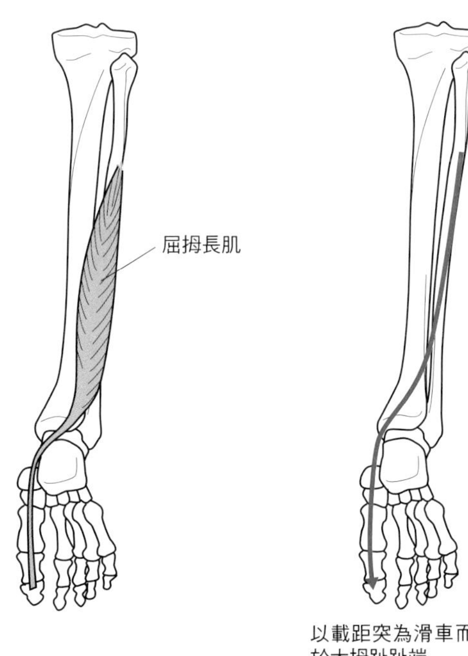

圖3-39　通過跗骨隧道的肌腱、血管、神經

跗骨隧道位於內側腳踝的後下部，是由跗骨和屈肌支持帶所構成的隧道。從內側腳踝開始通過此處的組織依序為脛後肌腱、屈趾長肌腱、脛後動靜脈、脛骨神經、屈拇長肌腱。觸診時，最好以脛後動脈的脈搏為基準，前指觸摸著屈趾長肌腱、後指觸摸著屈拇長肌腱以進行診斷。

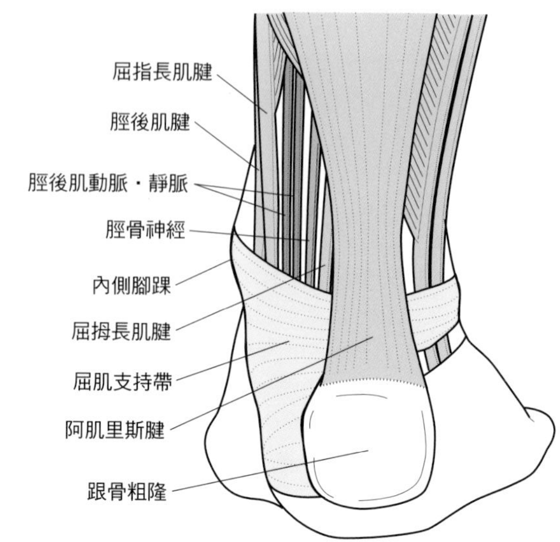

圖3-40　與屈趾長肌腱相關的解剖學特徵

屈趾長肌腱通過屈趾短肌腱的腱裂孔後，止於遠節趾骨基部。這種關係與手的屈指淺肌腱和屈指深肌腱之間的關係相同。此外，屈趾長肌腱止於蹠方肌後側，再分成四條屈趾長肌腱，此四條長肌腱起始於蚓狀肌。

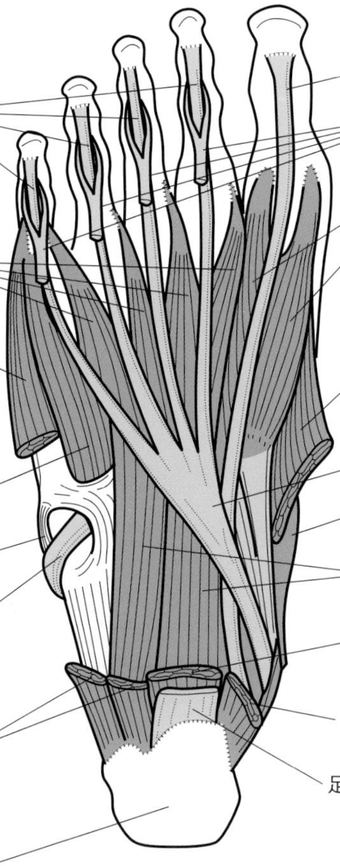

屈趾長肌腱通過屈趾短肌腱的腱裂孔｝屈趾長肌腱
起始於屈趾長肌外側｝蚓狀肌
小指外展肌（截斷）
屈小指短肌
腓骨短肌腱
腓骨長肌腱
小指外展肌（截斷）
跟骨
屈拇長肌腱
屈趾短肌腱（截斷）
屈拇短肌
外展拇指肌（翻轉）
屈趾長肌腱
脛後肌腱
蹠方肌筋｛止於屈趾長肌腱外側，加強屈趾長肌腱的緊繃以補助屈趾長肌腱的功能
屈趾短肌（截斷）
外展拇指肌（截斷）
足底腱膜（截斷）

圖3-41　屈趾長肌腱、屈拇長肌腱的觸診（跗骨隧道範圍）

對位於跗骨範圍的屈趾長肌腱、屈拇長肌腱進行觸診時，要讓病患側臥，並讓下側腳的足部超出床緣，以此姿勢開始進行觸診。觸診此處的脛後動脈脈搏，並在此處作一記號。

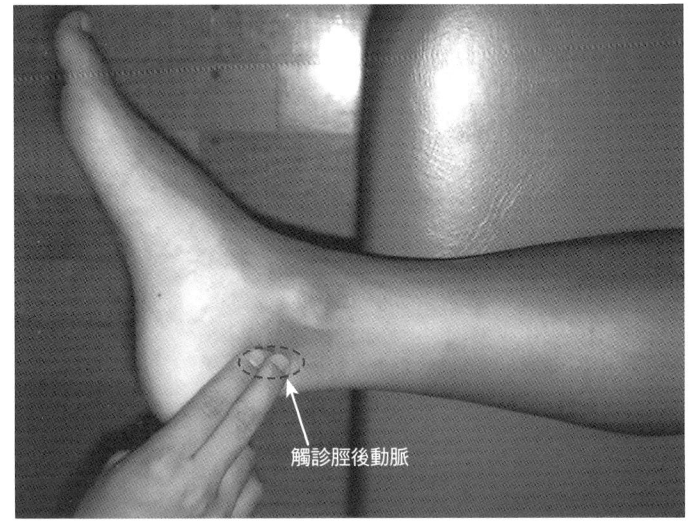

圖3-42　屈趾長肌腱的觸診（跗骨隧道範圍）①

將手指從方才確認過的脛後動脈位置往內踝方向移動。扶著病患的第二趾及第三趾進行腳趾的被動伸展，以伸展屈趾長肌腱，觸診所產生的肌腱緊繃。此外，迅速伸展腳趾是觸診時的祕訣。

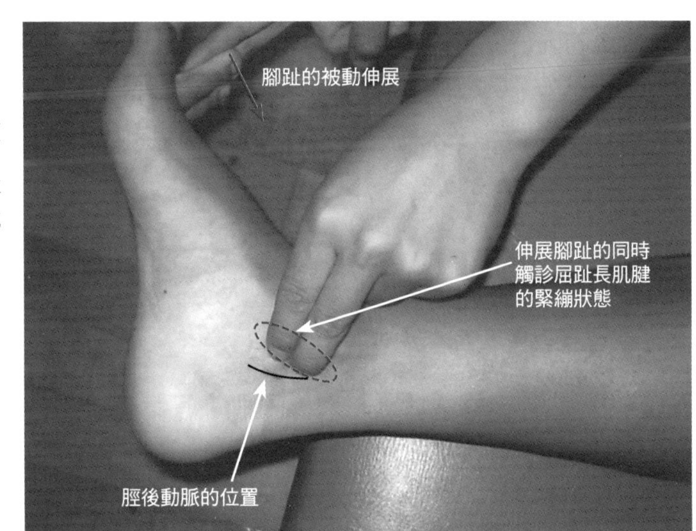

圖3-43　屈拇長肌腱的觸診（跗骨隧道範圍）②

接著在脛後動脈後側的位置，用手指觸碰阿基里斯腱內側的前方。對病患的大拇趾進行被動伸展，以伸展屈拇長肌腱，觸診肌腱的緊繃狀態。此外，迅速伸展拇趾是觸診時的祕訣。

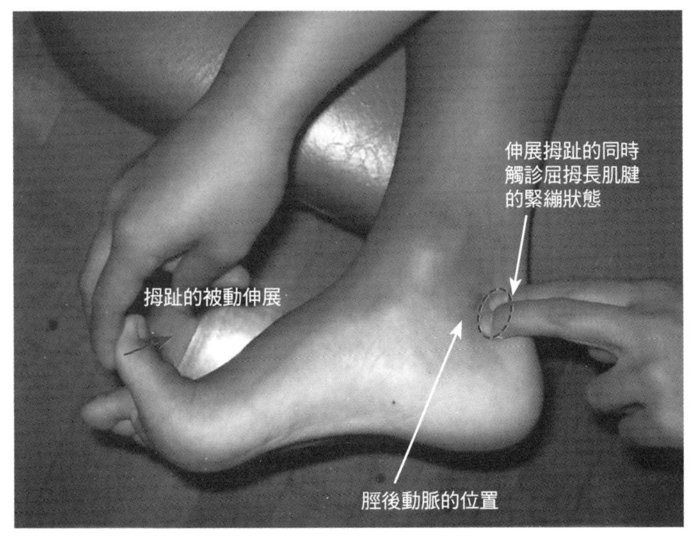

圖3-44　屈趾長肌、屈拇長肌的觸診（小腿範圍）

觸診屈趾長肌、屈拇長肌的肌腹時，要讓病患俯臥，膝關節呈90° 彎曲、踝關節盡量蹠屈，以避免小腿三頭肌呈緊繃狀態以此位置進行檢查。

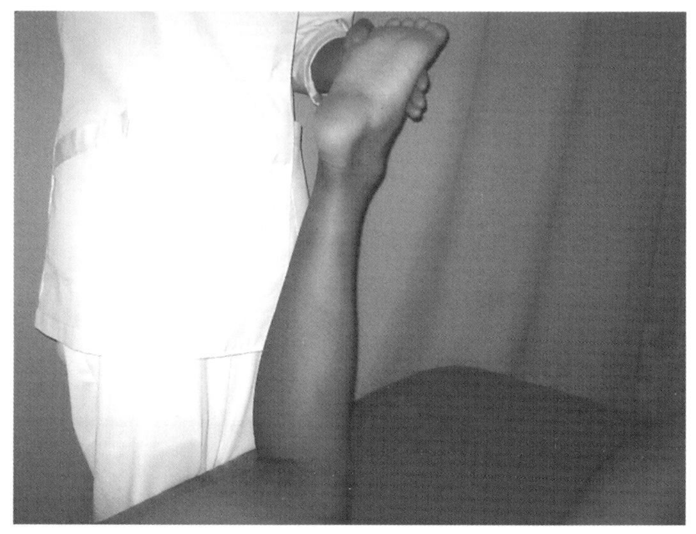

圖3-45　屈趾長肌的觸診（小腿範圍）①

將手指放在方才確認過位置的屈趾長肌腱之處，並保持踝關節的蹠屈，以被動伸展方式伸展第二腳趾。此時的伸展動作越迅速，便越容易觸摸出肌肉的緊繃。以手指觸摸隨著伸展第二趾所產生的緊繃變化，而且越往小腿方向觸摸過去，就越接近脛骨後面的內側。

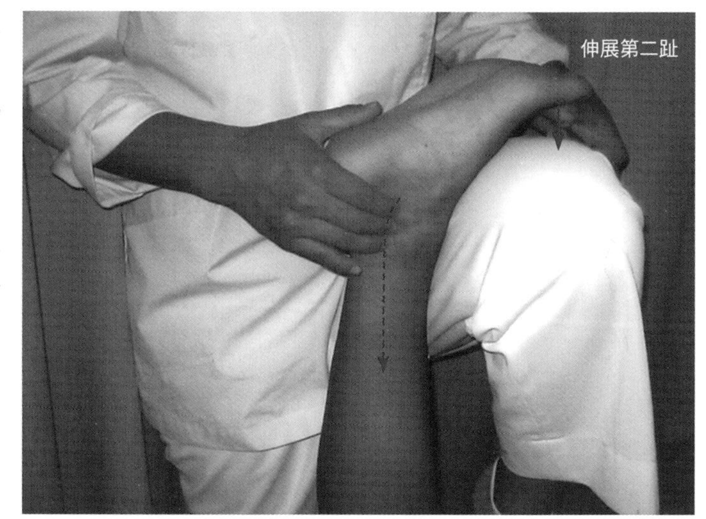

圖3-46　屈趾長肌的觸診（小腿範圍）②

倘若能確認出朝向第二趾的屈趾長肌，便以同樣的步驟從第三趾依序觸摸到第五趾。當越接近第五趾時，即可感受到位在脛骨後面的屈趾長肌的緊繃感越來越往外側移動。右圖即是在觸診隨著第五趾被伸展而產生的屈趾長肌的緊繃狀態。

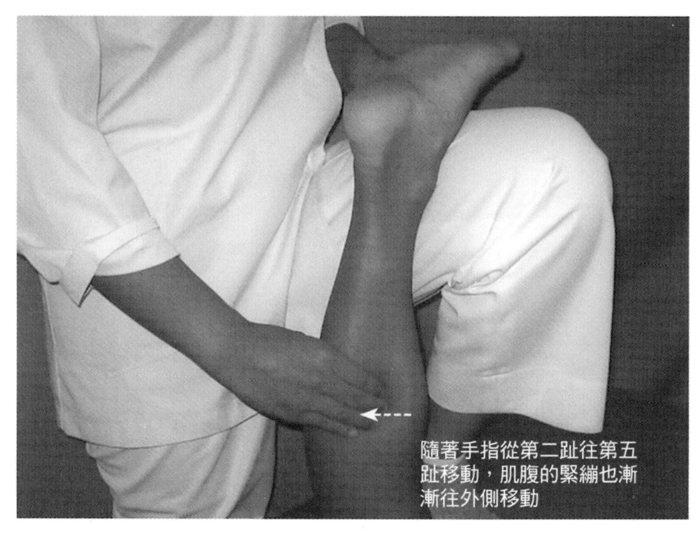

圖3-47　屈拇長肌的觸診（小腿範圍）③

觸診屈拇長肌時，將手指放在方才確認過位置的屈拇長肌腱之處，讓踝關節保持蹠屈，並且被動地伸展拇趾。此時的伸展運動越迅速，便越容易觸摸到肌肉的緊繃。隨著伸展拇趾，即可觸摸到屈拇長肌的緊繃。順便確認位在踝關節近端的屈拇長肌從阿基里斯腱的下方朝腳踝外側交叉的情況。

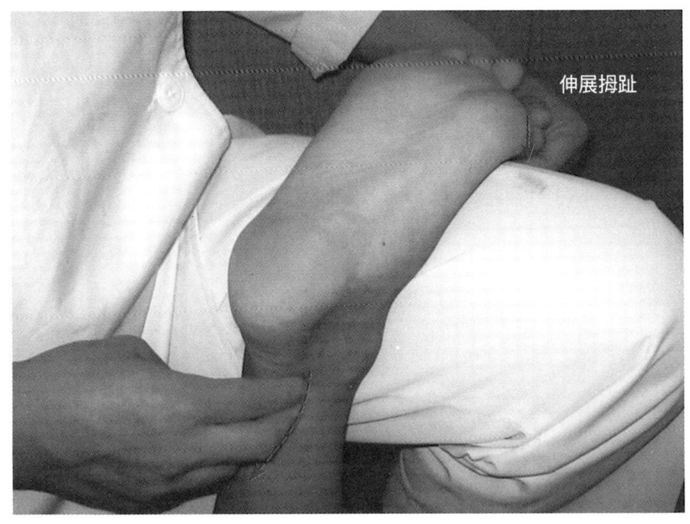

圖3-48　屈拇長肌的觸診（小腿範圍）④

屈拇長肌在阿基里斯腱下方朝腳踝外側交叉後，就沿著腓骨後面筆直地往近端延伸。請依照以上說明進行觸診。屈拇長肌的肌肉長度較屈趾長肌短，因此在小腿近端1/3處，無法觸診到伴隨拇趾伸展而來的屈拇長肌緊繃。

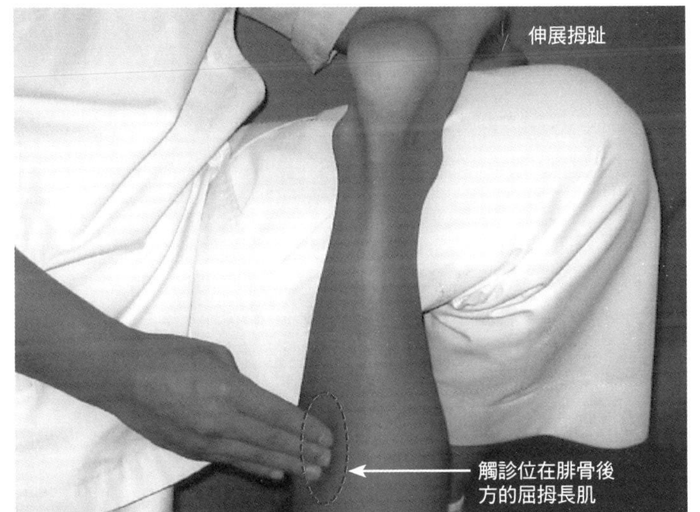

腓骨長肌 peroneus longus muscle
腓骨短肌 peroneus brevis muscle

解剖學上的特徵

●**腓骨長肌**

[起端] 腓骨頭以及腓骨體外側的上半面

[止端] 第一、二蹠骨基部以及內楔骨底部

[支配神經] 脛骨神經（L5～S2）

●**腓骨短肌**

[起端] 腓骨體外側的下半面

[止端] 第五蹠骨粗隆

[支配神經] 脛骨神經(L5～S2)

●腓骨長肌及腓骨短肌都是利用作為滑車的外側腳踝變換本身的走向。

●在外側腳踝的高度時，腓骨短肌腱位於腓骨長肌腱的前方。

●腓骨長肌腱從跟骨外側的腓骨長肌腱溝滑下，沒入腳底。

肌肉功能的特徵

●腓骨長肌能使腳部旋前（外翻），也能使踝關節蹠屈。

●腓骨短肌使腳部外展，同時踝關節蹠屈。

●腓骨長肌可制動拇趾內收，保持腳部橫弓。

●在腳部固定住的情況下，腓骨長肌和腓骨短肌則會使小腿向後傾。

臨床相關

●腓骨肌支持帶的斷裂、鬆弛致使腓骨肌腱從外側腳踝滑落至前方的現象就稱為腓骨肌腱脫臼。若是反覆多次滑落，就會導致痛性腱鞘炎[48,49]。

●跟骨骨折後，骨體部的橫徑增大，則會再度刺激腓骨肌腱，造成腳跟外側部位疼痛。

●當內翻扭傷時，也有併發經由腓骨短肌而導致的第五蹠骨的粗隆撕裂性骨折（第五蹠骨基底部骨折）的案例。

●為了使內翻扭傷的踝關節恢復動態時的穩定性，對腓骨長/短肌進行肌肉訓練是必要的運動治療。

相關疾病

腓骨肌腱脫臼、腓骨肌腱損傷、腓骨肌腱鞘炎、跟骨骨折、第五蹠骨的粗隆撕裂性骨折（第五蹠骨基底部骨折）、內翻扭傷……等。

圖3-49　腓骨長肌、腓骨短肌的走向

腓骨長肌起始於腓骨頭和腓骨體外側的上半部，繞至腳底，並止於拇趾蹠骨及內楔骨。腓骨短肌起始於腓骨體外側的下半部，並止於第五蹠骨的粗隆。腓骨長肌能使腳部旋前（外翻），腓骨短肌則有使腳部外展的作用。此兩條肌肉更能同時作用而使踝關節蹠屈。

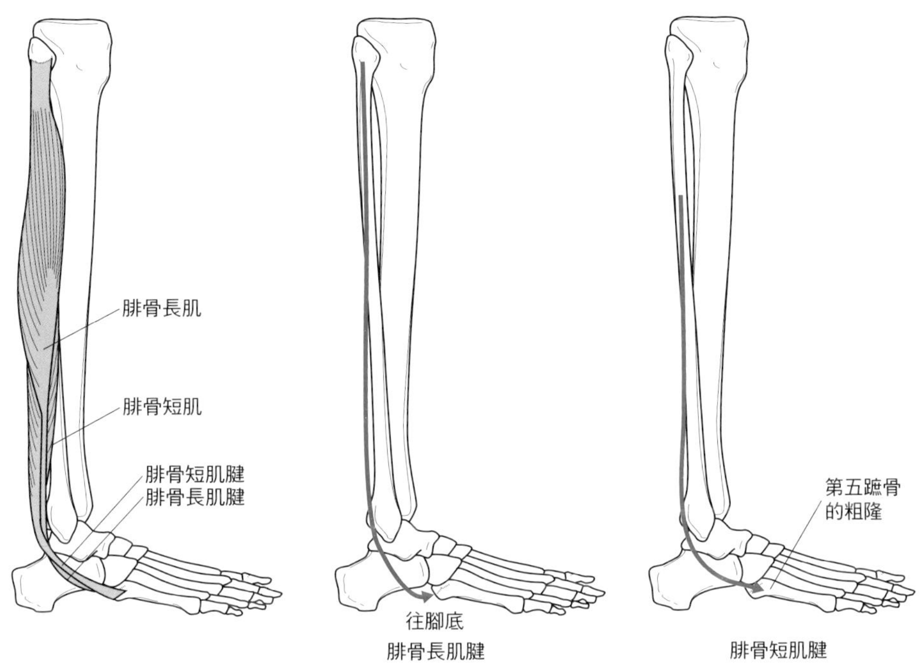

圖3-50　腓骨長肌對足弓的影響

足弓與腓骨長肌的關係很密切。從腳底來看，能限制腳趾內收、旋後，保持橫弓；從腳內側來看，能將第一趾蹠骨基部往後方拉，使內楔骨、舟骨往上舉；從腳外側來看，能使骰骨往上舉。

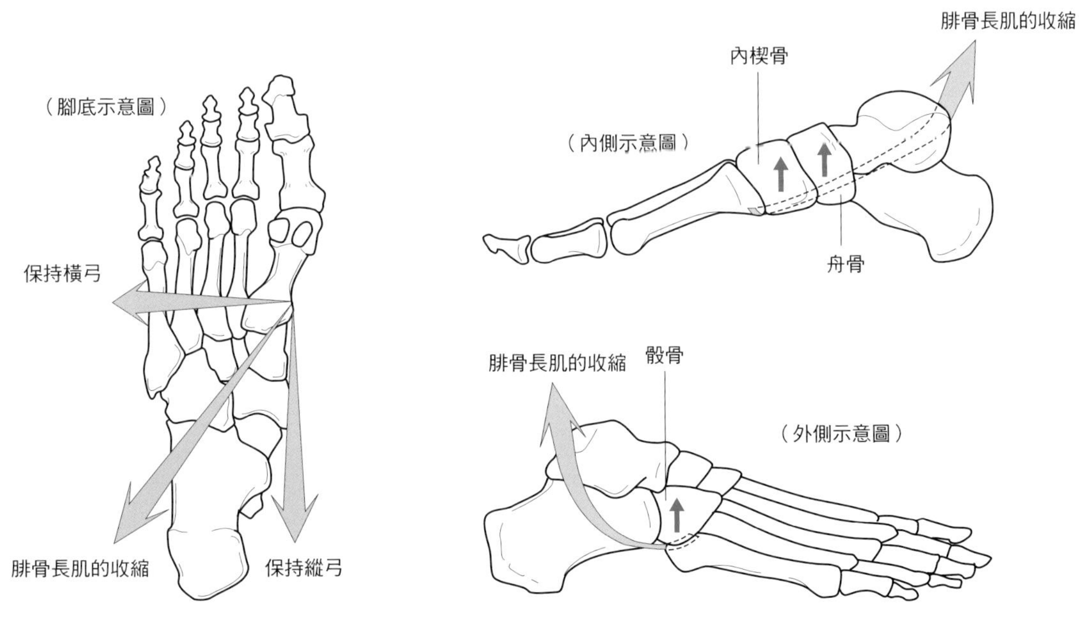

取自文獻50）

圖3-51　從腳外側看腓骨長/短肌腱的位置關係

在腳踝外側至末梢的範圍內，腓骨短肌的位置就在腓骨長肌腱的前方。腓骨短肌的走向為從外側腳踝筆直地往第五蹠骨的粗隆接近。腓骨長肌腱沿著腓骨短肌走至跟骰關節附近，繞進腳底。上腓骨肌支持帶的斷裂、鬆弛會引發腓骨肌腱脱臼。

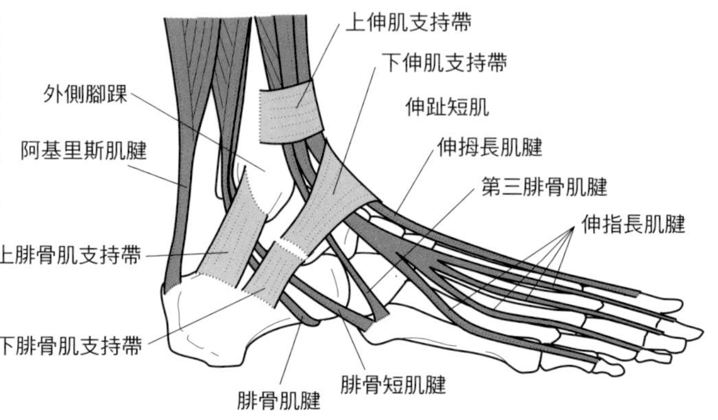

圖3-52　腓骨長肌腱、腓骨短肌腱的觸診

對腓骨長肌腱、腓骨短肌腱進行觸診時，要讓病患側臥。將上側腳的足部移出床緣，以這樣的位置來進行檢查。倘若要觸診腓骨長肌時，使腳部旋前（外翻）；觸診腓骨短肌時，則將腳部外展。

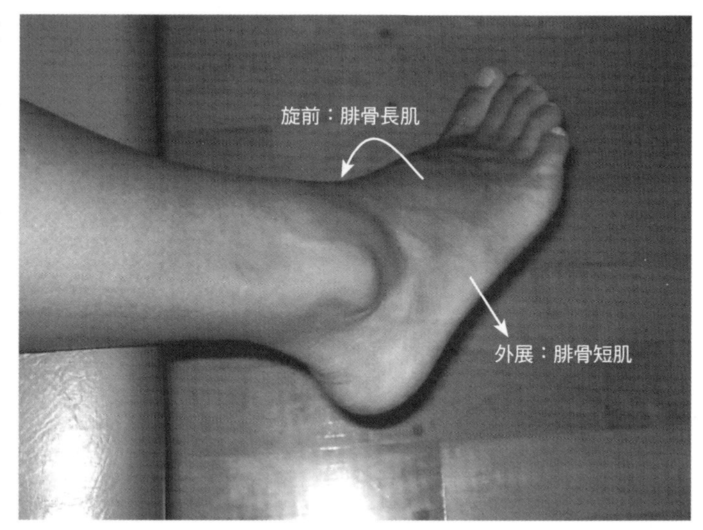

圖3-53　腓骨短肌的觸診①

對腓骨短肌進行觸診時，要確認外側腳踝的頂端及第五蹠骨的粗隆位置。以被動運動的方式，將以上兩個位置相互靠近（也就是腳部的外展動作），並重複數次以讓患者了解腓骨短肌的固有動作。此時，為了盡可能的排除腓骨長肌的參與，運動時要注意不要使腳部旋前（拇趾移向下方的運動：外翻）。

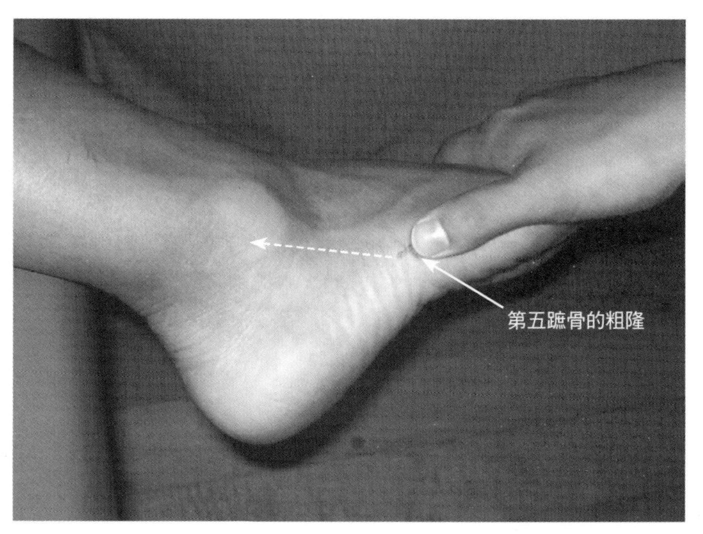

圖3-54 腓骨短肌腱的觸診②

手指一定要觸摸腳背那一側，以查探出腓骨短肌腱的位置。倘若將手指觸摸於腳底那一側，則會因外展作用的參與，容易將腓骨長肌腱的緊繃錯認為腓骨短肌腱的緊繃，這一點是必須要注意的。

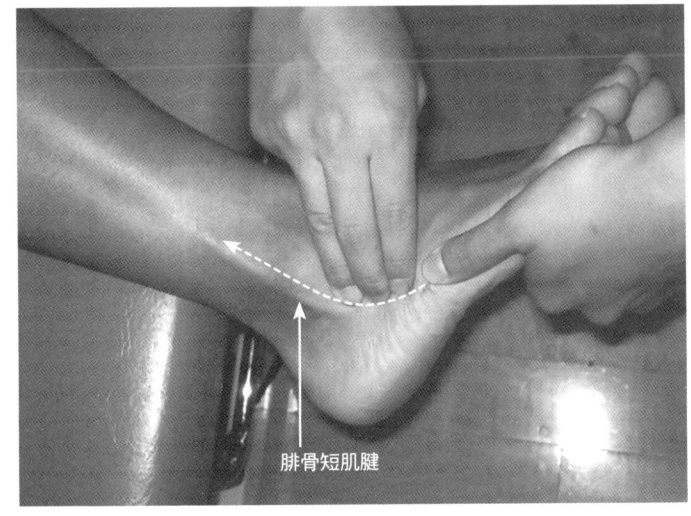

圖3-55 腓骨短肌的觸診③

倘若希望直到外側腳踝都能觸摸到腓骨短肌腱的話，便用手指從前面開始觸摸，並伴隨著運動觸診腓骨短肌的肌腹。當觸摸到收縮和鬆弛的起伏時，在腓骨中央附近都能感覺到其收縮。

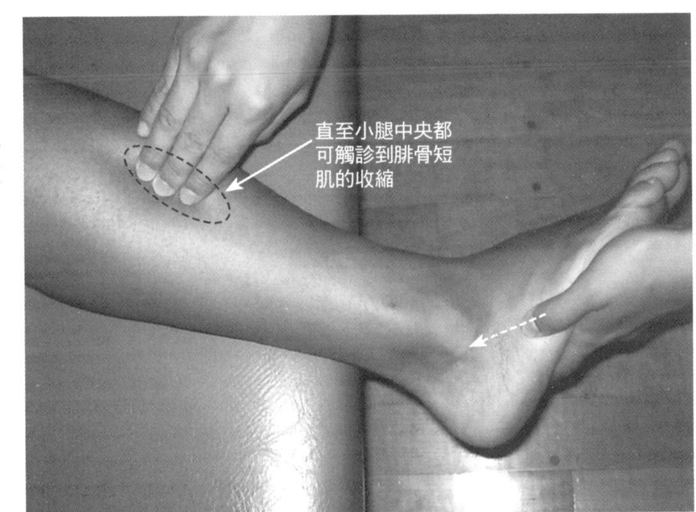

圖3-56 腓骨長肌腱的觸診①

對腓骨長肌腱觸診時，在腳底確認拇趾蹠骨底部的位置。診療者用大拇指在病患腳底的拇趾蹠骨底部往腳背方向按壓。而病患以「將所受到的按壓反向押回」的要領，作出腳部的旋前（外翻）動作。此時，注意不要同時做腳部的外展運動，盡可能的排除掉腓骨短肌的參與。

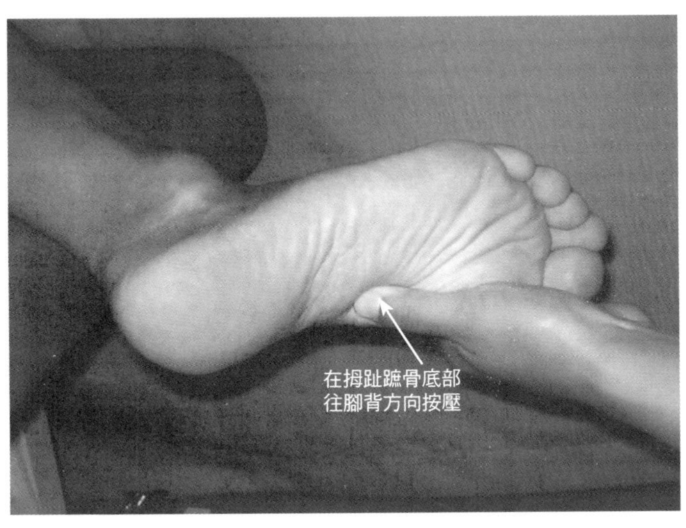

圖3-57　腓骨長肌腱的觸診②

對位在第五蹠骨的粗隆後側的跟骰關節部位進行觸診時，將手指按壓在腳底那一側，使腳部旋前以觸診腓骨長肌腱的緊繃。由於腓骨長肌腱在往外側腳踝方向上的走向大約和腓骨短肌腱平行，故將手指觸碰腳底那一側是相當重要的一點。

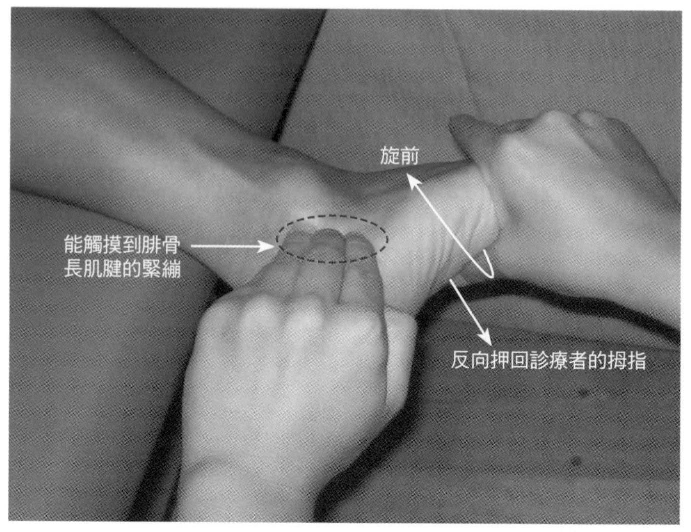

圖3-58　腓骨長肌的觸診

若是希望直到外側腳踝都能觸摸到腓骨長肌腱的話，便從後方用手指按壓住，隨著運動觸診腓骨長肌的肌腹。若觸摸到收縮與鬆弛的起伏，其收縮就連在腓骨頭都能感覺得到。

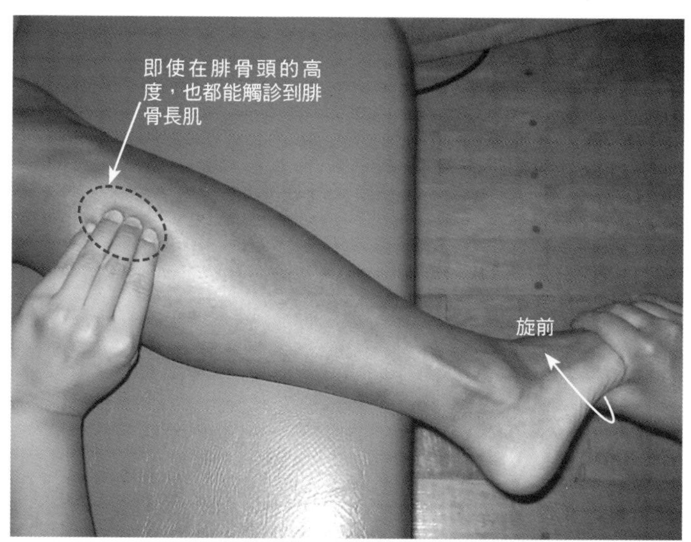

外展拇指肌 abductor hallucis muscle
屈拇短肌 flexor hallucis brevis muscle
內收拇指肌 adductor hallucis muscle

解剖學上的特徵

●**外展拇指肌**

[起端] 跟骨粗隆內側，舟骨粗隆

[止端] 通過位於拇趾蹠骨頭部下的內側種子骨，直到拇趾近節指骨基部

[支配神經] 足底內側神經（L5、S1）

●**屈拇短肌**

[起端] 骰骨、外楔骨、長足底韌帶

[止端] 外側腹通過外側種子骨至拇趾近節指骨基部；內側腹通過內側種子骨至拇趾近節指骨基部

[支配神經] 足底內側神經（L5、S1）

●**內收拇指肌**

[起端] 斜頭起始於長足底韌帶、外楔骨、第二、三趾蹠骨；橫頭起始於第二～五趾蹠骨頭部關節囊韌帶

[止端] 外側種子骨以及拇趾近節指骨基部

[支配神經] 足底外側神經（S1、S2）

肌肉功能的特徵

●外展拇指肌能屈曲拇趾的掌指關節，並使其外展。
●外展拇指肌即是在小魚際形成隆起的肌肉。
●屈拇短肌使拇趾的掌指關節屈曲。
●內收拇指肌的橫頭能使拇趾的掌指關節內收。
●內收拇指肌的斜頭能內收及屈曲拇趾的掌指關節。
●此三條肌肉都能制動拇趾蹠骨的內收、外展，並保持前足部的橫向足弓。

臨床相關

●前足部橫向足弓塌陷，在足印上便能看到壓力聚集在第二、三趾蹠骨頭的位置。像這樣的病例，包含外展拇指肌在內的魚際肌群的肌力衰退[51,52)]。
●拇趾外翻的病例中，魚際肌的肌力衰退伴隨出拇趾蹠骨的過度內收是與拇趾外翻角度的進展有關[參考p.225]。
●鍛練魚際肌的肌力時，在踝關節蹠屈的位置進行鍛練的話，便可排除屈拇長肌的參與，如此鍛練會比較有成效。

相關疾病

拇趾外翻、開張足、蹠骨頭痛、足底厚繭、扁平足……等。

圖3-59　屈拇肌群的走向

外展拇指肌的走向為從內側種子骨往跟骨內側接近。屈拇短肌從內/外側種子骨與骰骨連結，跟骨外側就位在相連結的延長線上。內收拇指肌的斜頭從外側種子骨與第二～五趾蹠骨基部連結，跟骰關節就位在相連結的延長線上。此三條肌肉將拇趾拉向三個方向，使其保持良好的平衡。此與腳趾的穩定性有相當的關係。

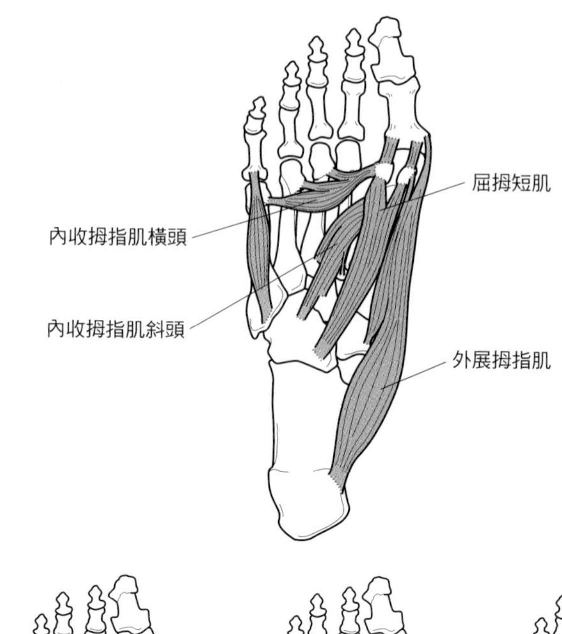

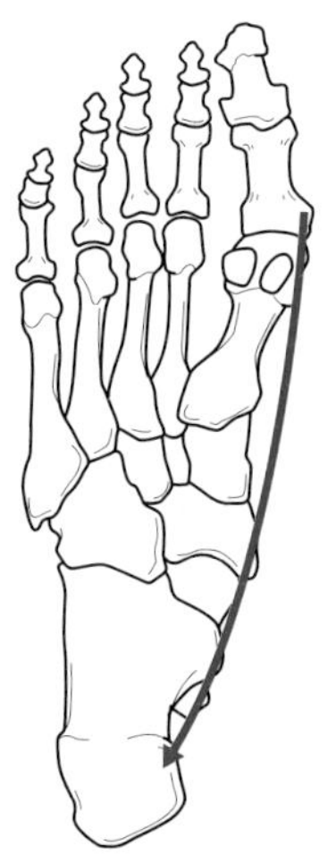

起端：跟骨內側面
舟骨粗隆
（外展拇指肌的走向）

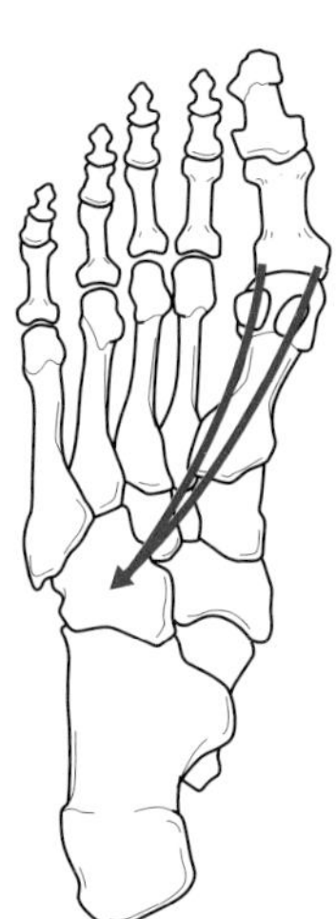

起端：骰骨
外楔骨
（屈拇短肌的走向）

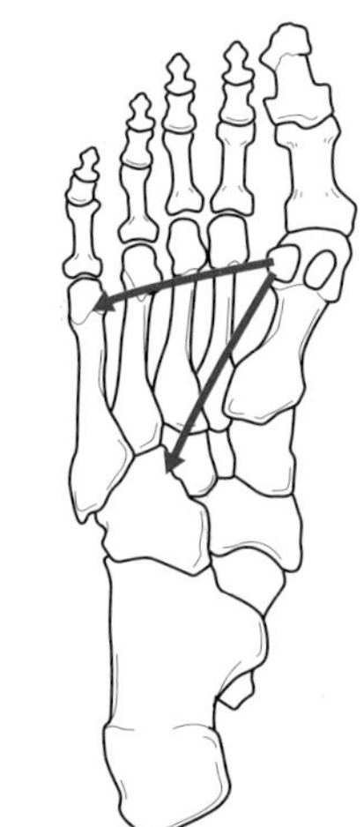

起端：第二～五趾蹠骨頭
外楔骨
（內收拇指肌的走向）

圖3-60　外展拇指肌、屈拇短肌、內收拇指肌斜頭的觸診

對三條魚際肌進行觸診時，要讓病患俯臥，使踝關節蹠屈至最大的限度，並將腳部擺在內收位。以上就是觸診的起始姿勢。在踝關節下面墊個小枕頭方便進行觸診。為了鬆弛屈拇長肌，則可能需要作以魚際肌為主體的運動。

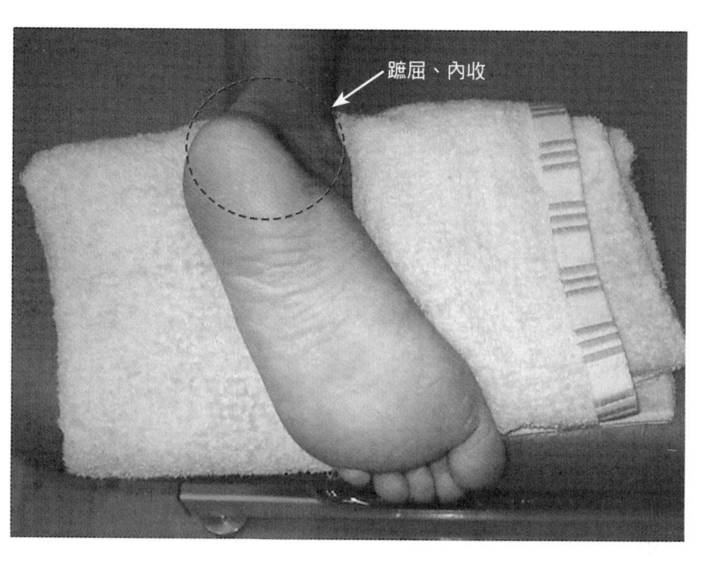

圖3-61　外展拇指肌的觸診①

對外展拇指肌進行觸診時，要將手指按壓在內側種子骨的內側上，被動地伸展拇指的掌指關節，並往外翻方向拉，並指示患者進行拇趾的屈曲運動。腳趾的外展運動和手指的情況不一樣，常有不能充分運動到的例子。因此，預先擺在使外展拇指肌緊繃的位置，以誘發收縮。

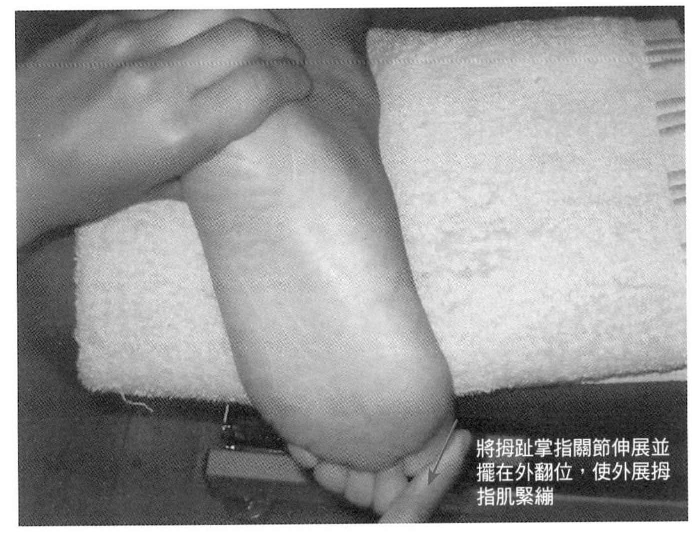

圖3-62　外展拇指肌的觸診②

伸展拇趾，將其拉往外翻方向後，外展拇指肌會隨著因屈曲而返回中間位的動作（屈曲、外展運動）而產生收縮，請往接近跟骨方向觸診呈收縮狀態的外展拇指肌。從底側觸診肌腹常常會有與屈拇短肌搞錯的情況發生，故最好是從背側進行觸診。

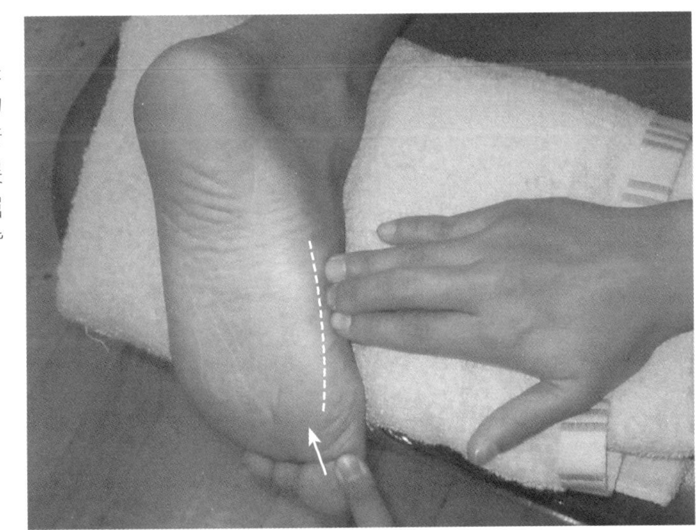

圖3-63　屈拇短肌的觸診①

屈拇短肌附著於內側種子骨、外側種子骨兩邊。由於其內側與外展拇指肌重疊的關係，觸診時就從外側種子骨開始進行。對外側種子骨側進行觸診時，將手指按在其內側，並指示患者進行拇趾掌指關節的屈曲運動。觸診時，須一邊與先前確認過位置的外展拇指肌做區別。

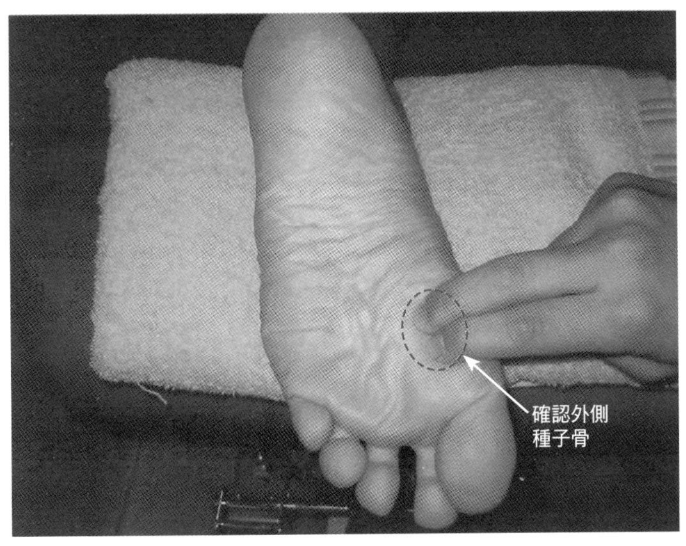

圖3-64　屈拇短肌的觸診②

反覆進行拇趾掌指關節屈曲運動的時候，同時往跟骨方向觸摸過去。由於屈拇短肌位在第三層的深層肌內，故手指的按壓程度要稍微深入一點。最好能有隨著運動而感受到手指被往上推的觸感。倘若能清楚觸診到的話，就連腳底中央附近都能確認其收縮。

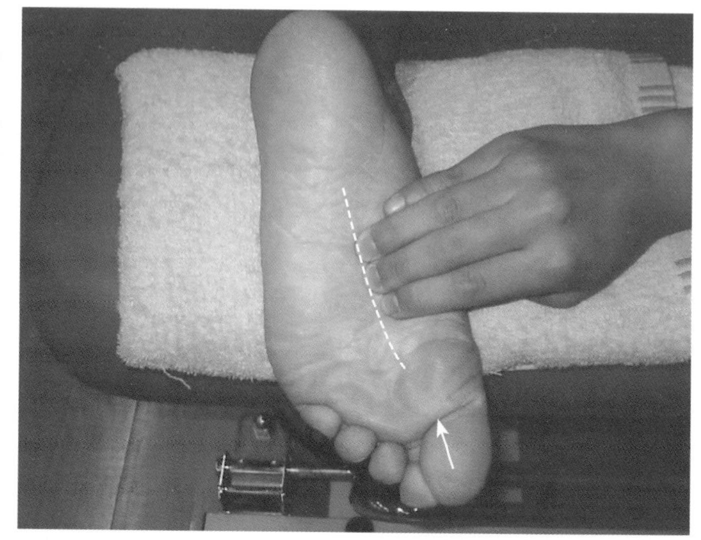

圖3-65　內收拇指肌的觸診

對內收拇指肌觸診時，用手指按壓外側種子骨，被動地伸展拇趾的掌指關節且往內翻方向拉，並指示患者進行拇趾的屈曲運動。腳趾的外展運動和手指的情況不一樣，常有不能充分運動到的例子。因此，放在預先使內收拇指肌緊繃的部位，以誘發收縮。

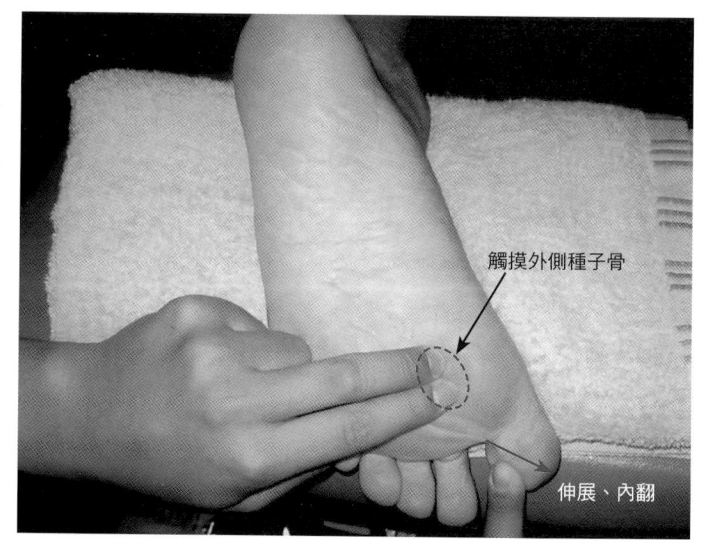

圖3-66　內收拇指肌斜頭的觸診

伸展拇趾，並將其拉往內翻方向後，內收拇指肌斜頭會隨著因屈曲而返回中間位的動作（屈曲、外展運動）產生收縮。請往接近跟骰關節方向觸診內收拇指肌斜頭的收縮狀態。由於內收拇指肌也同樣位於第三層的深層肌內，故手指要按壓得稍微深入一點。最好能有隨著運動而感受到手指被往上推的觸感。

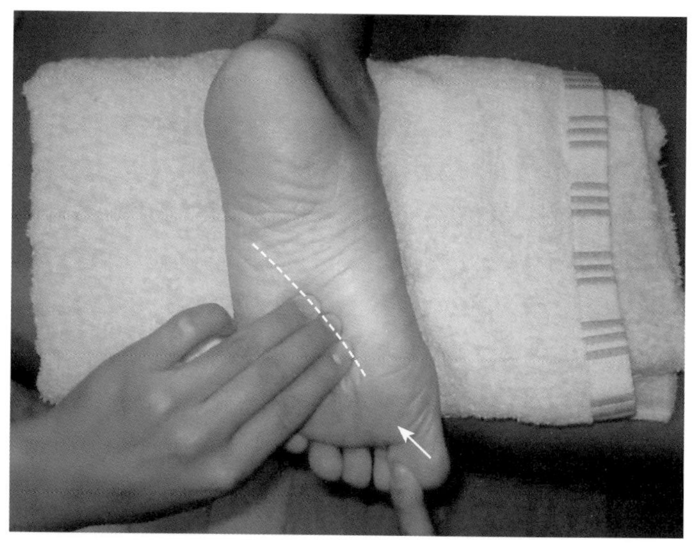

圖3-67　內收拇指肌橫頭的觸診①

觸診內收拇指肌的橫頭時，手指要按壓在外側種子骨的遠側。被動地伸展拇指的掌指關節且往內翻方向拉。並指示患者進行拇趾的屈曲運動。要事先確認好第五趾蹠骨頭的位置，將手指放置於外側種子骨和第五趾蹠骨頭的連結線上，觸診會比較好進行。

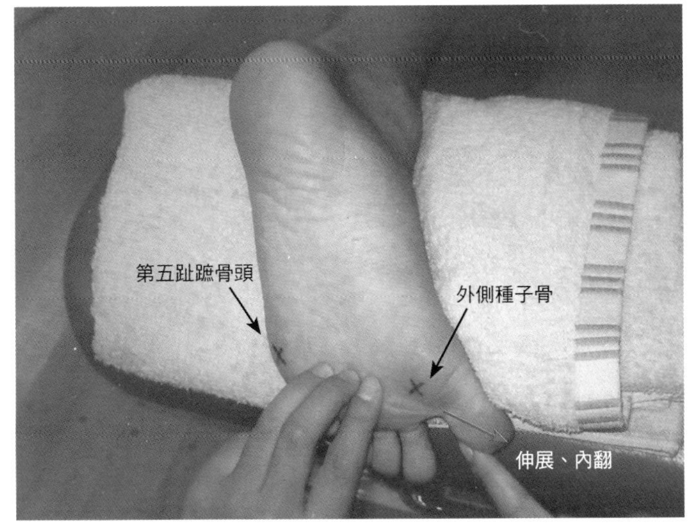

圖3-68　內收拇指肌橫頭的觸診②

伸展拇趾，並將其拉往內翻方向後，內收拇指肌橫頭會隨著因屈曲而返回中間位的動作（屈曲、內收運動）而產生收縮，請往接近第五指蹠骨頭方向觸診內收拇指肌橫頭的收縮狀態。手指按壓得稍微深入一點，最好能有隨著運動而感受到手指被往上推的觸感。

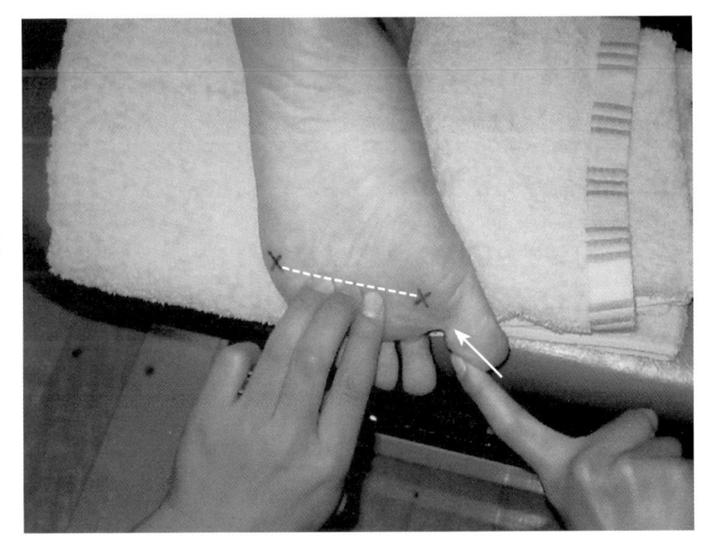

Skill Up

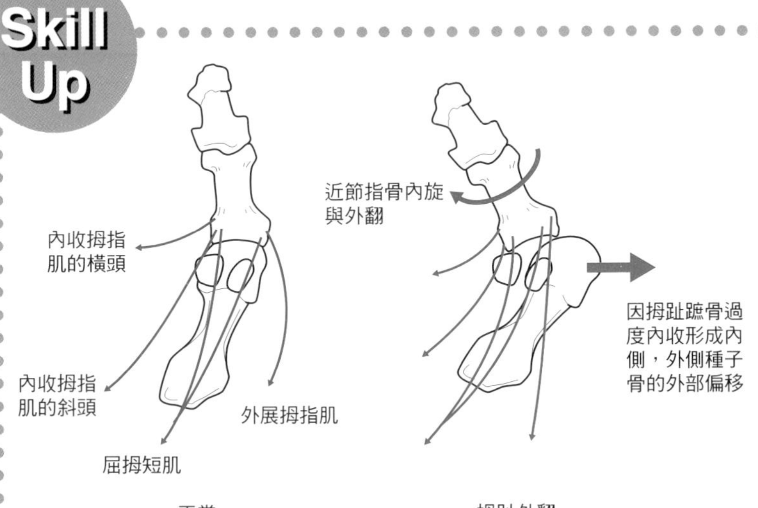

拇趾外翻的力學構造

魚際肌的三條肌肉以蹠骨頭部為中心相互維持平衡，而且與腳趾的穩定性有關（左圖）。拇趾蹠骨的內收不安定形成種子骨的外部偏移。由於外展拇指肌往足底滑動，導致外展拇指肌的外展作用消失。屈拇短肌、內收拇指肌使近節指骨形成內旋、外翻的力量。

修改自文獻53）

屈趾短肌 flexor digitorum brevis muscle

解剖學上的特徵

- **屈趾短肌**
  [起端] 跟骨粗隆下面
  [止端] 第二～五趾中節指骨基部
  [支配神經] 足底內側神經（L5、S1）
- 屈趾短肌腱為了使屈趾長肌腱通過而在止端的前面形成腱裂孔，這就相當於前臂的屈指淺肌。
- 足底腱膜將屈趾短肌完全包覆住。

肌肉功能的特徵

- 屈趾短肌能使第二～五趾的近端指骨間關節、掌指關節屈曲。
- 與包含蚓狀肌在內的內在屈趾肌群，共同保持前足部的橫向足弓。

臨床相關

- 在前足部的橫向足弓塌陷的病例中，其魚際肌和屈趾短肌皆呈現無力的狀態。
- 在踝關節呈蹠屈位的狀態下，用腳指抓毛巾的動作對於強化屈趾短肌的肌力相當有效。

相關疾病

開張足、蹠骨頭部痛、足底厚繭、莫頓氏神經瘤[參考p.66]、扁平足……等。

圖3-69　屈趾短肌的走向

屈趾短肌起始於跟骨粗隆下面，並止於第二～五趾中節指骨。將足底腱膜切離立即就能觀察到屈指短肌、外展拇指肌以及小指外展肌，屈趾短肌的肌肉位置就在第一層（亦即最淺層）。其作用為能彎曲第二～五趾的近端指骨間關節及掌指關節。

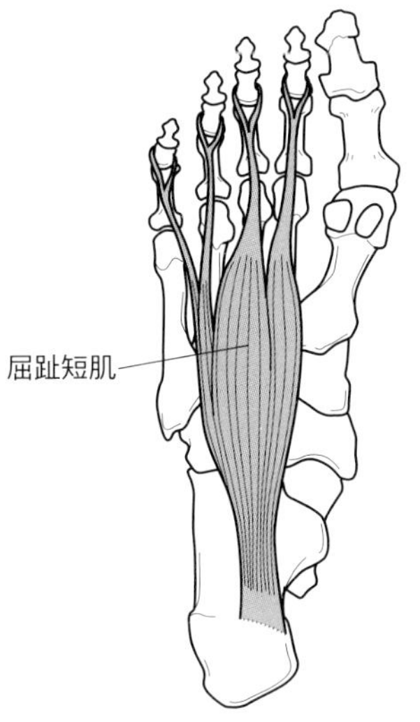

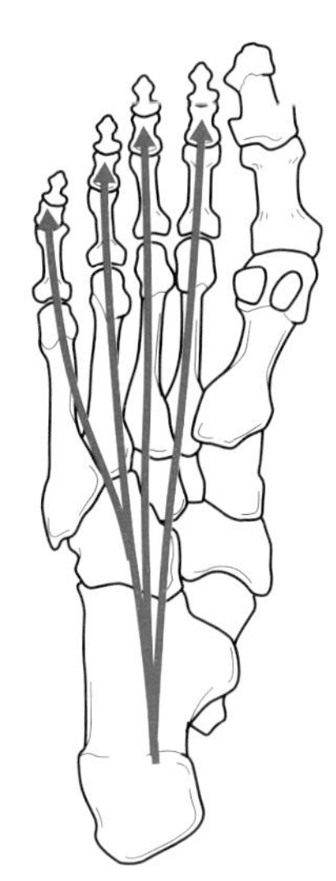

圖3-70　屈趾短肌的觸診①

對屈趾短肌觸診時，要讓病患俯臥，踝關節蹠屈至最大限度，並將腳部擺在內收姿勢，以此作為起始姿勢。在這樣的姿勢下，屈指長肌和足底腱膜皆為鬆弛狀態，因此可以進行以屈趾短肌為主的運動。

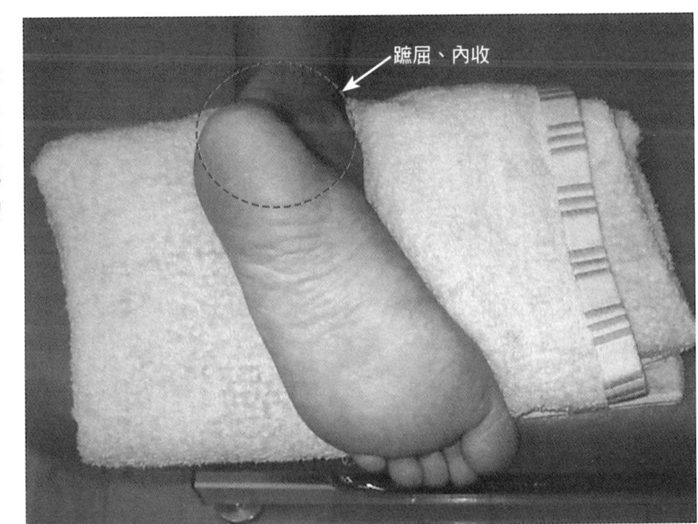

圖3-71　屈趾短肌的觸診②

手指觸摸跟骨粗隆的遠側，請病患彎曲腳趾。此時的運動能確認出主體是否為掌指關節的屈曲運動，並觸診隨著運動而收縮的屈拇短肌。由於肌肉位於第一層，故收縮也會比較明顯。

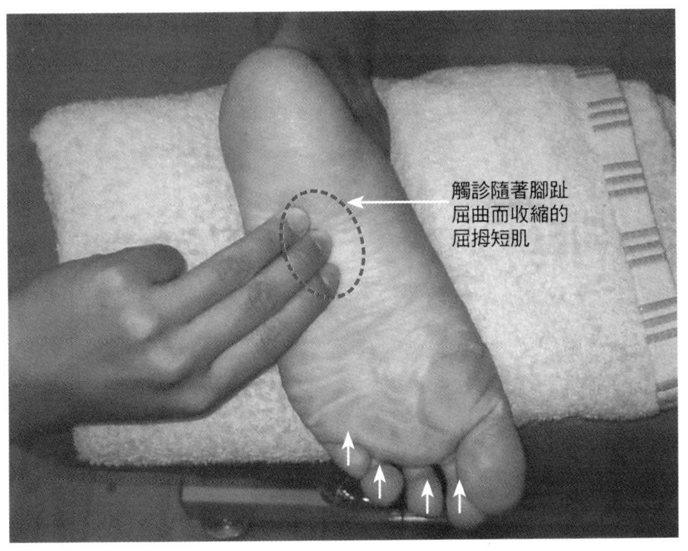

Ⅳ 軀幹—胸廓、脊柱相關組織

1. 和胸廓有關的組織

2. 和脊柱有關的組織

1 和胸廓有關的組織

胸骨柄 manubrium
頸靜脈切跡 jugular notch
胸骨角 angle
鎖骨間韌帶 interclavicular ligament
第一・第二胸肋關節

Ⅰ, Ⅱ sternocostal joint

解剖學上的特徵

- 胸骨柄構成胸骨上部，是構成胸骨的三部分中的其中之一。
- 胸骨柄的上緣稱作頸靜脈切跡（jugular notch），鎖骨間韌帶附著於此。
- 頸靜脈切跡的兩側有鎖骨切跡，形成胸鎖關節。
- 在胸骨柄與胸骨體的接合處前方微微突出的部位稱作胸骨角。
- 第二肋骨切跡位於胸骨角的位置高度，並形成第二胸肋關節。
- 第一胸肋關節的位置就在胸鎖關節和第二胸肋關節之間。
- 部分的胸鎖乳突肌附著於胸骨柄上。

臨床相關

- 鎖骨間韌帶能限制位在胸鎖關節的鎖骨抬高及前移的現象。當胸鎖關節脫臼時，鎖骨間韌帶大多會斷裂。
- 由於第二肋軟骨在胸骨角形成關節，所以胸骨角是從身體表面數肋骨時的基準。

相關疾病

胸骨柄骨折、胸鎖關節脫臼……等。

圖1-1　胸骨柄的周圍解剖

胸骨柄總共有七個凹陷處（切跡）。其最上緣是頸靜脈切跡，接著依序是一對鎖骨切跡、一對第一肋骨切跡及一對第二肋骨切跡。而且，第二肋骨切跡和胸骨角的高度一致。

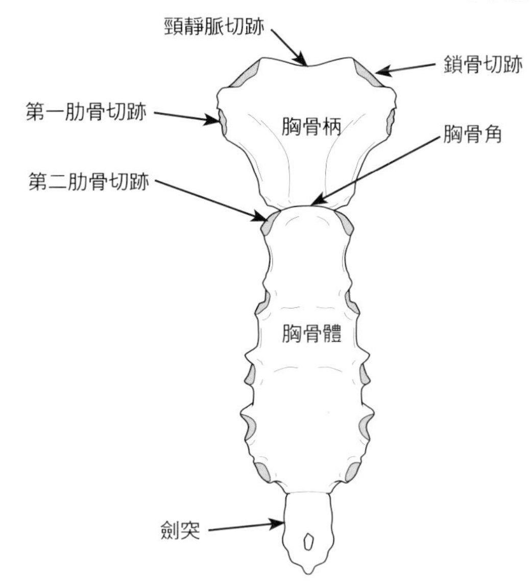

圖1-2　頸靜脈切跡的觸診

先讓病患仰臥。手指沿著左右兩邊的鎖骨上緣往內側觸摸，便能觸摸到兩邊鎖骨之間的凹陷部位，此處即為頸靜脈切跡。

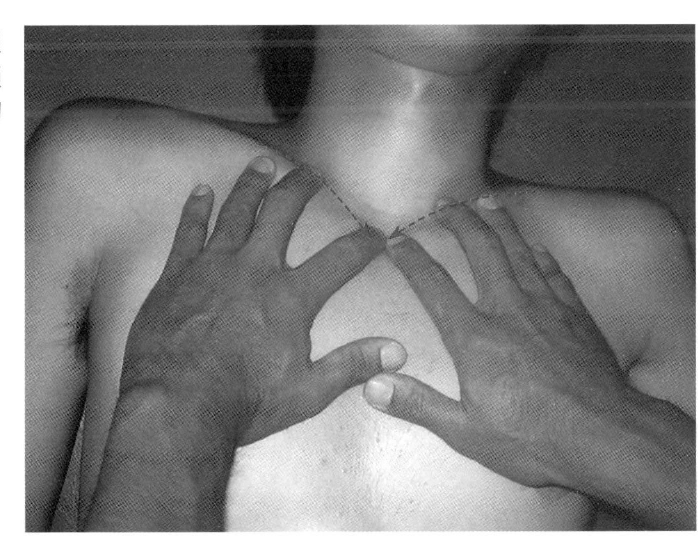

圖1-3　鎖骨切跡（胸鎖關節）的觸診

接著往前方移動，便可觸摸到鎖骨胸骨端。以被動的方式進行鎖骨的上舉及下壓運動的同時，尋找鎖骨以及胸骨之間的分界，並觸診鎖骨切跡（胸鎖關節）。

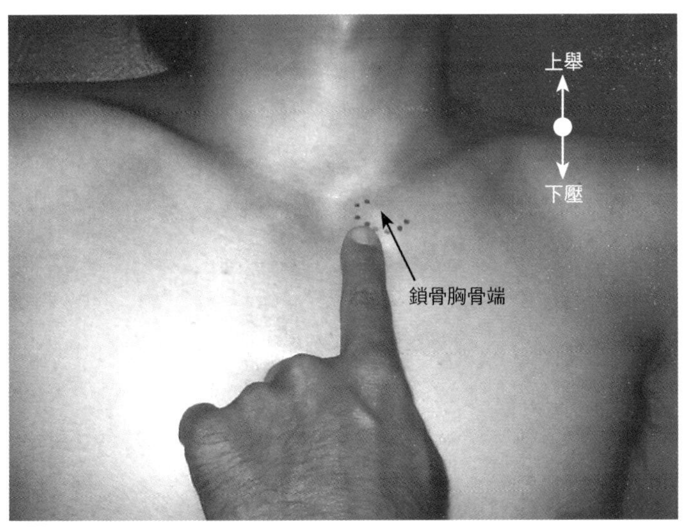

圖1-4　鎖骨間韌帶的觸診

將手指按壓在頸靜脈切跡的上部，請病患擴胸以伸展鎖骨，這麼做便可碰觸到鎖骨間韌帶增強緊繃的情況。

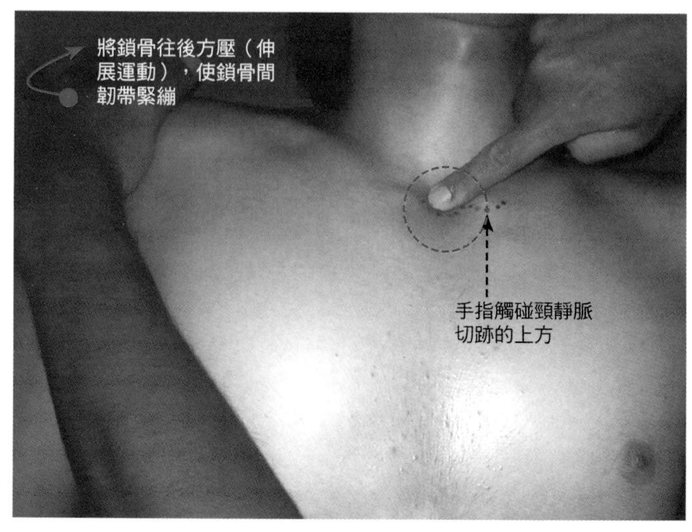

圖1-5　胸骨角的觸診

手指由頸靜脈切跡沿著胸骨柄的前面，朝遠側觸摸過去，便能觸診到用來區分胸骨柄和胸骨體的溝，此部位就是胸骨角。

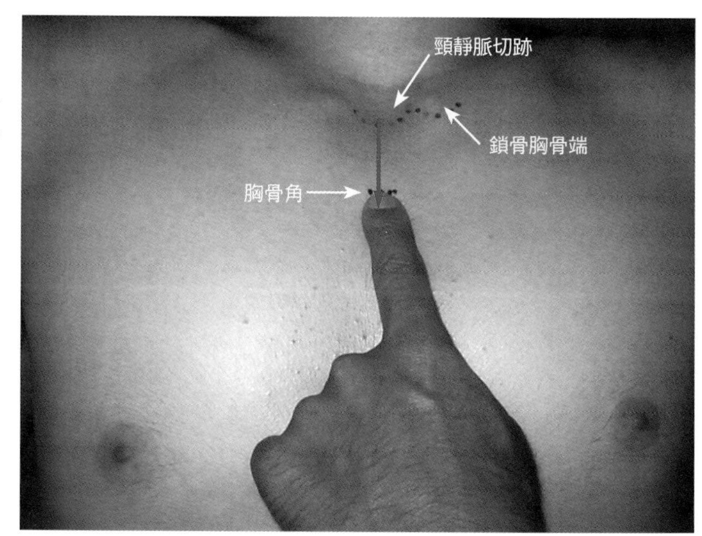

圖1-6　第二胸肋關節的觸診

第二肋骨在胸骨角形成關節。確認好胸骨角的位置後，手指朝外側移動，便能觸診到第二胸肋關節的關節間隙（亦稱空隙）。此時深呼吸，就能觸摸到肋骨在第二胸肋關節的動作。此外，手指再往外側移動的話，便能摸到第二肋軟骨，並用手指沿著第二肋軟骨按壓。

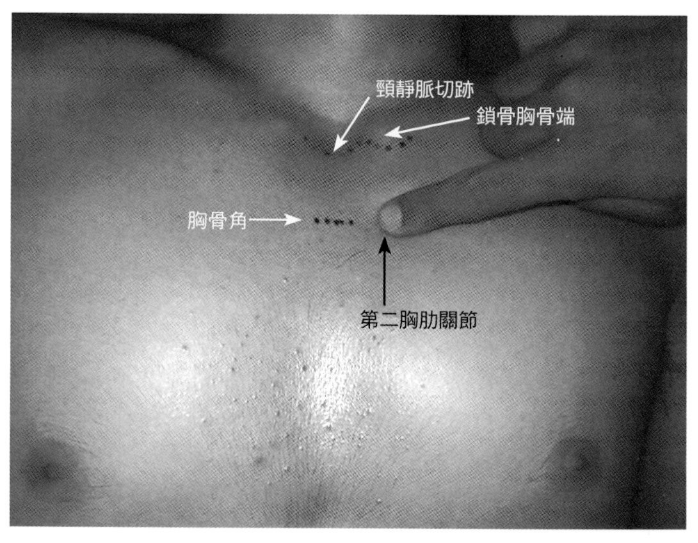

圖1-7　第一肋軟骨的觸診

手指從胸骨角往外側觸摸，並在確認好第二肋軟骨的位置之後，觸診其與鎖骨之間的第一肋軟骨。

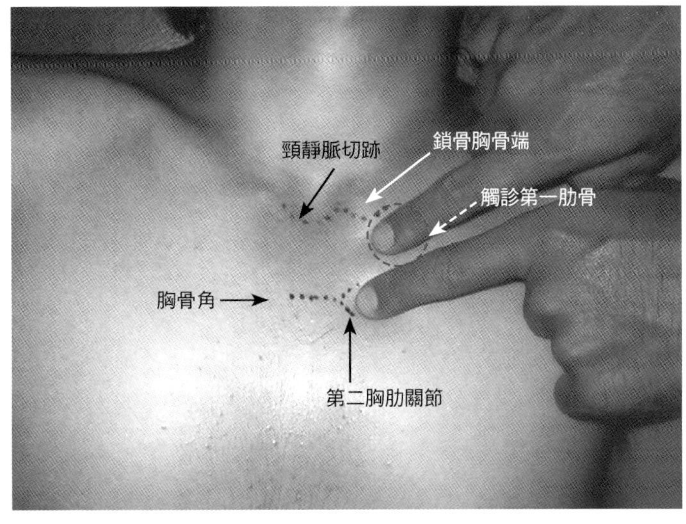

圖1-8　第一胸肋關節的觸診

在確認了第一肋軟骨的位置之後，手指就直接從本來的位置往內側移動，即能觸摸到第一胸肋關節的關節間隙。此時深呼吸，便能觸摸到肋骨在第一胸肋關節的動作。

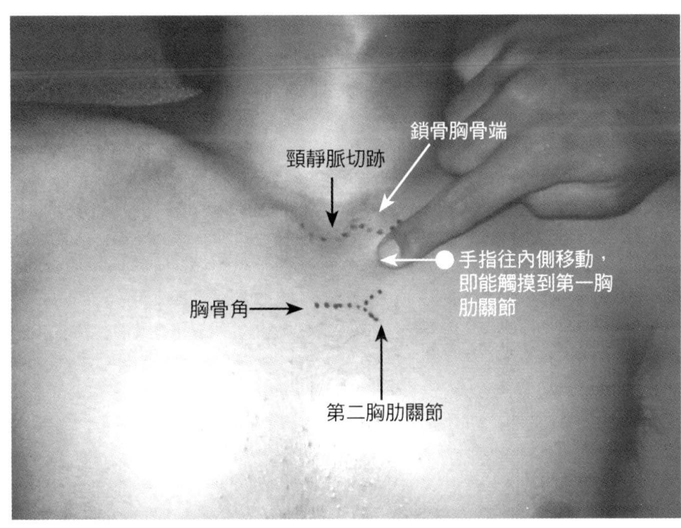

胸骨體 body
劍突 xiphoid process
第三～第七胸肋關節
Ⅲ-Ⅶ sternocostal joint

解剖學上的特徵

- 胸骨體構成胸骨的中間部位，是構成胸骨的三部分的其中一個部分。
- 劍突構成胸骨的下部，是構成胸骨的三部分的其中一個部分。
- 在胸骨體有第二～第七肋軟骨與之構成關節。
- 第六、第七胸肋關節（肋骨切跡）相互連接，兩者之間幾乎沒有空隙。
- 第七胸肋關節是區別胸骨體及劍突的定位點。
- 左右兩側的肋骨弓以劍突的兩側突起為頂點，並以約70°的角度向兩側展開，此處稱之為胸骨下角，其高度與第十胸椎（T10）一致。
- 腹直肌的一部分止於劍突。

臨床相關

- 胸廓前壁凹陷變形稱之為漏斗胸。男女比例為6：1，以男孩居多。其中多數在三歲前症狀會自然的緩和減輕。
- 胸廓前壁突出變形則稱為雞胸，一般是不需要治療。
- Tietze病（Tietze disease）會有原因不明的肋軟骨隆起，並伴隨著壓痛或自發性疼痛。這種病症一般都能自然痊癒。
- 在進行心電圖檢查貼上電極貼片時，必須準確掌握各肋骨的間距。
- 不論是在有呼吸障礙的病例，或是在脊柱手術術後胸廓的延展性不佳的病例中，改善肋骨的延展性和胸肋關節的活動範圍都同樣的重要。

相關疾病

胸骨體骨折、劍突骨折、侷限性肺疾、漏斗胸、雞胸、Tietze病……等。

圖1-9　胸廓的全形

第二～第七肋軟骨與胸骨體構成關節。胸骨體及劍突的分界點與第七胸肋關節高度一致。而第六、第七胸肋關節之間幾乎沒有空隙。

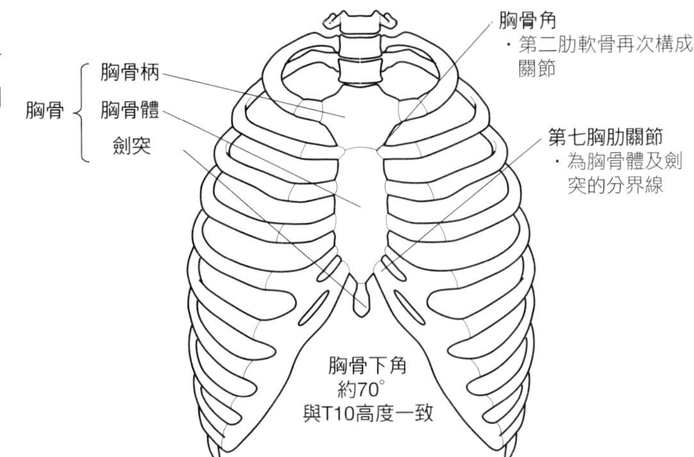

圖1-10　胸骨體及劍突的觸診①

先讓病患仰臥，請病患縮起腹部，確認胸廓下緣位置。觸摸胸廓下緣，並往中心部位接近直到胸骨。

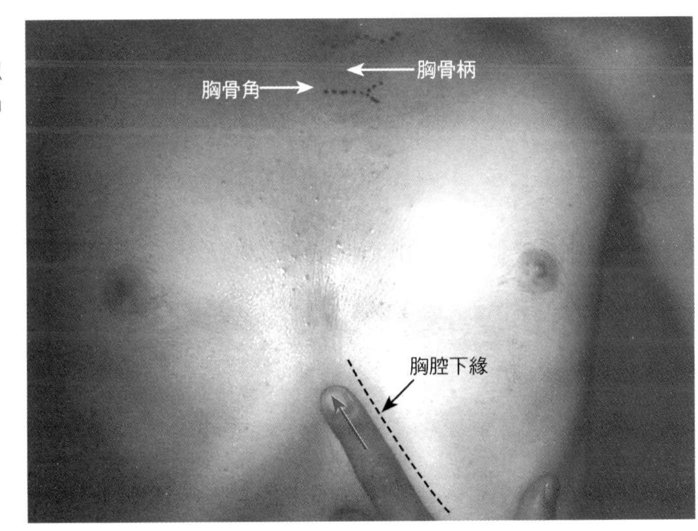

圖1-11　胸骨體及劍突的觸診②

構成胸廓下緣的肋軟骨最終會交會於第七肋軟骨。沿著第七肋軟骨下緣前進至胸骨，並在此高度觸診胸骨體和劍突的分界線。而此分界線的頭側為胸骨體、尾側為劍突。

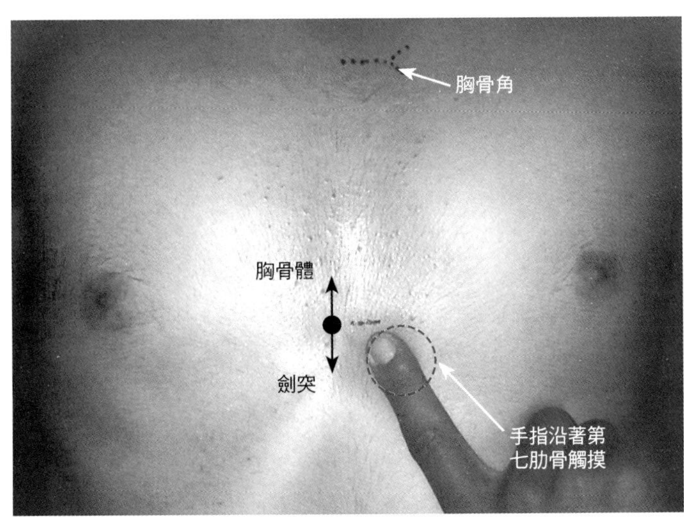

圖1-12　第七胸肋關節的觸診

在確認了胸骨體及劍突之間的分界線之後，手指就直接從原處往外側移動，以觸診第七胸肋關節。

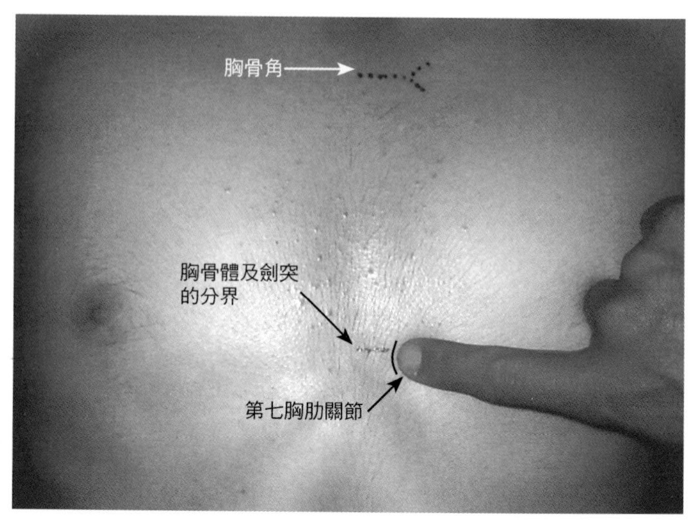

圖1-13　第六胸肋關節的觸診

觸診位於第七胸肋關節頭側的第六胸肋關節。兩關節之間幾乎沒有空隙，有如連接著一般。

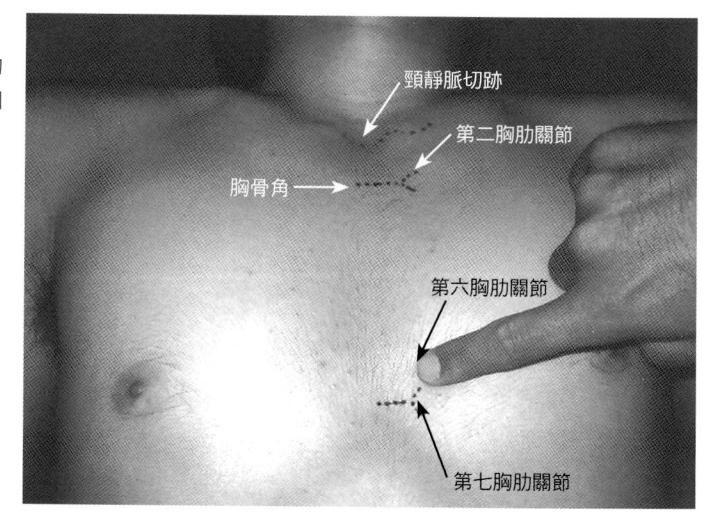

圖1-14　第三～第五胸肋關節的觸診

第三胸肋關節到第五胸肋關節大致上以等距排列。確認好第六胸肋關節的位置後，將手指以每次約一個指頭寬的程度往頭側移動，觸診各胸肋關節。右邊圖片呈現的即是正在觸診第四胸肋關節。

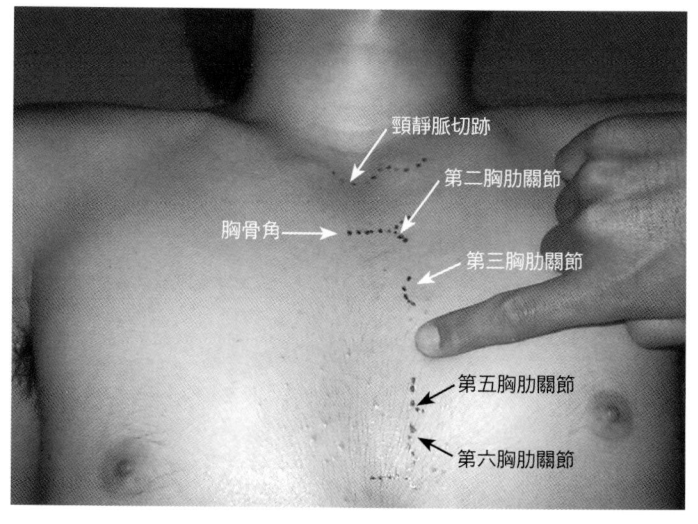

第十一肋骨 XI rib
第十二肋骨 XII rib
腰方肌 quadratus lumborum muscle

解剖學上的特徵

- 上七對肋骨直接與胸骨相連，稱為真肋。下五對肋骨則稱為假肋。
- 第十一肋骨以及第十二肋骨與胸骨之間無連接，稱為浮肋，以和其他肋骨作區別。
- 部分的腹外斜肌、腹內斜肌以及腹橫肌都附著在第十一、第十二肋骨的下緣。
- 腰方肌止於第十二肋骨下緣。
- **腰方肌**

  [起端] 腸骨嵴後面

  [止端] 第十二肋骨下緣、T12橫突、L1～L4肋突

  [支配神經] 腰神經叢（T12～L3）

腰方肌功能的特徵

- 在胸廓固定住的情況下，會有上舉骨盆的作用。
- 在骨盆固定住的情況下，會有側屈曲身軀的作用。
- 兩側同時作用的情況下，會有伸展身軀的作用。

臨床相關

- 腦中風造成半身麻痺，而且髖關節屈曲功能不足的案例中，能否順利使用腰方肌上舉骨盆是回復下肢最初功能的重要因素。
- 造成下背的肌筋膜疼痛的主要原因是腰方肌。其中有相當多以第十二肋骨的附著部位為中心，進行伸展運動而使疼痛減輕的案例。

相關疾病

第十一、第十二肋骨骨折、下背的肌筋膜疼痛、腦中風後半身麻痺……等。

圖1-15　從側面看胸廓

右圖所呈現的是從右側所觀察到的胸廓。第十一肋骨及第十二肋骨與胸骨之間沒有任何直接或間接的連結，此稱作浮肋（floating rib）。以胸廓前後直徑作為分隔線分成二等分，第十一肋骨的尖端在等分線的前方，而第十二肋骨的尖端則在等分線的後方。

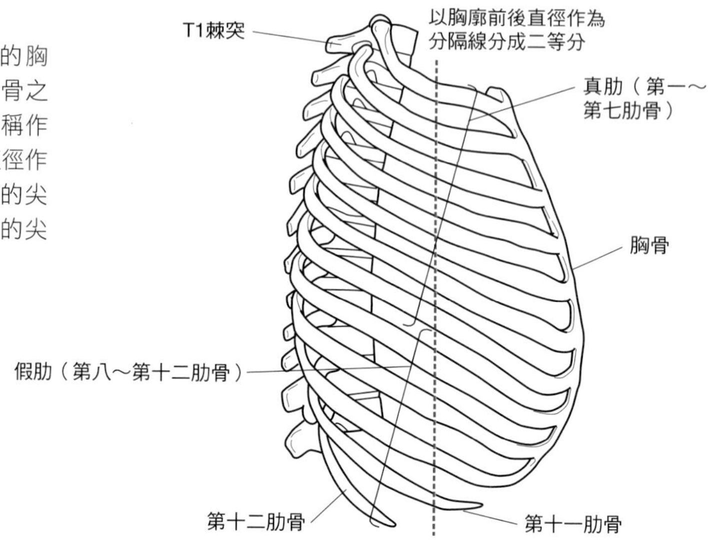

圖1-16　腰方肌的走向及功能

腰方肌起始於腸骨嵴後面，並止於第十二肋骨下緣、介於T12橫突與 L1～L3的肋突之間。腰方肌在單邊肌肉作用的情況下，固定住胸廓時會上舉骨盆；而固定住骨盆時，會有側屈曲身軀的作用；當兩側肌肉同時作用時，則會輔助身軀的伸展。

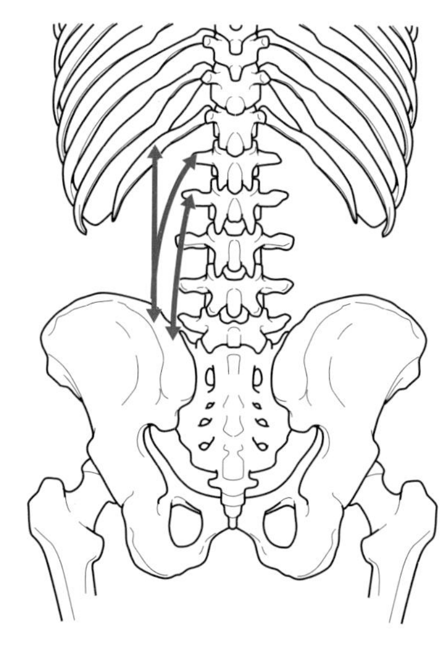

圖1-17　第十一肋骨的觸診①

先讓病患仰臥，掌指關節屈曲約60°，並讓近端指骨間關節及遠端指骨間關節呈伸展位，往內側壓迫腸骨嵴的稍上方，再朝著胸廓方向往上推，這樣食指便能感覺到棒狀的骨組織，這個棒狀的骨組織就是第十一肋骨。

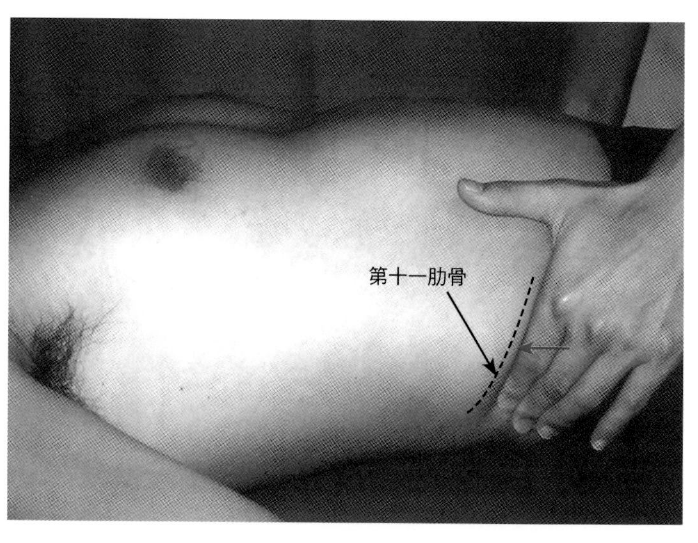

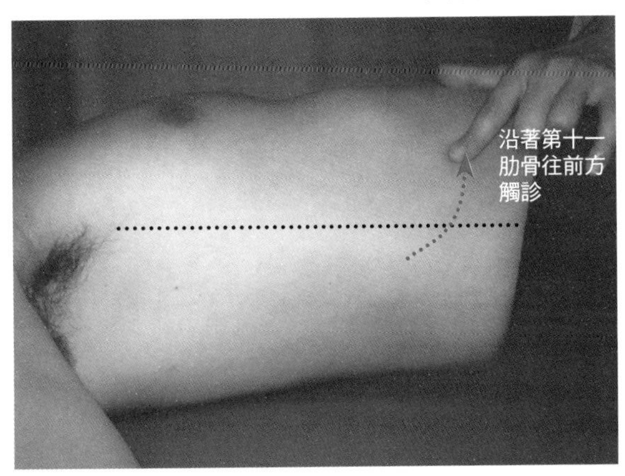

圖1-18　第十一肋骨的觸診②

確認好第十一肋骨的骨幹位置後，往前方移動並觸診第十一肋骨的尖端，便能確認出尖端的位置在側腹中央的前方。用力觸摸尖端的話會相當疼痛，故要輕輕的觸診。

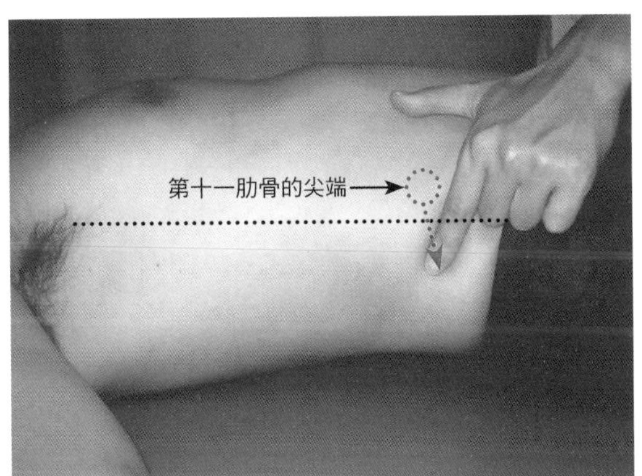

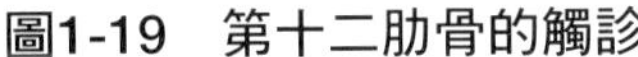

圖1-19　第十二肋骨的觸診

確認過第十一肋骨的尖端後，將手指往後下方移動，第十二肋骨的尖端位於腹側中央的後方，便可確認出尖端的位置在腹側中央的後方。用力觸摸的話會相當疼痛，故要輕輕的觸診。

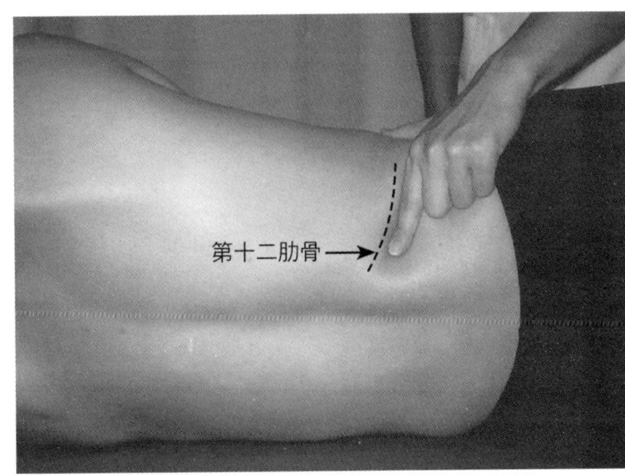

圖1-20　腰方肌的觸診①

對腰方肌進行觸診時，要先讓病患側臥。確認好第十二肋骨的尖端位置，手指直接沿著骨幹往後方移動，使手指如同沿著第十二肋骨下緣般進行觸診。

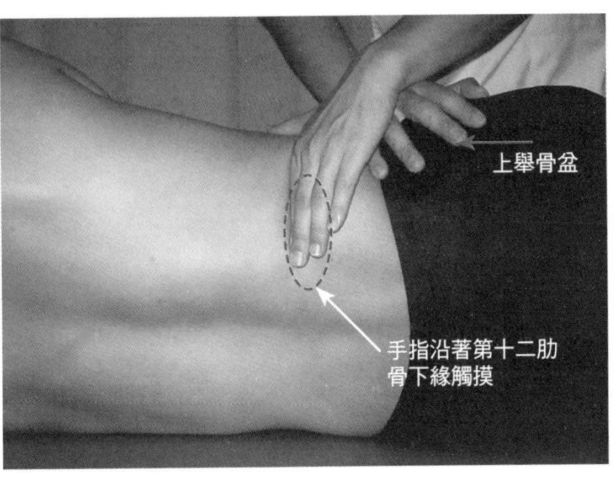

圖1-21　腰方肌的觸診②

手指維持觸摸第十二肋骨的下緣，接著指示病患反覆進行骨盆的上舉運動，以觸診隨著運動而收縮的腰方肌。此時，若是先下壓觸診側的骨盆，會比較容易觸診到腰方肌的收縮。

乳突 mastoid process
胸鎖乳突肌 sternocleidomastoid muscle

解剖學上的特徵

- 位於顳骨外耳門的後方，於下方的突起處稱作乳突。
- 胸鎖乳突肌止於乳突。
- **胸鎖乳突肌**

  [起端] 胸骨柄的前面（胸骨部）、鎖骨的胸骨端（鎖骨部）

  [止端] 乳突、枕骨上項線的外側部

  [支配神經] 副神經、頸神經（C2、C3）

胸鎖乳突肌肉功能的特徵

- 在兩側肌肉同時作用的情況下，會有頦上舉、頸部縮起的動作。
- 在固定頸椎的short muscles起作用的條件下，一旦胸鎖乳突肌起作用，便會出現頸部的屈曲動作。
- 若只有單側肌肉作用的話，臉部會轉向對側，並側屈曲至同側。
- 作一強力呼吸時，胸廓會上提以補助吸氣。

臨床相關

- 胸鎖乳突肌上的硬塊被認為是造成先天肌肉性斜頸的原因。雖然大多數能自然復原，但仍有部分須進行肌腱解離術。原則上不可以進行按摩。
- 做出沒有翻身就直接坐起的動作時，最先進行的是頸部的旋轉與側屈曲。此為進行動作時的重心轉移或是動作開端。此時的啟動肌是胸鎖乳突肌。
- 胸鎖乳突肌或者斜角肌群被當作呼吸的補助肌肉，對於侷限性肺疾的病患而言是相當重要的。

相關疾病

先天肌肉性斜頸、副神經麻痺、慢性呼吸道疾病、頸髓損傷、腦中風後半身麻痺……等。

圖1-22　乳突的位置

乳突在顳骨的岩部突起，並往下方延伸過去。由於乳突很明顯地在外耳門的後方隆起，故相當容易找到。而胸鎖乳突肌止於乳突。

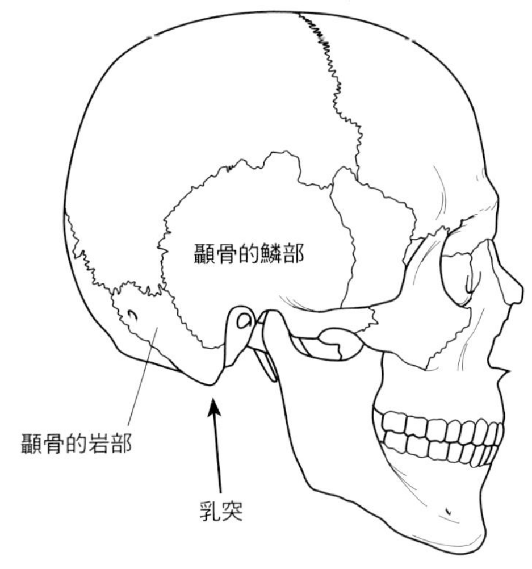

圖1-23　胸鎖乳突肌（兩側）的功能

在同一時間，兩側的胸鎖乳突肌獨立作用的情形下，都有縮起頸部、提起頦的動作。在頸部的short muscles固定住頸椎的狀態下，則會有屈曲頸部的作用。

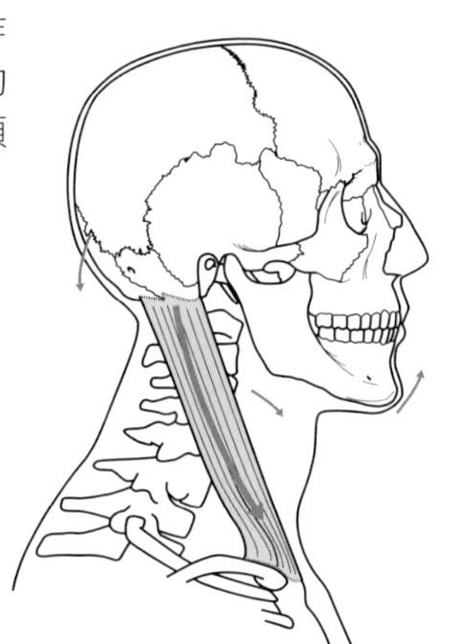
單單只有胸鎖乳突肌作用

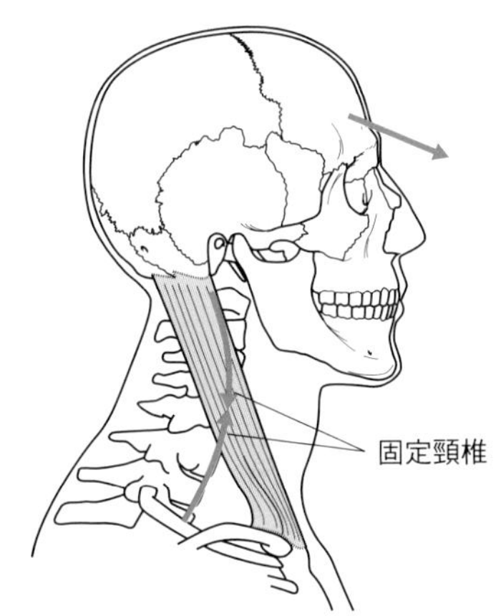

在固定頸椎的情況下，胸鎖乳突肌的作用

圖1-24　胸鎖乳突肌（單側）的功能

在只有單側的胸鎖乳突肌作用的情形下，會產生頸部轉向對側，以往同側側屈曲的動作。

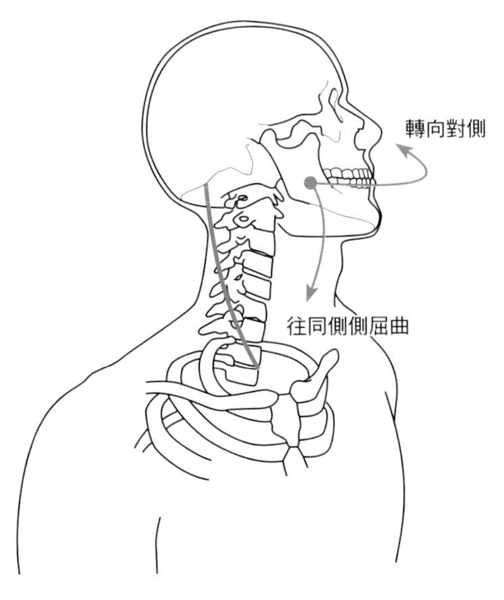

圖1-25　乳突的觸診

讓病患仰臥，臉部朝左。輕輕地用手指按壓右耳殼的稍後方，如此便能觸診到圓圓隆起的乳突。

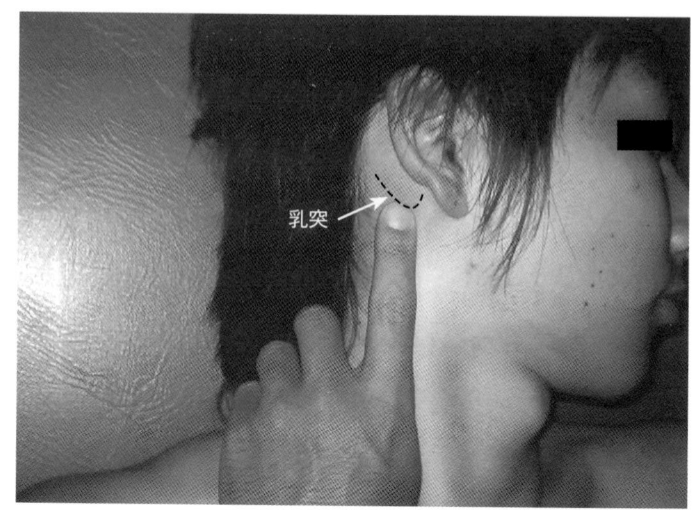

圖1-26　胸鎖乳突肌的觸診①

讓病患仰臥，臉部朝左。手指觸碰乳突的位置，並請病患把頭抬起來。配合頭部的抬起動作，能觀察到胸鎖乳突肌明顯膨起。接著從乳突朝向胸廓的方向來觸診胸鎖乳突肌。

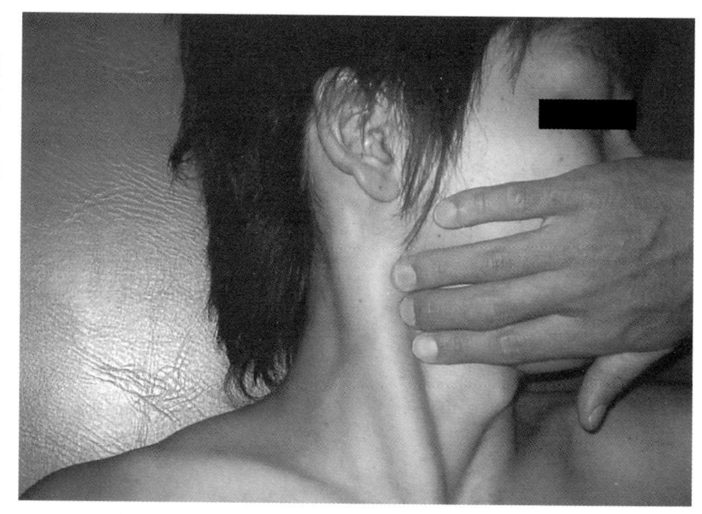

圖1-27　胸鎖乳突肌的觸診②

循著胸鎖乳突肌的內側緣，便能確認胸鎖乳突肌附著於胸骨。另外，朝外側觸診，便能確認胸鎖乳突肌附著於鎖骨。要仔細地觸診胸鎖乳突肌在起始部位分歧成兩條的情形。

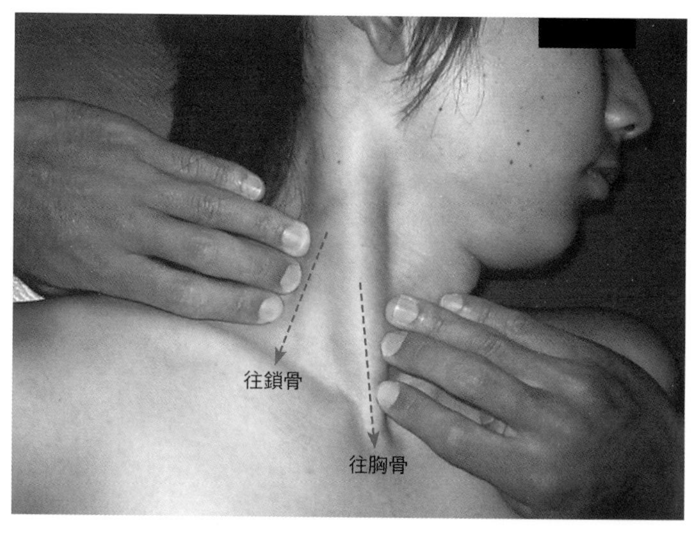

1 和胸廓有關的組織

前斜角肌 scalenus anterior muscle
中斜角肌 scalenus medius muscle
臂神經叢 brachial plexus

解剖學上的特徵

- **前斜角肌**
  [起端] C3～C6的橫突前結節
  [止端] 第一肋骨的前斜角肌結節
  [支配神經] 頸神經（C5～C7）
- **中斜角肌**
  [起端] C2～C7的橫突前結節
  [止端] 第一肋骨的鎖骨下動脈溝後方
  [支配神經] 頸神經（C2～C8）
- 從C5～C8的前枝和T1的前枝形成強大的神經叢，稱之為臂神經叢。
- 臂神經叢由神經根、神經幹、神經束這三部分所構成。
- 神經根、神經幹、神經束分別位於斜角肌位置的高度、鎖骨上窩位置的高度，以及鎖骨的遠端。

斜角肌肉功能的特徵

- 在固定住頭部且兩側肌肉同時作用的情況下，會有提高肋骨、擴展胸廓的作用。
- 在固定住胸廓且兩側肌肉同時作用的情況下，會有屈曲頸部的作用。
- 在只有單側肌肉作用時，會有頸部朝同一邊側屈曲的作用。

臨床相關

- 前斜角肌和斜角肌的持續緊縮，會造成斜角肌溝狹窄，以及在臂神經叢根部的範圍內，所發生的壓迫神經性病變，稱之為斜角肌症候群。
- 鎖骨上窩的壓痛或是朝上肢的輻射痛稱作Morley's sign。在臂神經叢神經幹的範圍中進行壓痛診察，對於胸廓出口症侯群是相當重要的臨床觀察。
- 所謂的inferior stress test，就是把上肢朝下方牽拉時，將其上肢輻射痛或是發麻再次呈現出來的一種測試方法，若是可以再現的話，就表示罹患了胸廓出口症侯群牽引型。[參考p.247]。

相關疾病

- 斜角肌症候群、Erb 氏麻痺（Erb's paralysis：上神經叢損傷）、Klumpke氏麻痺（Klumpke's paralysis：下神經叢損傷）、第一肋骨疲勞性骨折…… 等。

圖1-28　前斜角肌的走向和功能

前斜角肌起始於C3～C6的橫突前結節，並止於第一肋骨的前斜角肌結節。在頭部固定住的情況下，胸廓會向上提，並參與吸氣。而在固定住胸廓的情形下，頸部會屈曲。

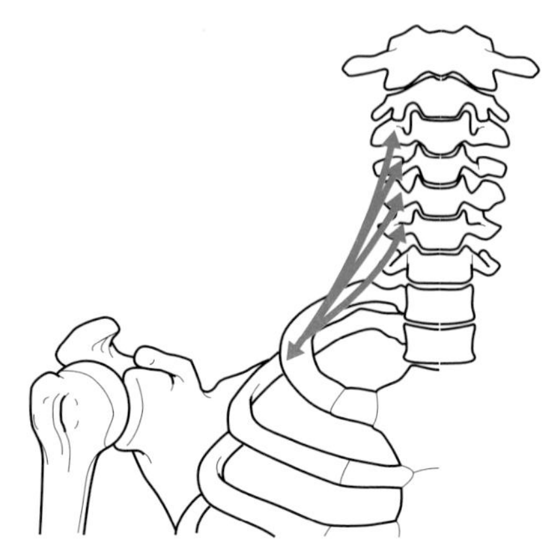

圖1-29　中斜角肌的走向和功能

中斜角肌起始於C2～C7的橫突後結節，並止於第一肋骨的鎖骨下動脈溝的後方。中斜角肌的作用和前斜角肌相同，在頭部固定住的情況下，胸廓會向上提，並參與吸氣。而在固定住胸廓的情形下，頸部會屈曲。

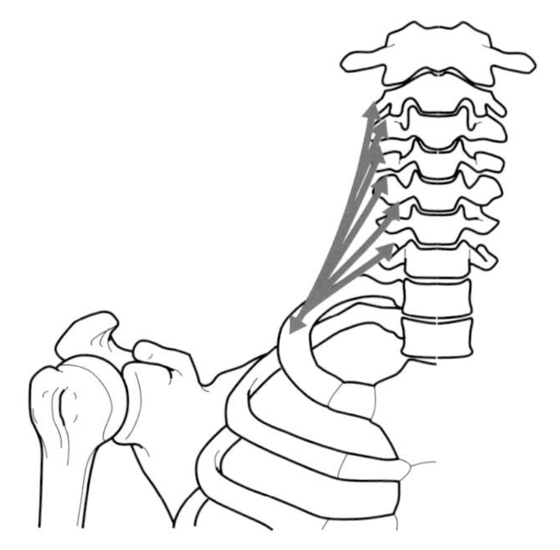

圖1-30　斜角肌與臂神經叢的關係

臂神經叢通過前斜角肌與中斜角肌之間（斜角肌溝），其走向為從上內側走至下外側。斜角肌溝是斜角肌症候群的絞扼部位，大多呈現強烈的壓痛。在通過鎖骨前面的部位（鎖骨上窩）時，位居淺層的臂神經叢位便成為觀察Morley's sign時的重點。通過之後，便由胸小肌的下方朝上肢而去。位於胸小肌的絞扼部位稱為胸小肌症候群，是臨床研究上相當重要的部位。

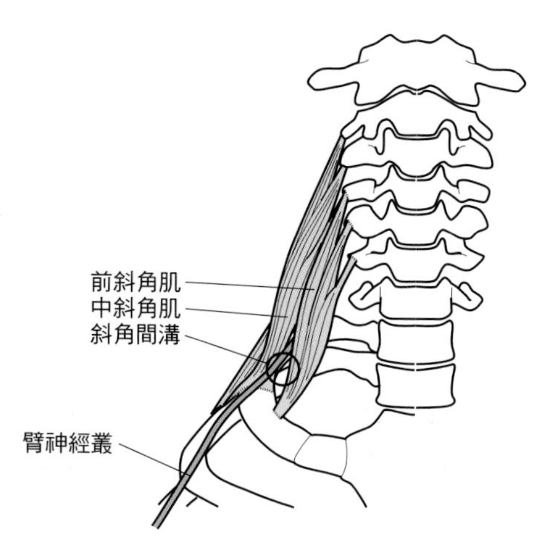

圖1-31 臂神經叢和定位點的關係

從頸部而來的臂神經叢在斜角肌間隙範圍形成神經幹（trunk），並接著移動到鎖骨上窩，而這個部位的臂神經叢比較容易觸摸到。之後，穿過鎖骨便形成神經束（cord），而在通過胸小肌之後，則形成各神經枝。

圖1-32 前斜角肌的觸診

先讓病患仰臥，臉部朝左。手指有如要將右胸鎖乳突肌包裹起來般的從前方觸摸，觸摸的手指指尖要朝後方。此時請病患進行強制吸氣，如此便能觸診到前斜角肌收縮的情形。

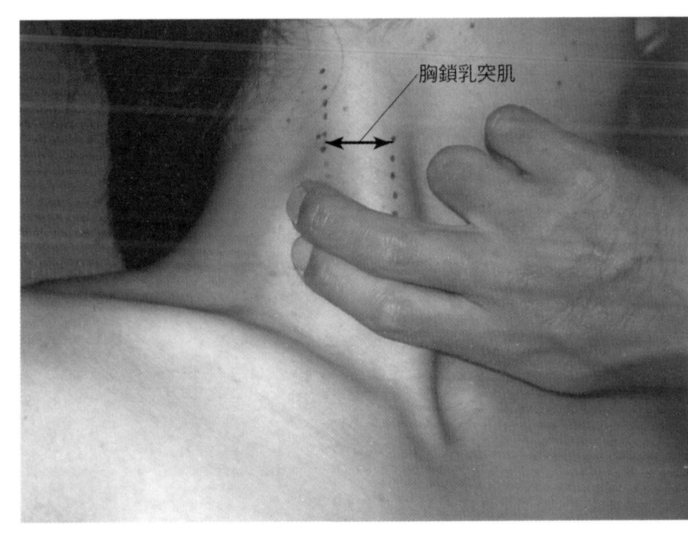

圖1-33 中斜角肌的觸診

確認好前斜角肌中較圓的部位後，將手指置於該部位的後方。請病患進行強制吸氣，以此狀態觸診收縮的中斜角肌，並一併確認前斜角肌與中斜肌角間的肌間。在同樣的位置有強烈壓痛的是斜角肌症候群的症狀，有時也能確認傳向上肢的輻射痛。

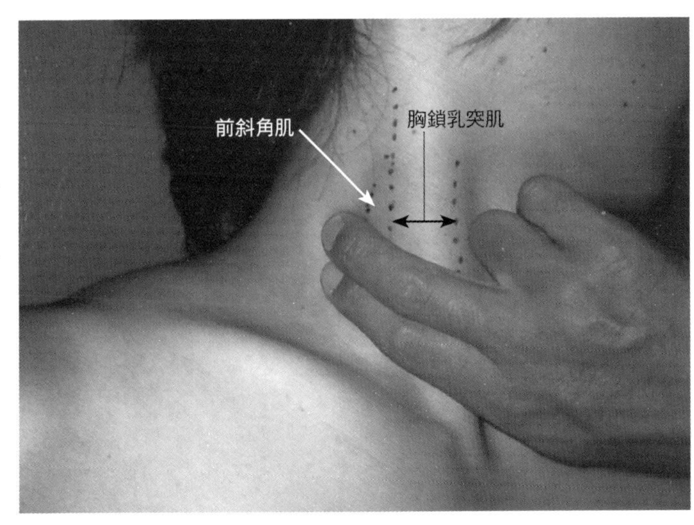

圖1-34　臂神經叢的觸診①

讓病患採坐姿。診療者將手指擺在大約1/2處的鎖骨上窩，移動手指在內外側搜尋，便能觸診到圓狀的臂神經叢。此部位是徒手檢查胸廓出口症侯群的其中一部位，也是觸診Morley's sign的重點。

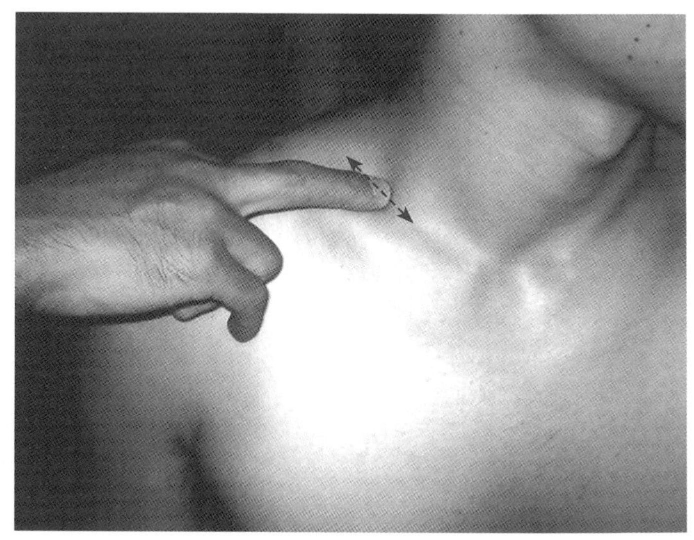

圖1-35　臂神經叢的觸診②

觸碰位在鎖骨上窩的臂神經叢，將上肢朝下方拉，便能觸診到臂神經叢的緊繃增強。要時而施力、時而放鬆地牽拉上肢，如此便能一併觸診從斜角肌間隙往下延續的臂神經叢之走向。

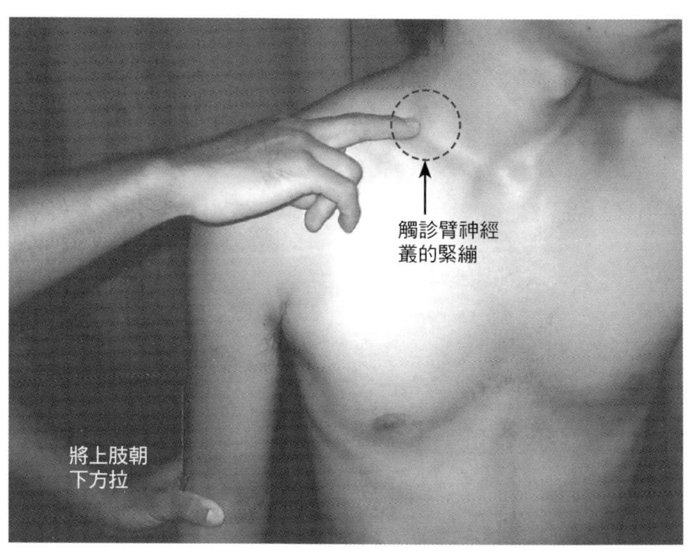

Skill Up

為診斷胸廓出口症侯群的徒手檢查[2-4]

從胸廓上方的開口部位到肋鎖間隙，再到胸小肌的範圍裡，臂神經叢或鎖骨下動脈・靜脈受到壓迫而造成的神經症狀或血管症狀，均稱為胸廓出口症侯群。大致區分成壓迫型、牽引型、混合型。要針對此症候群作檢查時，有幾個具有特徵的徒手檢查方法，最好先記住。

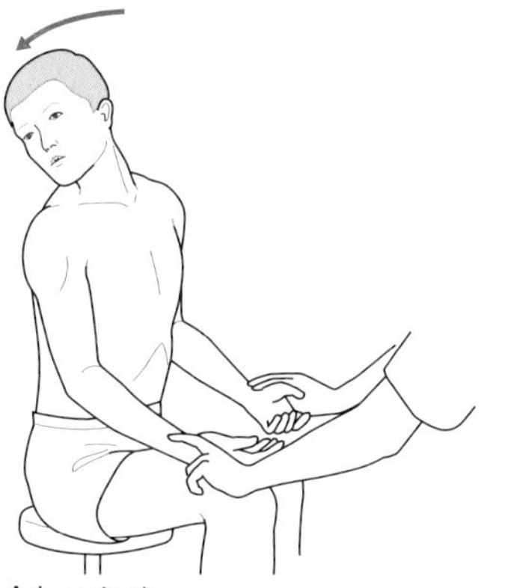

Adson test
病患的手置於膝上，診療者觸診其橈神經的脈動。請患者將臉轉向檢查側並伸展頸部，接著深呼吸。若判斷其脈搏減弱，則為陽性。

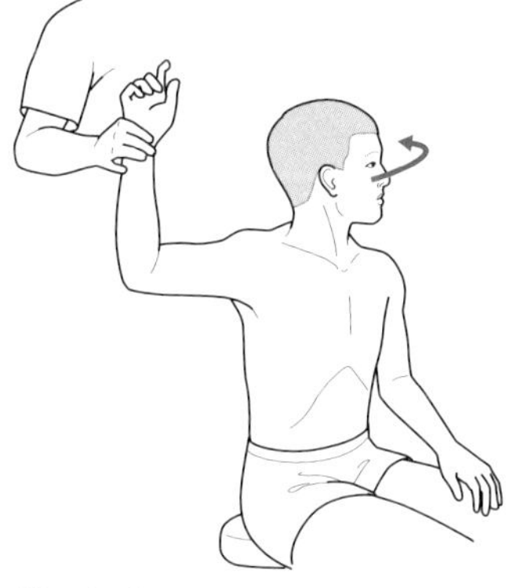

Allen test
將患者的一側肩關節外展90°，並在外旋的姿勢下，觸診其橈動脈。接著請患者將臉轉向對側，若確認橈動脈的脈搏減弱即為陽性。

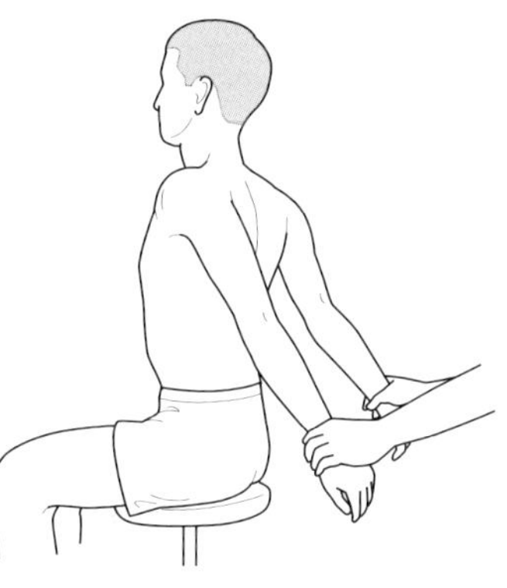

Eden test
病患採坐姿，然後將其上肢拉往後方，若是這樣的姿勢變化造成了橈動脈的脈搏減弱或是誘發了疼痛，就是陽性。

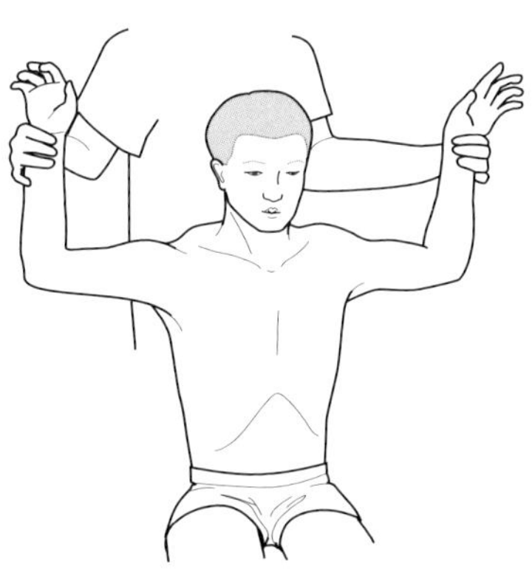

Wright test
將病患的兩肩外展90°並外旋，若是橈動脈的脈搏因此減弱或是誘發了疼痛的話，就是陽性。即使是健康正常的人也只有30～50%的人呈陽性。

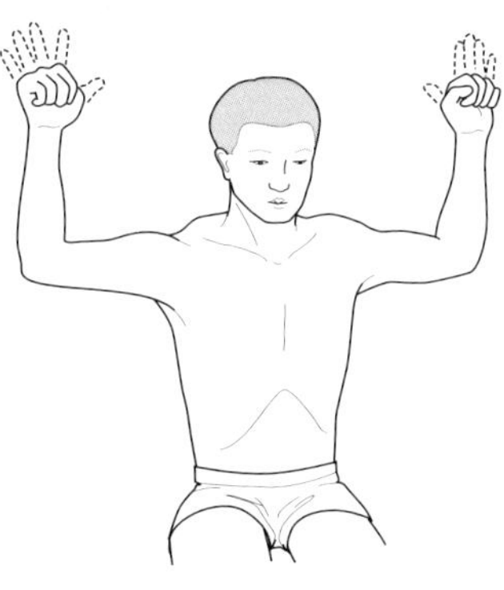

Roos test
也可稱為3分鐘測試，被認為是可信度最高的徒手檢查。病患擺出與Wright test相同的姿勢，並持續進行3分鐘的握拳運動。當感到疲勞或是疼痛而無法持續運動的情況時，則為陽性。

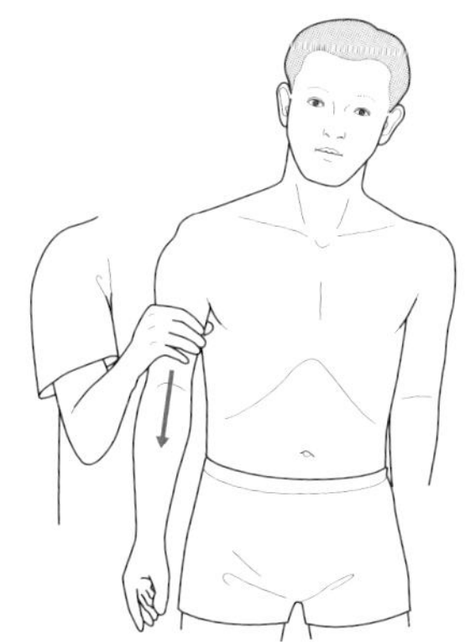

Inferior stress test
也被稱為下方牽引測試，能用來判斷病症是否為牽引型。抓著病患的上肢並往下牽引，若是其症狀因此而重現的話，就是陽性。

改編自文獻2-4）

枕外粗隆 external occipital protuberance
上項線 superior nuchal line
下項線 inferior nuchal line

解剖學上的特徵

- 鱗上部（枕骨鱗部）在枕骨大孔的後方擴展成不規則的三角形。在鱗部中央最突起的部位就稱為枕外粗隆。
- 從枕外粗隆向左右擴展的隆起線則稱為上項線。
- 上項線的下方有下項線，外側則有乳突。
- 在枕外粗隆、上項線、下項線的周圍有斜方肌上部纖維、頭夾肌、頭半棘肌……等附著。

臨床相關

- 左右兩邊的上項線延伸至正中央的交會處稱為枕骨隆突（Inion）。此處是測量頭蓋長軸時的測量點。
- 手指從枕外粗隆朝遠側移動，第一個觸碰到的棘突即為第二頸椎（C2）。
- 枕外粗隆是長期臥床所造成的褥瘡的好發部位。

相關疾病

枕外粗隆部位的褥瘡……等。

圖2-1　枕外粗隆的周圍解剖（從枕骨的後下方來看）

以枕外粗隆為中心，其左右兩側有上項線，此處有斜方肌上部纖維和頭夾肌附著。而上項線的下方有下項線，下項線與顳骨的乳突連結。上項線和下項線之間有頭半棘肌附著。

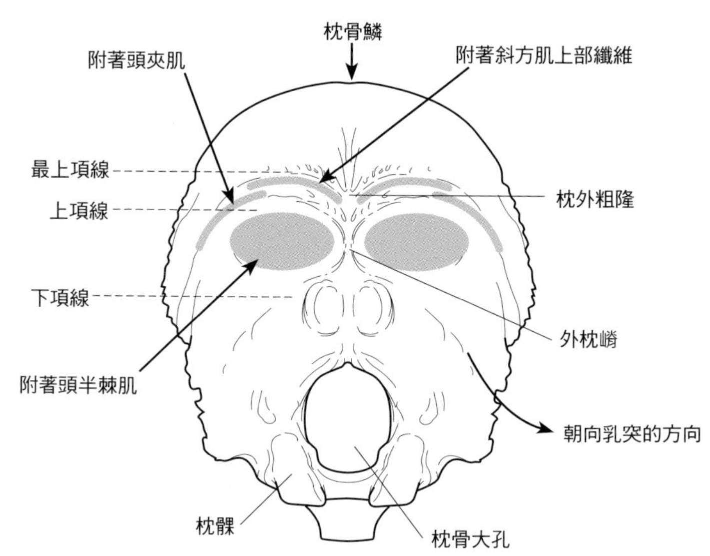

圖2-2　枕外粗隆的觸診

觸診枕外粗隆時，讓病患採坐姿，並用手掌輕輕地壓迫病患的枕骨，以尋找出最突出的隆起部位（枕外粗隆）。

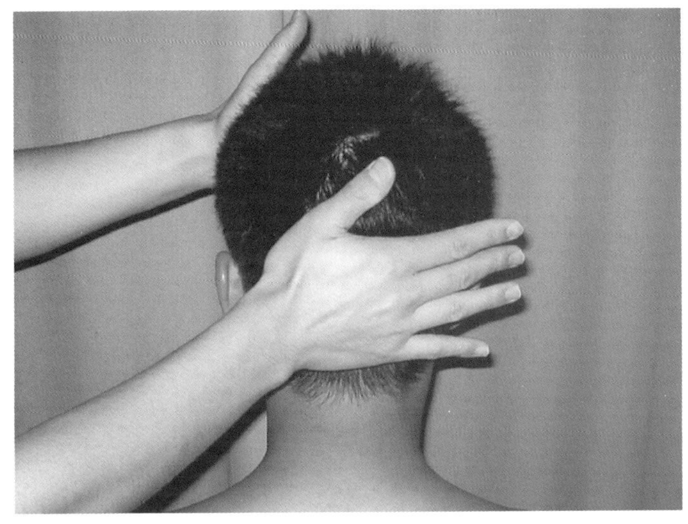

圖2-3　上項線的觸診

手指按在枕外粗隆的位置，並確認如山的緩坡般往左右延伸的隆起線，此即為上項線（虛線）。

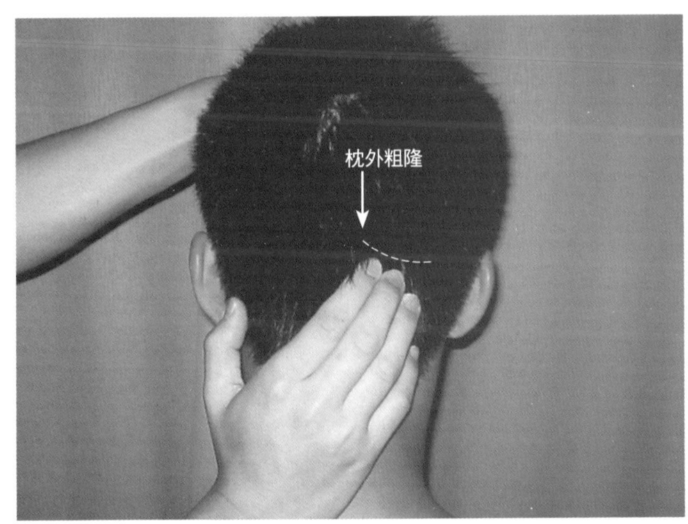

圖2-4　下項線外的觸診

當確認好上項線的位置時，便輕輕伸展病患的頸部，以緩和斜方肌上部纖維以及頭夾肌。在距離上項線約一橫指到一橫指半的下方位置，可以觸診到隆起線，此隆起線便是下項線（虛線）。朝外側而去的下項線便會連結至乳突。

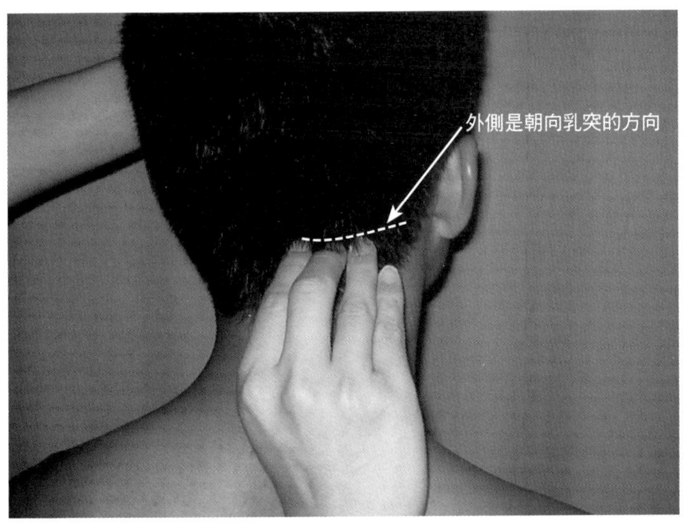

寰椎橫突 transverse process of atlas

解剖學上的特徵

- 寰椎沒有椎體，整體呈環狀。
- 與齒突結合的關節稱為寰軸關節，是旋轉運動時的主體。
- 包含寰椎在內的上四節頸椎，其頸椎橫突起始於提肩胛肌。

臨床相關

- 寰椎爆裂性骨折也稱為Jefferson骨折，該骨折起因於來自頭部的衝擊性垂直壓迫力。
- 寰軸椎旋轉性固定的好發年齡為十歲以下的兒童。
- 寰軸椎前方脫臼是因為寰椎橫韌帶的損傷而造成的，會急速絞扼脊髓[參考p.251]。合併有頸椎病變的類風濕性關節炎（rheumatoid arthritis ；RA）……等病例須加以注意。必須要與合併有齒突骨折的脫臼作區分。

相關疾病

寰椎爆裂性骨折（Jefferson骨折）、寰軸關節脫臼、環軸椎旋轉性固定……等。

圖2-5　寰椎及寰軸關節

寰椎沒有椎體，在前結節的後方與齒突形成寰軸關節。向左右方向延伸的突起稱為橫突，並在正中間形成橫突孔。寰軸關節能使以齒突為主的寰椎進行旋轉運動，故多擔任頸部的旋轉運動。對於寰軸關節的穩定性而言，翼狀韌帶與寰椎橫韌帶有相當深切的關係。

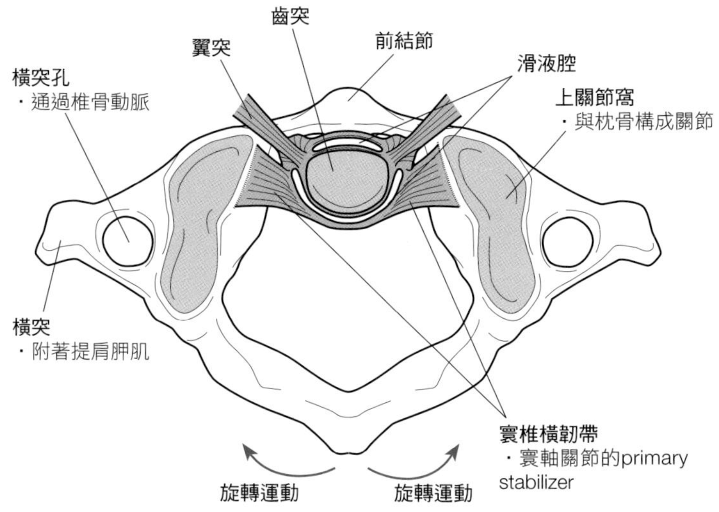

圖2-6　寰椎橫突的觸診①

對寰椎橫突進行觸診時，讓病患採坐姿。輕輕壓迫病患的乳突和下顎角連線的中心點，便能觸摸到小小的突起處，此突起處就是寰椎橫突。由於大力的壓迫會相當疼痛，故進行觸診時記得動作要輕輕柔柔的。

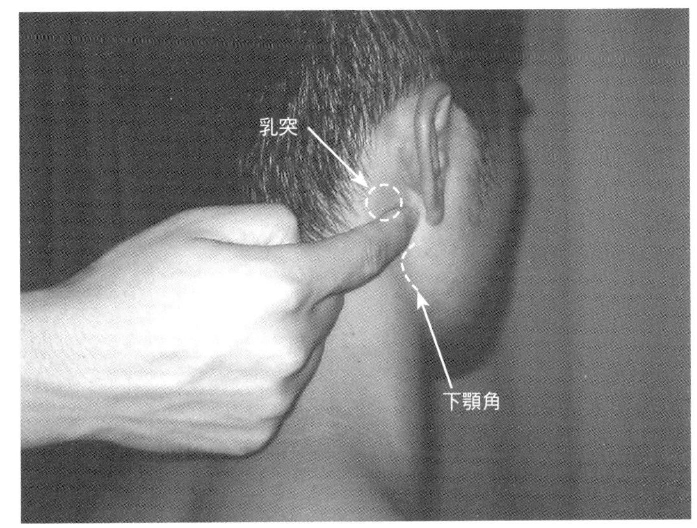

圖2-7　寰椎橫突的觸診②

提肩胛肌起始於寰椎橫突。以手指確認好橫突的位置之後，請病患進行伴隨有肩胛骨下方旋轉動作的上舉運動，如此便能觸診到提肩胛肌的收縮。

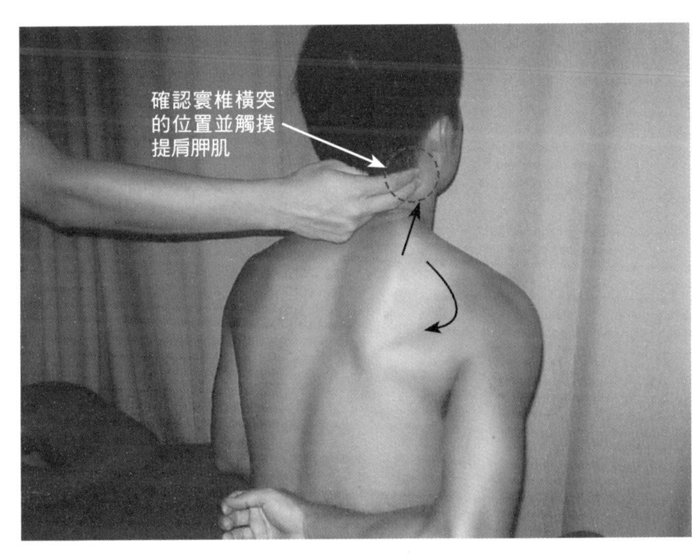

Skill Up

寰軸關節前方脫臼的病症

寰軸關節前方脫臼的病例，會由於齒突骨折的有無而對脊髓造成不同程度的損傷。在齒突無骨折的情形下，寰椎橫韌帶會有損傷，且脊髓會因椎弓與齒突而受到強烈的絞扼（中圖）。在齒突骨折的情況下，脊髓所受到的絞扼則屬輕度（右圖）。類風濕性關節炎的病例中，也有被判定為寰軸椎半脫臼的例子。

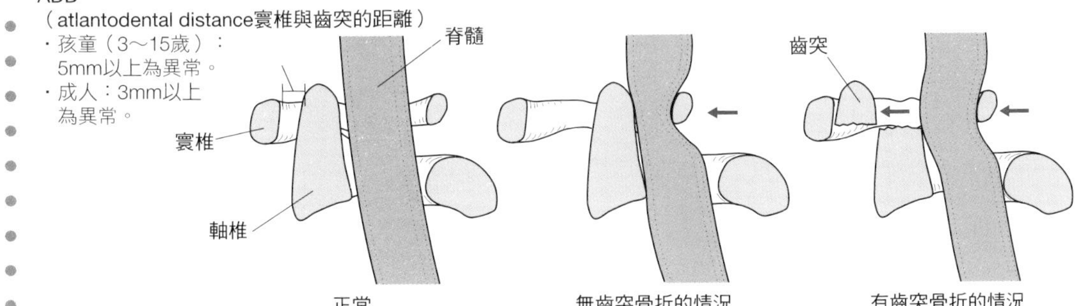

頸椎棘突

Spinous process of cervical vertebra

解剖學上的特徵

- 頸椎棘突以水平方向往後方延伸，各棘突與椎體的位置高度幾乎相同。
- 整個頸椎呈現向前輕微的彎曲。
- 第七頸椎也稱作隆椎，其棘突在最後方突出。
- 與第二頸椎棘突、第六頸椎棘突、第七頸椎棘突相比之下，第三～第五頸椎棘突顯得較短。
- 附著於頸椎棘突上的韌帶稱為項韌帶，而在胸椎以下的稱為棘上韌帶。
- 附著於棘突之間的韌帶稱為棘間韌帶。

臨床相關

- 頸椎的小面關節相對於水平面還要往上傾斜約45°。基本的頸椎運動是靠這些小面關節間的滑動以及椎間盤的歪斜而產生。
- 頸椎的屈曲是下關節在上關節面往前滑動而產生的，伸展作用則相反。
- 頸椎的側屈曲是靠著一側的下關節面往後滑動，另一側的下關節面往前滑動而產生的。因此，側屈曲是必定伴隨著朝彎曲側旋轉的運動。
- 在頸椎進行旋轉運動而發生疼痛的情況，如果是在臉朝下時的旋轉出現疼痛的話，則可能是頸椎關節的病徵。如果在臉朝上時的旋轉出現疼痛的話，則可能為寰軸關節的病徵。
- 頸椎退化的案例相當多，尤其是C5/6、C6/7、C4/5，依此順序出現的頻率相當高。最後會出現椎管狹窄、椎間孔狹窄等問題而引起神經症狀。
- 有相當多四肢麻痺的病例，是因為頸椎的爆裂性骨折或脫臼骨折，所伴隨的頸髓損傷而導致的。

相關疾病

頸部關節黏連（cervical spondylosis）、頸椎退化性脊髓病變、後縱韌帶骨化、頸神經根病變、頸椎棘突骨折、頸椎壓迫性骨折、頸椎脫臼骨折、頸椎扭傷（即所謂的鞭抽式損傷）……等。

圖2-8　第二頸椎～第一胸椎的右側面圖

頸椎整體呈前彎，棘突則水平的朝後方延伸，棘突和椎體高度幾乎相同。C3～C5棘突明顯比其他頸椎短。第七頸椎的棘突在最後方突出，是確認椎間時重要的定位點。

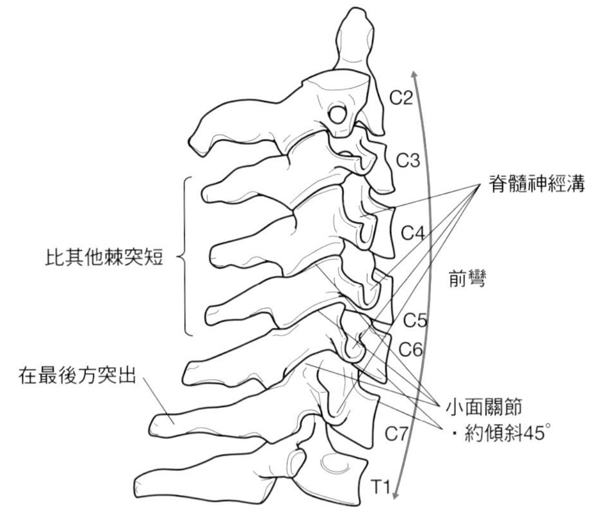

圖2-9　頸椎的基本運動

以頸椎左右兩邊的小面關節來說，若是上一節的頸椎朝前方滑動便產生屈曲動作，朝後滑動則產生伸展動作。頸椎的側屈曲則是靠著一側的小面關節往後滑動，另一側的小面關節往前滑動來達成的，因此也會產生朝向側屈那一側的旋轉動作。

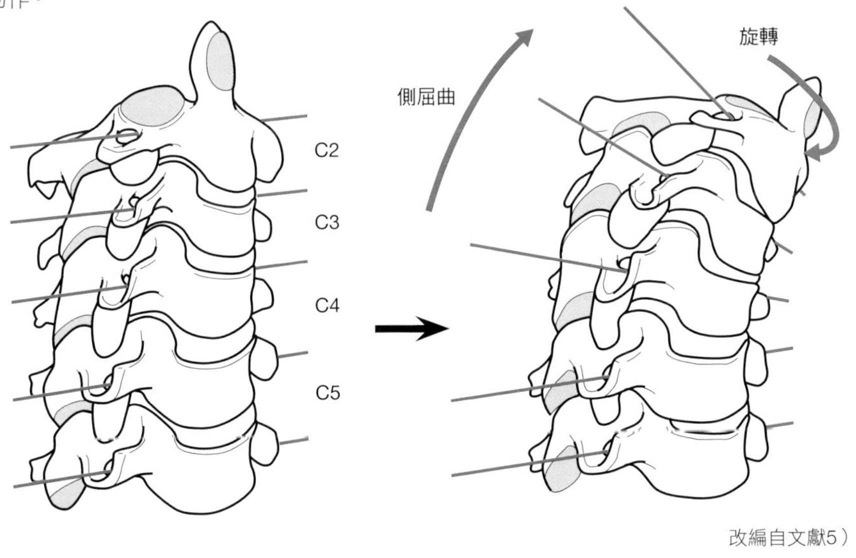

改編自文獻5）

圖2-10　第七頸椎棘突的觸診①

讓病患採坐姿以進行頸椎棘突的觸診。病患的頸部必須彎曲至最大限度。在最後方突出的隆起即為第七頸椎棘突，此為確認各頸椎間的重要定位點。

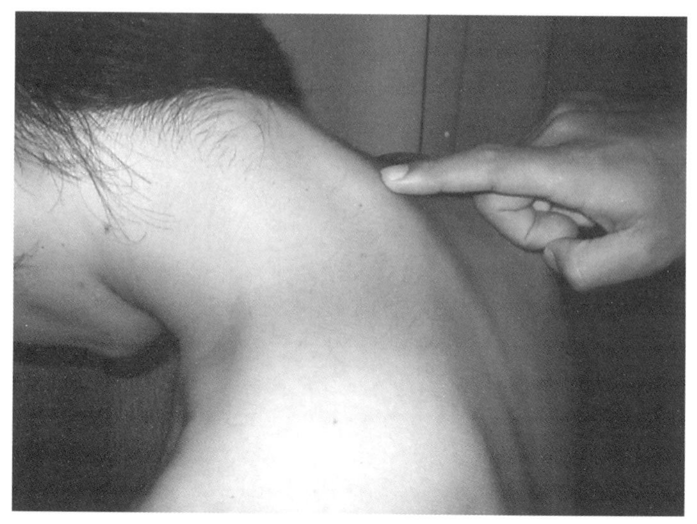

圖2-11　第七頸椎棘突的觸診②

有少數例子在彎曲頸部時，第七頸椎以外的棘突也呈現同樣程度的突起。因此難以判別是否為第七頸椎棘突。如果遇到這種情況，便要以第一肋骨的高度為基準，找出第一胸椎棘突位置，以識別出第七頸椎棘突。

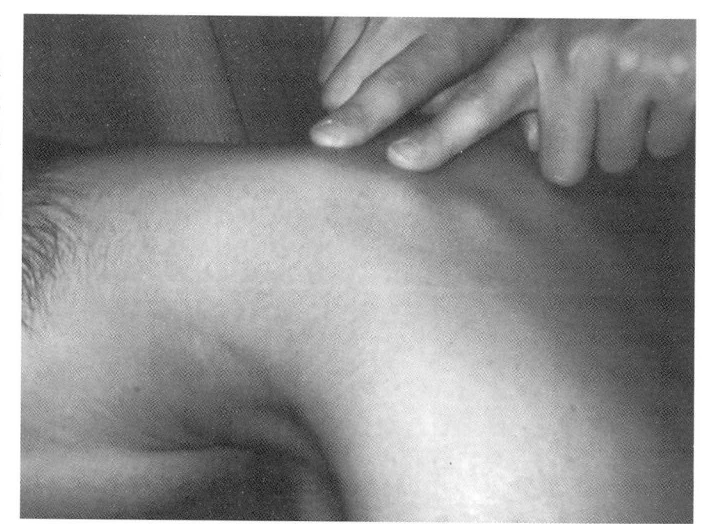

圖2-12　第七頸椎棘突的觸診③

手指觸摸斜方肌上部纖維和中部纖維的肌肉之間，確認出第一肋骨的位置。手指直接從第一肋骨的高度朝正中間前進，確認第一胸椎棘突的位置。第一胸椎棘突的上一節就是第七頸椎棘突。

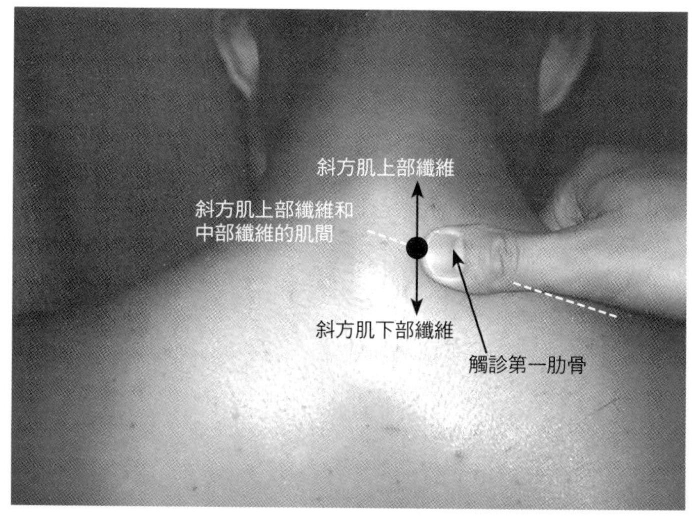

圖2-13　第六頸椎棘突的觸診

確認好第七頸椎棘突的位置後，觸診位於一橫指上方位置的第六頸椎棘突。

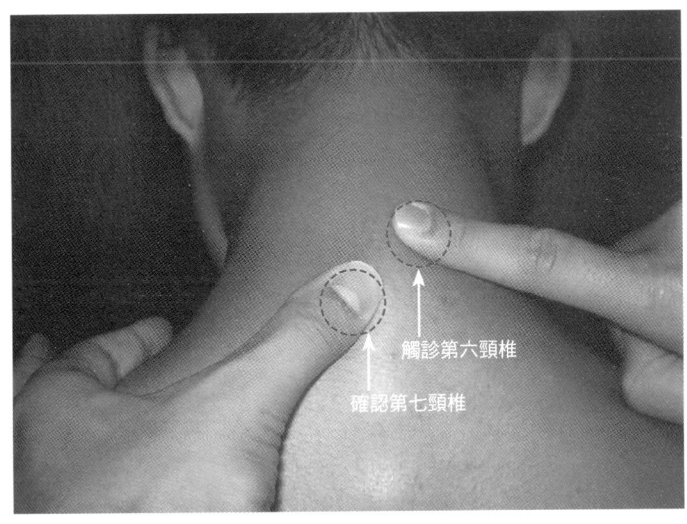

圖2-14　第二頸椎棘突的觸診

確認枕外粗隆的位置後，手指直接朝第七頸椎棘突接近，並同時輕輕地進行壓迫。最初感覺到的隆起即為第二頸椎棘突。

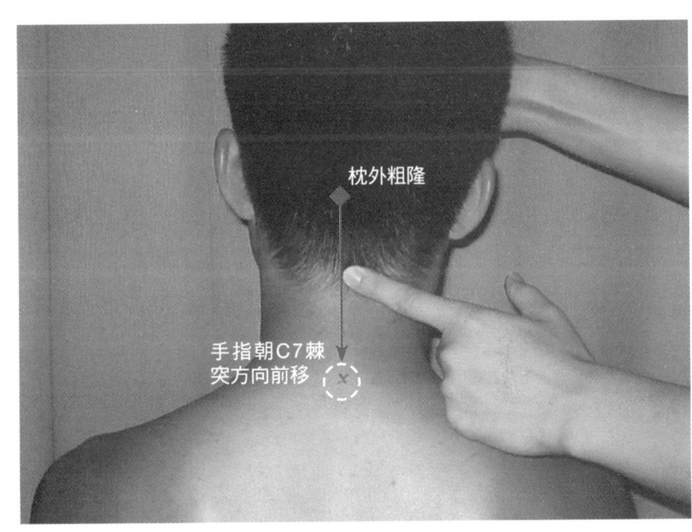

圖2-15　第三～第五頸椎棘突的觸診

對第三～第五頸椎棘突觸診時，先讓頸部輕微的伸展以緩和項韌帶。由於這幾節頸椎的棘突比其他頸椎的棘突短，故手指要往更深處按壓。從第二頸椎棘突開始，依序往尾端觸診，或者從第六頸椎棘突開始，依序朝頭側觸診。右圖則是正在觸診第四頸椎棘突的樣子。

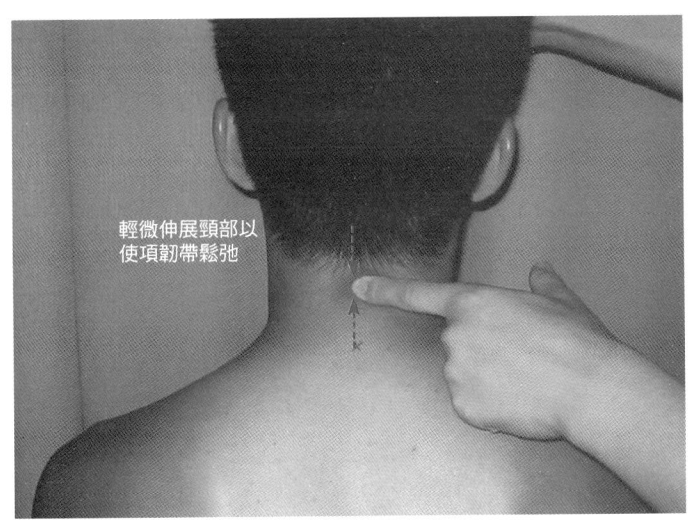

圖2-16　旋轉運動時的棘突運動（右旋轉）

兩手的手指從兩側如夾住般地觸碰第七頸椎棘突。請病患在這樣的狀態下，做出「面向上方旋轉」和「面向下方旋轉」的動作。前者為寰軸關節的運動，棘突並不會移動（左圖）。後者為小面關節的運動，棘突則會往左移動（右圖）。

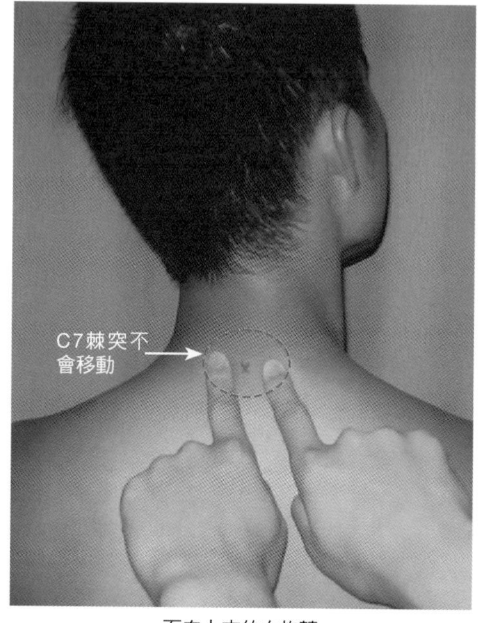

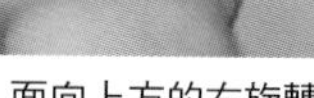
面向上方的右旋轉

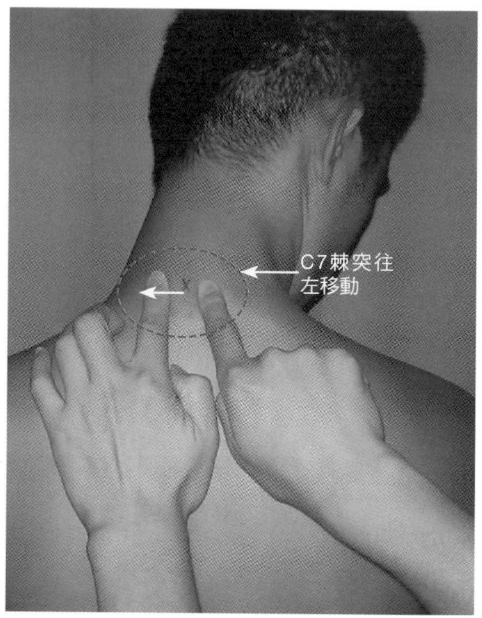

面向下方的右旋轉

圖2-17　項韌帶的觸診

對項韌帶進行觸診時，病患的頸部必須輕微伸展，以舒緩項韌帶的緊繃，接著再從舒緩的部位開始進行觸診。手指觸碰於頸椎棘突上（左圖：第三～第五頸椎棘突附近容易觸摸到）。接著，請病患進行頸部的屈曲運動，隨著頸部的屈曲便能觸診到「連結於棘突上的項韌帶呈現緊繃狀態」（右圖）。

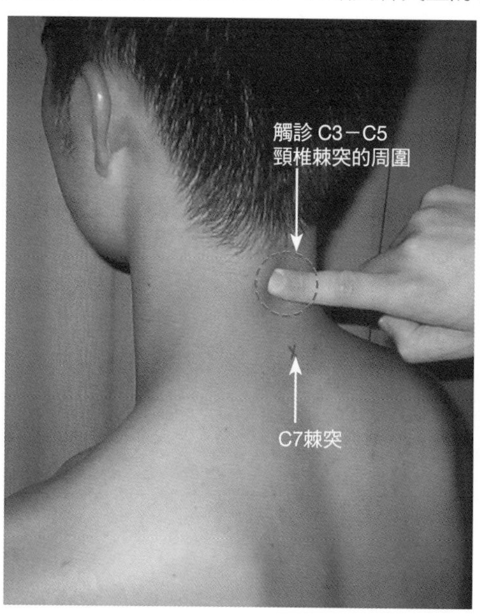

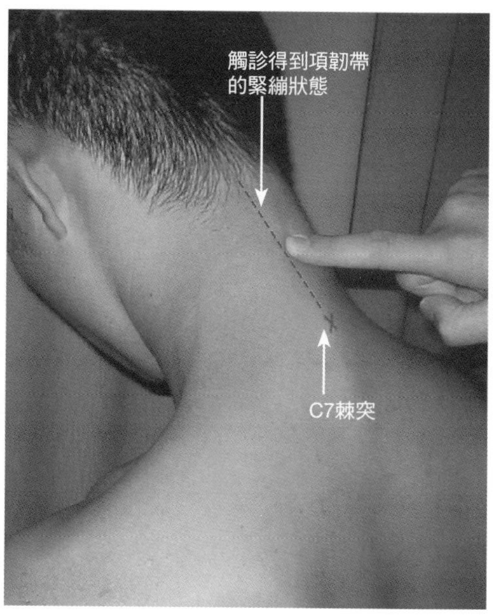

腰椎棘突 spinous process of lumber vertebra
薦骨正中 median sacral crest of sacral bone
腰椎小面關節 facet joint of lumber vertebra

解剖學上的特徵

- 腰椎棘突水平地往後方延伸，各個棘突的位置高度幾乎與其椎體一致。
- 整個腰椎呈現前彎。
- 各個腰椎棘突的下部高度幾乎與小面關節（facet）相同。
- 連接了左右兩邊的髂骨棘中樞端的連結線，其位置與第四腰椎棘突的位置呈一致。一般稱之為Jacoby線（Jacoby's line）。
- 連接左右兩邊髂骨後上棘的連結線，則和第二正中嵴（第二薦椎棘突的殘留）的位置呈一致。

臨床相關

- 腰椎小面關節相對於水平面要往上方傾斜約90°，其形態與頸椎、胸椎相當不同，是呈圓筒狀。基本的腰椎運動是依靠這些小面關節的滑動以及椎間盤的歪斜而產生的。參與腰椎運動的比例則以椎間盤佔較多。
- 腰椎的屈曲是靠著「下關節面在上關節面上方往上滑動」以及「椎間盤前方被壓縮」而產生的，伸展作用則相反。
- 腰椎的側屈曲是靠著一側的下關節面往下滑動，另一側的下關節面往上滑動而產生的。由於小面關節的構造之故，旋轉運動幾乎不會發生。
- 腰椎的前彎與從外觀上的旋轉運動有關。勉強進行旋轉動作可能會造成脊椎解離症。
- 在腰椎管狹窄症患者身上可看到間歇性跛行，此症狀會因伸展腰椎而加重、因屈曲而舒緩。
- 採俯臥姿勢觸摸腰椎棘突時，若有棘突凹陷的情形，則可能為脊椎滑脫症。
- 伸展身軀時如果發生疼痛（以腰為主）的話，可能是小面關節周邊的問題。

相關疾病

退化性腰椎關節炎（lumbar spondylosis）、腰椎管狹窄症、脊椎解離症、脊椎滑脫症、腰部椎間盤突出、facet syndrome、腰椎棘突骨折、腰椎壓迫性骨折、腰椎脫臼骨折……等。

圖2-18　腰椎的全形（側面以及後面）

腰椎整體呈前彎，從棘突起以水平方向往後方延伸。棘突和椎體的高度幾乎相同。各腰椎棘突的下部與小面關節的高度一致。小面關節面呈圓筒狀，相較於水平面要傾斜90°。這樣的構造使腰椎的旋轉運動受到限制。

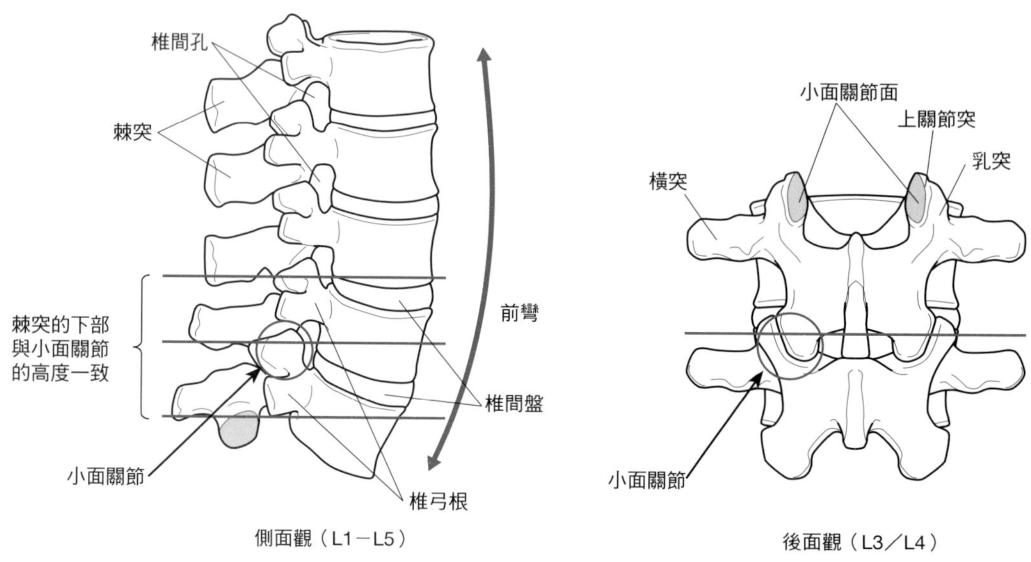

圖2-19　決定腰椎高度的界標

連接左右兩邊的髂骨棘中樞端的連結線，與第四腰椎棘突的位置呈一致（左圖）。這項指標稱為Jacoby線，臨床上常用到。而連接左右兩邊髂骨後上棘的連結線，則與第二正中嵴（S2棘突的殘留）的位置一致（右圖）。

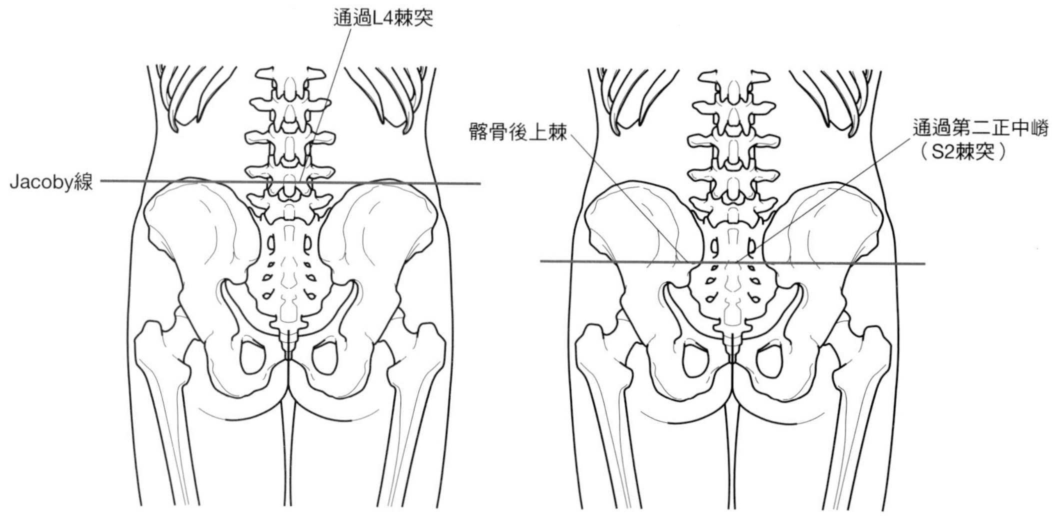

圖2-20　第四腰椎棘突的觸診

對腰椎棘突觸診時，讓病患俯臥。用手掌確認病患髂骨棘的位置後，觸診髂骨棘的最高點。

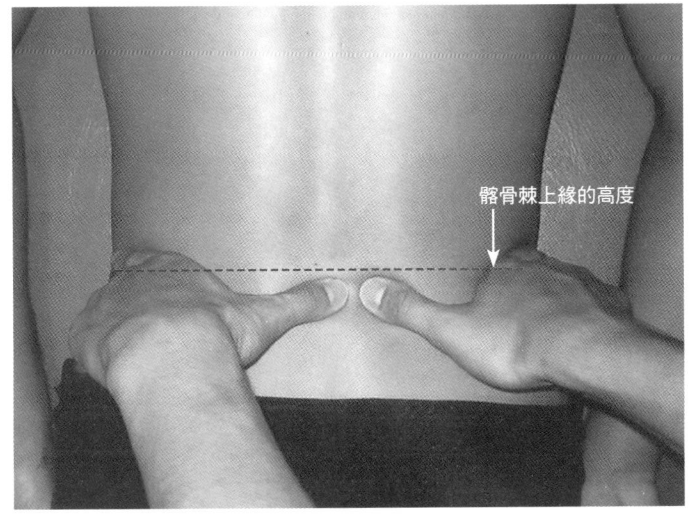

圖2-21　第四、第五腰椎棘突的觸診

將左右兩邊髂骨棘的最高點劃一線連結，並觸診在該連結線上的第四腰椎棘突（如圖中左拇指的位置）。確認好第四腰椎棘突的位置後，觸診在第四腰椎棘突遠側的下一個腰椎棘突，也就是第五腰椎棘突（如圖中右拇指的位置）。

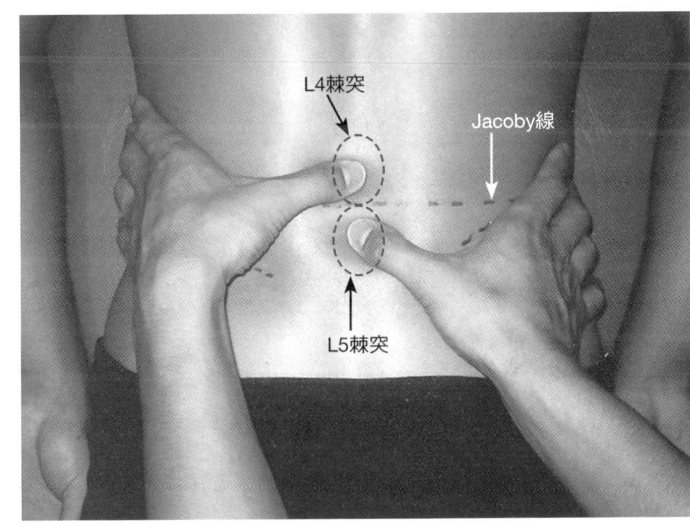

圖2-22　第一～第三腰椎棘突的觸診

確認好Jacoby線上的第四腰椎棘突位置後，採用一次觸摸一個棘突的方式朝近側接近。如圖中的左拇指觸診第一腰椎棘突，右拇趾則觸診第二腰椎棘突。

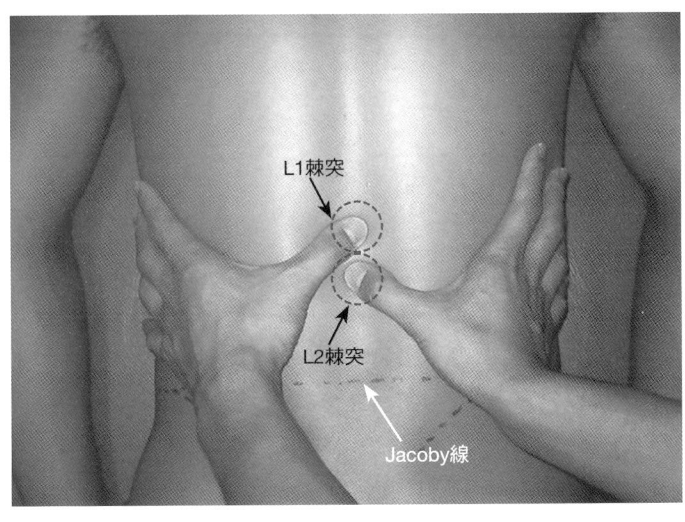

IV 軀幹

圖2-23　第二正中嵴（S2棘突）的觸診

讓病患俯臥，手指從左右兩邊的腸骨嵴朝後方移動，確認髂骨後上棘的位置。將左右兩邊的髂骨後上棘（PSIS）作連結，觸診在該連結線上的第二正中嵴（S2棘突）。圖中的左拇指觸診第二正中嵴，而右拇指則觸診第一正中嵴。

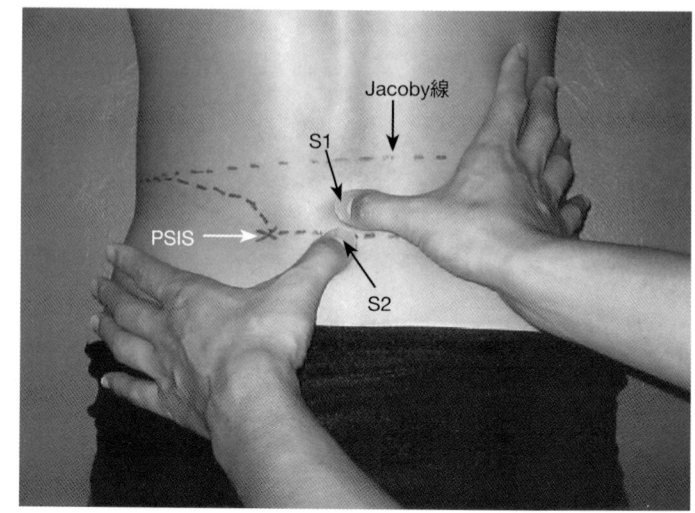

圖2-24　小面關節的觸診（L4/L5）

讓病患俯臥，將手指壓迫在第四腰椎棘突下部的外側約一橫指的位置，以確認第五腰椎乳突。在第五腰椎乳突稍微內側的位置便能觸摸到小面關節。在慢性腰痛的病例中，只要消除在各椎間範圍內小面關節的壓痛即可改善疼痛的症狀。但是，若這個部位的壓痛是腰痛的原因之一時，就有可能是小面關節病變。

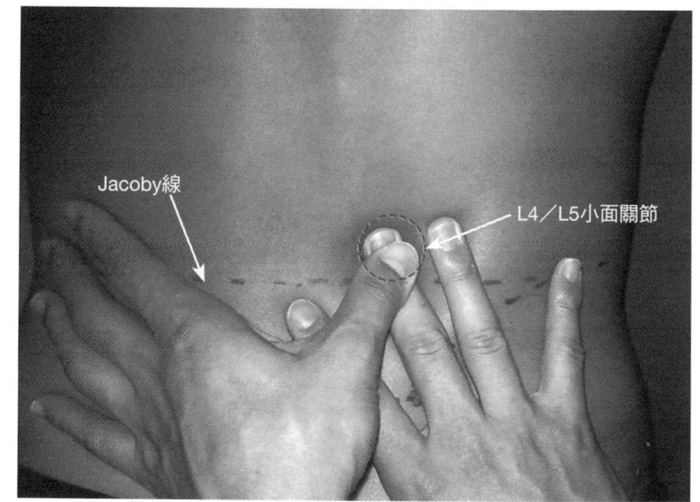

胸椎棘突
spinous process of thoracic vertebra

解剖學上的特徵

- 胸椎棘突因為T1、T2，以及T10～T12相較下是以水平的方向延伸，T3～T9則是向下延伸，故觸診時會覺得棘突較長。
- 胸椎整體呈後彎。
- 連結左右兩邊肩胛骨上角的連結線與T2棘突一致。
- 連結左右兩邊肩胛骨下角的連結線與T7棘突一致。

臨床相關

- 胸椎的小面關節比起水平面還要向上方傾斜約60°，角度大概在頸椎和腰椎的中間。胸椎的基本運動是依靠這些小面關節之間的滑動以及椎間盤的歪斜而產生的，但是由於肋骨提供了固定功能，所以胸椎的活動範圍非常小。
- 胸椎的屈曲是靠著「下關節面在上關節面上方往上滑動」以及「椎間盤前方被壓縮」而產生的，而伸展作用則相反。
- 胸椎的側屈曲是靠著一側的下關節面往下滑動，另一側的下關節面往上方滑動而產生的。側屈曲會伴隨著輕微的旋轉運動。
- 原發性脊柱側彎症佔全部脊柱側彎症的70～80%，原因至今不明。依發病年齡可分為嬰兒型脊柱側彎、幼年型脊柱側彎以及青少年型脊柱側彎。後兩者多為右胸椎側彎。
- 評斷側彎的角度是以Cobb法作測量。
- 在檢查胸椎側彎的其中一個方法中，肋骨突出（rib hump）的確認相當重要[參考p.264]。
- 青春期發生的胸椎後彎、變形稱作舒爾曼氏症（Scheuermann disease）。
- 幼兒期發生脊椎骨疽之後，會引起特殊變形的駝背（Pott's Kyphosis：即脊柱後凸症）。
- 第十二胸椎為壓迫性骨折的好發部位。進行壓迫性骨折的診斷時，使用spinal percussion test[用神經槌（譯者註：Berliner，亦稱叩診器）敲打此部位的棘突]據說是相當有效的。

相關疾病

原發性脊柱側彎症、舒爾曼氏症、Pott's Kyphosis（譯者註：Kyphosis，即脊柱後凸症）、老年型圓背（Round Back in the Old Age）、胸椎壓迫性骨折、胸椎棘突骨折、胸椎脫臼骨折、脊隨損傷……等。

圖2-25　胸椎棘突的特徵

胸椎整體呈後彎，並且和肋骨構成肋椎關節。T1、T2以及T10～T12的棘突朝後方及水平方向延伸，而T3～T9的棘突則往下方延伸，這就是為何觸診時會有棘突長度變長的感覺。胸椎的小面關節比起水平面還要傾斜約60°，除了能屈曲、伸展之外，側屈曲時還會伴隨著輕微的旋轉動作。

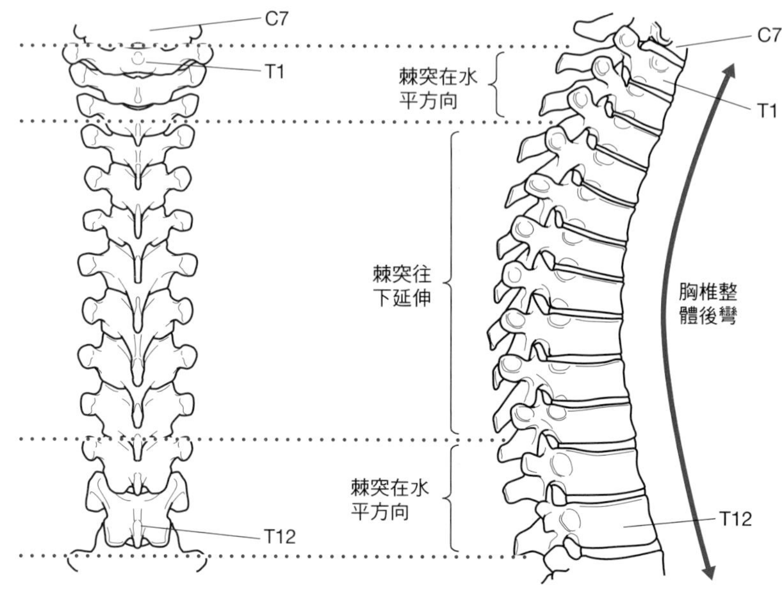

圖2-26　肩胛骨上下角高度與胸椎高度的關係

先了解肩胛骨上角及下角的位置關係，就能把它當作定位點，可用來簡便地確認胸椎高度。左右兩邊肩胛骨上角的連結線與T2棘突一致（左圖），肩胛骨下角的連結線與T7棘突一致。

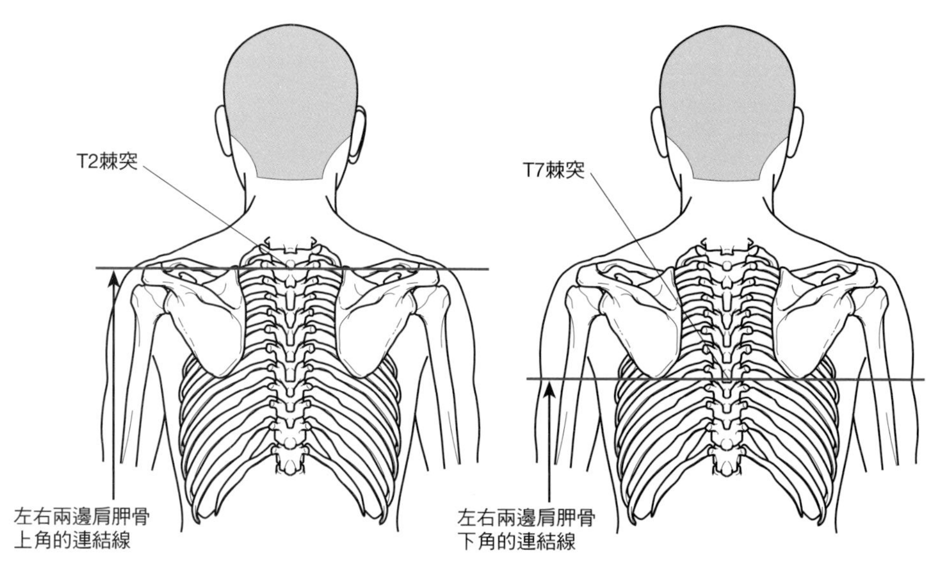

肩胛骨上角與胸椎高度的關係　　肩胛骨下角與胸椎高度的關係

圖2-27　上位胸椎棘突的觸診

讓病患俯臥，再將兩手放於身體兩側。彎曲病患的頸部，確認好C7棘突的位置後，以每次摸一棘突的方式朝遠端接近。手指的擺放方向是與脊椎長軸相垂直的方向，用這個方式進行觸診比較容易。

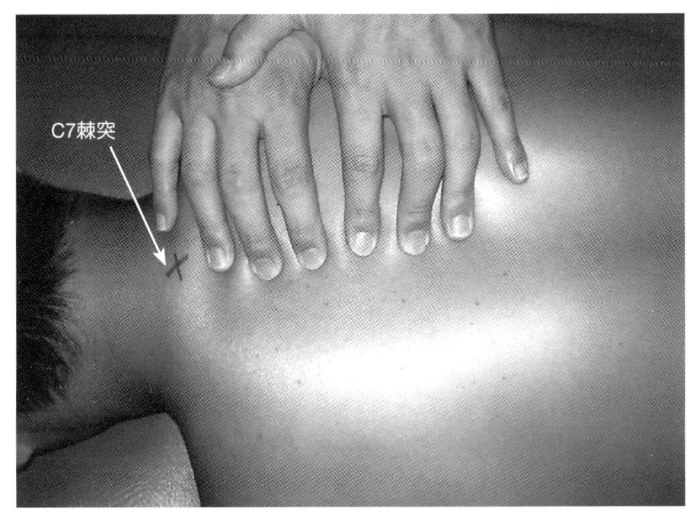

圖2-28　第二胸椎棘突的確認

讓病患俯臥，再將兩手放於身體兩側。確認好左右兩邊的肩胛骨上角位置後，確認其連結線與T2棘突是否一致。可以利用觸診過的棘突和C7棘突的位置關係來判別。

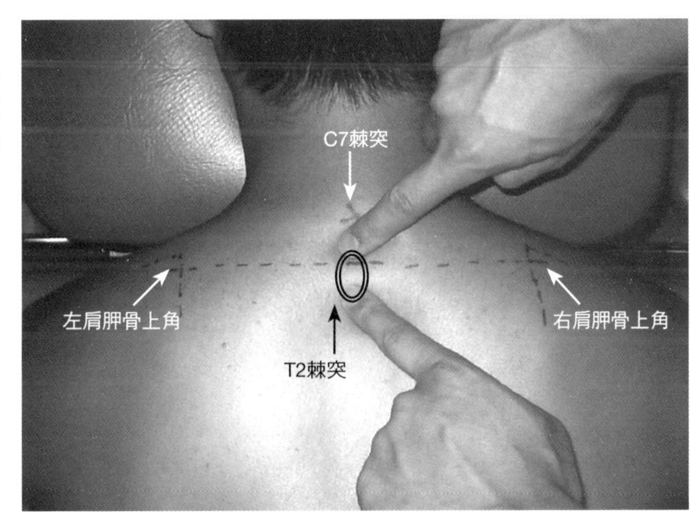

圖2-29　下位胸椎棘突的觸診

讓病患俯臥，再將兩手放於身體兩側。劃出Jacoby線並確認L4棘突的位置後，以每次摸一棘突的方式朝近端接近。手指的擺放方向是與脊柱長軸相垂直的方向，用這個方式進行觸診比較容易。

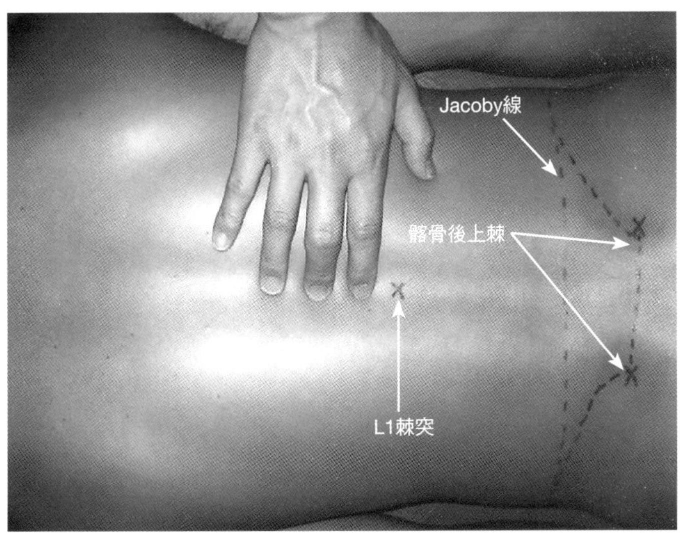

圖2-30　第七胸椎棘突的確認

讓病患俯臥，再將兩手放於身體兩側。確認好左右兩邊肩胛骨下角的位置後，確認其連結線是否和T7棘突一致。也可一併確認T7棘突和方才確認過的下位胸椎棘突之間的位置關係。

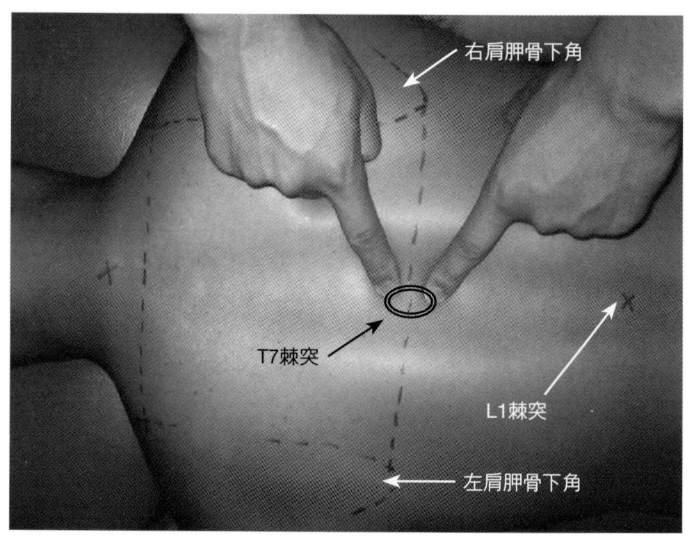

Skill Up

觀診脊柱側彎症時的注意點[6,7)]

檢查脊柱側彎症時，有以下幾點需注意：

①左右兩肩的高度是否有不同？

②肩胛骨左右兩側或是內側緣在下角浮出（winging）之處是否有不同？

③腰圍是否呈非對稱？

④彎屈身軀時，是否有肋骨突出（rib hump：通常相差1～1.5cm左右）？

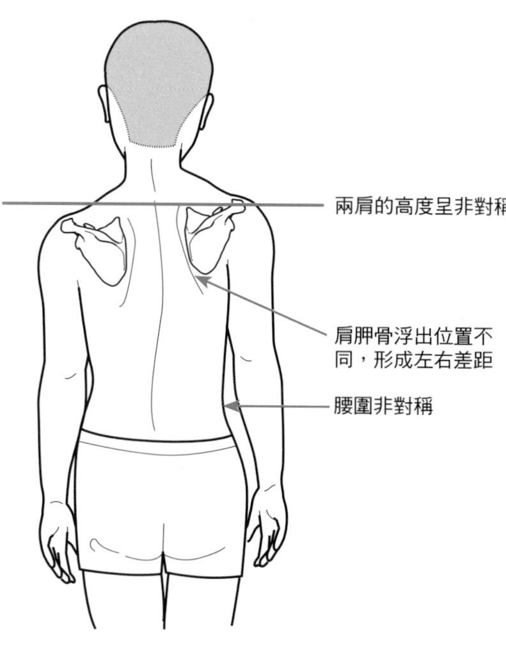

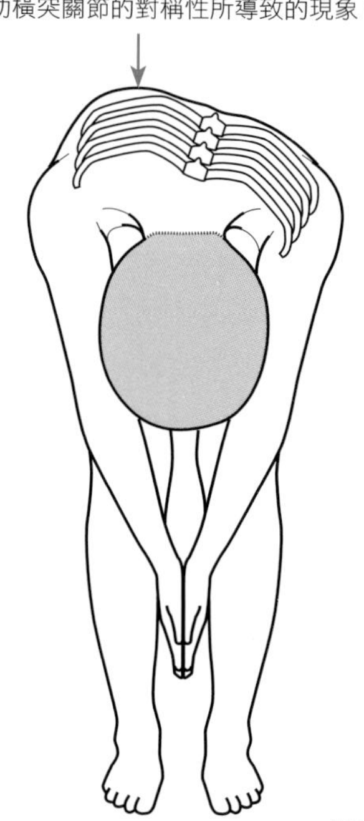

取自文獻6）

腹直肌 rectus abdominis muscle
腹外斜肌 external oblique muscle
腹內斜肌 internal oblique muscle

解剖學上的特徵

●**腹直肌**

[起端] 恥骨聯合、恥骨結節　**[止端]** 第五～第七肋軟骨、劍突的前面

[支配神經] 肋間神經T7～T12

●**腹外斜肌**

[起端] 擁有7～8個筋尖的第五～第十二肋骨的外面

[止端] 最後面的部位止於腸骨嵴外唇，其他的大部分形成腱膜，經由鼠蹊韌帶、恥骨嵴、腹直肌鞘止於白線

[支配神經] 肋間神經T5～T12

●**腹內斜肌**

[起端] 腰腱膜、鼠蹊韌帶、腸骨嵴的中間線

[止端] 後部的肌束止於第十一及第十二肋骨，其他的大部分經由腹直肌鞘前葉止於白線

[支配神經] 肋間神經T10～L1

臨床相關

●在骨盆固定住時，腹直肌將胸廓往下拉以彎曲身軀。胸廓固定住時，會使骨盆往後傾。

●在兩側的腹外斜肌同時作用的情況下，身軀會屈曲。當只有單邊作用時，身軀會朝對側屈曲並旋轉。

●在兩側的腹內斜肌同時作用的情況下，身軀會屈曲。當只有單邊作用時，身軀會朝同側屈曲並旋轉。

●實際上，身軀的旋轉運動，是依靠腹外斜肌及腹內斜肌的聯合動作（force couple）循序進行的。

●腹肌群全體都能提高腹壓並對呼氣產生作用。

●腹肌群是作用於髖關節屈曲的肌群（髂腰肌、股直肌等等），能擔任固定骨盆的角色。

臨床相關

●腹肌群的弱化會加重腰椎的前彎，是慢性腰痛的原因。

●腹肌群失去作用的脊髓損傷病例，因無法用力呼氣，所以進行排痰等活動時有時需要協助。

●相反地，在腹肌群強力痙攣的病例中，因腹壓提高將橫膈膜往上推，使得吸氣困難。

●對於腹群肌所提供的骨盆和胸廓的固定作用來說，具有「往後往前動作的上肢運動和下肢運動」是不可缺少的。

相關疾病

脊髓損傷、脊髓損傷性四肢不全麻痺、慢性腰痛……等。

圖2-31　腹直肌的走向

腹直肌起始於恥骨結合及恥骨結節，並止於第五～第七肋軟骨和劍突的前面。通常依3～4個腱劃將肌腹分成4～5節。骨盆固定住的情況下，其作用為屈曲身軀。而在胸廓固定住的情況下，其作用為骨盆後傾。

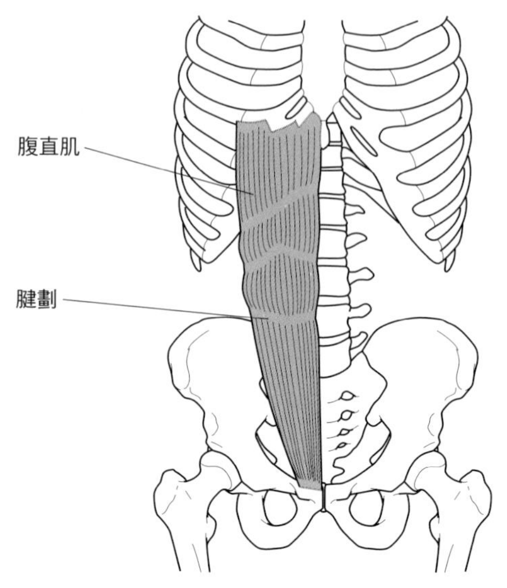

圖2-32　腹外・內斜肌的走向

腹外斜肌起始於第五～第十二肋骨的外面，其最後面的部位止於腸骨嵴外唇，而其他大部分形成腱膜，經由鼠蹊韌帶、恥骨嵴、腹直肌鞘而止於白線。腹內斜肌起始於腰腱膜、鼠蹊韌帶、腸骨嵴的中間線，後部的肌束止於第十一及第十二肋骨，而其他的大部分止於通過腹直肌鞘前葉的白線。在骨盆固定住，而左右的腹外・內斜肌同時作用的情況下，身軀會彎曲。而在胸廓固定住的情形下，會將骨盆上舉。此外，身軀的旋轉運動則是依靠腹外斜肌和內斜肌的聯合動作所執行的。

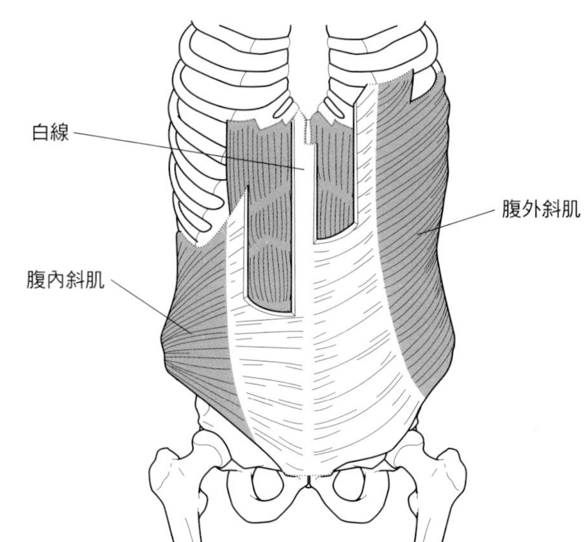

圖2-33　前鋸肌與腹外斜肌在解剖學上的關係

前鋸肌的起端與腹外斜肌的起端如齒輪嚙合般牢固的相互附著。以肩關節上舉這一動作來說，前鉅肌所擔負的肩胛骨外展運動及固定作用是很重要的角色，但這也是因為腹外斜肌固定住胸廓，所以前鉅肌才能有效率地發揮作用。

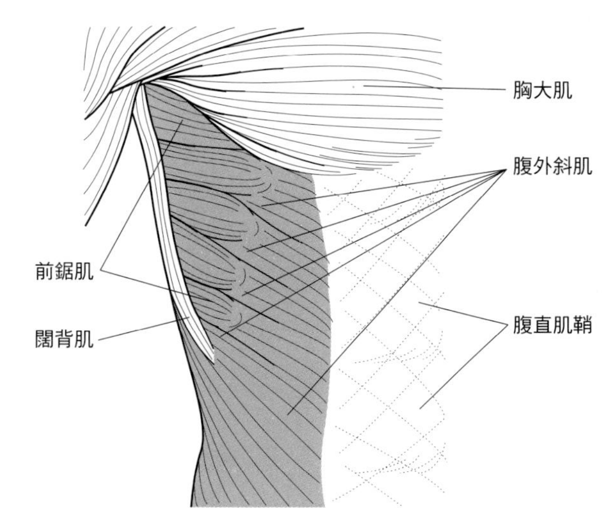

圖2-34　腹直肌的觸診

對腹自肌觸診時，讓病患仰臥。請病患屈曲頸部，並以看見肚臍為要領進行身軀的屈曲運動。運動時，注意不要左右旋轉。將手指觸摸腹部前面，觸診腹直肌的收縮。若腹部的脂肪少的話，可一併確認白線、腱劃等的位置。

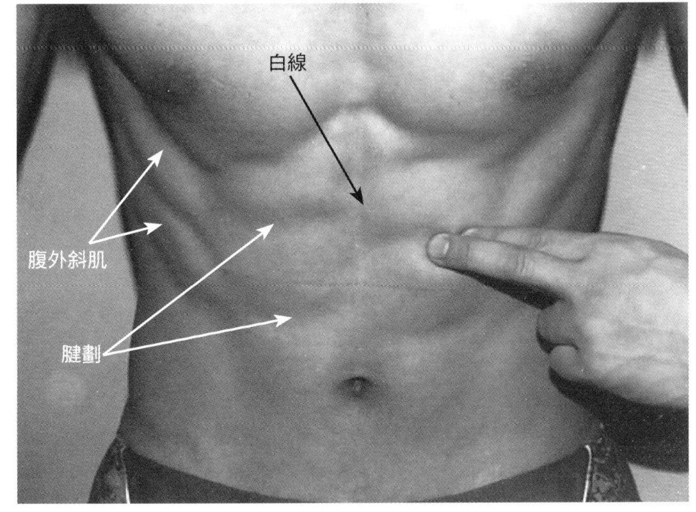

轉載自文獻8）

圖2-35　腹外斜肌的觸診（右側）

對腹外斜肌觸診時，讓病患仰臥。請病患一面將上肢朝前方作推出去的動作，一面反覆進行身軀的屈曲、左旋轉運動。只要運動到右肩胛骨離床有點距離的程度即可。觸診隨著運動而收縮的腹外斜肌，並一邊注意和前鋸肌之間的關係。

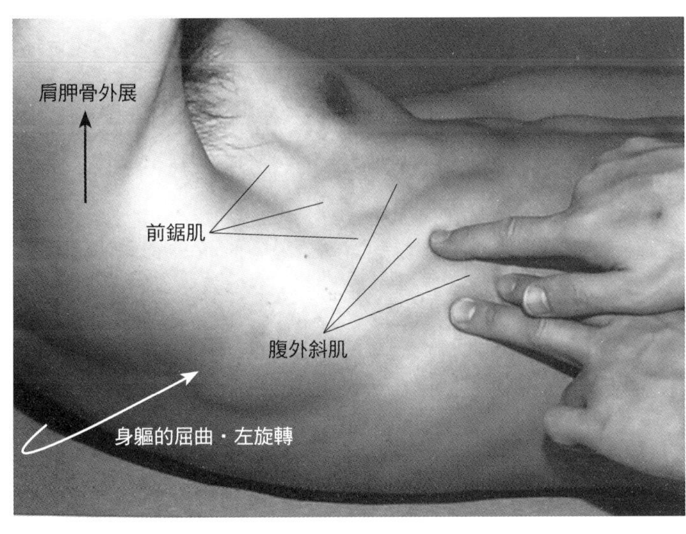

轉載自文獻8）

圖2-36　腹內斜肌的觸診（右側）

對腹內斜肌觸診時，讓病患仰臥。請病患反覆進行身軀的屈曲、右旋轉運動。只要運動到左肩胛骨離床有點距離的程度即可。觸診隨著運動而在右腸骨嵴的前方收縮的腹內斜肌。

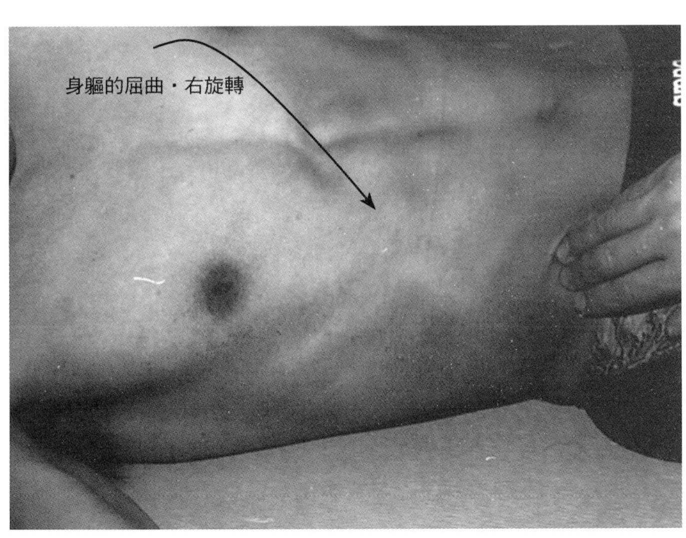

轉載自文獻8）

腰部的多裂肌
multifidus muscle of the lumber

解剖學上的特徵

- 是支持脊柱後面的固有背肌的其中之一，位於棘突兩側，且肌肉的長度較短。
- 多裂肌在腰部相當發達，在胸部上方的多裂肌，其肌腹就非常地小。在下位腰椎的多裂肌特別發達。
- 中位腰椎範圍的多裂肌與豎脊肌的比例大概為1：1。多裂肌在下位腰椎範圍所佔的比例達80%。
- **[起端]** 腰部多裂肌的起端分為以下四個
  ①至第四薦骨孔的薦骨後面 ②髂骨後上棘 ③背側薦髂韌帶
  ④全部的乳突及腰椎小面關節囊

  [止端] 越過椎骨，止於棘突

  [支配神經] 脊髓神經後枝內側枝

肌肉功能的特徵

- 兩側肌肉作用能伸展身軀，單邊作用則會往同側屈曲及朝體側旋轉。
- 連結薦骨後面的多裂肌，具有穩定lumbosacral intervertebral space的作用，連結髂骨後上棘、背側薦髂韌帶的纖維與薦髂關節的穩定有關，而連結乳突及小面關節囊的纖維與小面關節的穩定相關。

臨床相關

- 腰部間隔的內壓上升引起的腰痛是慢性腰痛的病症之一。
- 源自小面關節的腰痛是經由脊髓神經後枝內側枝的反射，而使在同範圍內的多裂肌形成痙攣。
- 和薦髂關節的穩定相關的多裂肌在持續性的肌肉痙攣病例中，會間接的增加背側薦髂韌帶的收縮，使薦髂關節壓力測試多呈陽性。
- 椎弓間髓核摘出術（Love法）是針對椎間盤突出症進行的手術。也有在手術過後，多裂肌長期呈浮腫狀態而在MRI檢查中被觀察到。像這樣的病例中，有相當多人抱怨手術後仍有腰痛的情況。

相關疾病

慢性腰痛、腰部間隔症候群、腰椎管狹窄症……等。

圖2-37 多裂肌與豎脊肌

多裂肌與豎脊肌在L3範圍的構成比率大概為1：1。位置增高，豎脊肌所佔的比例則會大大增加。而位置越低，多裂肌的比例則會變得非常大。

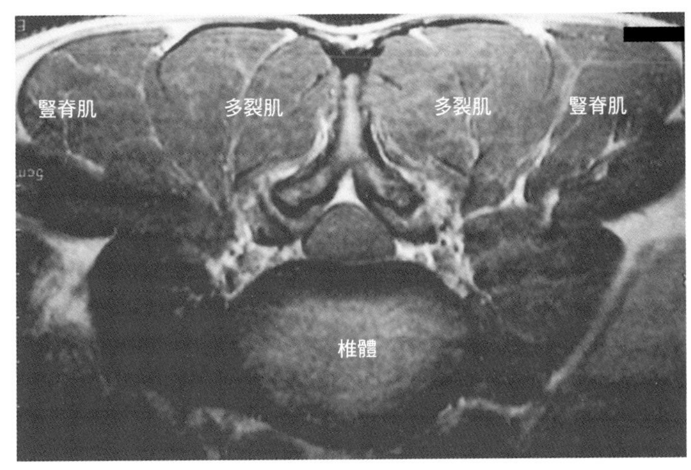

L3範圍的橫斷面

圖2-38 腰部多裂肌的走向

腰部多裂肌有以下六大走向的型態

①連結各棘突及兩個下位乳突以及小面關節的纖維群
②連結L1棘突及髂骨後上棘（PSIS）周圍的纖維群
③連結L2棘突及上部背側薦髂韌帶的纖維群
④連結L3棘突及下部背側薦髂韌帶的纖維群
⑤連結L4棘突及薦骨下部背面外側的纖維群
⑥連結L5棘突及正中嵴兩側的纖維群

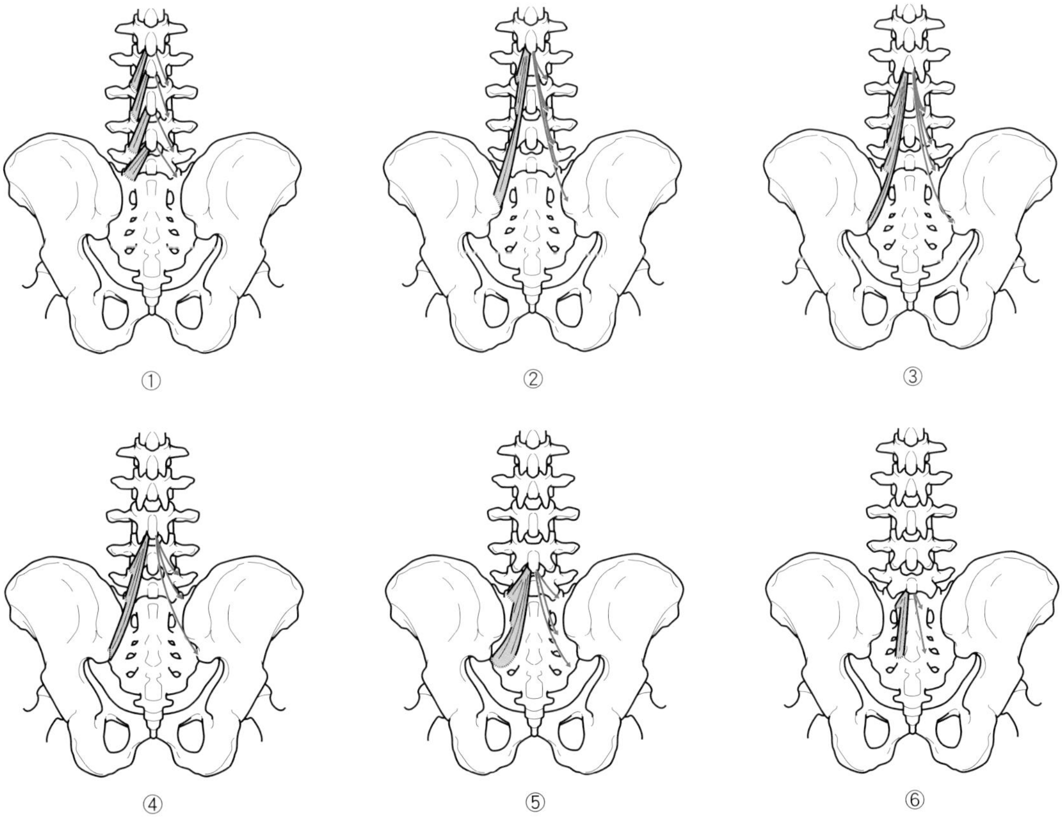

① ② ③

④ ⑤ ⑥

圖2-39　腰神經後枝內側枝和小面關節以及多裂肌的關係

出自椎間孔的腰神經分為前枝和後枝。後枝又分為外側枝和內側枝。內側枝之後分布於小面關節，並支配多裂肌。在小面關節的病症有可能會併發多裂肌的反射性痙攣。

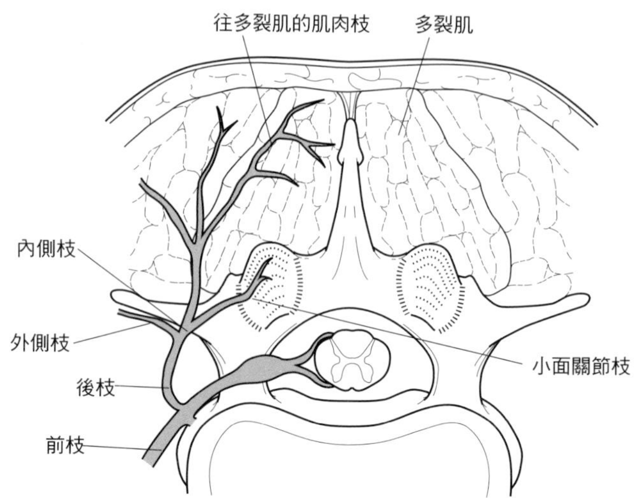

圖2-40　多裂肌的觸診（L1範圍）

進行多裂肌的觸診時，均讓病患側臥。對L1範圍的多裂肌進行觸診時，病患的髖關節呈0°伸展位，並將手指觸摸L1棘突與髂骨後上棘（PSIS）的連結線上。在這個位置之下，以彷彿要使PSIS筆直地遠離L1棘突這樣的方式來作牽引。之後請病患自行運動回到原來的位置，此時診療者要去觸診肌肉的收縮。

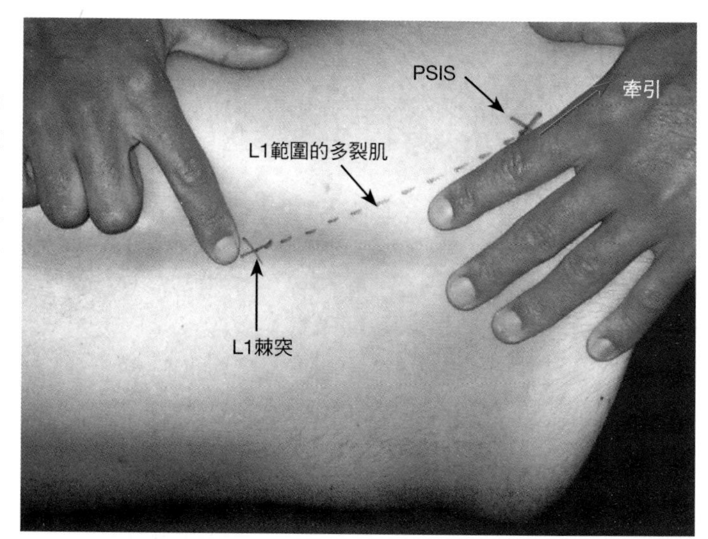

圖2-41　多裂肌的觸診（L2範圍）

將病患的髖關節擺在0°伸展位，並用手指觸摸L2棘突與薦髂關節上部的連結線。在這個位置之下，以彷彿要使薦髂關節上部筆直地遠離L2棘突這樣的方式來作牽引。之後請病患自行運動回到原來的位置，此時診療者要去觸診肌肉的收縮。

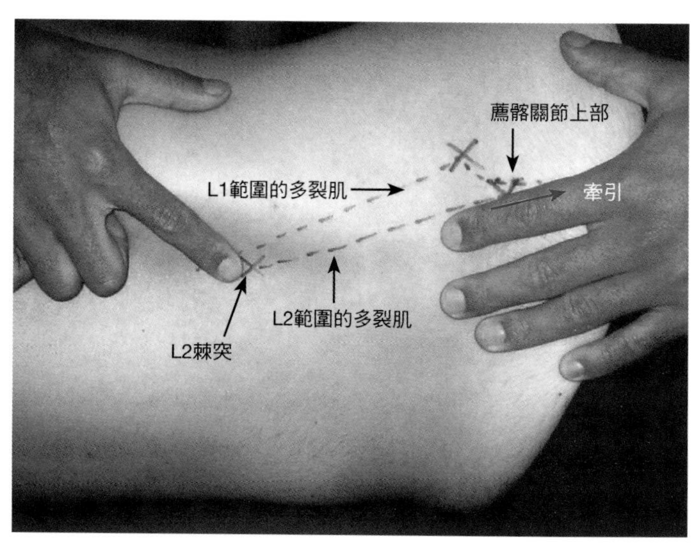

圖2-42　多裂肌的觸診（L3範圍）

將病患的髖關節屈曲45°，並用手指觸摸L2棘突與薦髂關節下部的連結線。在這個位置之下，以彷彿要使薦髂關節上部筆直地遠離L3棘突這樣的方式來作牽引。之後請病患自行運動回到原來的位置，此時診療者要去觸診肌肉的收縮。

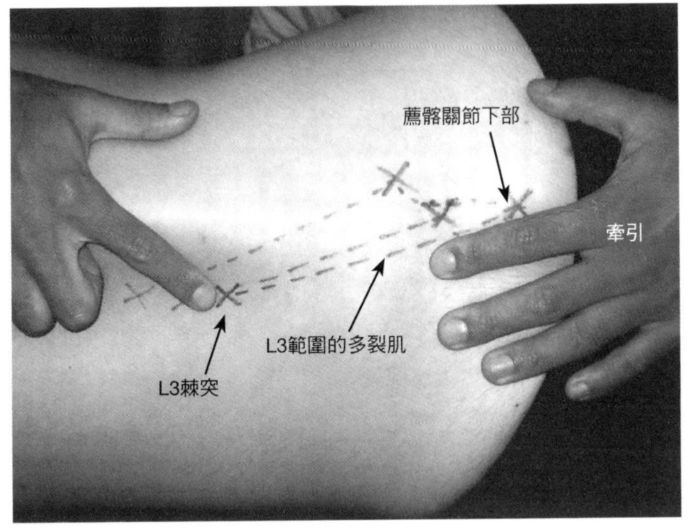

圖2-43　多裂肌的觸診（L4範圍）

病患的髖關節屈曲90°，並用手指觸摸L4棘突與薦骨下外側部的連結線。在這個位置之下，以彷彿要使薦外骨下外側部筆直地遠離L4棘突這樣的方式來作牽引。之後請病患自行運動回到原來的位置，此時診療者要去觸診肌肉的收縮。

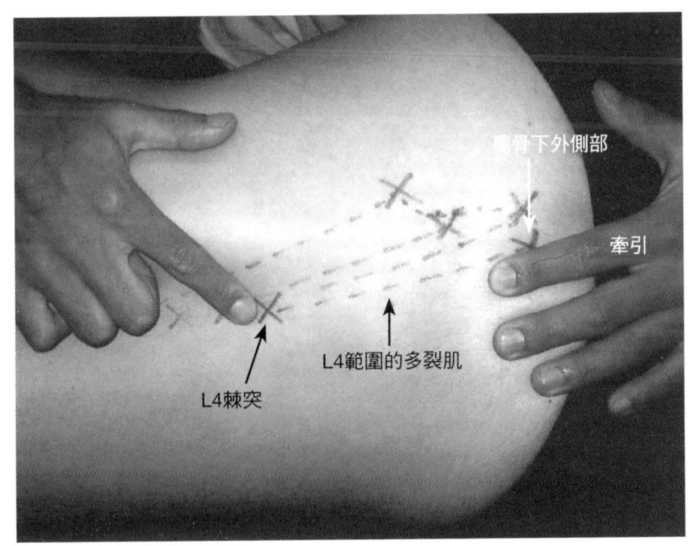

圖2-44　多裂肌的觸診（L5範圍）

病患的髖關節屈曲90°，並用手指觸摸L5棘突與正中嵴外側部的連結線。在這個位置之下，以彷彿要使正中嵴外側部筆直地遠離L5棘突這樣的方式來作牽引。之後請病患自行運動回到原來的位置，此時診療者要去觸診肌肉的收縮。

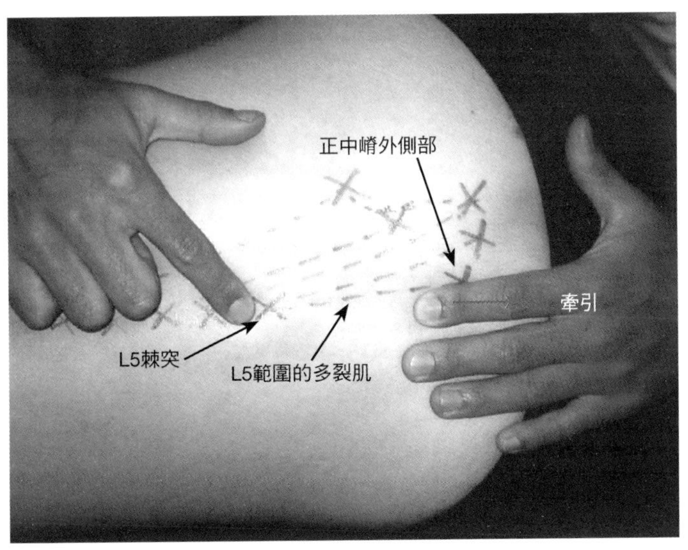

下肢肌肉的支配神經、脊椎節區域一覽表

肌肉名稱	支配神經	L1	L2	L3	L4	L5	S1	S2	S3
髂腰肌	股神經	●	●	●	●				
縫匠肌	股神經		●	●					
闊筋膜張肌	上臀神經				●	●	●		
臀中肌	上臀神經				●	●	●		
臀小肌	上臀神經				●	●	●		
臀大肌	下臀神經					●	●	●	
梨狀肌	薦骨神經叢						●	●	
股方肌	薦骨神經叢				●	●	●	●	
上孖肌	薦骨神經叢				●	●	●	●	
下孖肌	薦骨神經叢				●	●	●	●	
閉孔內肌	薦骨神經叢				●	●	●	●	
內收長肌	閉鎖神經		●	●					
櫛狀肌	股神經		●	●					
內收大肌	閉鎖神經・坐骨神經		●	●	●	●			
股直肌	股神經		●	●	●				
股內側肌	股神經		●	●					
股外側肌	股神經			●	●				
股中間肌	股神經		●	●	●				
半腱肌	坐骨神經脛骨神經部				●	●	●	●	
半膜肌	坐骨神經脛骨神經部				●	●	●	●	
股二頭肌長頭	坐骨神經脛骨神經部					●	●	●	
股二頭肌短頭	坐骨神經脛骨神經部						●	●	
股薄肌	閉鎖神經		●	●					
膕肌	脛骨神經				●	●	●		
脛前肌	深腓骨神經				●	●	●		
伸趾長肌	深腓骨神經				●	●	●		
伸拇長肌	深腓骨神經				●	●	●		
腓腸肌	脛骨神經				●	●	●	●	
比目魚肌	脛骨神經				●	●	●	●	
脛後肌	脛骨神經					●	●	●	
屈趾長肌	脛骨神經					●	●	●	
屈拇長肌	脛骨神經					●	●	●	
腓骨長肌	脛骨神經					●	●	●	
腓骨短肌	脛骨神經					●	●	●	
外展拇指肌	足底內側神經					●	●		
屈拇短肌	足底內側神經					●	●		
內收拇指肌	足底外側神經						●	●	
屈趾短肌	足底內側神經					●	●		

＜活用此表的方法＞

此表列出了與下肢帶、下肢有關的支配神經和脊椎節區域。我們將這些知識用”肌肉←→支配神經←→脊椎節區域”的方式來做整理，如此不論查詢哪個項目都能進行比對，希望能對各位讀者有所幫助。例如，能將支配神經相同的項目區分出來；或將脊椎節區域相同的項目集中整理，並且從肌肉和支配神經項目進行分類，這些方法都是可以試試看的。

文獻・索引

文　獻

I　下肢的骨骼

1) 富永通裕：腸骨棘裂離骨折―金属螺子固定―,臨床スポーツ医学,9(臨時増刊號):36-38,1992.

2) 秋本　毅：骨盤. スポーツ整形外科学　第1版(中嶋寛之,編集),p185-187,江南堂,1987.

3) 服部　義,等：腸骨棘裂離骨折の受傷機転と治療について,整災外,30:445-450,1987.

4) 仲川富雄：日本人仙腸関節および近接域の神経細末の分布に関する研究.日整会誌, 40:419-430, 1966.

5) 住田憲是, 片田重彥：急性腰痛に対する関節運動学的アプローチ (AKA―博田法),MB Orthop,18(2):56-64,2005.

6) 村上栄一, 菅野晴夫, 奥野洋史, 等：仙晹関節性腰殿部痛の診断と治療. MB Orthop, 18(2):77-83,2005.

7) 中村博亮：3腰椎・仙椎, 整形外科 徒手検査法 ,p162,メジカルビュ ―社 ,2003.

8) 紺野慎一：腰椎部炎症性疾患. 整形外科外来シリーズ1腰椎の外来,p221, メジカルビュ ―社,1997.

9) 西澤　隆：強直性脊椎炎. 図說 腰椎の臨床(戶山芳昭,編集),p235, メジカルビュ ―社, 2001.

10) 及川久之：固定療法、裝具療法. 整形外科外来シリーズ2股関節の外来,p82-87, メジカルビュ ―社,1998.

11) 川村次郎, 竹內孝仁, 編集：義肢裝具学　第1版, p231-237, 医学書院, 1992.

12) 日下部虎夫：先天性股関節脫臼. 整形外科医のための小兒日常診療ABC ,p128-141, メジカルビュ―社, 2003.

13) 北野利夫：先天性股関節脫臼. 整形外科 徒手検査法 ,p176-187, メジカルビュ ―社, 2003.

14) 辻　陽雄, 石井清一, 編集：標準 整形外科　第6版, p465-473, 医学書院, 1996.

15) 坂本篤彥：大腿骨頭壞死, 整形外科外来シリーズ2股関節の外来, p131, メジカルビュ ―社,1998.

16) 笠原吉孝：ペルテス病の保存療法 (I). MB Orthop, 7(3):1-12, 1994.

17) 岩崎勝郎：ペルテス病の裝具療法.骨. 関節・靭帶, 3(2):137-145,1990.

18) 及川久之：大腿骨頭すべり症.整形外科外来シリーズ2股関節の外来, p105, メジカルビュ ―社,1998.

19) 富士川恭輔, 松本秀男, 小林龍生, 田中　修：膝関節のバイオメカニクス, 関節外科, 16(3):62-71,1997

20) 富士川恭輔, 松本秀男, 等：膝蓋大腿関節のバイオメカニクス. MB Orthop, 61:1-11,1993.

21) ミュラ―W(新明正由, 譯)　：膝―形態.機能と靭帶再建術, p73-76, シュプリンガー・フェアラーク東京,1986.

22) Saupe E：Beitrag zur Patella. Fortschr Rontgenster, 28:37-41,1921.

23) Schlatter C：Verletzungen des schnabelformigen fortsatzes der oberen tibiaepiphyse. Burn Beiter Klin Chir, 38:874-887,1903.

24) 安田和則：スポーツと膝の外傷, 新図說臨床整形外科講座8 大腿・膝 ,p137, メジカルビュ ―社,1996.

25) 齊藤聖二, 有富　寬：変形性膝関節症, 新図說臨床整形外科講座8 大腿・膝 ,p160-166 メジカルビュ―社,1996.

26) Ehrenborg G, et al：Roentgenologic change in the Osgoodd-Schlatter lesion. Acta Chir Scard,121:315-327,1961.

27) 牛田哲人, 原田征行：オスグッド・シュラッター病. MB Orthop,7(3):41-45,1994.

28) 高倉義典, 北田 力, 編集：足の解剖.改訂版 図說 足の臨床,p14, メジカルビュ —社,1998.

29) 高倉義典, 北田 力, 編集：衝突性外骨腫(impingement exsotosis). 改訂版 図說 足の臨床, p301, メジカルビュ —社,1998.

30) 高倉義典, 北田 力, 編集：三角骨障害(os trigonum syndrorme). 改訂版 図說 足の臨床, p139, メジカルビュ —社,1998.

31) 高倉義典, 北田 力, 編集：足の機能解剖.改訂版 図說 足の臨床, p27, メジカルビュ —社,1998.

32) 高倉義典, 北田 力, 編集：扁平足(flat foot). 改訂版 図說 足の臨床, p104, メジカルビュ —社,1998.

33) 川端秀彥, 柴田 徹：骨端症. 整形外科外来シリーズ11足の外来, p193, メジカルビュ —社,1999.

34) 高倉義典, 北田 力, 編集：Morton病(Morton disease). 改訂版 図說 足の臨床, P152, メジカルビュ —社,1998.

II 下肢的韌帶

1) 岡村良久, 石橋恭之：新鮮膝複合韌帶損傷の診斷の要點と治療計画の立て方, MB Orthop, 14 (1):1-8, 2001.

2) 富士川恭輔, 大谷俊郎, 松本秀男, 須田泰文：膝関節外側支持機構. 整形外科, 46(8):1055-1060, 1995.

3) 赤羽根良和, 林 典雄, 近藤照美, 等：半月板切除後の成績不良因子とその對應. 整形外科リハビリテーション研究会誌, 7:112-114, 2004.

4) 小林龍生：診察法. 図說 膝の臨床, p25, メジカルビュ —社,1999.

5) 野村栄貴, 等：新鮮膝蓋骨脫臼に対する內側膝蓋大腿韌帶一次修復術. 整形外科, 46(3):294-298,1995.

6) 野村栄貴, 等：內側膝蓋大腿韌帶のlength patternとその機能について.中部整災誌, 34(6):1891-1892,1991.

7) 野村栄貴, 等：膝関節內側膝蓋大腿韌帶のその機能について～膝蓋骨外方制動に果たす役割と再建術への応用～.日整会誌,65(7):S1340,1991.より引用)

8) 杉本和也, 高倉義典：Watson-Jones法の長期成績.整・災外, 40(2):113-120,1997.

9) 宇佐見則夫, 井口 傑, 等：陳旧性足関節外側韌帶損傷の人工材料による再建. 整形外科, 48(8),1089-1093,1997.

10) 嶇部秀二：下腿, 足関節部, 足部. 整形外科外来シリーズ2スポーツ外來, P108, メジカルビュ —社,1997.

11) 高倉義典, 北田 力 ,編集：新鮮外側韌帶損傷. 改訂版 図說 足の臨床, p225, メジカルビュ —社,1998.

12) 山本和司, 等：足関節外側側副韌帶損傷—韌帶損傷部位と距骨傾斜角の検討,臨整外,22:17-22,1987.

13) Agnholt J,et al：Lesion of the ligamentum bifurcatum in ankle sprain. Arch Orthop Trauma Surg, 107:336-328, 1988.

14) 鈴木良平：足の機能とメカニズム. 図說整形外科診斷治療講座19足,足関節疾患, メジカルビュ —社,1991.

15) 高倉義典：足関節と足趾. 標準整形外科 第8版, P566, 医学書院，2002

III 下肢的肌肉

1) 森田 曉, 山崎 敦：大腰筋エクササイズガ重心動揺に與える影響. The Journal of Clinical

Therapy,4:26-30,2001.
2) Hoppenfeld S：図解 四肢と脊椎の診かた, P150, 医歯薬出版,1984.
3) 赤羽根良和, 林 典雄, 等：Osgood-Schlatter病に対する我々の治療成績について 東海スポーツ傷害研究会会誌,22:53-56,2004.
4) 田中幸彦, 林 典雄, 等：成長期脊椎分離症の発生要因について.理学療法学,1(2) :407,2004.
5) 渡會公治, 等：ゴルフによる体幹部のスポーツ障害.臨床スポーツ医学,11(2):151-148,1994.
6) 中村隆一, 斉藤 宏：基礎運動学 第2版,p315-322、医歯薬出版,1983.
7) 松木正知, 加藤 明, 林 典雄, 等：梨状筋症候群に対する運動療法の試み. 理学療法学, 30(5):307-313,2003.
8) 中宿伸哉, 林 典雄, 等：梨状筋症候群における発症機転についての考察—初診時理学所見よりみる発症タイプの分類—理学療法学,32(2) :491,2005.
9) 山崎雅美, 林 典雄, 等：梨状筋症候群に対する運動療法の考え方とその成績. 理学療法学,32(2) :491, 2005.
10) 那須亨二, 等：解剖學的特徵, 図說 整形外科診断治療講座9 骨盤・股関節の外傷、p94-105, メジカルビュ —社,1990.
11) Freiberg AH：Sciatic pain and its relief by operation on muscle and fascia. Arch Surg, 34:337-350,1937
12) Pace JB,Nagel D：Priforms syndrom. West J Med,124:435¬-439,1976.
13) Castaing J, 等：IV-4-4-1-3 頸椎の側屈—回旋運動, 図解 関節・運動器の機能解剖 下肢編, p40-51, 協同医書出版社.1986.
14) 中嶋寛之, 編集：スポーツ整形外科学,p197, 南江堂 , 1987.
15) 大森英哉：下腹部・下肢の末梢神經ブロック.MB Orthop,16(3):41-48,2003.
16) 湯田康正：局所浸潤ブロック.MB Orthop,8(6):179-188,1995.
17) 弓削大四郎, 井原秀俊, 監修：図解・膝の機能解剖と靭帯損傷,p54-66,協同医書出版社.1995.
18) 古賀良生：成長期のスポーツ障害 膝.MB Orthop,13(4):72-76,2000.
19) 水田博志, 中村英一：成長期のスポーツ障害 骨盤. MB Orthop,13(4):64-71,2000.
20) 吉田 徹, 貝松健太郎, 林 典雄, 鵜飼建志, 等：脊椎分離症に対する対処法の基本原則, 整・災外, 48(5) :625-635,2005.
21) 林 典雄, 等：內側広肌における筋線維角の特徵. 理学療法学,26(7):289-293,1999.
22) 林 典雄, 鵜飼建志, 青木隆明, 等：膝関節拘縮の観点よりみた內側膝蓋支帯と膝関節包の存在意義について. 理学療法学,25(2) :184, 1998.
23) 赤羽根良和, 林 典雄, 近藤照美, 等：変形性膝関節症における階段昇降時痛とその対応について, 整形外科リハビリテーション研究会誌,8:53-56,2005.
24) 森谷光夫：大腿四頭筋拘縮症およびその他の筋拘縮症の診断と治療. MB Orthop, 9(13):63-69,1996.
25) Muller W(新名正由, 譯)：膝, P235-240,シュプリンガー・フェアラーク東京,1989.
26) 林 典雄：膝関節伸展機構の機能解剖と膝関節拘縮治療への展開. 愛知県理学療法会誌,16(3),2004.
27) 小谷明宏：大腿骨顆部・顆上骨折後の膝関節拘縮に対する治療. MB Orthop, 14(13):53-57, 2001.
28) 赤羽根良和, 林 典雄, 橋本貴幸, 等：鵞足炎におけるトリガー筋鑑別テストについて,理学療法学,29(2):285,2002.
29) 岸田敏嗣：膝関節屈曲時の膝窩部痛について, 整形外科リハビリテーション研究会誌, 7:25-28,2004.
30) Castaing J, 等：図解 関節・運動器の機能解剖 下肢編, p88-94, 協同医書出版社.1986.
31) 山下文治, 万波健二, 白井幸裕, 等：下肢のcompartment syndrome について, 整形外科, 32(3):225-233,1981.

32) 萬納寺毅智, 中嶋寛之, 編集：スポーツ整形外科学, p273-275, 南江堂, 1990.
33) 萬納寺毅智：コンパートメント症候群. 臨床スポーツ医学, 10(臨時増刊號):345-347, 1993.
34) 大久保 衛, 島田永知：下腿コンパートメント症候群(慢性) , 臨床スポーツ医学, 8(臨時増刊號):236-240, 1991.
35) 森 於菟：分担解剖学, p412, 金原出版, 1983.
36) 田中康二, 高倉義典：足関節の構造とバイオメカニクス. 関節外科, 20(11):1384,2001.
37) 細田多穂, 柳澤 健, 編集：理学慮法ハンドブック [改訂第3版]第1巻 理学療法の基礎と評価 ,p603-614,協同医書出版社,2003.
38) 窪田俊夫, 大橋正洋, 監修：歩行障害の診断・評価入門 ,p241-353, 医歯薬出版, 1997.
39) 中山正一郎, 高倉義典：スポーツとアキレス腱断裂. MB Orthop, 16(4):8-15, 2003.
40) 福岡重雄：Thompsom test, 臨床スポーツ外科, 7(臨時増刊號): 127, 1990.
41) 高倉義典, 北田 力, 編集：アキレス腱断裂, 改訂版 図說 足の臨床, p215, メジカルビュ—社, 1998
42) 清原伸彥, 小関博久, 栗山節郎, 編集：アスレチックトレーニングの実際, p126-127, 南江堂, l998.
43) 菅原 誠, 石井清一：骨過労性骨膜炎, 臨床スポーツ医学, 8(臨時増刊號):219-221, 1991.
44) 野口昌彥, 等：成人期扁平足の病態—後脛骨筋腱機能不全を中心に—, 関節外科, 20(2):41-48,2001.
45) 仁木久照,青木治人：成人期扁平足障害の病態と治療—後 骨筋機能不全の病態と診断—. 整・災外. 47(10):1147-1157,2004.
46) 伊藤浩充：シンスプリントの機能解剖学的特性 .理学療法, 21(2):388-394,
47) 林 光俊, 石井良章, 岡島康友：アキレス腱断裂に対する保存療法とスポーツ復帰—筋力経過とリハビリテーションを主として—.MB Orthop,16(4):25-29, 2003.
48) 奥脇 透：腓骨筋腱脫臼—Du Vries法—. 臨床スポーツ医学, 9(臨時増刊號) : 221-223,1992.
49) 荒川 隆, 等：外傷性腓骨筋腱脫臼の治療経驗. 整・災外,33:729-733,1985.
50) 鵜飼建志, 林 典雄, 橋本貴幸, 等：足趾屈筋が長腓骨筋の活動に及ぼす影響. 整形外科リハビリテーション研究会誌,6:44-47,2000.
51) 林 典雄, 鵜飼建志, 等：足底挿板が足部內在屈筋に及ぼす影響について, 日本義肢裝具学会誌,16(4):287-290,2000.
52) 林 典雄, 橋本貴幸, 等：舟狀骨パッドが足幅に及ぼす影響について, 日本義肢裝具学会誌, 19(3):228-232, 2003.
53) 高倉義典, 北田 力, 編集：外反母趾(hallux valgas). 改訂版 図說 足の臨床,p111, メジカルビュ—社, 1998.

IV 軀幹

1) 長野 昭：後頸三角の解剖.整形外科手術のための解剖学 上肢,p39, メジカルビュ—社,2000.
2) 渡辺栄一：徒手検査. 整形外科外来シリーズ5頸椎の外来,p36-37, メジカルビュ—社, 1998.
3) 林 典雄：胸郭出口症候群に対する我々の運動療法とその成績について.Clinical Physical Therapy7,b-9,2004.
4) 高木克公, 等：胸郭出口症候群とは (定義・解剖および動向). MB Orthop,11(7):1-6,1998.
5) Castang J, Santini JJ：IV-4-4-1-3 頸椎の側屈—回旋運動. 図解 関節・運動器の機能解剖 上肢.脊柱編, p133,協同医書出版社, 1986.
6) 中村博亮：腰椎,仙椎. 整形外科徒手検査法, p150, メジカルビュ—社, 2003.
7) 辻 陽雄, 石井清一, 編集：標準整形外科学 第6版, p418-419, 医学書院,1996.
8) 林 典雄：休表解剖 図58-60.理学療法ハンドブック [改訂第3版]第1巻 理学療法の基礎と評価, p22-23,協同医書出版社, 2000.

索 引

二畫

三畫

四畫

五畫

六畫

七畫

八畫

九畫

十畫

十二畫

十三畫

十四畫

十五畫

十六畫

十八畫

十九畫

二十四畫

二十五畫

A

B

C

M

N

O

P

Q

R

S

T

U

V

W

醫學&生理保健

學習醫學知識的最佳導航

邀請專業教授執筆，搭配豐富圖表解說各類專業醫學知識，期待醫護科系學生、從業人員，或是對此領域有興趣者，可以藉由本系列獲取基礎知識。

機能解剖學的觸診技術—上肢

18×26cm 296頁
雙色 定價600元

本書詳細介紹手的解剖位置、機能、相關疾病，以及臨床觸診的步驟。乃寫給從事骨骼肌肉復健治療的物理治療師、與職能治療師，以及相關科系學生的專業技術教本。希望讀者可以利用這本書磨練自己的觸診技術。往後在臨床實際操作時，可以活用書中所學，如此一定可以提高病情判斷的正確性，之後的治療、復健亦會更有效果。

機能解剖學的觸診技術—下肢、軀幹

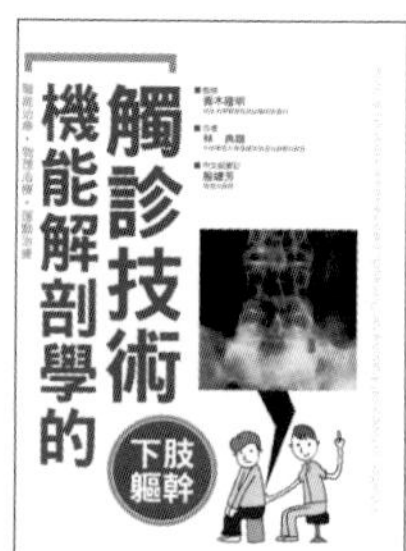

18×26cm 304頁
雙色 定價600元

本書詳細介紹下肢跟軀幹的解剖位置、機能、相關疾病，以及臨床觸診的步驟。乃寫給從事骨骼肌肉復健治療的物理治療師、與職能治療師，以及相關科系學生的專業技術校本。希望讀者可以利用這本書磨練自己的觸診技術。往後在臨床實際操作時，可以活用書中所學，如此一定可以提高病情判斷的正確性，之後的治療、復健亦會更有效果。

新快學 解剖生理學

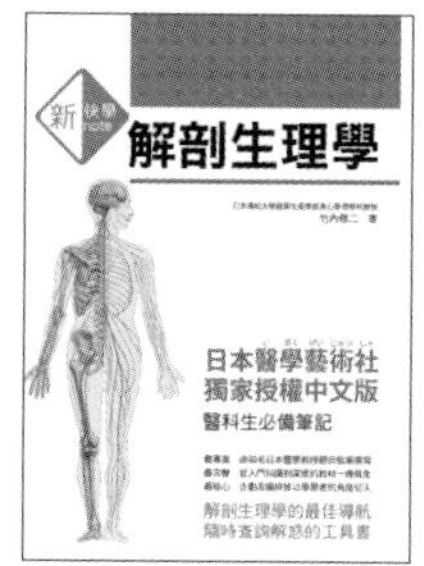

18×26cm 408頁
彩色 定價600元

解剖生理學內容包羅萬象，它不但研究生命的運作機轉，並針對每個器官或組織的名稱、位置、結構去做解說。

本書為日本濱松大學的教授—竹內修二，依據多年教學經驗以及本身專業知識撰寫而成。

以幫助學習為主旨，詳細解說生理學與解剖學的知識與概念。

新快學 圖解病理學

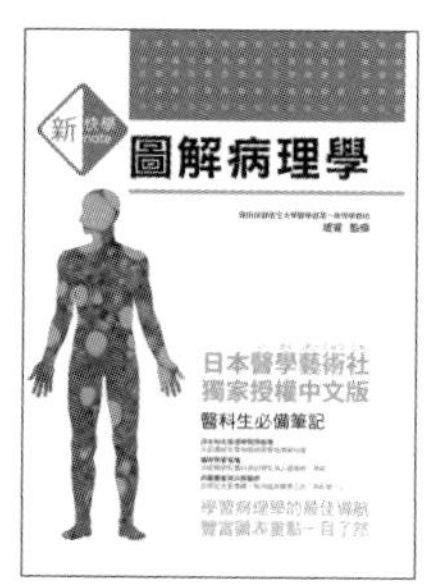

18x26cm 408頁
彩色 定價 700元

病理學是一門專門在探討疾病發生的起因、發展以及變化的學科。

疾病的預防與治療為醫學發展的主要目的之一，因此病理學是為醫護相關科系學生，以及從業人員必備的專業基礎知識。

新快學 圖解藥理學

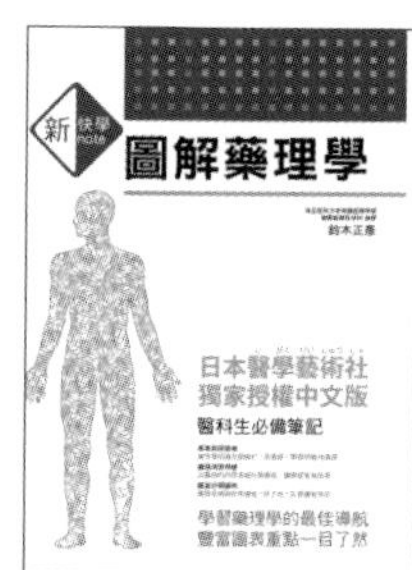

18x26cm 248頁
彩色 定價 600元

在現代醫療當中，藥物治療是很重要的一環，本書針對醫護相關科系學生之需要，由專業教授執筆，全方面解析藥理相關知識。

書中以藥物的作用系統分類章節，讓學習更有效率。並搭配圖片及表格進行説明，讓藥物名稱與作用機制一目了然，方便讀者背記。

此外，每一單元均附有練習問題，加強提示重要觀念

關節機能解剖學 系列叢書

整形外科運動治療—上肢

18x26cm 312頁
定價600元 雙色

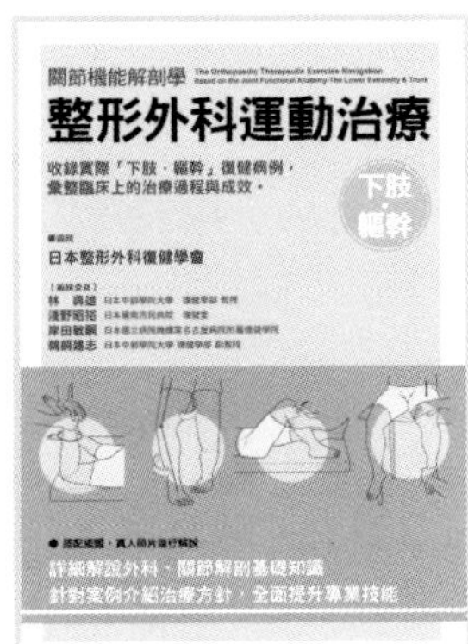

整形外科運動治療—下肢、軀幹

18x26cm 312頁
定價600元 雙色

彙整臨床上的治療過程與成效

只要能夠完全融會貫通以下六點，你將會是一位最優秀的整型外科復健師。
骨頭屈曲又扭轉的話就會斷裂。
骨頭除非骨折，否則幾乎不會感到疼痛。
肌肉只會朝纖維走向收縮。
萎縮的肌肉，再怎麼用力拉也不會伸長。
韌帶用力拉扯的話會斷裂。
神經問題單憑物理治療不會好轉。

整型外科醫師及物理治療師攜手合作，幫助病患增強肌力、誘發動作、改善人體失能情形

運動治療臨床範例全解

運動治療乃利用肌肉訓練，帶動病患的肢體進行動作，藉以改善人體失能情形的一種復健方式。本書為《日本整型外科復健學會》將其所討論的，以及在學術研討會上發表過的數百件病例，重新整理歸類，彙整成「上肢」、「卜肢・軀幹」兩冊。裡頭記載了當物理治療師負責 個病例時，所該擁有的基本知識，並搭配實際範例進行解說，讓讀者得以瞭解臨床上的治療過程、成效，與重點。

希望藉由本書，可以幫助讀者解決治療過程中所遭遇的各種問題，以期提升復健成效！

本書特色

1. 搭配插圖．真人照片進行解說，讓理解更為透徹。
2. 大量索引，方便讀者查詢專有知識。
3. 整型外科醫師 & 物理治療師密切配合，全面提升專業技能。
4. 詳細解說外科、關節解剖基礎知識。
5. 豐富臨床實例，針對案例介紹治療方針。

中文版審訂

殷婕芳

中國醫藥大學物理治療系
日本外國語專門學校日英翻譯科
東京日本語學校日本語科
現職惠民醫院物理治療師

TITLE

機能解剖學的 觸診技術（下肢、軀幹）

STAFF

出版	三悅文化圖書事業有限公司
作者	林典雄
譯者	大放譯彩翻譯社
總編輯	郭湘齡
責任編輯	王瓊苹
文字編輯	林修敏　黃雅琳
美術編輯	李宜靜
排版	執筆者設計工作室
製版	明宏彩色照相製版股份有限公司
印刷	桂林彩色印刷股份有限公司
法律顧問	經兆國際法律事務所　黃沛聲律師
代理發行	瑞昇文化事業股份有限公司
地址	新北市中和區景平路464巷2弄1-4號
電話	(02)2945-3191
傳真	(02)2945-3190
網址	www.rising-books.com.tw
e-Mail	resing@ms34.hinet.net
劃撥帳號	19598343
戶名	瑞昇文化事業股份有限公司
本版日期	2012年6月
定價	600元

國家圖書館出版品預行編目資料

機能解剖學的觸診技術：下肢、軀幹 /
林典雄作；大放譯彩翻譯社譯.
-- 初版. -- 台北縣中和市：三悅文化圖書, 2009.09
304面；18.2×25.7公分

ISBN 978-957-526-882-4(精裝)

1.下肢 2.人體解剖學 3.觸診 4.復健醫學

394.17　　98016814

PALPATION TO FUNCTIONAL ANATOMY FOR THERAPUTIC EXERCISE-LOWER EXTREMITY & TRUNK
(ISBN4-7583-0664-8 C3347)
Editor:AOKI Takaaki
Author:HAYASHI Norio

Originally published in Japan by MEDICAL VIEW CO., LTD., Tokyo.
Chinese (in complex character only) translation rights arranged with
MEDICAL VIEW CO., LTD., Japan
through THE SAKAI AGENCY and JIA-XI BOOKS CO., LTD..